# 非金属矿物加工与综合利用

杜春芳 欧阳静 苏毅国 编著

FEIJINSHU KUANGWU
JIAGONG YU ZONGHE LIYONG

化学工业出版社
·北京·

中国是世界上非金属矿产资源品种较多、储量较为丰富的国家之一。发达国家发展的经验表明：非金属矿及非金属材料的消费量与产值必然大于金属矿及金属材料；一个国家非金属矿物加工利用的水平往往会反映这个国家现代工业发达的程度。

本书以非金属矿物的精细化加工与综合利用为主线，主要内容包括非金属矿物选矿提纯技术（包括选矿技术基础、重力选矿、浮力选矿、电力选矿、磁力选矿、湿法化学提纯技术、其他选矿提纯技术等）、非金属矿物粉体加工技术（包括超细粉碎助剂、超微细粉碎技术、超细分级技术、超细微粒分选技术、粉尘危害与防护等）、非金属矿物粉体的表面改性（包括表面改性的方法、表面改性工艺、表面改性剂等）、特殊形态非金属矿物的晶形保护（包括颗粒整形技术、非金属矿物的晶形保护、非金属矿物的特殊处理等），还介绍了大量非金属矿物加工与应用实例。

本书内容丰富，兼具系统、科学、实用性强的特点。本书可供从事矿物材料、化工、轻工、建材、冶金机械、电子、环保、新材料等领域的工程技术人员、管理人员及大专院校有关专业师生参考。

**图书在版编目（CIP）数据**

非金属矿物加工与综合利用/杜春芳，欧阳静，苏毅国编著.—北京：化学工业出版社，2017.7

ISBN 978-7-122-29879-9

Ⅰ.①非… Ⅱ.①杜…②欧…③苏… Ⅲ.①非金属矿物-加工②非金属矿物-综合利用 Ⅳ.①TD97

中国版本图书馆CIP数据核字（2017）第128315号

---

责任编辑：朱　彤　　　　文字编辑：孙凤英
责任校对：王　静　　　　装帧设计：刘丽华

---

出版发行：化学工业出版社（北京市东城区青年湖南街13号　邮政编码100011）
印　　装：高教社（天津）印务有限公司
787mm×1092mm　1/16　印张13¾　字数371千字　　2018年1月北京第1版第1次印刷

---

购书咨询：010-64518888（传真：010-64519686）　　售后服务：010-64518899
网　　址：http://www.cip.com.cn
凡购买本书，如有缺损质量问题，本社销售中心负责调换。

---

定　　价：59.00元

# 前言

FOREWORD

非金属矿物是人类赖以生存和发展的重要矿产资源之一。在人类发展的历史长河中，非金属矿物的加工利用对人类社会文明进步的贡献是不可低估的。从最开始人类使用的石斧、石刀到现在以非金属矿物为原料制备的多种非金属矿物新材料，人类在利用非金属矿物原（材）料方面走过了从简单利用到初步加工后利用，再到深加工和综合利用的漫长历程。采用现代加工技术生产的非金属矿物材料是现代高温、高压、高速工业体系的重要基础材料，也是支撑现代高新技术产业的原辅材料和节能、环保、生态建设的功能性材料。与传统无机材料相比，非金属矿物材料更加重视矿物本身的结构和性质，以最大程度发挥天然矿物材料的性能优势为目的。伴随着经济、科技和社会的迅猛发展，综合和高效利用非金属矿产资源已成为经济和社会发展的必然要求。

本书以非金属矿物的精细化加工与综合利用为主线，详细系统介绍了非金属矿物加工技术的基础理论知识，在撰写过程中，着力考虑系统性、科学性、先进性及在研究开发或生产中的实用性。全书共6章，内容涉及非金属矿物选矿提纯技术、超细粉碎与分级技术、表面改性技术、非金属矿物晶形保护及非金属矿物在这些技术方面的加工及应用实例。

本书由杜春芳、欧阳静、苏毅国编著。全书由杜春芳统稿，负责全书的整理与修改工作。

本书可供广大从事非金属矿物材料、无机非金属材料、复合材料以及矿物加工、非金属矿物深加工和化工、环境工程等科研技术人员参考，也可供大专院校无机非金属材料或相关专业师生使用和参考。

由于我们水平有限，疏漏和不足之处在所难免，敬请广大读者批评指正。

编著者

2017年8月

# 目录

CONTENTS

## 第1章　绪论 /001



## 第2章　非金属矿物选矿提纯技术 /010

# 第1章 绪论

## 1.1 非金属矿物的定义及分类

非金属矿物是指以非金属矿物和岩石为基本或主要原料，通过深加工或精加工制备的具有一定功能的现代新材料，如环保材料、电功能材料、保温隔热材料、摩擦材料、建筑装饰材料、吸附催化材料、功能填料和颜料等。非金属矿物材料是从事矿物学、岩石学与结晶学以及矿物加工人员于20世纪80年代提出的。非金属矿物材料源于非金属矿物和岩石，其来源广，功能性突出，是人类最早利用的材料。原始人使用的石斧、石刀等都是用无机非金属矿物或者岩石材料制备的。总的来说，非金属矿物包含三大部分：①大量用于工业矿物原料的金刚石、蓝晶石等宝石矿物；②某些金属矿石也可以作为某种利用其技术和物理特性而不是利用其来冶炼金属元素的工业原料，如用于耐火材料和吸附剂的铝土矿，用于染料的赤铁矿等也在此范围内；③有些文献还把一些人工产物也归入非金属矿物之中，如水泥、石灰、工业副产品磷石膏、人造金刚石、人造云母、矿棉等。

非金属矿物种类繁多，许多非金属矿物的化学成分又十分复杂，而且每一矿种的成因一般有多种，一种矿物常具有多种用途，不同矿种又可相互代用，因此要提出一种妥善的分类方法就较为困难。下面介绍几种近年来常用的非金属矿物分类方法。

（1）根据非金属矿物材料的定义和加工改造特点进行分类

① 天然非金属矿物材料　直接利用其本身的物理、化学性质而应用到各行业领域的非金属矿物。主要是天然非金属矿物，也包括一些金属矿物或岩石，如用于功能材料的矿物晶体和用于建筑材料的花岗岩、大理岩等。

② 深加工非金属矿物材料　将非金属矿物岩石进行超细、超纯改型、改性等优化加工改造后直接加以利用的矿物材料，如超细石英粉、云母粉、高纯超细的高能石墨乳、改性高塑膨润土等。

③ 复合及合成非金属矿物材料　以一种或数种天然非金属矿物或岩石为主要原料与其他有机或无机材料按所需配比进行烧结、胶凝、粘接等复合及合成加工改造获得的材料，如耐火材料和由多种矿物制成的保温材料等。

（2）根据化学成分和结构进行分类　根据其化学成分和结构对非金属矿物进行分类，分类情况见表1-1。

表1-1　非金属矿物的分类

| 材料名称 | 非金属矿物名称 |
|---|---|
| 碳酸盐基矿物材料 | 方解石、冰洲石、石灰石、白云石、菱镁矿等 |
| 硫酸盐基矿物材料 | 石膏、重晶石、天青石、明矾石等 |
| 层状硅酸盐矿物材料 | 滑石、高岭土、云母、叶蜡石、膨润土、蛭石、蛇纹石(石棉)等 |

续表

| 材料名称 | 非金属矿物名称 |
| --- | --- |
| 链状硅酸盐矿物材料 | 硅灰石、透辉石、透闪石、硅线石、锂辉石、凹凸棒石、海泡石等 |
| 架状硅酸盐矿物材料 | 石英、长石、沸石等 |
| 岛状硅酸盐矿物材料 | 红柱石、蓝晶石、锆英石、石榴石（也叫石榴子石）、电气石等 |
| 碳质非金属矿物材料 | 石墨、金刚石等 |
| 复合非金属矿物材料 | 麦饭石、浮石、火山灰、铝土矿 |
| 岩石材料 | 珍珠岩、玄武岩、辉绿岩、花岗岩、大理石等 |
| 其他非金属矿物材料 | 萤石、金红石、钛铁矿、磷矿、硼矿、钾矿、水镁石等 |

（3）根据非金属矿物的工业用途分类　按照目前非金属矿物的工业用途，我国将非金属矿物分为六类：化工原料、建筑材料、冶金工业辅助原料、轻工原料、电气及电子工业原料、宝石类及光学材料。美国则分为十四类：磨料、陶瓷原料、化工原料、建筑材料、电子及光学材料、肥料矿产、填料、过滤物质及矿物吸附剂、助溶剂、铸型原料、玻璃原料、矿物颜料、耐火原料、钻井泥浆原料。表 1-2 是按工业用途对非金属矿物进行的分类。表 1-3 则是从非金属矿物功能材料的角度进行分类。

**表 1-2　主要非金属矿物和岩石的分类和用途**

| 用　途 | 非金属矿物和岩石 |
| --- | --- |
| 化工原料 | 岩盐、芒硝、天然碱、明矾石、自然碱、磷灰石、重晶石、天青石、萤石、石灰石等 |
| 光学原料 | 冰洲石、光学石膏、方解石、水晶、光学石英、光学萤石等 |
| 电力、电子 | 石墨、云母、石英、水晶、电气石、金红石等 |
| 农肥、农药 | 磷灰石、钾盐、钾长石、芒硝、石膏、高岭土、地开石、膨润土等 |
| 磨料 | 金刚石、刚玉、石榴子石、石英、硅藻土等 |
| 工业填料和颜料 | 方解石、大理石、白垩、滑石、叶蜡石、伊利石、石墨、高岭土、地开石、云母、硅灰石、透闪石、硅藻土、膨润土、皂石、海泡石、凹凸棒土、金红石、长石、锆英砂、重晶石、石膏、石英、石棉、水镁石、沸石、透辉石、蛋白土等 |
| 吸附、助滤和载体 | 沸石、高岭石、硅藻土、海泡石、凹凸棒石、地开石、膨润土、皂石、珍珠岩、蛋白土、石墨、滑石、蛋白石等 |
| 保温、隔热、隔声材料 | 石棉、石膏、石墨、蛭石、硅藻土、海泡石、珍珠岩、玄武岩、灰绿石、浮石与火山灰等 |
| 铸石材料 | 玄武岩、灰绿岩、安山岩等 |
| 建筑材料 | 石棉、石膏、花岗岩、大理岩、石英岩、石灰石、硅藻土、沙石、黏土等 |
| 玻璃 | 石英砂和石英岩、长石、霞石正长岩、脉石英等 |
| 陶瓷、耐火材料 | 高岭土、硅灰石、滑石、石英、长石、红柱石、蓝晶石、硅线石、叶蜡石、电气石、透辉石、石墨、菱镁矿、白云石、铝土矿、陶土 |
| 溶剂和冶金 | 萤石、长石、硼砂、石灰岩、白云岩 |
| 钻探专业 | 重晶石、石英砂、膨润土、海泡石、凹凸棒土等 |

**表 1-3　非金属矿物的类型及其应用**

| 材料类型 | 非金属矿物原料 | 非金属矿物材料或制品品种 | 应用领域 |
| --- | --- | --- | --- |
| 填料和颜料 | 方解石、大理石、白垩、滑石、叶蜡石、伊利石、石墨、高岭土、地开石、云母、硅灰石、透辉石、硅藻土、膨润土、皂石、海泡石、凹凸棒土、金红石、长石、锆英砂、重晶石、石膏、石英、石棉、水镁石、沸石、透闪石、蛋白土等 | 细粉（10～1000$\mu m$）、超细粉（0.1～10$\mu m$）、超微细粉或一维、二维纳米粉（0.001～0.1$\mu m$）、表面改性粉体、高纯度粉体、复合粉体、高长径比针状粉体、大径厚比片状粉体、多孔隙粉体等 | 塑料、橡胶、胶黏剂、化纤、涂料、陶瓷、玻璃、耐火材料、阻燃材料、胶凝材料、造纸、建材等 |

续表

| 材料类型 | 非金属矿物原料 | 非金属矿物材料或制品品种 | 应用领域 |
| --- | --- | --- | --- |
| 力学功能材料 | 石棉、石膏、石墨、花岗岩、大理岩、石英岩、锆英岩、高岭土、长石、金刚石、铸石、石榴子石、云母、滑石、硅灰石、透闪石、石灰石、硅藻土、燧石、蛋白石等 | 石棉水泥制品、硅酸钙板、纤维石膏板、石料、石材、结构陶瓷、无机/聚合物复合材料(上下水管、塑钢门窗等)、金刚石(刀具、钻头、砂轮、研磨膏)、磨料、衬里材料、制动器衬片、闸瓦、刹车带(片)、石墨轴承、垫片、密封环、离合器面片、润滑剂(膏)、气缸垫片、石棉橡胶板、石棉盘根等 | 建材、建筑、机械、电力、交通、农业、化工、轻工、航空航天、石油、微电子、地质勘探、冶金、煤炭等 |
| 热学功能材料 | 石棉、石墨、石英、长石、金刚石、蛭石、硅藻土、海泡石、凹凸棒石、水镁石、珍珠岩、云母、滑石、高岭土、硅灰石、沸石、金红石、锆英砂、石灰石、白云石、铝土矿等 | 石棉布、片、板及岩棉、玻璃棉、矿棉吸声板、泡沫石棉、泡沫玻璃、蛭石防火隔热板、硅藻土砖、膨胀蛭石、膨胀珍珠岩、微孔硅钙板、玻璃微珠、保温涂料、耐火材料、镁碳砖、碳/石墨复合材料、储热材料、莫来石、堇青石、氧化锆陶瓷等 | 建材、建筑、冶金、化工、轻工、机械、电力、交通、航空航天、石油、煤炭等 |
| 电磁功能材料 | 石墨、石英、水晶、金刚石、蛭石、硅藻土、云母、滑石、高岭土、金红石、电气石、铁石榴子石、沸石等 | 碳-石墨电极、电刷、胶体石墨、氟化石墨制品、电极糊、沸石电导体、热敏电阻、电池、非线性电阻、陶瓷半导体、石榴子石型铁氧体、压电材料(压电水晶、自动点火元件等)、云母电容器、云母纸、云母板、电瓷、封装陶瓷等 | 电力、微电子、通信、计算机、机械、航空航天、航海等 |
| 光功能材料 | 石英、水晶、冰洲石、方解石等 | 偏光、折光、聚光镜片,光学玻璃,光导纤维,滤光片,偏振材料,荧光材料等 | 通信、电子、仪器仪表、机械、航空航天、轻工等 |
| 吸波与屏蔽材料 | 金红石、电气石、石英、高岭土、石墨、重晶石、膨润土、滑石等 | 氧化钛(钛白粉)、纳米二氧化硅、氧化铝、核反应堆屏蔽材料、护肤霜、防护服、保暖衣、塑料薄膜、消光剂等 | 核工业、军工、化妆(护肤)品、民(军)用服装、农业、涂料、皮革等 |
| 催化材料 | 沸石、高岭土、硅藻土、海泡石、凹凸棒石、地开石等 | 分子筛、催化剂、催化剂载体等 | 石油、化工、农药、医药等 |
| 吸附材料 | 沸石、高岭土、硅藻土、海泡石、凹凸棒石、地开石、膨润土、皂石、珍珠岩、蛋白土、石墨、滑石等 | 助滤剂、脱色剂、干燥剂、除臭剂、杀(抗)菌剂、水处理剂、空气净化剂、油污染处理剂、核废料处理剂、固沙剂等 | 啤酒、饮料、食用油、食品、工业油脂、制药、化妆品、环保、家用电器、化工等 |
| 流变材料 | 膨润土、皂石、海泡石、凹凸棒石、水云母等 | 有机膨润土、触变剂、防沉剂、增稠剂、凝胶剂、流平剂、钻井泥浆等 | 各种涂料、胶黏剂、清洗剂、采油、地质勘探等 |
| 黏结材料 | 膨润土、海泡石、凹凸棒石、水云母、碳酸钙、石英等 | 团矿黏结剂、硅酸钠、胶黏剂、铸模、黏土基复合黏结剂等 | 冶金、建筑、铸造、轻工等 |
| 装饰材料 | 大理石、花岗岩、岘石、云母、叶蜡石、蛋白石、水晶、石榴子石、橄榄石、玛瑙石、玉石、辉石、孔雀石、冰洲石、琥珀石、绿松石、金刚石、月光石、磷灰石等 | 装饰石材、珠光云母、彩石、各种宝玉石、观赏石等 | 建筑、建材、涂料、皮革、化妆品、珠宝业 |
| 生物功能材料 | 沸石、麦饭石、高岭土、硅藻土、海泡石、凹凸棒石、膨润土、皂石、珍珠岩、蛋白土、滑石、电气石、碳酸钙等 | 药品及保健品、药物载体、饲料添加剂、杀(抗)菌剂、吸附剂、化妆品添加剂等 | 制药业、生物化学工业、农业、畜牧业、化妆品等 |

## 1.2 非金属矿物与社会产业发展

非金属矿同金属矿一样，是人类最早利用的地球矿产资源，同时也是与人类生产、生活密切相关的矿产资源之一。非金属矿在人类社会文明进步的历史长河中扮演着极其重要的角色。从最初使用的石斧、石刀到现在以各种非金属矿物为原料制造的无机非金属材料、复合材料等当代新材料，人类在利用非金属矿物资源方面走过了从简单利用到初步加工后利用再到深加工和综合利用的漫长历程。虽然，在很长一段时期内金属材料的使用逐渐增多，而且大大超过了非金属材料。但是随着近代工业革命的兴起、科学技术的迅猛发展，金属材料在许多领域的使用受到了限制，而非金属材料因其自身具有的优良性能，如高强度、耐高温、质轻、耐磨性等再次受到人们的关注，并广泛应用到社会中各个行业领域。发达国家发展的经验表明，在经济和社会发展到一定程度后，非金属矿及非金属材料的消费量与产值必然大于金属矿及金属材料。曾有专家指出：一个国家非金属矿物加工利用的水平反映了这个国家现代工业发达的程度。

目前，非金属矿物材料广泛应用于化工、机械、能源、汽车、轻工、食品加工、冶金、建材等传统产业以及以航空航天、电子信息、新材料等为代表的高新技术产业和环境保护与生态建设等领域。

在科技快速发展的当代社会，一些传统产业，如冶金、建材、机械、化工、轻工、能源产业等要想在竞争中立于不败之地，必须大量引进新技术和新材料，进行技术革新和产业升级。这些技术革新和产业升级与非金属矿物的精细化加工产品密不可分。如高分子材料（塑料、纤维、橡胶等）的技术进步以及功能性高分子基复合材料的兴起需要大量超细高岭土、活性碳酸钙、滑石、云母、针状硅灰石、二氧化硅等功能填料；造纸工业的技术进步则需要数以百万吨计的高纯、超细的重质碳酸钙、滑石、高岭土等高白度非金属矿物颜料和填料；石化工业的技术进步和产业升级需要大量具有优良活性和选择性及特定孔径分布的沸石和高岭土催化剂、载体以及以膨润土为原料的活性白土；新型建材和环保、节能产品的开发需要高纯度、高品质的石膏板材、花岗岩、大理岩板材以及以石棉、硅藻土、珍珠岩、蛭石等为原料的泡沫石棉、硅藻土、膨胀珍珠岩、膨胀蛭石等石棉制品和保温隔热材料等；机电工业的技术革新和汽车工业的产品升级需要大量高品质的柔性石墨密封材料、石棉基板材和垫片、石墨盘根，以针状硅灰石、海泡石、石棉、水镁石纤维等非金属矿为基料的摩擦材料。因此，传统产业的技术进步和产业升级是未来我国非金属矿物深加工技术和产业发展的主要机遇之一。

随着新材料及新技术的不断开发和使用，以信息、能源、生物、电子、航空航天、海洋开发为主的高新技术产业将不断发展壮大。这些高技术和新材料产业与非金属矿物原料或矿物材料密切相关。例如，微电子及信息技术产业需要高品质的石英、锆英石、石墨、云母、高岭土、金红石等非金属矿物；新能源开发需要大量的石墨、重晶石、膨润土、石英等；生物领域方面则与硅藻土、凹凸棒石、珍珠岩、高岭土、沸石、膨润土、蛋白土、麦饭石、海泡石等密切相关；航空航天新技术及新产品开发需要石墨、石棉、云母等；而硅线石、石英、氧化硅、石榴石、蛭石、蓝晶石、石膏、珍珠岩、石棉、硅灰石、硅藻土、叶蜡石、金刚石、石墨、云母、高岭土、滑石、方解石、红柱石、菱镁矿等与新材料技术及其产业有关。因此，新材料及高新技术的开发是非金属矿物深加工技术和产业发展的另一重要机遇之一。

环境保护和生态建设是人类未来生活面临的两个重大挑战，它直接关系到人类的生存和经济社会的可持续发展。随着人类环保意识的增强和全球环保标准及要求的提高，环保产业将成为未来社会发展最重要的新兴产业之一。应用研究发现，一些矿物材料具有环境修复（如大气、水污染治理等）、环境净化（如杀菌、消毒、分离等）和环境替代（如替代环境负荷大的材料）等功能。许多非金属矿物，如沸石、硅藻土、海泡石、膨润土、凹凸棒石、坡缕石、蛭石等经过加工（选矿提纯、表面改性和复合整形）具有选择性吸附有害及各种有机和无机污染物的功能，而且这些非金属矿物原料易得、单位处理成本低、本身不产生二次污染，故在环境治理和改善生态平衡方面得到了越来越多的关注和使用。因此，环保产业是我国非金属矿物深加工技术和产业发展的第三个重要机遇。

## 1.3 非金属矿物加工的主要内容

非金属矿物加工的目的是通过一定的技术、工艺、设备生产出满足市场要求的具有一定粒度大小和粒度分布、纯度或化学成分、物理化学性质、表面或界面性质的粉体材料以及一定尺寸、形状、力学性能、物理性能、化学性能、生物功能等的功能性产品。

非金属矿物加工的内容主要包括两个方面：①粉体的制备与处理技术；②材料的加工与复合技术。

### 1.3.1 粉体的制备与处理技术

粉体的制备与处理技术是指通过一定的技术、工艺、设备生产出满足市场要求的具有一定粒度大小和粒度分布、纯度或化学成分、物理化学性质、表面或界面性质的非金属矿物粉体材料或产品。

(1) 选矿提纯技术　选矿提纯是指利用矿物之间或矿物与脉石之间密度、粒度和形状、磁性、电性、颜色（光性）、表面润湿性以及化学反应特性的不同对矿物进行分选和提纯的加工技术。根据分选原理的不同，可分为重力分选、磁选、电选、浮选、化学选矿、光电拣选等。

绝大多数非金属矿物只有选矿提纯以后其物理化学特性才能充分发挥。非金属矿的选矿提纯目的在于满足其在相关领域的应用，如耐火材料、石英玻璃、涂料、油墨及造纸填料和颜料、有机/无机复合材料、高技术陶瓷、微电子、生物医学、环境保护、光纤、密封材料等现代高技术和新材料。主要研究内容包括：①无机非金属矿的选矿提纯原理和方法，涉及的非金属矿物包括金红石、硅灰石、云母、氧化铝、石英、蓝晶石、红柱石、硅藻土、石墨、膨润土、伊利石、石榴子石、氧化镁、硅线石、石棉、高岭土、海泡石、凹凸棒土等；②微细颗粒提纯技术和综合力场分选技术；③适用于不同物料及不同纯度要求的精选提纯工艺与设备；④精选提纯工艺过程的自动控制等。它涉及矿物加工、晶体学、流体力学、颗粒学、高分子化学、表面与胶体化学、无机化学、有机化学、化工原理、岩石与矿物学等诸多学科。

非金属矿物材料选矿提纯的一个重要特点是，其纯度除了化学元素和化学成分要求外，部分矿物还要考虑其矿物成分（如硅藻土的无定形二氧化硅的含量、高岭土的高岭石含量、膨润土的蒙脱石含量）、结构（如鳞片石墨）、晶形（如云母、硅灰石）等。

(2) 粉碎分级技术　粉碎与分级是指通过机械、物理和化学的方法使非金属矿石粒度减小和具有一定粒度分布的加工技术。根据粉碎产物粒度大小和分布的不同，可将粉碎与分级细分为破碎与筛分、粉碎与分级、超细粉碎与精细分级，分别用于加工＞1mm、10～1000μm及0.1～10μm等不同粒度及粒度分布的粉体产品。

粉碎与分级是满足应用领域对粉体原（材）料粒度大小及粒度分布要求的粉体加工技术。主要研究内容包括：①粉体的粒度、物理化学特性及其表征方法；②不同性质颗粒的粉碎机理；③粉碎过程的描述和数学模型；④物料在不同方法、设备及不同粉碎条件和粉碎环境下的能耗规律、粉碎及分级效率或能量利用率及产物粒度分布；⑤粉碎过程力学；⑥粉碎过程化学；⑦粉体的分散；⑧助磨剂的筛选及应用；⑨粉碎与分级工艺及设备；⑩粉碎及分级过程的粒度监控和粉体的粒度检测技术等。它涉及颗粒学、力学、固体物理、化工原理、物理化学、流体力学、机械学、岩石与矿物学、晶体学、矿物加工、现代仪器分析与测试等诸多学科。

(3) 表面改性技术　表面改性是指用物理、化学、机械等方法对矿物粉体进行表面处理，根据应用的需要有目的地改变粉体的表面物理化学性质，如表面组成、结构和官能团、表面润湿性、表面电性、表面光学性质、表面吸附和反应特性等。根据改性原理和改性剂的不同，表面改性方法可分为物理涂覆改性、化学包覆改性、沉淀反应改性、机械力化学改性、胶囊化改性等。

表面改性是满足应用领域对粉体原（材）料表面性质及分散性和与其他组分的相容性要求的粉体材料深加工技术。对于超细粉体材料和纳米粉体材料表面改性是提高其分散性能和应用性能的主要手段之一，在某种意义上决定其市场的占有率。非金属矿物粉体材料的表面改性技术主要研究内容包括：①表面改性的原理和方法；②表面改性过程的化学、热力学和动力学；③表面或界面性质与改性方法及改性剂的关系；④表面改性剂的种类、结构、性能、使用方法及其与粉体表面的作用机理和作用模型；⑤不同种类及不同用途的无机粉体材料的表面改性工艺条件及改性剂配方；⑥表面改性剂的合成和表面改性设备；⑦表面改性效果的表征方法；⑧表面改性工艺的自动控制；⑨表面改性后无机粉体的应用性能研究等。它涉及复合材料、生物医学材料、胶体化学、有机化学、无机化学、高分子化学、无机非金属材料、高聚物或高分子材料、化工原理、颗粒学、表面或界面物理化学、现代仪器分析与测试等诸多相关学科。

（4）脱水干燥技术　非金属矿物粉体处理的后续加工作业，是指采用机械、物理化学等方法脱除加工产品中的水分，特别是脱除湿法加工产品中水分的技术。

脱水干燥技术的目的是满足应用领域对产品水分含量的要求和便于储存和运输。因此，脱水干燥技术也是非金属矿物材料必需的加工技术之一。脱水干燥包括机械脱水（离心、压滤等）和热蒸发（干燥）脱水两部分。非金属矿物粉体材料干燥脱水的特点是，部分黏土矿物材料（如膨润土、高岭土、海泡石、凹凸棒土、伊利石等）及超细非金属矿物材料水分含量高、机械脱水难度大、干燥后团聚现象严重。因此，常规的机械脱水方式难以有效脱水，一般采用压力脱水方式，特别是对于酸洗或漂白后的非金属矿物材料还必须在压滤过程中进行洗涤。为解决干燥后粉体材料，尤其是超细粉体材料的团聚问题，一般采用流态化干燥方式或在干燥设备中或干燥后设置解聚装置。非金属矿物粉体材料脱水干燥技术的发展趋势是提高效率、降低能耗、减少污染和恢复原级粒度或提高粉体粒度还原率（降低团聚率）。

（5）产品成型技术　产品成型技术是指采用机械、物理和化学的方法将微细或超微细非金属矿物粉体加工成具有一定形状、一定大小且粒度分布均匀的非金属矿物产品的深加工技术。其目的是方便超细非金属矿物粉体材料的应用，减轻超细粉体使用过程中的粉尘飞扬和提高其应用性能。主要研究内容包括成型工艺和设备。对于非金属矿物粉体材料，尤其是微米级和亚微米级的超细粉体材料直接在塑料、橡胶、化纤、医药、环保、催化等领域应用时，不同程度地存在分散不均、扬尘、服用不便、难以回收等问题。将其成型后使用是解决上述应用问题的有效方法之一，尤其适用于用作高聚物基复合材料（塑料、橡胶等）填料的非金属矿物粉体材料，如碳酸钙、滑石、云母、高岭土等，一般做成与基体树脂相容性好的各种母粒。

### 1.3.2 材料的加工与复合技术

（1）加工技术　非金属矿物材料的加工技术主要包括两种：物理加工技术和化学加工技术。物理加工技术的内容包括：各种非金属矿物材料的结构与性能；非金属矿物材料的制备工艺和设备；原（材）料配方、制备工艺等与非金属矿物材料结构和性能的关系；非金属矿物材料制备工艺的自动控制等。它涉及材料学、材料加工、材料物理与化学、固体物理、结构化学、高分子化学、有机化学、无机化学、电子、生物、环保、机械、自动控制、现代仪器分析与测试等学科。

非金属矿物材料的化学加工技术是以非金属矿产品为原料或主要对象，通过改变矿物分子的结构，提取某种有用元素或化合物的加工技术。如用含钡矿物重晶石生产钡盐系列产品；用含铝矿物铝土矿、高岭土等生产氯化铝、硫酸铝、氧化铝等；用含硅矿物如石英、硅藻土制备白炭黑、沉淀二氧化硅和硅酸钠等。

非金属矿物材料的化学加工技术一般包括热化学加工、湿法分解或浸取、过滤分离、溶液精制、结晶、干燥、粉碎等工序。热化学加工可分为煅烧、焙烧、熔融等；湿法分解或浸取是利用酸、碱、盐类溶液在水热条件下提取固体物料中有用组分的过程，一般伴有化学反应。

(2) 复合技术　复合技术是指根据最终产品功能需要的原料配方或配制技术，包括不同化学组成、结构、颗粒形状的非金属矿物之间的配合或复合，即无机/无机复合；非金属矿物原料与有机物或有机高聚物的复合，即有机/无机复合等。复合技术，又称为物料配方复合技术，是非金属矿物材料或制品的核心技术之一。非金属矿物材料或制品种类繁多，涉及的领域非常广泛，按其功能可分为：热学功能材料（如保温节能材料、高温耐火材料、隔热和绝热材料、导热材料等）、光功能材料（如光导材料，荧光材料，聚光、透光、感光、偏振材料等）、电磁功能材料（如光导材料、磁性材料、半导体材料、压电材料、介电材料、电绝缘材料等）、结构或力学功能材料（如新型建材、高级陶瓷结构材料、高级磨料、摩擦材料、减摩润滑材料、密封材料等）、催化材料、吸附材料、吸波与屏蔽材料、颜料、黏结材料、生物医学功能材料、流变材料、装饰材料等。不同材料的原（材）料配方不同，因此，非金属矿物材料配方技术涉及广泛的学科面，如矿物加工、材料加工、无机非金属材料、高分子材料、新型建材、化工工程、机械、电子等，是一种多学科的综合。以功能化为核心，以环境友好为导向将是非金属矿物材料配方技术发展的方向。

(3) 加工工艺与设备　加工工艺与设备是指非金属矿物材料或制品的成型、固化、煅烧、表面修饰等工艺与设备，是制备非金属矿物材料或制品的关键技术之一。非金属矿物材料或制品的种类很多，一般来说，不同种类和不同用途的非金属矿物材料或制品的生产方法不同，工艺也是千差万别，较为共性的加工技术有成型、固化和煅烧技术。提高工艺性能、优化操作参数、降低设备能耗是非金属矿物材料或制备工艺与设备未来发展的主要方向。

## 1.4 非金属矿物加工特点

由于非金属矿物应用的多样性，与金属矿物及燃料矿物的加工相比，非金属矿物精细化加工具有以下特点。

① 非金属矿物选矿的技术指标在很多情况下，不是其中的某种有用元素，而是某种化学成分或矿物成分，如膨润土的蒙脱石含量、硅藻土的无定形二氧化硅含量、高岭土的高岭石含量、石墨的晶质（固定）碳含量、蓝晶石的氧化铝含量等。

② 结构特性是非金属矿物的重要性能和应用特性之一，在加工中应尽量保护矿物的天然结晶特性和晶形结构。如鳞片石墨、云母的片晶要尽可能地少破坏，因为在一定纯度下，颗粒直径越大或径厚比越大，价值越高；硅灰石粉体的长径越大，价值越高；海泡石和石棉纤维越长，价值越高等。

③ 非金属矿物的磨矿分级不仅仅是选矿的预备作业，它还包括直接加工成满足用户粒度和颗粒形状要求的粉磨分级作业以及超细粉碎和精细分级作业。

④ 表面和界面改性是非金属矿物加工最主要的特点之一。它是改善和优化非金属矿物的应用性能，提高其附加值的主要深加工技术之一。

⑤ 非金属矿物粉体材料脱水的特点是，部分黏土矿物材料（如膨润土、高岭土、海泡石、凹凸棒石、伊利石等）及超细非金属矿物材料的水分含量高，机械脱水难度大，干燥后团聚现象严重。因此，常规的机械脱水方式难以有效脱水；一般采用压力脱水方式，特别是对于酸洗

或漂白后的非金属矿物材料还必须在压滤过程中进行洗涤。为解决干燥后粉体材料，尤其是超细粉体材料的团聚问题，一般要在干燥设备中或干燥设备后设置解聚装置。

# 1.5 非金属矿物加工发展趋势

随着非金属矿物在人类生产与生活中扮演着越来越重要的角色，要求非金属矿物的深加工更加精细化，包括超细化、高纯化、晶体化、功能及复合化、特殊形态化。可以说，深加工是开发利用非金属矿物的必经之路，而功能化则是非金属矿物材料发展的主题。

(1) 超细化　非金属矿物的超细化是非金属矿物深加工的重要组成部分。矿物颗粒的大小直接影响其使用效果，这是因为随着非金属矿物粒度的减小，矿物的比表面积增大，其表面活性得到改善，使得非金属矿物的功能特性得到充分发挥。非金属矿物的超细化能促使矿物活性增高，从而加快各项物化反应，增强颗粒之间的结合力，加快矿物颗粒之间的融合，有利于复合材料的增强，拓宽其应用领域。表 1-4 列出了矿物颗粒加工深度与应用范围的关系。

**表 1-4　非金属矿物颗粒加工深度及应用范围**

| 产物粒级 | 超细粉碎(<10μm) | 胶体材料(<1μm) | 超微颗粒(<0.1μm) |
|---|---|---|---|
| 应用范围 | 优质填料、涂料、矿物颜料、填充料、化工、陶瓷材料、悬浮体材料 | 催化剂、高性能涂料及颜料、矿物胶黏材料、精细陶瓷、活性材料 | 精细陶瓷、磁性、电子、光学材料、催化剂、生物材料、传感器材料 |

近年来对非金属矿物超细化的研究已从微米级逐步进入纳米级。纳米粒度范围的非金属矿由于纳米效应而具有一些特殊的功能特性，使得非金属矿物颗粒应用领域渗透到高新技术产业中，如微电子信息、航空航天、生物、环保等领域。

以非金属矿物为原料制备纳米材料，体现高新技术与传统产业的结合，对促进我国传统非金属矿物产业结构的调整，提高行业整体水平，改善企业的经济效益具有十分重要的意义。

(2) 高纯化　任何一种非金属矿物都有其特定的矿物晶相和化学组成，膨润土主要矿物晶相为蒙脱石，理论结构式为 $(1/2Ca,Na)_x(H_2O)_4\{Al_{2-x}Mg_x[Si_4O_{10}](OH)_2\}$，高岭土主要矿物晶相为高岭石，理论结构式为 $Al_4(Si_4O_{10})(OH)_8$。但由于在原岩形成过程中其他元素渗入及后期受热液蚀变及风化作用的影响，非金属矿除含有主要晶相矿物成分外，还含有如石英、氧化铁等杂质，这样使得非金属矿的物理化学特性不能充分体现，势必会影响其应用效果。因此，非金属矿的精选提纯是其深加工的一项重要内容。在未来社会发展中，无论是新兴的高技术和新材料产业，还是传统产业，都将对非金属矿物材料的纯度提出更高的要求，那么非金属矿物的精选提纯技术难度也将随之增加。两种或多种综合力场精选提纯技术（重力、离心力、磁力、电力、化学力等）的结合将是未来非金属矿物高纯化的主要发展趋势，涉及的非金属矿物包括石英、高岭土、膨润土、滑石、云母、硅藻土、金红石、硅线石、硅灰石、海泡石、伊利石、凹凸棒石、蓝晶石、红柱石、萤石、石墨等。

非金属矿物的高纯化除了能提高其本身的物理化学特性外，还可以扩宽应用领域及产生巨大增值。纯度为 99.98%的 $ZrO_2$ 的价格为普通耐火材料用 $ZrO_2$ 的 300 多倍，是电子材料用 $ZrO_2$ 的 50 多倍。$BaSO_4$ 含量>99%的重晶石可以广泛应用于导电塑料、导电橡胶和导电涂料等，同时在航空航天、通信技术及精密电子等高新技术领域也得到应用。

(3) 晶体化　在合适的地质背景下（一定的温度、压力状态，一定的化学组分浓度），自然环境条件允许（拥有溶洞和裂缝）的情况下，就有可能发育成矿物晶体。纯的矿物晶体将充分发挥其物理化学特性，并广泛应用于社会的各个行业领域中。所以单晶化的作用，能够实现各种矿物特有的声、光、电、磁、热等特性，使之在工农业及军事高技术领域中发挥巨大的作用。天然矿物晶体是不可再生的宝贵资源，故在实际使用过程中常因原料资源匮乏而受到限制。故合成各类人工矿物晶体是非金属矿物加工的另一个发展方向，如人造水晶、人造宝石、激光晶体及非线性光学晶体、热电晶体、闪烁晶体等的合成。

（4）功能及复合化　新型非金属矿物材料的开发主要是靠矿物与矿物、有机与无机、活化与改性等一系列工艺过程来制备复合矿物材料，赋予其功能特性，故功能化和复合化是人们对材料性能追求的结果，也是高新技术发展的需求。功能是材料的核心，科技技术的进步和产业结构的调整需要各种各样的功能材料，复合的目的是人为地赋予材料独特的新功能（不是单一功能的简单加和），改进传统功能。因此复合化是非金属矿物深加工的关键，而功能化是非金属矿物深加工的目的。对非金属矿物的复合通常采用的方法就是表面改性，如膨润土经无机或有机试剂改性后就可以形成膨润土矿物凝胶和有机膨润土，从而使膨润土凝胶具有触变、增稠、抗盐、抗酶、耐酸碱稳定性好等优点；海泡石、凹凸棒石等黏土矿物采用有机试剂改性后，可以显著提高它们的吸附性、脱色力、分散性，广泛应用于水污染治理。各种非金属矿物材料（产品），特别是深加工产品，无论是填料、颜料、涂料以及橡胶、塑料，还是改性用的润湿剂、润滑剂、分散剂、复合剂、偶联剂、酸碱调节剂等等，都是复合化的过程，是非金属矿物材料的终结过程，也是非金属矿物材料用途的落实、价值的体现及制品研制使用的基础。

（5）特殊形态化　非金属矿物种类繁多，形貌结构各异。由于非金属矿物自身形貌结构对其应用性能和应用价值影响很大，故在非金属矿物的精细化加工过程中要特别注意对其形貌结构的保护。纤维结构是非金属矿物特殊结构形貌中一个比较典型的例子，它赋予非金属矿物高的机械强度。具有纤维结构的非金属矿物有石棉、水镁石纤维、海泡石纤维、硅灰石及石膏纤维等。据报道，纤维的抗拉强度可达到 4000kPa，远远超过钢丝的拉伸强度（2300kPa），故非金属矿物的纤维化也是一项重要的深加工技术。

除纤维结构外，片（层）状和多孔状是非金属矿具有的另两种特殊形貌结构，片（层）状非金属矿物包括高岭土、滑石、叶蜡石、云母、膨润土、绿泥石、蛭石、伊利石以及蛇纹石等一些层状硅酸盐矿物；多孔状非金属矿物包括沸石、海泡石、凹凸棒石、硅藻土、蛋白土等。特殊的形貌结构赋予非金属矿物特定的应用领域，管状高岭土较片状高岭土黏结性好，但反光性不如片状高岭土，故管状高岭土多用于陶瓷，而片状高岭土则多用于造纸工业。高纯片状高岭土，其平滑度、反光性和印刷性等在造纸工业中是十分重要的指标。多孔状非金属矿物由于其本身天然孔道结构，故比表面积大，可作为催化剂或催化剂载体应用于化工及环保等领域。

## 参考文献

[1]　祖占良，郑水林．非金属矿加工利用技术与现代产业发展 [J]．中国非金属矿工业导刊，1998，(1)：13-14.
[2]　吴光宗，戴桂康．现代科学技术革命与当代社会 [M]．北京：航空航天大学出版社，1995.
[3]　郑水林．非金属矿加工与应用 [M]．北京：化学工业出版社，2003.
[4]　胡兆扬．2000 年中国非金属矿工业发展战略 [M]．北京：中国建材工业出版社，1992.
[5]　宁健．现代科学技术基础知识 [M]．北京：中国科学技术出版社，1994.
[6]　王利剑．非金属矿物加工技术基础 [M]．北京：化学工业出版社，2010.
[7]　郑水林．中国非金属矿深加工技术现状、机遇、挑战和发展趋势 [J]．中国非金属矿工业导刊，2000，(5)：1-8.
[8]　韩跃新，印万忠，王泽红，等．矿物材料 [M]．北京：科学出版社，2006.
[9]　郑水林，袁继祖．非金属矿加工技术与应用手册 [M]．北京：冶金工业出版社，2005.
[10]　杨华明，周灿伟，李云龙．非金属矿精加工技术的最新进展 [J]．中国非金属矿工业导刊，2005，(49)：59-62.
[11]　郑水林．中国非金属矿加工技术现状及发展趋势 [J]．中国非金属矿工业导刊，2003，(35)：16-20.
[12]　宗培新．我国现代非金属矿深加工技术浅析 [J]．中国建材，2005，(6)：36-38.
[13]　郑水林．非金属矿加工工艺与设备 [M]．北京：化学工业出版社，2009.
[14]　彭同江．我国矿物材料的研究现状与发展趋势 [J]．中国矿业，2005，14 (1)：17-20.
[15]　沈宝琳．非金属矿深加工技术的内涵 [J]．中国非金属矿工业导刊，1999，(6)：3-4.
[16]　韩跃新，王泽红，印万忠，等．纳米粉体与非金属矿深加工技术研究 [J]．金属矿山，2004，(10)：103-107.

# 第2章

# 非金属矿物选矿提纯技术

## 2.1 概述

在种类繁多的非金属矿物资源中，只有极少数天然产出的非金属矿物可直接进行工业应用，而绝大部分的非金属矿物因不同程度地含有其他矿物杂质而不能满足工业指标要求，故必须对这些非金属矿物进行选矿提纯处理。非金属矿物的选矿提纯是非金属矿物能够得到工业应用的必由之路，在国民经济中占有极其重要的地位和作用。

选矿提纯就是利用非金属矿物自身的物理或化学特性，通过各种选矿提纯设备将非金属矿物中人类有意利用的目标矿物筛选出来，达到有用矿物与脉石分离以及有用矿物含量相对增加、纯度相对提高的过程。主要表现在三个方面：①将矿石中有用矿物和脉石矿物分离，富集有用矿物；②除去矿石中的有害杂质；③尽可能回收伴生有用矿物，充分而经济合理地利用矿产资源。

非金属矿物的选矿提纯技术包括传统的重力选矿、浮选、磁选、电选等，也包括一些针对特殊矿种和特殊要求而开发的新型选矿技术，如复合物理场分级技术和磁流体水力旋流分选技术等。

## 2.2 选矿技术基础

### 2.2.1 选矿概念

地壳中具有开采价值的矿石积聚区，通常称为矿床。矿石由有用矿物和脉石矿物组成。能为国民经济利用的矿物，即选矿所要选出的目的矿物，称为有用矿物；目前国民经济尚不能利用的矿物，称为脉石矿物。除少数富矿外，目前我国非金属矿物的品位（即矿石中有用成分含量的百分数）都较低，绝大多数非金属矿都需要加工后才能利用，选矿就是主要的加工过程。选矿就是将矿石中有用矿物与脉石矿物分离、除去有害杂质、使之富集和纯化的一门技术科学，它是对有用矿物的精选过程。经过长期发展，“选矿”已不能涵盖众多新涌现出来的技术和方法所依赖的学科基础和学科领域，其研究的对象比传统选矿学科更广、更深。

非金属矿物资源绝大多数都是多种矿物共生，不经过选矿提纯是无法直接利用的。图 2-1 给出选矿在矿产资源利用过程中的关系图。

### 2.2.2 选矿作业过程

选矿是一个连续的生产过程，它由一系列连续的作业组成。不论选矿方法和选矿规模及工艺设备如何复杂，一般都包括以下三个最基本的作业过程。

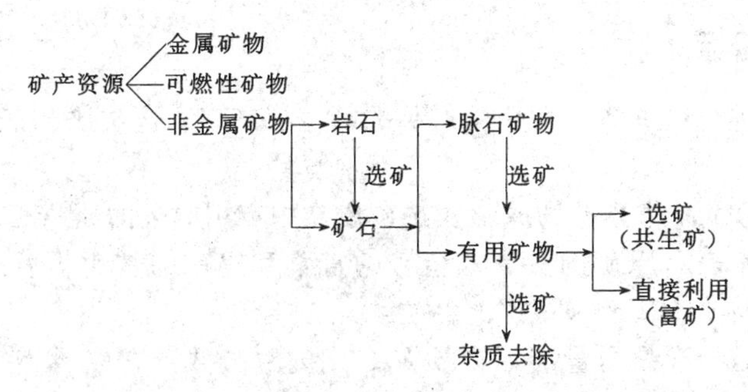


图 2-1　选矿在矿产资源利用过程中的关系图

（1）选别前的准备作业　准备作业包括洗矿、破碎、筛分、磨矿和分级。其目的是使有用矿物与脉石矿物以及多种有用矿物相互分离，为后续的选矿提纯做准备。准备作业根据需要有时也包括将物料分成若干适宜粒级的准备工作。

（2）选别作业　选别作业是选矿过程的关键作业，也是主要作业；它根据矿物的不同性质，采用一种或几种选矿方法，如重选法、磁选法、电选法、浮选法等，对目标矿物进行选矿提纯，这是本章论述的重点内容。

（3）产品处理作业　该作业主要包括精矿脱水和尾矿处理。精矿脱水通常由浓缩、过滤、干燥三个阶段组成，其中干燥阶段根据实际情况决定是否需要。尾矿处理通常指尾矿储存、综合利用和尾矿水处理等过程。矿石经过选别作业后，通常得到精矿、尾矿和中矿。精矿是原矿经过选别作业后，得到的有用矿物含量较高、适合冶炼或满足其他工业部门需求的最终产品；尾矿是原矿经过选别作业后，得到的有用矿物含量很低，一般需要进一步处理或目前技术经济上不适合进一步处理的矿物。中矿是原矿经过选别之后，得到的半成品（或称中间产品），其有用矿物的含量比精矿低，比尾矿高，中矿一般需要进一步加工处理。人们把对矿石进行分离与富集的连续加工的工艺过程称为选矿工艺流程，如图 2-2 所示。

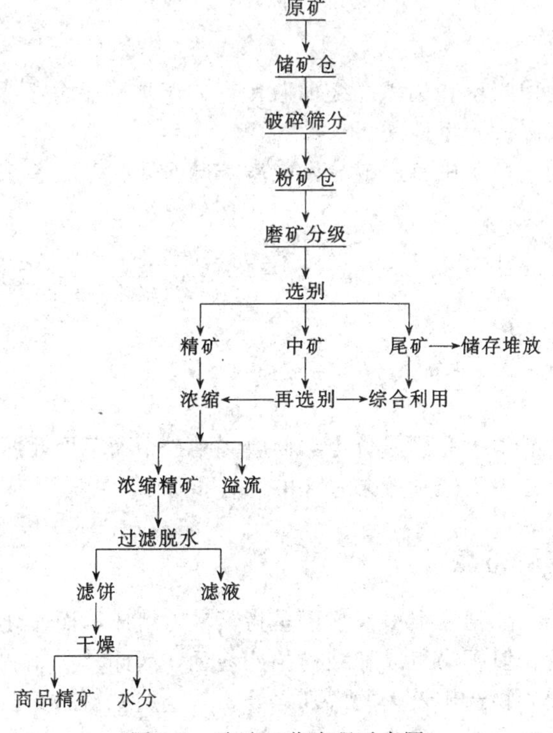


图 2-2　选矿工艺流程示意图

### 2.2.3 选矿技术指标

为衡量选矿过程进行得好坏，常采用产品的品位、产率、选矿比、富矿比、回收率、选别效率等指标表示。

(1) 品位（grade） 品位指矿物原料及选矿产品中有用成分的质量百分比。原矿、精矿和尾矿品位的高低，分别表示原矿的贫富、精矿的富集和尾矿的贫化程度。通常以 $\alpha$、$\beta$、$\delta$ 三个希腊字母分别表示原矿、精矿和尾矿的品位。

(2) 产率 产率是指产品质量与原矿质量之比的百分数。它以希腊字母 $\gamma$ 表示，产品的质量以英文字母 $Q$ 表示。前者为相对量，后者为绝对值。尾矿产率与精矿产率的关系为：

$$\gamma_{尾矿}=100\%-\gamma_{精矿} \tag{2-1}$$

(3) 选矿比 选矿比是指原矿质量与精矿质量之比。它表示选出 1t 精矿须处理几吨原矿。

(4) 富矿比 富矿比是指精矿品位（$\beta$）和原矿品位（$\alpha$）之比。它表示精矿中有用成分含量比原矿中有用成分含量提高的倍数。

(5) 回收率 回收率是指原矿或给矿中所含被回收的有用成分在精矿中回收的质量分数，用 $\varepsilon$ 表示，以此来评价该有用成分的回收程度。

精矿的实际回收率：

$$\varepsilon_{实际}=\frac{\beta Q_{K}}{\alpha Q_{\alpha}}\times 100\% \tag{2-2}$$

精矿的理论回收率：

$$\varepsilon_{理论}=\frac{\beta(\alpha-\delta)}{\alpha(\beta-\delta)}\times 100\% \tag{2-3}$$

式中 $\alpha$——原矿或给矿品位；

$Q_{\alpha}$——原矿质量；

$Q_{K}$——精矿质量；

$\delta$——尾矿品位；

$\beta$——精矿品位。

回收率包括选矿作业回收率和选矿最终回收率。由于取样、分析及矿浆机械流失等原因，计算出的理论回收率和实际回收率往往不一致。

(6) 选别效率 人们用精矿中有用成分回收率与脉石回收率之差来衡量选别作业效果的好坏，即选别效率，以 $V$ 表示。

$$V=\frac{\varepsilon-\gamma_{K}}{1-\frac{\alpha}{\beta_{纯}}}\times 100\% \quad 或 \quad V=\frac{\beta_{纯}(\beta-\alpha)(\alpha-\delta)}{\alpha(\beta-\delta)(\beta_{纯}-\alpha)}\times 100\% \tag{2-4}$$

式中 $\beta_{纯}$——有用矿物的纯矿物品位；

$\gamma_{K}$——精矿产率。

理想的选矿就是将原矿中的有用成分全都回收到精矿中而不回收脉石，然而在实际过程中是做不到的，选别效率则是表示选别效果好坏的综合指标。

### 2.2.4 非金属矿物选矿特点

对于非金属矿物来说，纯度在很多情况下是指其矿物组成，而非化学组成。有许多非金属矿物的化学成分基本接近，但矿物组成和结构相差甚远，因此其功能和应用领域也就不同，这是非金属矿物选矿与金属矿物选矿最大的区别之处。与金属矿物的选矿相比，非金属矿物选矿的主要特点如下：

① 非金属矿物选矿的目的一般是为了获得具有特定的物理化学特性的产品，而不是矿物中的某些有用元素；

② 对于加工产品的粒度、耐火度、烧失量、透气性、白度等物理性能有严格的要求和规定，否则会影响下一级更高层次的应用；

③ 对于加工产品不仅要求其中有用成分的含量要达到要求，而且对其中杂质的种类及其含量也有严格的要求；

④ 非金属矿物选矿过程中应尽可能保持有用矿物的粒度与晶体结构的完整，以免影响它们的工业用途和使用价值；

⑤ 非金属矿物选矿指标的计算一般以有用矿物的含量为依据，多以氧化物的形式表示其矿石的品位及有用矿物的回收率，而不是矿物中某种元素的含量；

⑥ 非金属矿物选矿提纯不仅仅富集有用矿物，除去有害杂质，同时也粉磨分级出不同规格的系列产品；

⑦ 由于同一种非金属矿物可以用在不同的工业领域，而不同工业部门对产品质量的要求又有所不同，因此往往带来非金属矿物选矿工艺流程的特殊性、多样性和灵活性。

## 2.3 重力选矿

### 2.3.1 概述

密度是指单位体积矿物的质量，它是重力选矿的依据。重力选矿又称重选，就是根据矿粒间密度的差异，在一定的介质流中（通常为水、重液或重悬浮液及空气）借助流体浮力、动力及其他机械力的推动而松散，在重力（或离心力）及黏滞阻力作用下，使不同密度（粒度）的矿粒发生分层转移，从而达到分选的目的。重选过程中，矿粒之间的密度差异越大越易于分选，密度差异越小则分选越难。粒度和形状会影响按密度分选的精确性。因此，在分选过程中，应设法创造条件，减少矿粒的粒度和形状对分选结果的影响，以使矿粒间的密度差异能在分选过程中起主导作用。

### 2.3.2 基本概念

#### 2.3.2.1 矿粒的基本物理性质

（1）矿粒密度　矿粒密度指单位体积矿粒的质量，以 $\delta$ 表示。

$$\delta=\frac{m}{V} \tag{2-5}$$

密度单位在 CGS 制中是 $g/cm^3$，在国际单位制中是 $kg/m^3$。

（2）矿粒重度　矿粒重度指单位体积矿粒的质量（重力），以 $\gamma$ 表示。

$$\gamma=\frac{G}{V} \tag{2-6}$$

重度单位在 CGS 制中为 $dyn/cm^3$，在国际单位制中为 $N/m^3$。

$$1dyn/cm^3=10N/m^3$$

在实际使用中，重度还有一种工程单位 $g/cm^3$，它与其他单位的换算关系为：

$$1g/cm^3=980dyn/cm^3=9800N/m^3$$

（3）矿粒相对密度　矿粒相对密度是指矿粒质量与同体积 4℃的水质量之比，无量纲，也曾称作矿粒比重。现在国家标准中统一规定称为相对密度，比重一词不再使用。

矿粒密度和重度，两者不仅在意义上不同，而且在同一单位制中，数值和单位也各不相同。密度为 $1g/cm^3$ 的矿粒其重度为 $9800N/m^3$。它们之间有如下关系：

$$\gamma=\delta g \tag{2-7}$$

由于重力加速度 $g$ 随地球表面位置而异，故物体的重度 $\gamma$ 也因此而改变，但其密度 $\delta$ 在任何环境中都一样。密度是表征矿粒性质最基本的物理量。只有矿粒的密度以 $g/cm^3$ 为单位，重度为工程单位 $gf/cm^3$ 时，两者的数值才相同。故实践中常用测量矿粒重度的方法来间接地求出矿粒的密度。下面是测定矿粒重度的几种主要方法。

① 对粒度较大的矿粒，称量矿粒在空气中及水中的质量，根据下式求得：

$$\gamma=\frac{G}{(G-G_0)/\gamma_{水}} \tag{2-8}$$

式中　$G$——矿粒在空气中的质量，g；

$G_0$——矿粒在水中的质量，g；

$\gamma_{水}$——水的重度，$\gamma_{水}\approx 1g/cm^3$。

② 对粒度小的矿粒，使用比重瓶测定，用下式计算：

$$\gamma=\frac{G_2}{(G_1+G_2+G_3)/\gamma_{水}} \tag{2-9}$$

式中　$G_1$——比重瓶加满水时，比重瓶和水的总质量，g；

$G_2$——试样在空气中的质量，g；

$G_3$——先将试样加入瓶中，然后将比重瓶加满水称重，为瓶、水、试样的总质量，g。

(4) 矿粒粒度　矿粒粒度是矿粒外形的几何尺寸，是矿粒大小的表征。选矿中常用的粒度表示方法有以下两种。

① 上下限粒径表示法　某一物料全部通过筛孔为 $d_1$ 的筛子，全部通不过另一个筛孔为 $d_2$ 的筛子，则以 $-d_1+d_2$（mm）来表示某一较宽粒度级别的物料粒度，可简写为 $d_1\sim d_2$（mm）。

② 平均粒径表示法　某一物料全部通过筛孔为 $d_2$ 的筛子，则以 $(d_1+d_2)/2=d_{平均}$ 来表示某一较窄粒度级别的物料粒度。

#### 2.3.2.2　矿粒受力分析

重选过程都须在介质中进行。矿粒在介质中沉降时，受到两个力的作用：①矿粒在介质中的重力，在特定的介质中，对特定的矿粒，其重力是一定的；②介质的阻力，它和矿粒的沉降速度有关。矿粒沉降的最初阶段，由于介质阻力很小，矿粒在重力作用下做加速沉降。随着沉降速度的加快，介质阻力增加，矿粒沉降加速度随之减小，最后加速度就减小到零。此时矿粒就以一定的速度沉降，这个速度叫沉降末速。沉降末速受很多因素影响，其中最重要的是矿粒的密度、粒度和形状、介质的密度和黏度。在特定的介质中，矿粒的密度和粒度越大，沉降的末速度就越大。若矿粒的粒度相同，密度大的沉降末速度就大。

重选过程不仅须在介质中进行，而且须在运动的介质中进行。因为分层是矿物分选的基础。只有在运动的介质中，紧密的床层（由矿粒组成的物料层）才能松散，分层才能进行。同时借助运动的介质流，将已分选出的产物及时移出，这样选矿过程才能连续有效地进行。重选过程矿粒的基本运动形式是在介质中沉降，重选介质的运动形式有如下几种。

① 垂直运动　包括连续上升介质流，间断上升介质流，上升、下降交变介质流。

② 水平运动　包括倾斜较小的斜面介质流。

③ 回转运动　包括不同方向的回转介质流。

#### 2.3.2.3　等降比

矿粒在沉降过程中，某些粒度大、密度小的矿粒往往会与粒度小、密度大的矿粒以相同的速度沉降，这种现象称为等降现象。密度和粒度不同但具有相同沉降速度的矿粒，称为等降颗粒。例如，粒度较小的大密度颗粒$d_3$与粒度较大的小密度颗粒$d_1$以相同的速度沉降，则$d_1$和$d_3$称为等降颗粒，$d_1/d_3=L$，称为等降比。可见，重选时的矿粒粒度将影响矿粒按密度分层、分选的效果。为使矿粒尽可能地按密度分选，重选前必须将矿石进行充分的破碎，使有用矿物达到单体解离，减小进入重选的最大粒度。筛分和分级可将矿粒分为各种粒级，以便分别进入不同的重选作业。由等降比概念可知，在重选时粒级越窄，粒度对重选效果影响越小，矿粒按密度分选就越精确，同时能提高重选机械的生产能力，减少有用矿物再分选过程中的泥化。

#### 2.3.2.4 矿浆浓度

矿浆浓度是表征矿浆稀稠程度的物理量。它是各种重力选矿过程中主要的操作因素之一。矿浆浓度在重力选矿中常用两种方法表示。

(1) 质量浓度　通常以矿浆中固体颗粒质量分数来表示质量浓度，表示式如下：

$$c=\frac{G_{固}}{G_{浆}}=\frac{G_{固}}{G_{固}+G_{介}}\times 100\% \tag{2-10}$$

式中，$G_{浆}$、$G_{固}$、$G_{介}$分别为矿浆、固体颗粒及分散介质的质量。

(2) 体积浓度　通常以矿浆中固体颗粒的体积占整个矿浆体积的百分数表示体积浓度。它不受矿粒密度影响，能较好地表征矿浆中固体颗粒的稠密程度，在重力选矿中最为常用，表示式如下：

$$\lambda=\frac{V_{固}}{V_{浆}}=\frac{V_{固}}{V_{固}+V_{介}}=\frac{G_{固}}{G_{固}+\gamma V_{介}}\times 100\% \tag{2-11}$$

也可用松散度$\theta$表示：

$$\theta=\frac{V_{介}}{V_{浆}}=\frac{V_{介}}{V_{介}+V_{固}}=(1-\lambda)\times 100\% \tag{2-12}$$

式中　$\lambda$——矿浆固体颗粒的体积浓度，%；

$\theta$——矿浆固体颗粒的松散度，%；

$V_{浆}$——矿浆的体积；

$V_{固}$——固体颗粒的体积；

$V_{介}$——分散介质的体积。

#### 2.3.2.5 重力选矿工艺分类

根据介质运动形式和作业目的的不同，重选可分为如下几种工艺方法：分级、洗矿、跳汰选矿、摇床选矿、溜槽选矿、离心选矿、重介质选矿等。前两类属于选别前的准备作业，后五类属于选别作业，各种工艺方法的特点见表2-1。各种重选过程的共同特点是：①矿粒间必须存在密度的差异；②分选过程在运动介质中进行；③在重力、流体动力及其他机械力的综合作用下，矿粒群松散并按密度分层；④分层好的物料，在运动介质的作用下实现分离，并获得不同的最终产品。

**表2-1　重力选矿工艺分类**

| 工艺名称 | 分选介质 | 介质的主要运动形式 | 适宜的处理粒度/mm | 处理能力 | 作业类 |
|---|---|---|---|---|---|
| 分级 | 水或空气 | 沉降 | 0.074 | 大 | 准备作业 |
| 洗矿 | 水 | 上升流,水平流,回转流 | 0.075 | 小 | 准备作业 |
| 重介质选矿 | 重悬浮液或重液 | 上升流,水平流或回转流 | 2～70(100) | 最大 | 选别作业 |
| 跳汰选矿 | 水或空气 | 间断上升或上下交变介质流 | 0.2～16 | 大 | 选别作业 |
| 摇床选矿 | 水或空气 | 连续倾斜水流或上升气流 | 0.04～2 | 小 | 选别作业 |
| 溜槽选矿 | 水 | 连续倾斜水流或回转流 | 0.01～0.2 | 小 | 选别作业 |
| 离心选矿 | 水 | 回转流 | 0.074～0.1 | 小 | 选别作业 |

### 2.3.3 基本原理

重选是根据不同矿物之间密度的差异，在一定的介质流中（通常为水、重液或重悬浮液），借助流体浮力、动力或其他机械力的推动而松散，在重力（或离心力）及黏滞阻力作用下，使不同密度（粒度）的矿物颗粒发生分层转移，从而达到有用矿物和脉石分离的提纯方法。

在重选作业中，有用矿物和脉石间密度差值越大，分选越容易，密度差值越小则分选越困难。判断矿石重选难易程度可依下列准则：

$$E=(\delta_2-\rho)/(\delta_1-\rho) \tag{2-13}$$

式中，$\delta_1$、$\delta_2$、$\rho$ 分别为轻矿物、重矿物和介质的密度。依 $E$ 值可将矿石的重选难易程度分作五级，见表 2-2。重选提纯是处理粗粒（>25mm）、中粒（2～25mm）和细粒（0.1～2mm）矿石分选的有效方法之一。

**表 2-2 矿石重选难易度**

| $E$ 值 | >2.5 | 1.75～2.5 | 1.5～1.75 | 1.25～1.5 | <1.25 |
|---|---|---|---|---|---|
| 难易度 | 极容易 | 容易 | 中等 | 困难 | 极困难 |

由于重选一般在垂直重力场、斜面重力场和离心重力场中进行，故本节重点介绍这三种力场中的重选原理。

#### 2.3.3.1 垂直重力场中矿物粒群按粒度分层、分离原理

矿物粒群按密度分层是重选提纯的实质，而就分层过程及原理而言，主要有两种理论体系，一种为动力学体系，即在介质动力作用下，依据矿物颗粒自身的运动速度差或距离差发生分层；另一种为静力学体系，即矿物颗粒层以床层整体内在的不平衡因素作为分层根据。两种体系在数理关系上虽尚未取得统一，但在物理概念上并不矛盾且相互关联。

（1）矿物颗粒按自由沉降速度差分层　在垂直流中矿物颗粒群的分层是按轻、重矿物颗粒的自由沉降速度差发生的。所谓自由沉降是单个颗粒在广阔空间中独立沉降，此时颗粒只受重力、介质浮力和黏滞阻力作用。据此在紊流即牛顿阻力条件下（$Re$ 为 $10^3$～$10^5$），球形颗粒的沉降末速为：

$$v_{\mathrm{on}}=54.2\sqrt{\frac{\delta-\rho}{d}} \tag{2-14}$$

式中　$v_{\mathrm{on}}$——牛顿阻力下的颗粒沉降末速，cm/s；

$\rho$——介质密度，$g/cm^3$；

$\delta$——球形颗粒的密度，$g/cm^3$；

$d$——球形颗粒的粒径，cm。

在层流绕流条件下（$Re<1$），即斯托克斯黏滞阻力，微细颗粒的沉降末速为：

$$v_{\mathrm{os}}=54.5d^2\frac{\delta-\rho}{\mu} \tag{2-15}$$

式中，$\mu$ 为流体的动力黏度，Pa・s。

对不规则的矿物颗粒，引入球形系数（同体积的球体表面积和矿粒表面积之比）或体积当量直径 $d_v$（以同体积球体直径代表矿粒直径）加以修正，则式(2-14) 和式(2-15) 同样适用。式(2-14) 和式(2-15) 表明，矿物颗粒粒度和密度对沉降速度均有影响，这样就会有小密度的大颗粒和大密度的小颗粒沉降速度相同的可能。为此引入了等降比的概念，即要使两种密度不同的混合粒群在沉降（或介质相对运动）中达到按密度分层，必须使给料中最大颗粒与最小颗粒的粒度比小于等降颗粒的粒度比。据此，得出牛顿阻力条件下等降比：

$$e_{\mathrm{on}}=\frac{d_1}{d_2}=\frac{\delta_2-\rho}{\delta_1-\rho} \tag{2-16}$$

式中　$d_1$、$d_2$——轻、重矿物的粒径，cm；

$\delta_1$、$\delta_2$——轻、重矿物的密度，g/cm$^3$。

斯托克斯阻力条件下等降比为：

$$e_{os}=\frac{d_1}{d_2}=\left(\frac{\delta_2-\rho}{\delta_1-\rho}\right)^{\frac{1}{2}} \tag{2-17}$$

由此可见，重选矿物颗粒粒度级别越窄，则分选效果越好。当重选矿物密度符合等降比的条件时，则矿粒群在沉降过程中按矿物密度分层，即大密度矿粒沉降速度大，优先到达底层；小密度矿粒则分布在上层，从而实现矿物分层、分离。

(2) 矿物颗粒按干涉沉降速度差分层　重选矿物粒群粒级较宽时，即给料上下限粒度比值大于自由沉降等降比时，矿物颗粒群则按干涉沉降速度差分层。固体颗粒与介质组成分散的悬浮体，导致颗粒间碰撞及悬浮体平均密度增大，相应降低了个别颗粒的沉降速度。通过研究细小颗粒在均一粒群中的干涉沉降，则可得出适用于斯托克斯阻力范围内的矿物颗粒干涉沉降速度公式：

$$v_{ns}=v_0(1-\lambda)^n=v_0\theta^n \tag{2-18}$$

式中　$\theta$，$\lambda$——矿粒群在介质中的松散度及体积浓度；

$n$——反映矿粒群粒度和形状影响的指数。

球形颗粒在牛顿阻力条件下 $n=2.39$，在斯托克斯阻力条件下 $n=4.7$。

在斯托克斯阻力条件下的干涉沉降等降比为：

$$e_{hss}=\left(\frac{\delta_2-\rho}{\delta_1-\rho}\right)^{\frac{1}{2}}\left(\frac{\theta_2}{\theta_1}\right)^{2.35}=e_{os}\left(\frac{\theta_2}{\theta_1}\right)^{2.35} \tag{2-19}$$

在牛顿阻力条件下干涉沉降等降比为：

$$e_{hsn}=\left(\frac{\delta_2-\rho}{\delta_1-\rho}\right)\left(\frac{\theta_2}{\theta_1}\right)^{4.78}=e_{on}\left(\frac{\theta_2}{\theta_1}\right)^{4.78} \tag{2-20}$$

式中，$\theta_1$，$\theta_2$分别为等降的轻矿物局部悬浮体的松散度和相邻的重矿物局部悬浮体的松散度。

两种颗粒混杂且处于等降状态下，轻矿物的粒度总是大于重矿物，即 $\theta_1<\theta_2$，所以 $e_{hs}>e_o$，即干涉沉降等降比 $e_{hs}$ 始终大于自由沉降等降比 $e_o$。随着粒群松散度增大，干涉沉降等降比降低，但以自由沉降等降比为极限。干涉沉降条件下可以分选较宽级别矿物颗粒群。

以上观点属动力学体系范畴，下面简单介绍静力学分层原理。

(3) 按矿物颗粒悬浮体密度差分层　不同密度的矿物粒群组成的床层可视为由局部重矿物悬浮体和轻矿物悬浮体构成。在重力作用下，悬浮体内部存在静压强不平衡，在分散介质的作用下，轻、重矿物分散的悬浮体微团分别集中起来，由此导致矿物颗粒群按轻、重矿物密度分层。局部轻矿物和重矿物悬浮体的密度分别为：

$$\rho_{su1}=\lambda_1(\delta_1-\rho)+\rho \tag{2-21}$$

$$\rho_{su2}=\lambda_2(\delta_2-\rho)+\rho \tag{2-22}$$

轻矿物悬浮体与重矿物悬浮体互相以所形成的压强作用，相互有浮力推动。如果 $\rho_{su1}<\rho_{su2}$，则 $\lambda_2(\delta_2-\rho)>\lambda_1(\delta_1-\rho)$，发生正分层（重矿物在下，轻矿物在上），整理得：

$$\frac{\lambda_1}{\lambda_2}<\frac{\delta_2-\rho}{\delta_1-\rho} \tag{2-23}$$

式(2-23) 右方反映重矿物颗粒下降趋势，左方反映浮力强弱的指标，即发生正分层，两种悬浮体的体积浓度比值应有一定的限度；当 $\lambda_1/\lambda_2>(\delta_2-\rho)/(\delta_1-\rho)$ 时，出现反分层，重矿物在上、轻矿物在下；当 $\lambda_1/\lambda_2=(\delta_2-\rho)/(\delta_1-\rho)$ 时，不分层。

(4) 不同密度矿物粒群在上升流中的分层原理　对各自粒度均一的混合粒群，当两种矿物的粒度比值大于自由沉降等降比时，在上升水流作用下，轻矿物粗颗粒的升降取决于重矿物组成的悬浮体的物理密度。

即发生正分层的条件为：

$$\delta_1<\lambda_2(\delta_2-\rho)+\rho \tag{2-24}$$

分层转变的临界条件为：

$$\delta_1=\lambda_2(\delta_2-\rho)+\rho \tag{2-25}$$

随着上升水流的增大，重矿物扩散开来，它的悬浮体密度减小，则出现分层（反分层）转变时的临界上升水速为：

$$u_{cr}=v_{o2}\left(1-\frac{\delta_2-\rho}{\delta_1-\rho}\right)^{n_2} \tag{2-26}$$

式中，$n_2$为重矿物干涉沉降公式中的指数常数。

密度不同的矿物粒群实现按密度分层，上升介质流速$u_a$必须限定在如下条件：

$$u_{min}<u_a<u_{cr} \tag{2-27}$$

式中，$u_{min}$为使矿粒群松动混合的最小上升流速。

许多轻、重矿物粒度较大时的分层，接近此分层原理。

上述所讲几种矿物粒群的分层原理，虽然形式上各不相同，但本质上是相关的。由自由沉降到干涉，只是由于颗粒周围矿粒群的存在而使整个悬浮体的密度相比单一介质增大，静的浮力作用补偿了流体的动压力。而按悬浮体密度分层则是一个极端的理想状态，即当流体和床层颗粒间相对速度为零时，只剩下轻矿物悬浮体和重矿物悬浮体之间的静力作用。按重介质分层是按悬浮体密度分层的一个特例，即轻矿物颗粒与重矿物组成的悬浮体密度相接近。

在重选提纯的生产中，分层多发生在干涉沉降和重介质作用之间。当重选矿物密度差较大且界限明显时，可不分级；当矿物间密度差不是很大，或有连生体时，应根据分选时介质流速的大小适当分级；若是为避免微细颗粒矿物损失，分级提纯更有必要。应用垂直重力场分选原理的主要设备有跳汰选矿机、重介质选矿机等。

#### 2.3.3.2 斜面重力场中矿物粒群按密度分层、分离原理

采用斜面流进行选矿由来已久，但多以厚水层处理粗、中粒矿石为主。现在大量的斜面流选矿则是以薄层水流处理细粒和微细粒矿石，称为流膜选矿。处理细粒级的流膜具有弱紊流流态特征，如摇床、螺旋选矿机属于此类；处理微细粒的流膜则多呈层流流态。

斜面流分选是指借水流沿斜面流动从而使有用矿物和脉石分离。和垂直流一样，斜面流也是一种松散矿物颗粒群的手段，水流的流动特性对矿物颗粒的松散、分层有重要影响。水借自身重力沿斜面从上到下流动，其流态仍有层流和紊流之分，其判据为雷诺数 $Re$ 的大小。

$$Re=\frac{Ru_{mea}\rho}{\mu} \tag{2-28}$$

式中　$R$——水力半径，以过水断面积 $A$ 和湿周长 $L$ 之比表示，即 $R=A/L$，当水层厚度相对于槽宽很小时，水力半径接近于水深 $H$；

$u_{mea}$——斜面水流的平均流速；

$\rho$——介质的密度；

$\mu$——介质的动力黏度。

表示层流与紊流界限的雷诺数与转变条件有关。一般情况 $Re\leqslant300$ 和 $Re\leqslant20\sim30$（薄水层，厚度为几毫米）为层流流动，$Re\geqslant1000$ 为紊流流动。处理粗、中、细粒矿石斜面流水流仍可保持独立的流动特性，此时上式中的 $\rho$、$\mu$ 及 $u_{mea}$ 应以水流计算；处理微细粒级的矿浆，已具有统一的流动特性，应采用矿浆计算。

(1) 层流斜面流的流动特性和松散作用力　层流中流体质点均沿层运动，层间质点不发生

交换。水流（或矿浆）速度沿深度的分布可由层间黏性摩擦力与重力分力的平衡关系导出。在某流域面积为 $A$ 的两层面之间，黏性摩擦力按牛顿内摩擦定律计算：

$$F=\mu A\frac{\mathrm{d}u}{\mathrm{d}h} \tag{2-29}$$

式中　$\frac{\mathrm{d}u}{\mathrm{d}h}$——沿流层厚度方向的速度梯度；

　　$\mu$——介质的动力黏度。

在距底面 $h$ 高度以上的水流重力沿斜面的分力为：

$$W=(H-h)A\rho g\sin\alpha \tag{2-30}$$

式中　$H$——斜面高度；

　　$\alpha$——斜面倾角；

　　$\rho$——介质的密度。

当水流做等速流运动时，存在着 $F=W$ 的关系。即

$$\mu A\frac{\mathrm{d}u}{\mathrm{d}h}=(H-h)A\rho g\sin\alpha \tag{2-31}$$

由此得

$$\mathrm{d}u=\frac{\rho g\sin\alpha}{\mu}(H-h)\mathrm{d}h$$

对上式进行积分，即得层流速 $u$ 随高度 $h$ 而变化的关系

$$u=\frac{\rho g\sin\alpha}{2\mu}(2H-h)h \tag{2-32}$$

当 $h=H$ 时，即得表层最大流速 $u_{\max}$

$$u_{\max}=\frac{\rho g\sin\alpha}{2\mu}H^2 \tag{2-33}$$

水速相对于表层最大流速的变化为：

$$\frac{u}{u_{\max}}=2\frac{h}{H}-\left(\frac{h}{H}\right)^2 \tag{2-34}$$

上式表明，层流斜面流水速沿深度的分布为一条二次抛物线，平均流速为：

$$u_{\mathrm{mea}}=\frac{\rho g\sin\alpha}{3\mu}H^2=\frac{2}{3}u_{\max} \tag{2-35}$$

故知层流的平均流速为其最大流速的 2/3。

在层流斜面流中，流体质点均沿层面运动，没有层间质点交换，矿物粒群主要靠层间斥力而松散。即悬浮体中固体颗粒不断受到剪切方向上的斥力，使粒群具有向两侧膨胀的倾向，其大小随剪切速度增大而增加，当斥力大小足以克服颗粒在介质中的质量时，则矿物颗粒呈松散悬浮态，如图 2-3 所示。

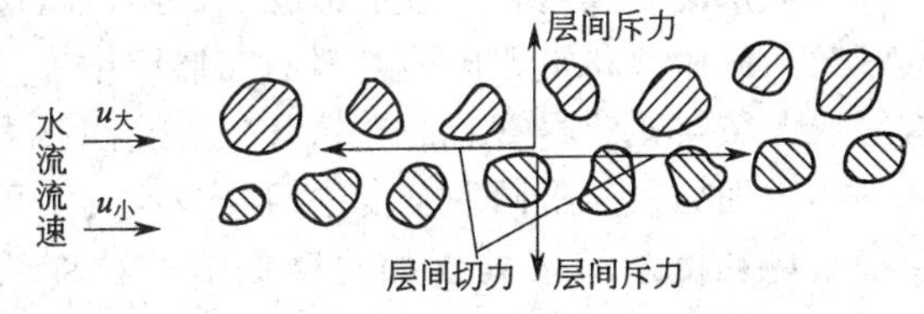


图 2-3　巴格诺尔德层间剪切和层间斥力示意图

研究得出，随着颗粒在剪切运动中接触方式的不同，切应力的性质亦不同。在速度梯度较高时，上下层颗粒直接发生碰撞，颗粒的惯性对切应力的形成起主导作用，此时属于惯性切应力，计算公式如下：

$$T_{\mathrm{in}}=0.013\delta(zd)^2\left(\frac{\mathrm{d}u}{\mathrm{d}h}\right)^2 \tag{2-36}$$

$$z=\frac{\lambda^{\frac{1}{3}}}{\lambda_0^{\frac{1}{3}}-\lambda^{\frac{1}{3}}}=\frac{1}{\left(\frac{\lambda_0}{\lambda}\right)^{\frac{1}{3}}-1} \tag{2-37}$$

式中 $T_{in}$——惯性切应力，N/m；

$z$——悬浮液的线性浓度，其定义为单位体积内固体颗粒的总线性长与松散后间隙性长增大值之比；

$\lambda_0$，$\lambda$——床层松散后及自然堆积时的体积浓度。

当剪切速度较小或固体浓度较低时，颗粒相遇后通过水膜发生摩擦，流体的黏性对切应力的形成起主导作用，此时属于黏性切应力，计算公式为：

$$T_{ad}=2.2z^{\frac{1}{3}}\mu\frac{du}{dh} \tag{2-38}$$

巴格诺尔德提出了无量纲 $N$ 作为切应力性质的判断准则，表达式为：

$$N=\frac{\delta(zd)^2\left(\frac{du}{dh}\right)^2}{z^{\frac{3}{2}}\mu\frac{du}{dh}}=\frac{z^{\frac{1}{2}}\delta d^2\frac{du}{dh}}{\mu} \tag{2-39}$$

试验得知，当 $N\leqslant 40$ 时，基本属于黏性切应力；当 $N\geqslant 450$ 时，基本属于惯性切应力。在这两者之间为过渡段。随着 $N$ 值的增大，惯性切应力所占比例增大。

层间斥力 $P$ 随切应力 $T$ 的增大而增大，两者之间存在一定的比例关系：

完全属于惯性剪切时　　　　$T/P=0.32$

完全属于黏性剪切时　　　　$T/P=0.75$

在层流条件下，欲使床层颗粒群松散悬浮，须增大速度梯度以使层间斥力超过颗粒群在介质中的重力，即 $P\geqslant G_{0h}$，其中 $G_{0h}$ 为高度 $h$ 以上颗粒群在介质中所受的重力，按下式计算：

$$G_{0h}=(\delta-\rho)g\cos\alpha\int_h^H\lambda\,dh \tag{2-40}$$

若已知 $h\sim H$ 高度内固体的平均体积浓度为 $\lambda_{mea}$，上式为：

$$G_{0h}=(\delta-\rho)g\cos\alpha(H-h)\lambda_{mea} \tag{2-41}$$

可见，矿粒的密度越大，浓度越高，使床层松散所需的层间斥力就越大。将分选槽面做剪切摇动，提高速度梯度是增大层间斥力的良好办法。

床层在剪切斥力作用下松散后，颗粒便根据自身受到的层间斥力、重力和床层机械阻力的相对大小而发生分层转移。这种分层基本不受流体动力影响，故仍属于静力分层。它不仅发生在极薄的层流流膜内，而且也出现在弱紊流流膜的底层，通常称为“析离分层”。重矿物颗粒具有较大的斥力和重力压强，因而在摇床中首先转移到底层，轻矿物被排挤到上层。在同一密度层内，较粗颗粒尽管对细颗粒有较大层间压力，但细颗粒在向下运动中所遇到的机械阻力却更小，因而分布到了同一密度的粗颗粒层的下面。在粒度上的这种分布与动力分层恰好相反。但在给料粒度差不多大或颗粒微细时，粒度的分布差异往往不明显，而只表现为按密度差分层。

(2) 紊流斜面流的流动特性和紊动扩散作用　紊流的特点是流场内存在无数大小不等的旋涡，流场内指定点的速度大小和方向时刻都在变化着，故只能用时间的平均值表示该点的速度，称为“时均点速”。由于流体质点在层间交换，使得流速沿深度的分布变得比较均匀。

对于紊流的速度分布，一般采用指数式这种简单的描述方法进行表示：

$$u=u_{max}\left(\frac{h}{H}\right)^{\frac{1}{n}} \tag{2-42}$$

式中，$1/n$ 为指数系数，取决于流动雷诺数和槽底粗糙度。对于平整底面，当 $Re>5.0\times10^4$ 时，$n=7\sim10$；在重选粗粒溜槽中水流的平均速度为 1～3m/s 时，$n=4\sim5$；处理细粒级的弱紊流流膜，$n=2\sim4$。

$$u_{mea}=\frac{n}{n+1}u_{max} \tag{2-43}$$

故知平均流速与最大流速之比为 $n/(n+1)$。

式(2-42) 常用来表示较强紊流的流速分布，对于弱紊流则偏离较大。这是由于弱紊流流膜存在较明显的不同流态层所致。在紊流的最底部受固定壁的限制，仍有一薄层做层流流动，称作“层流边层”。

在强紊流中，它的厚度常以几分之一至几十分之一毫米来度量，故一般可忽略不计。但在薄层弱紊流中，边层厚度则有不容忽视的比例。在它上面是一过渡层，接着便是紊流层。这样便形成了弱紊流的三层结构。一般来说，紊流层一旦形成，总是要占据大部分厚度。过渡层的厚度很薄，一般也计入在层流边层内。

因此用分析法求得层流边层厚度 $\sigma$ 的计算式如下：

$$\sigma=N\frac{\mu}{\sqrt{\rho\tau_0}}=N\frac{\nu}{v_r} \tag{2-44}$$

$$\nu=\frac{\mu}{\rho},v_r=\sqrt{\frac{\tau_0}{\rho}} \tag{2-45}$$

式中 $\tau_0$——层流边层界面切应力，$N/m^2$；

$\nu$——流体的运动黏度，$m^2/s$；

$v_r$——切应力速度，反映底部流体切向摩擦阻力大小的量，m/s；

$N$——普兰特数，无量纲，在重力场 $N=10.47$。

紊流层内的流速分布，对数曲线分布式为：

$$u=\frac{v_r}{K}\ln\frac{h}{\sigma}+u_\sigma \tag{2-46}$$

式中 $K$——紊流系数，或称卡尔曼数，在重立场厚水层中约为 0.4；

$h$——自底面算起的层面的高度；

$u_\sigma$——层流边层界面的流速。

在层流边层内流速分布仍遵循层流公式(2-32)。考虑到 $h<\sigma$，数值很小，忽略括号内 $h$。

$$u=\frac{\rho gH\sin\alpha}{\mu}h \tag{2-47}$$

上式表明层流边层内速度分布近似为一直线。经过过渡层面与紊流层的对数曲线相连接，式(2-47) 微分形式为：

$$\frac{du}{dh}=\frac{\rho gH\sin\alpha}{\mu} \tag{2-48}$$

层流边层内切应力遵循牛顿内摩擦定律：

$$\tau_0=\mu\frac{du}{dh}\quad 或\quad \tau_0=\rho gH\sin\alpha \tag{2-49}$$

$$v_r=\sqrt{\frac{\tau_0}{\rho}}=\sqrt{gH\sin\alpha} \tag{2-50}$$

层流边层厚度的计算公式为：

$$\sigma=\frac{N\nu}{v_r}=\frac{N\nu}{\sqrt{gH\sin\alpha}} \tag{2-51}$$

当 $h=\sigma$ 时

$$u_{\sigma}=N\sqrt{gH\sin\alpha}=Nv_{r} \tag{2-52}$$

经过代换，紊流层的流速分布计算式为：

$$u=\frac{1}{K}\sqrt{gH\sin\alpha}\left(\ln\frac{h}{\sigma}+KN\right) \tag{2-53}$$

将层流边层内流速分布视作对数曲线起始段，则整个流层的平均速度简化为：

$$u_{\text{mea}}=\frac{1}{K}\sqrt{gH\sin\alpha}\left(\ln\frac{H}{\sigma}+KN-1\right) \tag{2-54}$$

实测表明，上述流速分布计算式比指数方程式更为准确。

在紊流斜面流中，水流各层间质点发生交换形成的扰动是松散床层的主要作用因素，称作“紊动扩散作用”。将槽内某点的瞬时速度分解为沿槽纵向、法向和横向三个分量，每个方向上的瞬时速度偏离时均速度（在法向和横向方向时均速度为零）的值称为瞬时脉动速度。对松散床层来说主要是依靠法向的瞬时脉动速度。它的时间均方根值称为法向脉动速度。

$$u_{\text{im}}=\sqrt{\frac{1}{T}\int u_{y}'\,\mathrm{d}t} \tag{2-55}$$

式中 $u_{y}'$——法向瞬时脉动速度；

$T$——时间段长。

法向脉动速度 $u_{\text{im}}$ 随水流的纵向平均流速增大而迅速增大，具体关系式为：

$$u_{\text{im}}=mu_{\text{mea}} \tag{2-56}$$

式中，$m$ 为比例系数。根据科学工作者在光滑的粗粒溜槽中的测定，$m$ 值随水流平均速度的变化关系如图 2-4 所示。槽底粗糙度增加，$m$ 值亦增加，在摇床上分选时 $0.1\text{m/s}\leqslant u_{\text{mea}}\leqslant 0.39\text{m/s}$，此时 $0.07\leqslant m\leqslant 0.15$。

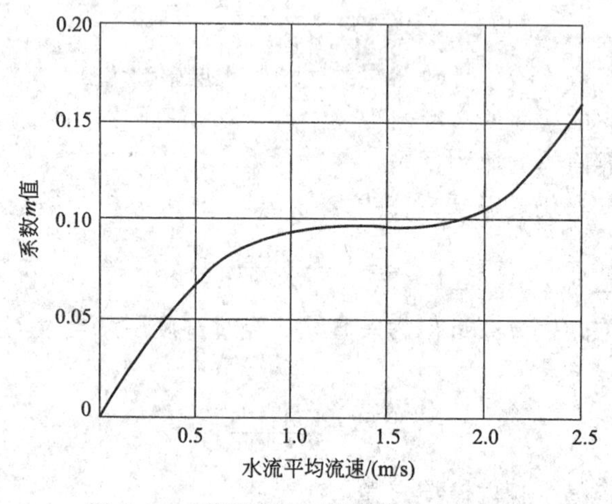


图 2-4 $m$ 值随水流平均流速的变化关系

斜面流中所有矿物质点均存在法向脉动速度，且沿水的深度分布，下部脉动速度较强，上部逐渐减弱，矿粒群在紊流斜面流中借法向脉动速度维持松散悬浮，反过来颗粒群又对脉动速度起着抑制作用，因而矿浆流膜的紊动度总是要比清水流膜弱，这种现象称为颗粒群的“消紊作用”。

在紊流矿浆流的底部，固体颗粒浓度较大，流速显著降低；往上走流速则急剧增大，到顶部流速甚至可以超过清水斜面流的流速。但矿浆流的流速分布仍遵循对数关系式：

$$\frac{\mathrm{d}u}{\mathrm{d}h}=\frac{v_{\mathrm{r}}}{K}\times\frac{1}{h} \tag{2-57}$$

由于粒群的消紊作用，层间速度梯度增大，在上式中表现为 $K$ 值随浓度的增大而减小。

矿浆斜面流的平均流速在浓度较低时仍接近清水斜面流的流速，但随着浓度增大则急剧降低。

斜面流矿物分选有两种方法：一是厚层紊流斜面流处理粗、中粒矿物；二是薄层层流或弱紊流处理微细粒矿物，一般多为后者。

① 厚层紊流斜面流矿物分选原理　厚水层的紊流斜面流主要处理粗、中粒（>2mm）的矿石。矿物粒群（床层）借助水流的"紊动扩散作用"而松散，轻、重矿物沿斜面槽向下运动，在自身重力作用下，重矿物沉至槽底而留在槽内，轻矿物则排出槽外，实现轻、重矿物分离。矿物颗粒沿槽运动速度 $v$ 表示为：

$$v=u_{\mathrm{dmea}}-[v_0^2(f\cos\alpha-\sin\alpha)-fu_{\mathrm{im}}^2]^{\frac{1}{2}} \tag{2-58}$$

式中　$v$——颗粒运动速度；

$v_0$——颗粒自身沉降末速度；

$f$——颗粒与底面的摩擦系数；

$\alpha$——斜面倾角；

$u_{\mathrm{im}}$——法向脉动速度；

$u_{\mathrm{dmea}}$——在颗粒直径范围内水流平均速度。

一般斜度不大，$\alpha<6°$，$\sin\alpha\approx0$，$\cos\alpha\approx1$，则

$$v=u_{\mathrm{dmea}}-f^{\frac{1}{2}}(v_0^2-u_{\mathrm{im}}^2)^{\frac{1}{2}} \tag{2-59}$$

矿物颗粒运动速度取决于自身沉降末速度 $v_0$、摩擦系数 $f$、法向脉动速度 $u_{\mathrm{in}}$ 和水流平均速度 $u_{\mathrm{dmea}}$。重矿物在 $v_0$ 较大或在粒度较小时的 $u_{\mathrm{dmea}}$ 不大，因而有较小的运动速度。轻矿物颗粒则相反，或因 $v_0$ 较小或 $u_{\mathrm{dmea}}$ 较大而移动速度较大，使两种矿物分离开来。那些粒度细小的轻矿物和微细的重矿物颗粒则在跳跃中或连续悬浮中被排出槽外，法向脉动速度限定了重矿物的粒度回收下限。定义刚能使颗粒启动的水流速度称为"冲走速度" $u_0$。当取 $v=0$ 时，$u_{\mathrm{im}}$ 相对 $v_0$ 很小可忽略不计，冲走速度 $u_0$ 的近似公式为：

$$u_0=v_0\sqrt{f} \tag{2-60}$$

表 2-3 列出了几种矿物的静摩擦系数 $f$ 值。

**表 2-3　几种矿物在不同表面上的滑动静摩擦系数**

| 矿物 | 铁 | | 玻璃 | | 木材 | | 漆布 | |
|---|---|---|---|---|---|---|---|---|
| | 水中 | 空气中 | 水中 | 空气中 | 水中 | 空气中 | 水中 | 空气中 |
| 赤铜矿 | 0.58 | 0.53 | 0.88 | 0.36 | 0.81 | 0.67 | 0.82 | 0.73 |
| 白钨矿 | 0.66 | 0.53 | 0.80 | 0.57 | 0.78 | 0.70 | 0.73 | 0.71 |
| 赤铁矿 | 0.66 | 0.34 | 0.86 | 0.47 | 0.80 | 0.67 | 0.75 | 0.74 |
| 石英 | 0.67 | 0.37 | 0.80 | 0.72 | 0.60 | 0.75 | 0.80 | 0.78 |

在紊流斜面流中按颗粒的运动速度差分选是很不精确的，故粗粒溜槽只可作粗选使用，而且回收率也不理想。

② 薄流层弱紊流（层流）矿物颗粒分选原理　呈弱紊流流动的矿浆流膜，厚度在数毫米到数十毫米之间，多用于处理颗粒尺寸<2mm 的细粒级矿石。颗粒在流膜内呈多层分布，经过粒群的消紊作用，底部层流边层增厚，颗粒大体沿层运动，称为"流变层"。流变层以上旋涡即形成和发展。在紊动扩散作用下，矿粒群被松散并向排矿端推移，这一层称作"悬移层"。悬移层以上脉动速度减弱，只悬浮少量微细颗粒，称作"表流层"或"稀释层"。矿粒在紊动

扩散作用下松散悬浮的多层分布结构如图 2-5 所示。

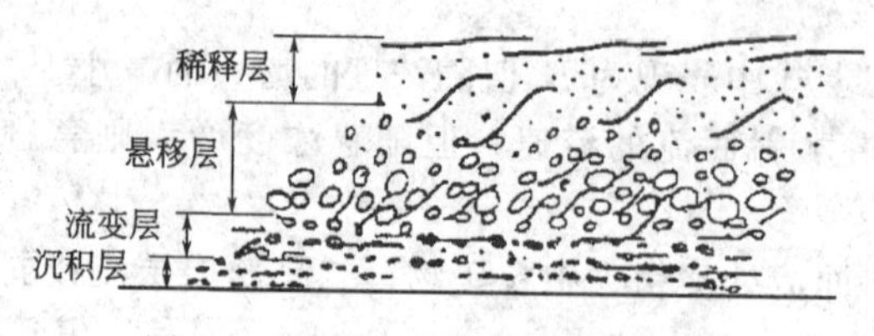


图 2-5 弱紊流矿浆流膜结构示意图

在斜面底部，形成一定厚度的层流边层，颗粒沿层运动即形成“流变层”，在这里矿物颗粒形成松散整体，借助层间斥力维持悬浮，轻、重矿粒局部悬浮体的密度不同造成内部静压强不平衡，$\lambda_2(\delta_2-\rho)>\lambda_1(\delta_1-\rho)$，发生相对转移造成轻、重矿物的分层。重矿物进入底部沉积层，相对轻矿物则保持在“流变层”，同时迎接由上部悬移层下来的重矿物，重新组合分层。底部沉积层中轻、重矿物紧密靠拢，形成 $\lambda_2=\lambda_1$。矿物则依有效密度差来分层，因 $(\delta_2-\rho)>(\delta_1-\rho)$，则重矿物在下，轻矿物在上，该层是按密度分层的最有效区域。保持该层具有一定的厚度和剪切速度，对提高重矿物的回收率和品位有重要意义。稀释层中悬浮的微细颗粒不再能够进入底层，故该层的脉动速度决定了分选粒度下限，为30～40μm。进入悬移层的矿物颗粒，在旋涡扰动下不断上下运动，重矿物下沉被底部流变层容纳，剩下的轻矿物则悬浮在该层中。如同在上升水流中一样，颗粒呈“上细下粗、上稀下浓”分布。

薄流层层流中矿粒的分选过程与弱紊流基本相同，只是其松散层间斥力、回收粒度下限较低。层流矿浆流膜基本不存在紊动扩散作用，故适于处理细粒级（<0.1mm）矿石。流膜很薄，一般只有 1～2mm，离心流膜的流动层厚度甚至低于 1mm，但仍可将其分为三层结构：上部稀释层、中间流变层和底部沉积层。理论上，层流的表面应是平整如镜的，但实际上受表面张力的影响，层流表面经常要生成一系列的鱼鳞波。它的作用深度虽不大，但足可将 10～20μm（按石英计）颗粒悬浮起来。这就决定了在重力场中回收粒度下限很难低于 10～20μm。

流变层的作用与上述弱紊流中的相同，但是由于流变层浓度较低，故它的最有效分选区还是在靠近下部较高浓度区，有时特殊地称之为“推移层”。推移层的下面即是沉积层，微细颗粒与槽面间往往具有较大黏结力，故沉积层通常是不流动的，这就造成了矿浆流膜分选经常是间断作业。

流膜选矿中，通过控制操作条件如给矿体积、给矿浓度、槽底倾角、槽面振动强度或移动速度（如皮带溜槽）等，改变流膜的流动参数，包括紊动性、矿浆黏度、速度梯度及流变层厚度等，从而影响分选指标。增大给矿体积或减小浓度，将增加矿浆流动的紊动性并提高速度梯度和减小流变层厚度，结果导致精矿品位提高而回收率下降。反之，减小给矿体积或增大浓度，又将因流速降低和矿浆黏度增大而减小了速度梯度和脉动速度，并使流变层增厚，结果会造成回收率提高而精矿品位下降。槽面的振动强度和移动速度大小亦受这些因素影响。处理细粒级的弱紊流流膜，自身已具有足够的流动速度，故在固定的槽面上也可获得相当好的分选结果。面对矿泥溜槽，因流膜的自然流动速度太低，剪切速度梯度不足，而常常得不到好的分选指标，采用机械方法强制床面做剪切振动，现已证明是提高分选效果的良好手段。

斜面流依流速在沿程是否有变化分为等速流和非等速流；而就沿程某一点的流速是否随时间而变化，又分为稳定流和非稳定流。目前重选中应用较多的是等速流选矿。应用斜面流分选的设备主要有溜槽、螺旋选矿机、圆锥选矿机、摇床等。

#### 2.3.3.3 离心力场（回转流）中矿物颗粒按密度分层、分离原理

从颗粒在流体介质中的自由沉降可知，其沉降末速 $v_0$ 除与颗粒及介质的性质有关外，还与重力加速度 $g$ 有关。所以，不仅可以通过改变介质的性质来改善选矿过程，还可以通过提高作用于颗粒上的重力加速度 $g$ 来优化选矿过程。然而，在整个重力场中，重力加速度 $g$ 几乎是一个不变的数值，这就使得微细颗粒的沉降速度受到限制。为强化微细颗粒按密度分选和按粒度分级及除尘的过程，采用惯性离心加速度 $a$ 去取代重力加速度 $g$。

离心力场中矿物分选是指借助一定设备产生机械回转，利用回转流产生的惯性离心力，使不同粒度或不同密度矿物颗粒实现分离的方法。与重力场中选矿相比，在离心力场中选矿并没有什么原则性的差别，仅有的差别只是作用于颗粒上并促使其运动的力是离心力而不是重力。在离心力场中，离心力的大小、作用方向以及加速度、在整个力场中的分布规律，都与重力场有所不同。在重力场中，颗粒在整个运动期间，在介质中所受的重力 $G$ 及重力加速度 $g$ 都是常数；而离心力场中矿物颗粒的加速度是惯性离心加速度 $a$，这里的加速度随转速而变化，且远大于重力加速度。通常把离心加速度与重力加速度的比值称为离心力强度 $i$ 或离心分离因素，$i=\omega^2r/g$。离心力强度一般在 10～100 之间，因而显著地加速了微细颗粒的重力分选过程。矿物颗粒的回转运动方法有两种。一种是矿浆在压力作用下沿切线进入圆形分选容器中，迫使其做回转运动，如水力旋流器。另一种是借回转的圆鼓带动矿浆做圆周运动，矿浆呈流膜状同时相对于鼓壁流动。在回转流中矿物颗粒的分级和分选，除以离心力代替了重力外，其分层和沉降原理和重力场相同，这里只作简要说明。

做回转运动的矿物颗粒在径向受两个力的作用，一是颗粒的离心力，二是介质“浮力”，或称向心力（$P_r=\pi d^3\rho\omega^2r/6$），那么颗粒在回转流中除去“浮力”后的离心力 $P_0$为：

$$P_0=\pi d^3(\delta-\rho)/6 \tag{2-61}$$

式中　$P_0$——矿物颗粒所受离心力；

$d$——颗粒直径；

$\delta$，$\rho$——颗粒和介质的密度。

当 $\delta>\rho$ 时，在离心力作用下，颗粒将沿径向向外运动，向鼓壁方向沉降。当颗粒的离心力和阻力构成平衡且当 $Re<1$ 时，微细粒矿物颗粒多采用斯托克斯公式计算沉降末速，离心沉降末速 $v_{0r}$表示为：

$$v_{0r}=d^2(\delta-\rho)\omega^2r/(18\mu) \tag{2-62}$$

式中　$v_{0r}$——离心沉降末速；

$r$——回转半径；

$\delta$，$\rho$——颗粒和介质的密度；

$\mu$——悬浮液的黏度。

这里的离心沉降末速不再是常数，不仅随 $\omega^2r$ 大小而变化，而且随颗粒所在位置不同而不同，且与回转流的流动特性相关。由于颗粒沉降末速增大，故适用的颗粒下限粒度相比重力场减小。

当处于 $Re>1$ 的沉降条件下，离心沉降末速仍可按重力沉降公式得出，只是将式中 $g$ 换作 $\omega^2r$ 而已。由式(2-62) 可知，矿物颗粒的沉降末速与其质量和粒度有关，回转力场不仅可以实现按密度分层分选，也可以按粒度进行分级，这样当转速适当时，重矿物沉降至筒壁，小颗粒随悬浮液排走，实现分选或分级。

利用离心力进行分选的重选设备主要有离心选矿机、水力旋流器、旋分机等。

### 2.3.4　影响重选技术指标的主要因素

在重选提纯过程中，影响重选指标的因素主要有：矿物密度、矿粒大小及形状、介质性质、设备类型及操作条件等。

#### 2.3.4.1　矿物的密度、粒度及形状

重选是依据矿石中各矿物间密度的不同来进行分选提纯的，所以各矿物间密度的差值是影响和决定重选分离指标的重要因素，即有用矿物和脉石矿物间密度差值越大，越可获得较好的重选指标且分选容易。矿物粒度在重选分离指标中属可调节的矿石性质之一。重

选有效的粒度处理范围为中细粒级，在保证有用矿物和脉石矿物能达到单体解离的情况下，其破碎粒度越粗越好，这时既可有较大的重选设备选择余地，又可获得较好的重选指标。一般地重选工艺对微细粒级（<0.074mm或<0.037mm）矿物选别效果较差，但随着重选设备性能的改进与提高，对微细粒物料的重选效果亦有很大改善。如矿泥精细摇床和离心选矿机的研制，使得重选有效分选粒度下限达10μm，且选矿效率大大提高。矿物粒度影响重选的另一方面是入选矿物粒度级别的宽窄。重选是矿物颗粒在介质中依自身的重力而分层分离的。在介质（如水）中，同一粒度密度大的颗粒较密度小的颗粒有较大的重力；不同粒级下情况则又不同，如小密度大颗粒和大密度小颗粒会出现相同的沉降分层效果（尤其在垂直重力场中），此时就会发生分层混杂。为避免这种现象，常采用分级后窄级别物料的分别重选，这样有益于获得较理想的重选指标。此外颗粒的形状不同，在介质中的沉降末速度不同，也对重选效果有一定影响。

#### 2.3.4.2 分选介质

重选介质虽然是一种外界因素，但对重选指标的影响同样是值得关注的。矿物颗粒在介质内依靠浮力和阻力的推动而运动，不同密度和粒度的颗粒由于具有不同的运动速度和轨迹而分离。介质既是传递能量的媒介又担负着松散粒群和运输产物的作用。重选用介质有空气、水、重液或重悬浮液，最常用的是水。在缺水地区或针对某些特殊原料，如石棉的分选则可用空气，即风力选矿。重液是相对密度大于1的液体或高密度盐类水溶液，价格昂贵；重悬浮液是由密度高的固体微粒与水组成混合物，此时称为重介质选矿。一般地在其他条件相同时，重选指标随介质密度的增大而变好，顺序为：重介质>水介质>空气。采用重介质可获得较好的重选指标，尤其是处理矿物密度差值较小的矿石，效果更明显。在采用重介质进行分选时，如能很好地控制重介质密度，其分选精度（相对密度差）可达0.02。重介质的采用虽然能较大程度地改善重选效果，但选矿成本也随之相应增加，因此在水介质能满足重选指标要求的情况下，尽量不采用重介质。

#### 2.3.4.3 设备类型及操作条件

对给定矿物进行重选，设备的合理选型及操作的适当控制是获得较好重选指标的重要因素之一。设备类型不同，操作条件也不同。重选过程中涉及的不同工艺设备，其操作因素分述如下。

（1）跳汰机　影响跳汰选矿指标的操作因素有冲程、冲次、冲程冲次组合、给矿浓度及筛下补加水、人工床层及厚度以及处理量等。

① 冲程和冲次　水流在跳汰室中上下运动的最大位移称为水流冲程。水流每分钟循环的次数称为冲次。冲程和冲次决定了水流的速度和加速度，能够直接影响到床层的松散和分层状态及水流对矿粒的作用，以致影响到分选效果。冲程、冲次要根据矿石性质确定：矿石粒度大、密度大及床层厚、给矿量大，采用大冲程相应地冲次要减小；当矿石粒度小、床层薄时则应用较小的冲程和较大的冲次。

② 给矿浓度　给矿浓度是决定入选物料在跳汰过程中水平流动速度的因素之一，一般不超过20%～40%。

③ 筛下补加水　筛下补加水可以调节床层的松散度。如处理窄级别物料时，适当增大筛下水，以提高分层速度；处理宽级别物料时则须相应减少筛下水，降低上升水流速度，避免大密度的细粒物料被冲到溢流中去。

④ 床层厚度　床层可以分成上、中、下三层。最上层为轻矿物流动层，最下层为重矿物沉降层，中间是连生体或过渡层。床层的厚度直接影响跳汰机产品的质量和回收率。一般来说，处理密度差大的物料，床层要薄些，以加速分层，处理密度差小的物料或要求高质量精矿时，床层要厚些。当处理细粒物料，同时又是筛下排矿时，须在筛上铺设人工床层。人工床层

的粒度应该为入选矿石最大粒度的 3～6 倍，比筛孔大 1.5～2 倍，密度接近或略小于重矿物密度。处理易选矿石时，人工床层要薄，处理低品位矿石时应该厚些。

⑤ 处理量　一般来说，应在保证精矿品位和回收率的前提下，尽量提高处理量。但当处理量超过一定的范围时，有用矿物在尾矿中的损失会增加。当精矿品位要求高时，处理量要相应降低。

(2) 摇床　影响摇床选矿指标的操作因素有：冲程、冲次、给矿体积、给矿浓度、清洗水量及床面横向坡度等。

① 冲程、冲次　摇床的冲程和冲次共同决定着床面运动的速度和加速度，即矿粒在床面上的松散、分层及选择性运输。为使床层在差动运动中达到适宜的松散度，床面应有足够的运动速度；从产物分选来看，床面还应有适当的正、负加速度之差值。冲程、冲次的适宜值主要与入选物料粒度的大小有关。冲程增大，水流的垂直分速以及由此产生的上浮力也增大，保证较粗较重的颗粒能够松散。冲次增加，则降低水流的悬浮能力。因此，选粗粒物料用低冲次、大冲程，选细粒物料用高冲次、小冲程。除了入选物料粒度外，摇床的负荷及矿石密度也影响冲程及冲次的大小。床面的负荷量增大或矿石密度大时，宜采用较大的冲程和较小的冲次，其组合值要加大，反之，则采用较小的冲程和较大的冲次，其组合值要减小。

一般来说，对于粗粒颗粒（0.074～2.0mm），冲程可以在 15～27mm 之间调节，冲次控制在 250～280 次/min。对于矿泥，冲程为 11～13mm，冲次为 350～360 次/min。

② 冲洗水与横向坡度　冲洗水由给矿水和洗涤水两部分组成。冲洗水的大小和坡度共同决定着横向水流的流速。横向水流大小一方面要满足床层松散的需要，并保证最上层的轻矿物颗粒能被水流带走；另一方面又不宜过大，否则不利于重矿物细颗粒的沉降。冲洗水量应能覆盖住床层。增大坡度或增大水量均可增大横向水流。处理粗粒物料时，既要求有大水量又要求有大坡度，而分选细粒物料时则相反。处理同一种物料时，“大坡小水”和“小坡大水”均可使矿粒获得同样的横向速度，但“大坡小水”的操作方法有助于省水，不过此时精矿带将变窄，而不利于提高精矿质量。因此用于粗选的摇床，宜采用“大坡小水”的操作方法；用于精选的摇床则应采用“小坡大水”的操作方法。

对于不同物料的坡度可以采用下列数值作为参考：小于 2mm 的粗粒颗粒用 3.5°～4°；小于 0.5mm 的物料用 2.5°～3.5°；小于 0.1mm 的细粒物料用 2°～2.5°；对于矿泥（0.074mm）采用 2°左右。应当注意的是，坡度的选择要与水量很好地配合起来。

无论哪种操作方法，肉眼观察最适宜的分选情况应是：无矿区宽度合适；分选区水流分布均匀且不起浪，矿砂不成堆；精选区分带明显，精选摇床分带尤应更宽。

③ 给矿性质　给矿性质包括：给矿的粒度组成、给矿浓度和给矿量等。

给矿量和给矿浓度变化，将影响物料在床面上的分层、分带状况，因而直接影响分选指标，因此给矿量和给矿浓度在生产操作中应保持稳定。当给矿量增大时，矿层厚度增大，析离分层的阻力也增大，从而影响分层速度；同时由于横向矿浆流速增大，将会导致尾矿损失增加。如果给矿量过少，在床面上难以形成一定的床层厚度，也会影响分选效果。适宜的给矿量还与物料的可选性和给矿的粒度组成有关。当给矿粒度小、含泥量高时，应控制较小的给矿浓度。摇床选矿中，正常的给矿浓度一般控制在 15%～30%。

析离分层在摇床分选中占主导地位，所以最佳的给矿粒度组成，应是密度大的矿粒粒度均比密度小的矿粒粒度小。这就需要物料在分选前，进行水力分级，因为水力分级不但改变了物料的粒度组成，而且原料还被分成了不同的粒度级别，便于按物料粒度及粒度组成的不同，选用不同结构型式的摇床。

(3) 螺旋选矿机　影响螺旋选矿机选矿指标的操作因素主要有给矿量、给矿浓度和冲洗水量。给矿浓度一般控制在10%～35%，过高或过低均会使回收率下降。改变给矿体积对分选指标的影响与改变给矿浓度大体相同。加少量冲洗水可有效地提高精矿质量且对回收率影响不大，一般为0.05～0.2L/s。

(4) 离心选矿机　影响离心选矿机分选指标的因素包括设备的结构与工艺参数两方面。

① 设备结构参数　设备结构参数主要指转鼓直径和长度以及转鼓坡度。

转鼓直径主要影响处理量，直径大的，选别面积大，处理量高。转鼓长度主要影响回收率，增大转鼓长度，可使矿粒沉降时间延长，回收率升高。转鼓坡度直接影响矿浆在离心选矿机的流速，从而影响精矿产率。坡度大，精矿产率小，精矿品位高，精矿回收率低。若坡度过大，则矿浆流速太快，精矿难以沉积在鼓壁上，起不到分选作用。反之，如果坡度过小，虽然精矿产率变大，回收率升高，但精矿品位降低，由于流速小使得处理量下降。因此，坡度要适当。

② 工艺参数　影响离心选矿机分选指标的工艺参数主要有给矿粒度、给矿体积、给矿浓度、给矿时间及转鼓转速等。

一般来说，当离心选矿机的给矿粒度上限大于74μm时，精矿冲洗很困难，影响选别指标。因此，离心选矿机比较有效的粒级回收范围是10～37μm。具体分选过程中，应根据矿石性质以及对选矿产品的要求确定最适宜的给矿粒度。

离心选矿机的给矿体积大小影响到鼓壁上流膜的状况。给矿体积太大，流速过快，精矿产率和回收率下降，而精矿品位和尾矿品位上升。故给矿体积不能太大，否则会造成分选效果低，甚至起不到分选作用。

给矿浓度的大小直接影响离心选矿机的生产能力，也同时影响选别指标。给矿浓度增高，精矿产率和回收率增加，但精矿品位下降。适宜的给矿浓度要根据矿石性质以及对产品质量的要求来具体决定。

离心选矿机在连续给矿过程中，尾矿品位随给矿时间的延长而增高，直到瞬时尾矿品位升高至与给矿品位接近为止，这时只是简单的运输而不是分选了。因此，给矿时间要适当。给矿时间过长，回收率低；给矿时间过短，精矿品位低，设备有效利用时间少，处理能力低。

转鼓转速增加，使颗粒惯性离心力增大，床层趋于压实，分选较难进行；同时还会造成重矿物的沉积量增加，回收率增加，但精矿品位下降。

重选相比于其他选矿方法，具有明显的优点，如处理能力大、选别粒度范围宽、设备结构较简单、不消耗贵重生产材料、作业成本低、没有污染，因此被广泛应用于各种矿物的选别提纯作业中。

## 2.3.5 重力选矿方式

### 2.3.5.1 离心选矿

离心选矿是利用微细矿粒在离心力场中所受离心力大大超过重力，加速矿粒的沉降，扩大不同密度矿粒沉降速度的差别，从而强化分选的重选方法。离心选矿是近代发展起来的回收微细泥中有用矿物的新方法。矿泥在重力场中分选效果差，有时甚至难以分选。而在离心力场中因所受离心力比重力大得多，并和流膜选别相结合，所以能解决74～100μm粒度范围内回收细粒矿物的问题。

矿浆由给矿嘴喷出给到转鼓，由于喷出速度（1～2m/s）大大低于转鼓线速度（14～15m/s或更高），于是矿浆因惯性而滞后于鼓壁运动出现了切向滞后速度，随着流动时间的延长，黏滞力有力地克服惯性力，使矿浆与鼓壁间的速度差越来越小。从给矿端到排矿段，矿浆相对于鼓壁的切向流速分布如图2-6所示。流膜沿厚度方向（径向）相对于鼓壁的流速分布见图2-7。矿浆沿轴向的运动主要是在惯性离心力作用下发生的。轴向流速沿厚度的分布与一般斜面流相同。

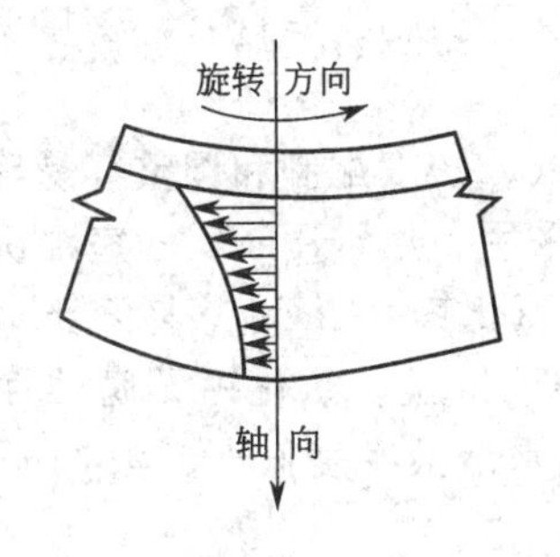


图2-6 流膜切线流速沿轴向的变化规律

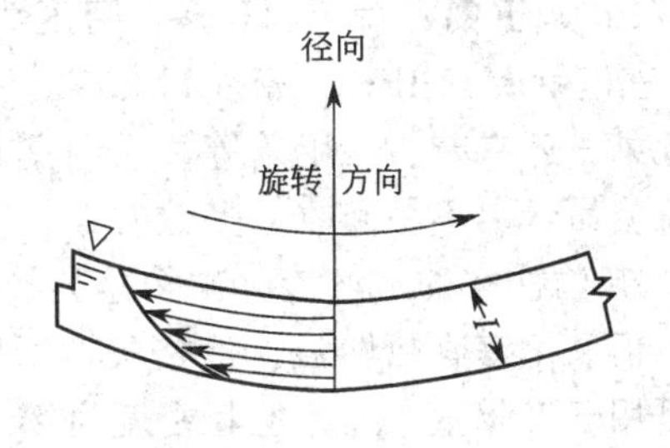


图2-7 流膜切线流速沿径向的变化规律

离心机内液流运动的合速度和方向即是上述切向速度与轴向速度的向量和，相对于地面而言，矿浆质点运动的迹线表现为一空间螺旋线。由于流膜沿轴向上下层运动速度的不同，上层与下层螺旋运动的螺距并不相同，上层液流螺距将大于下层。因此分层后位于上层的轻矿物可以很快被带到转鼓外，而位于底层的重矿物则滞留在转鼓内。

矿浆在相对于转鼓内壁流动过程中发生分层，进入底层的重矿物随即附着在鼓壁上较少移动，而上层轻矿物则随矿浆流过转鼓与底盘间的缝隙（约14mm）排出。当重矿物沉积到一定厚度时，停止给矿，由给矿嘴给入高压水，冲洗向下沉积的精矿。

离心选矿是在离心力场中进行的，它的特点是利用微细矿粒在离心力场中所受离心力大大超过重力，从而加速了矿粒的沉降（即加大径向沉降速度），扩大了不同密度矿粒沉降速度的差别，从而强化了重选过程。矿粒在离心力场中做圆周运动时，所产生的离心力$L$可用下式表示：

$$L=\frac{mu^2}{R}=m\omega^2R \tag{2-63}$$

式中 $m$——矿粒质量；

$u$——离心机运转的线速度，m/s；

$R$——离心机转鼓半径；

$\omega$——离心机转鼓的角速度，rad/s。

由于离心加速度（$\omega^2r$）比重力加速度（$g$）大数十至百倍，使得颗粒的沉降作用力大为增加，因而单位面积处理量大为提高。在离心力作用下，颗粒的沉降速度增加幅度要比矿浆的轴向流速增加幅度更大，所以重矿物可以经过很短的距离便进入底层被回收。而紊流脉动速度的增长幅度则比颗粒的离心沉降速度增长幅度小，这便使得离心选矿机具有更低的回收粒度下限。

#### 2.3.5.2 重介质选矿

重介质分选适用于分离密度相差很大的固体颗粒。在重力选矿过程中，通常都采用密度低于入选固体颗粒密度的水或空气作为分选介质。而重介质是指密度大于1g/cm³的重液或重悬浮液流体。固体颗粒在重介质中进行分选的过程即称为重介质选矿。

重介质有重液与重悬浮液两类。其中重液包括有机溶液和矿物盐类的水溶液，属于稳定介质；重悬浮液包括风砂介质（砂粒中充以空气形成悬浮体）和矿物悬浮液，为不稳定介质。

（1）重液 重液是指一些密度高的有机液体或无机盐类的水溶液，是均质液体，可用有机溶剂或水调配成不同的密度，在很长时间内能保持自己的物理性质。

①有机溶液　用于分选的密度范围为 0.86～2.96g/cm$^3$，通常使用的有：四氯化碳 $CCl_4$，密度为 1.6g/cm$^3$；四溴乙烷 $C_2H_2Br_4$，密度为 2.96g/cm$^3$；二溴乙烷 $C_2H_4Br_2$，密度为 2.17g/cm$^3$；五氯乙烷 $C_2HCl_5$，密度为 1.678g/cm$^3$；三氯乙烷 $C_2H_3Cl_3$，密度为 1.452g/cm$^3$；三溴甲烷 $CHBr_3$，密度为 2.81g/cm$^3$。

此外，还有苯、二甲苯等，它们具有稳定性好、黏度低、密度配制和调整容易等优点。但它们价格昂贵、不易回收、多数有毒，所以在工业上不易采用。通常用于实验室浮沉试验。

② 矿物盐类的水溶液　矿物盐类如氯化钙（$CaCl_2$）、氯化锌（$ZnCl_2$）易溶于水，可用于分选。但氯化锌腐蚀性强、价格贵，所以多用于实验室浮沉试验。氯化钙无腐蚀性、价格较低，可用于工业生产上，但其密度为 2g/cm$^3$，所以配制的水溶液密度低于 1.4g/cm$^3$，有效分选密度只能控制在 1.4～1.6g/cm$^3$ 范围内。

(2) 重悬浮液

① 风砂介质　它是利用气流使固体粒子形成悬浮体（流态化床层），用以进行干法重介选（或称空气重介选）。通常采用 0.18～0.55mm 的砂粒为介质，一些国家已制成气-砂分选机进行试验。

② 矿物悬浮液　矿物悬浮液是由密度大的固体微粒分散在水中构成的非均质两相介质。矿物悬浮液与重液不同，它属于粗分散体系。固体微粒为分散相，水为分散媒介。高密度固体微粒起着加大介质密度的作用，故称为加重质。加重质的粒度一般为 75μm 的颗粒占 60%～80%，能够均匀分散于水中。此时，置于其中的较大矿粒便受到了像均匀介质一样的增大了的浮力作用。密度大于重悬浮液密度的矿粒仍可下沉，反之则上浮。因重悬浮液具有价廉、无毒等优点，在工业上得以广泛应用。目前所说的重介质选矿，实际上就是指重悬浮液选矿。

重介质选矿法是当前最先进的一种重力选矿法，通常也被认为是最有效的重力分选方法之一。它的基本原理是阿基米德原理：浸在介质里的物体受到的浮力等于物体所排开的同体积介质的重量。因此，物体在介质中的重力 $G_0$ 等于该物体在真空中的重量与同体积介质重量之差，即

$$G_0=V(\delta-\rho_{su})g \qquad 或 \qquad G_0=\frac{\pi d_v^3}{6}(\delta-\rho_{su})g \tag{2-64}$$

式中　$V$——物体的体积，m$^3$或 cm$^3$；

$d_v$——物体的当量直径，m 或 cm；

$\delta$——物体的密度，kg/m$^3$或 g/cm$^3$；

$\rho_{su}$——介质的密度，kg/m$^3$或 g/cm$^3$；

$g$——重力加速度，m/s$^2$或 cm/s$^2$。

固体颗粒在介质中所受重力 $G_0$ 的大小与颗粒的体积、颗粒与介质间的密度差成正比；$G_0$ 的方向只取决于（$\delta-\rho_{su}$）值的符号。凡密度大于分选介质密度的固体颗粒，$G_0$ 为正值，固体颗粒在介质中下沉；反之 $G_0$ 为负值，即固体颗粒上浮。

在重介质分选机中，固体颗粒在重介质作用下按密度分选为两种产品，分别收集这两种产品，即可达到按密度选矿的目的。因此，在重介质分选过程中，介质的性质（主要是密度）是分选的最重要的因素。

虽然固体颗粒在分选机中的分层过程主要决定于固体颗粒的密度和介质的密度，但是当分层速度较慢时，往往有一部分细粒级颗粒，在分选机中来不及分层就被排出，降低了分选效率。同时，分选机中悬浮液（重液）的流动和涡流、固体颗粒之间的碰撞、悬浮液对颗粒的运

动阻力和颗粒的粒度、形状等因素的影响，都会降低分选效果。

相对于其他重选方法，重介质分选具有许多优点：

① 基本投资和作业操作费用较低（不包括细磨）；

② 可以处理低品位资源，因此增大了矿石的总储量；

③ 在不扩大现有选矿厂设施的情况下提高了矿山生产能力；

④ 在采矿成本大大降低的情况下允许非选择性采矿；

⑤ 重介质分选车间可建在地下，其尾矿（浮物）可用来回填；

⑥ 环境更加友好，粗的尾矿可堆在堆场中，或用于回填或作为圈层岩；

⑦ 在某些情况下，尾矿可作为副产品使用；

⑧ 在发展中国家，不须手选就可保证宝石的回收；

⑨ 在磨矿之前除去较软的脉石矿物，消除了有害的矿泥对后续分选过程的干扰。

#### 2.3.5.3 跳汰选矿

跳汰选矿是重力选矿的一种方式，主要指物料在垂直升降的变速介质流中，按密度差异进行分选的过程。跳汰时所用的介质可以是水，也可以是空气。以水作为分选介质时，称为水力跳汰；以空气作为分选介质时，称为风力跳汰。目前，生产中多以水作为分选介质，故本节内容仅涉及水力跳汰。

跳汰分选可分成两个基本过程：①物料在脉动水流作用下基本按密度分层；②已分层产品的分割和分离。不同密度组成的物料经跳汰后，在床层中按密度由低到高自上而下分布。

采用跳汰方法实现矿物分选分层的过程如图 2-8 所示。下面以跳汰机（实现跳汰过程的设备）工作过程为例讲述跳汰选矿。被选物料给到跳汰机筛板上，形成一个密集的物料层，这个密集的物料层称为床层，如图 2-8(a) 所示。在给料的同时，从跳汰机下部透过筛板周期地给入一个上下交变水流，物料在水流的作用下进行分选。首先，在上升水流的作用下，床层逐渐松散、悬浮，这时床层中的矿粒按照其本身的特性（矿粒的密度、粒度和形状）彼此做相对运动进行分层，如图 2-8(b) 所示。上升水流结束后，在休止期间（停止给入压缩空气）以及下降水流期间，床层逐渐紧密，并继续进行分层，如图 2-8(c) 所示。待全部矿粒都沉降到筛面上以后，床层又恢复了紧密状态，这时大部分矿粒彼此间已失去了相对运动的可能性，分层作用几乎全部停止，如图 2-8(d) 所示。只有那些极细的矿粒，尚可以穿过床层的缝隙继续向下运动（这种细粒的运动称作钻隙运动），并继续分层。下降水流结束后，分层暂告终止，至此完成一个跳汰周期的分层过程。物料在每一个周期中，都只能受到一定的分选作用，经过多次重复后，分层逐渐完善。最后，密度低的矿粒集中在最上层，密度高的矿粒集中在最底层。

上述跳汰分选分层过程中很明显地忽略了中等密度矿粒的运动过程。应用马尔可夫链理论建立的跳汰分层过程的数学模型告诉我们，跳汰分层过程中最先形成的是由中等密度物料组成的中间层，然后形成轻密度层和重密度层；中等密度物料的分布要比轻重密度的物料的分布要分散得多；各分层的形成过程是同性粒群的分布中心不断向平稳位置移动的过程；开始时分层速度最高，随着床层上的物料接近平稳分布，分层的速度越来越慢。跳汰实践表明，当中间密度物料较多时，分选变得困难。因为中间层的形成，阻挡了其他密度物料的运动；另外，中间层的分布比较分散，因此，中间密度物料多时，分选变得困难。

物料在跳汰过程中之所以能分层，起主导作用的是矿粒自身的性质，但能让分层得以实现的客观条件，则是垂直升降的交变水流。在跳汰机入料端给入物料的同时，伴随物料也给入了一定量的水平水流。水平水流虽然对分选也起一定的作用，但它主要是起润湿和运输的作用。

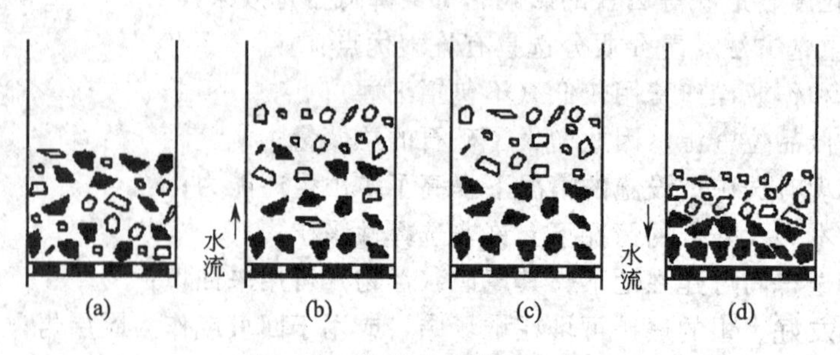


图 2-8 跳汰分选分层过程

(a) 分层前颗粒混杂堆积；(b) 上升水流将床层抬起；
(c) 颗粒在水流中沉降分层；(d) 下降水流，床层紧密，重颗粒进入床层

润湿是为了防止干物料进入水中后结团；运输是负责将分层之后居于上层的低密度物料冲带而走，使它从跳汰机的溢流堰排出机外。

跳汰机中水流运动的速度及方向是周期变化的，这样的水流称作脉动水流。脉动水流每完成一次周期性变化所用的时间即为跳汰周期。在一个周期内表示水速随时间变化的关系曲线称作跳汰周期曲线。水流在跳汰室中上下运动的最大位移称为水流冲程。水流每分钟循环的次数称为冲次。跳汰室内床层厚度、水流的跳汰周期曲线形式、冲程和冲次是影响跳汰过程的重要参数。

除此之外，在跳汰分选过程中还应注意床层的密度。从床层的密度可以得知很多信息：①反映了床层内轻重产物的密度分布规律；②与溢流堰对应处的床层密度反映了溢流产品中错配物的含量，同样也反映了溢流堰下部将被作为重产物排走的部分中轻产物的含量（由于床层始终在上下跳动，并且溢流堰分割床层是在床层跳起的膨胀期，所以实际的分选层位在溢流堰下方，位置＝溢流堰高度－床层振幅）；③能代替浮标反映沿床层高度的密度变化，或者叫做某一高度时密度的变化。

### 2.3.5.4 摇床选矿

在现有重选法中，除利用矿粒在垂直介质流中运动状态的差异来实现分选过程外，还有利用矿粒在斜面水流中运动状态的差异来进行分选的方法，这种方法称为斜面流选矿。斜面流选矿有两种：溜槽选矿与摇床选矿，它们在重选工艺中占有重要地位。斜槽中的水层厚度有很大不同，处理粗粒级矿石的溜槽选矿，水层厚度从十几毫米到数百毫米，给矿粒度也由数毫米到数百毫米；另一类处理细粒级（3～5mm 以下）及矿泥（＜0.074mm）的斜槽，矿浆呈薄层状流过设备表面，水层厚度从 1mm 到数毫米，如摇床选矿，习惯上也称为流膜选矿。溜槽选矿过去应用较多，目前已逐渐被淘汰，而流膜选矿目前正得到广泛应用。

摇床选矿是分选细粒物料时应用最为广泛的一种选矿方法，指在一个倾斜宽阔的床面上，借助床面的不对称往复运动和薄层斜面水流的作用，进行矿石分选。根据分选介质的不同，分为水力摇床和风力摇床两种，但应用最普遍的是水力摇床。

所有摇床基本上都是由床面、机架和传动机构三大部分组成。其典型结构如图 2-9 所示。

床面近似梯形，床面横向呈微斜，其倾角不大于 10°；纵向自给料端至精矿端稍微向上倾斜，倾角为 1°～2°，但一般为 0°。床面用木材或铝制作，表面涂漆或用橡胶覆盖。给料槽和给水槽布置在倾斜床面坡度高的一侧。在床面上沿纵向布置有若干排床条（也称格条，或来复条），床条高度自传动端向对侧逐渐减低。整个床面由机架支撑或吊挂。机架安设调坡装置，可根据需要调整床面的横向倾角。在床面纵长靠近给料槽一端配有传动装置，由其带动床面做往复差动摇动。床面前进运动时速度由慢变快，以正加速度前进；床面后退运动时，速度则由快变慢，以负加速度后退。

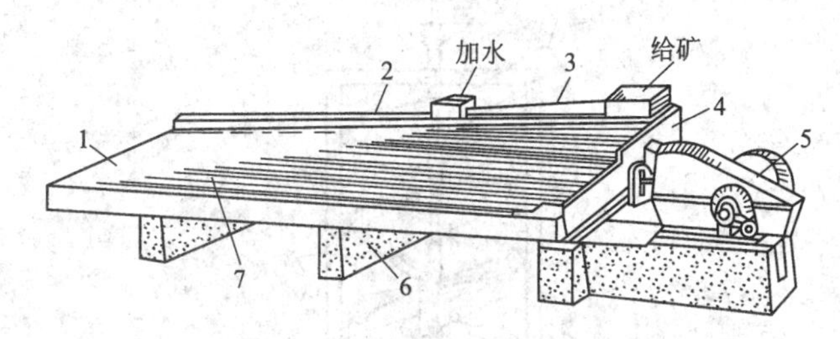


图 2-9　摇床典型结构示意图

1—精矿端；2—冲水端；3—给矿槽；4—给矿端；5—传动装置；6—机座；7—床面

固体物粒在摇床床面上分选，主要是床条的形式、床面的倾斜、床面的不对称运动及床面上的横向冲水综合作用的结果。从受力上分析，矿物颗粒在摇床上主要受到以下几个力的作用：①矿粒在介质中的重力；②横向水流和矿浆流的流体动力作用；③床面差动往复运动的动力；④床面的摩擦力。位于床条沟内的矿粒群在这些力作用下进行着松散分层和搬运分带。首先是床面上的床条的激烈摇动，加强了斜面水流的扰动作用，由此产生的水流垂直分速度促使固体颗粒松散和悬浮，使固体颗粒按密度和粒度分层，重而粗的固体颗粒落到底层，粒度较小的颗粒穿过粗颗粒间隙进入同一密度的下部，即析离分层。分层结果是上面为轻而粗的颗粒，中层是轻而细的颗粒，下层是重而粗的颗粒，最底层是重而细的固体颗粒。矿物粒群进行松散分层的同时，还要受到横向水流的冲洗作用和床面纵向差动摇动的推动作用。在纵向上颗粒运动由床面运动变向加速度不同引起。由传动端开始，床面前进速度逐渐增大，在摩擦力带动下，颗粒随床面的运动速度也增大，经过运动中点后床面运动速度迅速减小，负向加速度急剧增大，当床面的摩擦力不足以克服颗粒的前进惯性时，颗粒便相对于床面向前滑动。随颗粒群纵向移动，床条高度降低，位于床条沟内的分层矿粒依次被剥离出来，在横向冲洗水流作用下，粗粒轻矿物横向速度变大，依次为粗而轻的＞轻而细的＞重而粗的＞重而细的。如此搬运分带，使不同密度和粒度的颗粒最终到达床层边缘位置，从而实现轻、重产品的分选。

摇床选矿的主要优点是：①选矿的富集比很高，最高可达 300 倍以上；②经过一次选别就可以得到最终精矿和废弃尾矿；③根据需要有时可以同时得到多个产品；④矿物在床面上的分带明显，所以观察、调节、接取都比较方便。

摇床选矿的主要缺点是单位面积处理能力低，占用厂房面积大。处理粗砂最大能力为每平方米床面不超过 5t/h，处理微细矿泥时甚至只有 0.5t/h 左右。

#### 2.3.5.5　螺旋选矿

将一个窄的溜槽绕垂直轴线弯曲成螺旋状，便构成螺旋选矿机或螺旋溜槽。螺旋选矿机结构如图 2-10 所示，主要由给矿槽、螺旋槽、冲洗水导槽、尾矿槽、机架、物料排出管等组成。一定浓度的矿浆从给矿槽给入后，沿槽自上而下流动过程中，矿物颗粒在弱紊流作用下松散，按密度发生分层。运动着的矿物颗粒受以下四个力的作用：自身重力、流体运动冲击力、惯性离心力、槽底摩擦力。分层后进入底层的重矿物颗粒受槽底摩擦力的作用，其运动速度减小，离心力减小，在槽的横向坡度影响下，趋向槽的内缘移动；轻矿物则随矿浆主流一起运动，速度较快，在离心力作用下，趋向槽的外缘。轻、重矿物就此在螺旋槽横向展开分带，二次环流不断将矿粒沿槽底输送到外缘，促进分带继续发展，最后所有矿粒运动趋于平衡，分带完成，如图 2-11 所示。靠内缘运动的重矿物通过排料管排出，轻矿物则由槽的末端排出，达到轻、重矿物的分离。

矿粒在螺旋槽内进行松散和分层的过程和一般弱紊流中的效果是一样的。矿粒群在沿螺旋槽底运动过程中，重矿物颗粒逐渐转入下层，而轻矿物颗粒转入上层，大约经第一圈后分层就能基本完成，如图 2-12 所示。

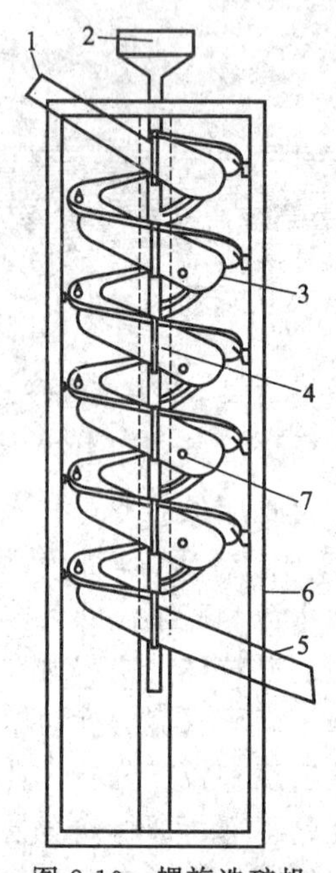


图 2-10 螺旋选矿机

1—给矿槽；2—冲洗水导槽；3—螺旋槽；4—连接用法兰盘；5—尾矿槽；6—机架；7—重矿物排出管

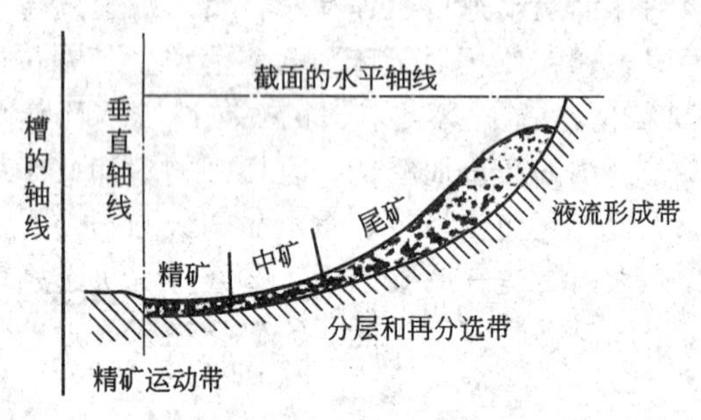


图 2-11 轻、重矿物在螺旋选矿机槽面上的分带

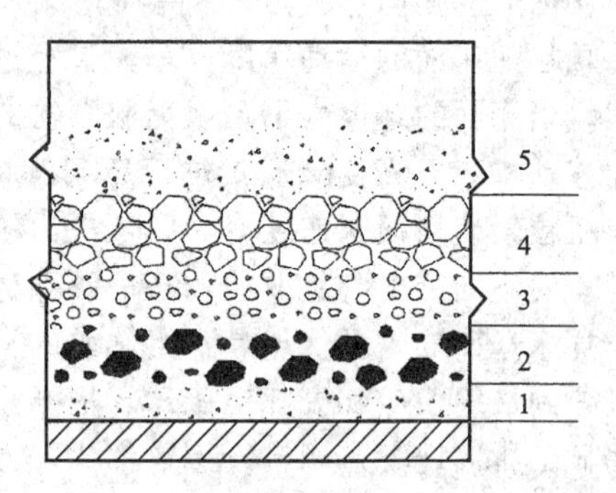


图 2-12 矿粒在螺旋槽面上的分层

1—重矿物细颗粒；2—重矿物粗颗粒；3—轻矿物细颗粒；4—轻矿物粗颗粒；5—矿泥

分层后，即形成了以重矿物为主的下部流动层和以轻矿物为主的上部流动层。下层颗粒群密集度大，并与槽体接触，又受到上面的压力，因而其运动阻力大。处在上部流动层的颗粒恰好相反，它们所受阻力较小。因此，增大了上、下流动层间的速度差，轻矿物颗粒位于纵向流速高的二层水流中，因而产生较大的惯性离心力，并同时受到横向环流所给予的向外流体动压力，这两种力的合力大于颗粒的重力分力和摩擦力，所以轻矿物颗粒向槽的外缘移动。重矿物颗粒处于纵向流速较低的下层水流，因而具有较小的惯性离心力，其重力分力和横向环流所给予向内的流体动压力也大于颗粒的惯性离心力和摩擦力，所以推动重矿物颗粒富集于内缘。而悬浮在液流中的矿泥被甩到了槽的最外缘，中间密度的连生体则占据着槽的中间带。

螺旋选矿适合处理冲击砂矿，尤其适合单体解离度高而且呈扁平状的矿物颗粒。对于残积、坡积砂矿连生体多者，则回收率较低。另外，处理含泥量较高的矿石，会降低精矿质量，所以要求脱泥和分级后再进行螺旋选矿。在非金属选矿中，螺旋选矿主要用于回收浮选尾矿中的重矿物。一般都用它作为粗选设备，可以废弃大部分尾矿而得到粗精矿。

螺旋选矿机处理的粒度范围一般为 0.05～2mm，最大可达 6mm，有效的选别粒度范围为

0.1～1mm。与螺旋选矿机属于同类型的螺旋溜槽则适于处理微细物料，其有效回收粒度下限为 20μm。螺旋选矿的缺点是对片状矿石的富集比不及摇床和溜槽高，其本身的参数不易调节以适应给矿性质的变化。

#### 2.3.5.6 风力选矿

风力分选（简称风选）是最常用的一种固体颗粒分选方法。从物理学可知，在真空中，性质不同的物质运动状态完全相同，因此在真空中不可能依据它们的运动状态差异使它们彼此分离。但在介质中则完全不同，由于介质具有质量和黏性，对性质不同的运动物质产生不同的浮力和阻力（介质动力）。因此，性质不同的物质将出现运动状态的差异，可借此将它们分离，且在一定的范围内，介质的密度越大，这种差异越显著，分选效果越好。风选是重介质分选中的一种。重介质分选所用介质可分为水、重介质和空气，风选所用介质为空气。

在静止介质中，任何物质都同时受两个力的作用：浮力和重力，分别用 $P$ 和 $G$ 表示。根据阿基米德定律，浮力 $P$ 的大小等于物体排开的同体积介质的重量，即

$$P=V\rho g \tag{2-65}$$

式中 $P$——浮力，N；

$V$——固体颗粒的体积，$cm^3$；

$\rho$——介质密度，$g/cm^3$；

$g$——重力加速度，$9.81m/s^2$。

而固体颗粒所受重力 $G$ 为：

$$G=V\rho_s g \tag{2-66}$$

式中，$\rho_s$为固体颗粒密度，$g/cm^3$。

因此，固体颗粒在介质中的有效重力（合力）用 $G_0$表示，可表达如下。

$$G_0=G-P=V\rho_s g-V\rho g=V(\rho_s-\rho)g \tag{2-67}$$

若 $\rho_s>\rho$，则 $G_0>0$，固体颗粒向下做沉降运动；若 $\rho_s=\rho$，则 $G_0=0$，固体颗粒在介质中呈悬浮状态；若 $\rho_s<\rho$，则 $G_0<0$，固体颗粒向上做漂浮运动。可见，在静止介质中固体颗粒的运动状态主要受介质密度的影响。任何颗粒一旦与介质做相对运动，就会同时受到介质阻力的作用。由于在空气介质中，任何固体颗粒的密度均大于空气密度，即 $\rho_s>\rho$，因此，任何固体颗粒在静止空气中都做向下的沉降运动，受到的空气阻力与它的运动方向相反。如图 2-13 所示为球形颗粒在静止介质中的受力分析。

已知空气阻力：

$$R=\varphi d^2 v^2 \rho \tag{2-68}$$

式中 $\varphi$——阻力系数；

$d$——颗粒粒度，cm；

$v$——沉降速度，cm/s。

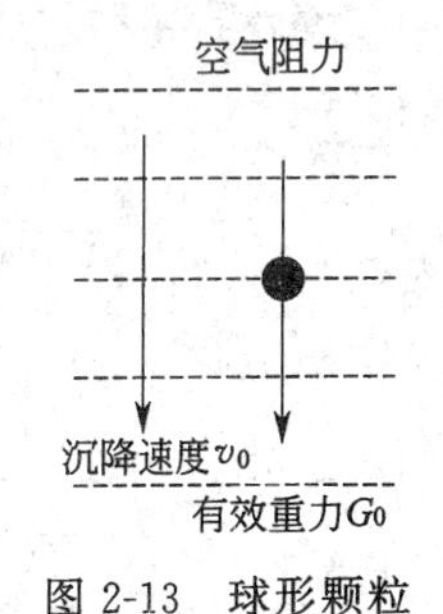

图 2-13 球形颗粒在静止介质中受力分析

根据牛顿定律有：

$$G_0-R=m\frac{dv}{dt} \tag{2-69}$$

则有

$$\frac{dv}{dt}=\frac{G_0-R}{m}=\frac{V(\rho_s-\rho)g-\varphi d^2 v^2 \rho}{V\rho_s}$$

$$=\frac{\frac{\pi}{6}d^3(\rho_s-\rho)g-\varphi d^2 v^2\rho}{\frac{\pi}{6}d^3\rho_s}=\frac{\rho_s-\rho}{\rho_s}g-\frac{6\varphi v^2\rho}{\pi d\rho_s} \tag{2-70}$$

刚开始沉降时，$v=0$，此时$\frac{dv}{dt}=\frac{\rho_s-\rho}{\rho_s}g$，为球形颗粒的初加速度，也是最大加速度。随着沉降时间的延长，$v$ 逐渐增大，导致$\frac{dv}{dt}$逐渐减小，最后$\frac{dv}{dt}=0$ 时，沉降速度达到最大，固体颗粒在 $G_0$、$R$ 的作用下达到动态平衡而做等速沉降运动。

设最大沉降速度为 $v_0$，称为沉降末速，则可根据式（2-70）求出 $v_0$。

$$v_0=\sqrt{\frac{\pi d(\rho_s-\rho)g}{6\varphi\rho}} \tag{2-71}$$

在空气介质中，$\rho\approx0$，又由于 π、$\rho$、$g$ 为常数，$\varphi=f(Re)$，$Re$ 为雷诺数，在一定的介质中，$\varphi$ 为定值，因此有：

$$v_0=\sqrt{\frac{\pi d\rho_s g}{6\varphi\rho}}=f(d,\rho_s) \tag{2-72}$$

对于 $d$ 一定的固体颗粒，$v_0=f(\rho_s)$，此时密度越大的颗粒，沉降末速越大。因此，可借助于沉降末速的不同分离不同密度的固体颗粒。对于 $\rho_s$一定的固体颗粒 $v_0=f(d)$，此时粒度越大的颗粒，沉降末速越大。因此，可借助于沉降末速的不同分离不同粒度的固体颗粒，也即风力分级。如果固体颗粒的 $d$ 和 $\rho_s$都不定，则可能导致 $d$ 和 $\rho_s$不同的颗粒具有相同的沉降末速，也即不具备按 $d$ 或按 $\rho_s$分离不同颗粒的条件。因此，只有 $\rho_s$相差不大的固体颗粒才能按粒度风力分级，也只有 $d$ 相差不大的固体颗粒才能按密度分离。也就是说，要按密度风力分离固体颗粒，必须将固体颗粒控制在窄级别粒度范围。

固体颗粒在静止介质中具有不同的沉降末速，可借助于沉降末速的不同分离不同密度的固体颗粒，但由于固体颗粒中大多数颗粒 $\rho_s$的差别不大，因此，它们的沉降末速不会差别很大。为了扩大固体颗粒间沉降末速的差异，提高不同颗粒的分离精度，风选常在运动气流中进行。气流运动方向向上（称为上升气流）或水平（称为水平气流），增加了运动气流，固体颗粒的沉降速度大小或方向就会有所改变，从而提高分离精度。增加上升气流时，球形颗粒在上升气流中的受力分析如图 2-14 所示。此时，固体颗粒实际沉降速度 $v=v_0-u_a$。当 $v_0>u_a$时，$v>0$，颗粒向下做沉降运动；当 $v_0=u_a$时，$v=0$，颗粒做悬浮运动；当 $v_0<u_a$时，$v<0$，颗粒向上做漂浮运动。因此，可通过控制上升气流速度，控制固体颗粒中不同密度颗粒的运动状态，使有的固体颗粒上浮，有的下沉，从而将这些不同密度的固体颗粒加以分离。

增加水平气流时，球形颗粒在水平气流中的受力分析如图 2-15 所示，固体颗粒的实际运动方向：

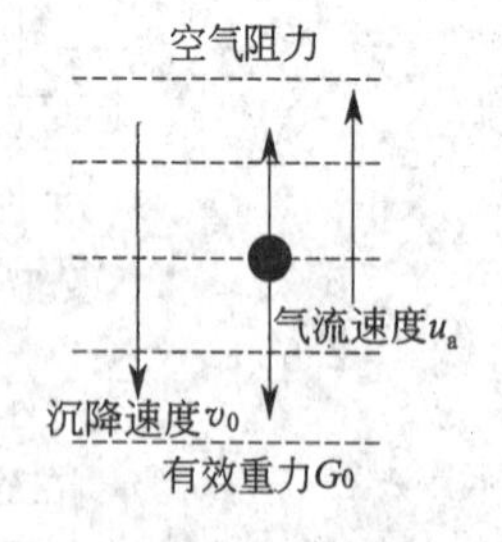


图 2-14　球形颗粒在上升气流中的受力分析

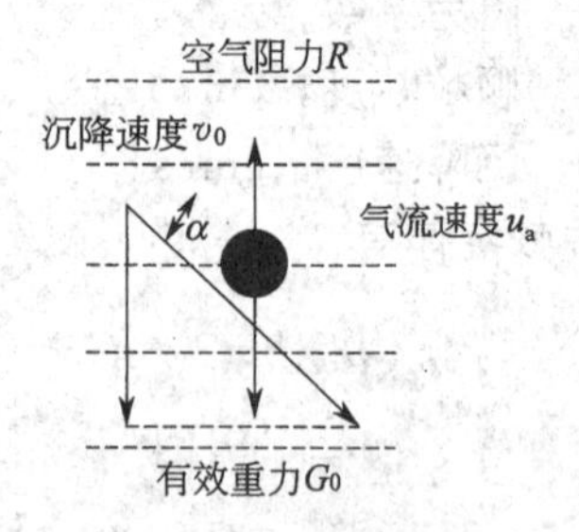


图 2-15　球形颗粒在水平气流中的受力分析

$$\tan\alpha=\frac{v_0}{u_a}=\frac{\sqrt{\frac{\pi d\rho_s}{6\varphi\rho}}}{u_a} \tag{2-73}$$

$u_a$一定时，对窄级别固体颗粒，其密度$\rho_s$越大，沉降距离离出发点越近，沿气流运动方向获得的固体颗粒的密度逐渐减小。因此，通过控制水平气流速度，就可控制不同密度颗粒的沉降位置，从而有效地分离不同密度的固体颗粒。

## 2.4　浮力选矿

### 2.4.1　概述

浮选是继重选之后发展起来的一种选矿方法。随着矿石资源日益贫乏，有用矿物在矿石中分布越来越散、越来越杂，同时材料和化工行业对非金属矿物粒度及纯度的要求越来越高，浮选法越来越显示出其他选矿方法无法比拟的优势，逐渐成为目前应用最广最有前景的选矿方法。浮选法不仅用于分选金属矿物和非金属矿物，还用于冶金、造纸、农业、食品、微生物、医药、环保等行业的许多原料、产品或废弃物的回收、分离及提纯等。随着浮选工艺和技术的改进，新型、高效浮选药剂和设备的出现，浮选法将会在更多、更广泛的行业和领域中得到应用。

### 2.4.2　基本概念

浮选是利用矿物表面物理化学性质（如疏水-亲水）的不同来分选矿物的一种选矿方法。从水的悬浮液中（通常称矿物悬浮液为矿浆）浮出固体矿物的选矿过程称为浮游选矿，简称浮选。浮选法的应用使许多以往认为无经济价值的矿产资源变为宝藏。因此，浮选的出现是当今矿冶科技发展史中的“奇迹”。

浮选是细粒和极细粒物料分选中应用最广、效果最好的一种选矿方法。由于物料粒度细，粒度和密度的作用极小，重选方法难以分离；同时一些磁性或电性差别不大的矿物，也难以用磁选或电选加以分离，但根据它们表面性质的不同，即根据它们在水中对水、气泡、药剂的作用不同，通过药剂和机械调节，即可实现浮选分离。

随着实际应用及研究工作的深入，先后出现了各种有独特工艺及专有用途的浮选方法，如离子浮选、沉淀浮选、吸附浮选等。浮选发展到今天，较全面的定义为：利用物料自身具有的或经药剂处理后获得疏水亲气（或亲油）特性，使之在水-气或水-油界面聚集，达到富集、分离和纯化的目的。

### 2.4.3　浮选过程

现代常规矿物浮选的特点是：矿粒选择性地附着于矿浆中的气泡上，随之上浮到矿浆表面，达到有用矿物和脉石矿物或有用矿物之间的分离。浮选过程一般包括如下内容。

① 矿石细磨：目的在于使有用矿物与其他矿物或脉石矿物解离，这通常由磨矿机配合分级机完成。

② 调整矿浆浓度：主要使矿浆浓度适合浮选要求，在多数情况下，如果浮选前分级溢流浓度符合浮选要求，可省略该过程。

③ 浮选矿浆加药处理：加入合适的浮选药剂，目的是造成矿物表面性质的差别，即改变矿物表面的润湿性，调节矿物表面的选择性，使有的矿物粒子能附着于气泡，而有的则不能附着于气泡。该作业一般在搅拌槽中进行。

④ 搅拌形成大量气泡：借助于浮选机的充气搅拌作用，促使矿浆中空气弥散而形成大量气泡，或促使溶于矿浆中的空气形成微泡析出。

⑤ 气泡的矿化：矿粒向气泡选择性地附着，这是浮选过程中最重要的过程。

⑥ 矿化泡沫层的形成与刮出：矿化气泡由浮选槽下部上升到矿浆表面形成矿化泡沫层，有的矿物富集到泡沫层中，将其刮出而成为精矿（中矿）产品。而非目的矿物则留在浮选槽内，从而达到分选的目的。

固体矿物颗粒和水构成的矿浆（矿浆通常来自分级或浓缩作业）首先要在搅拌槽内用适当的浮选药剂进行调和，必要时还要补加一些清水或其他工艺的返回水（如过滤液）调配矿浆浓度，使之符合浮选要求。用浮选药剂调和矿浆的主要目的是使欲浮的矿物表面增加疏水性（捕收剂或活化剂），或使不欲浮的矿物表面变得更加亲水，抑制它们上浮（抑制剂），或促进气泡的形成和分散（起泡剂）。调好的矿浆被送往浮选槽，矿浆和空气被旋转的叶轮同时吸入浮选槽内。空气被矿浆的湍流运动粉碎为许多气泡。起泡剂促进了微小气泡的形成和分散。在矿浆中气泡与矿粒发生碰撞或接触，并按表面疏水性的差异决定矿粒是否在气泡表面上发生附着。结果，表面疏水性强的矿粒附着到气泡表面，并被气泡携带升浮至矿浆液面形成泡沫层，被刮出成为精矿；而表面亲水性强的颗粒不和气泡发生黏附，仍然留在矿浆中，最后随矿浆流排出槽外成为尾矿。

矿浆经加药处理后的第一次浮选作业通常称粗选。在粗选所得矿化泡沫中，虽然富集了大量有用矿物，但经常还混杂有脉石矿物及其他杂质，通常还要对这种粗选矿化泡沫进行一次或多次再选，这种粗选泡沫进行再选的作业称精选。最后一次精选作业所得的泡沫产品称为精矿。在粗选作业排出的矿浆中，往往还残留有一定量的有用矿物，需要进行再选回收，这种再选作业称为扫选。精选作业排出的矿浆和扫选作业获得的泡沫产品通常称为中矿。中矿通常返回前面某一浮选作业再选，在特殊情况下，也可单独浮选。粗选一般为一次，精选和扫选有多次。最后一次扫选作业排出的矿浆称为尾矿。

一般浮选是将有用矿物浮入泡沫产物中，将脉石矿物留在矿浆中，这样的浮选过程称正浮选。反之，浮起的是脉石矿物的浮选过程称反浮选。如果在矿石中含有两种或两种以上的有用矿物时，其浮选方法有两种：一种叫做优先浮选，即将有用矿物依次一个一个地选出；另一种叫做混合浮选，即将有用矿物共同选出为混合精矿，再把混合精矿中的有用矿物一个一个地分选。

## 2.4.4 基本原理

浮选时，空气常形成气泡（气相）分散于水溶液（液相）中，矿物（固相）常形成大小不同的矿粒悬浮于水中，气泡、水溶液和矿粒三者之间有着明显的边界，这种相间的分界面叫做相界面。把气泡和水的分界面叫做气-液界面，把气泡和矿粒的交界面叫做气-固界面，把矿粒和水的交界面叫做固-液界面。通常把浮选过程中的空气矿浆叫做三相体系。在浮选相界面上发生着各种现象，其中对浮选过程影响较大的基本现象有润湿现象、吸附现象、界面电现象、化学反应等。实现浮选分离的重要因素是矿物本身的可浮性及矿物颗粒同气泡间有效的接触吸附，矿物可浮性与矿物表面的润湿性（疏水性）及表面电性等密切相关。

### 2.4.4.1 矿粒表面的润湿性与可浮性

（1）润湿现象 润湿是自然界中非常常见的一种现象。例如，在干净的玻璃板上滴一滴水，这滴水很快地沿玻璃表面展开，成为平面凸镜的形状。若往石蜡上滴一滴水，这滴水则力图保持球形，但因重力的影响，水滴在石蜡上呈椭圆形。这两种不同现象表明，玻璃能被水润湿，是亲水性物质；石蜡不能被水润湿，是疏水性物质。

同样，将一滴水滴于干燥的矿物表面上，或者将一气泡附于浸在水中的矿物表面上（如图2-16所示），就会发现不同矿物的表面被水润湿的情况不同。矿物颗粒表面的润湿是由水分子结构的偶极性及矿物晶格构造不同引起的，矿粒表面的润湿性即矿物被水润湿的程度。在一些矿物（如石英、长石、方解石等）表面上水滴很容易铺开，或者气泡较难以在其表面上扩展，而在另一些矿物（如石墨、辉钼矿等）表面上则相反。易被水润湿的矿物称为亲水性矿物，不易被水润湿的矿物称为疏水性矿物。图 2-16 表明矿物表面的亲水性从左至右逐渐减弱，而疏水性由左至右逐渐增强。矿物表面这种亲水或疏水的性质主要是由于矿物表面的作用力（键能）性质不同所致。

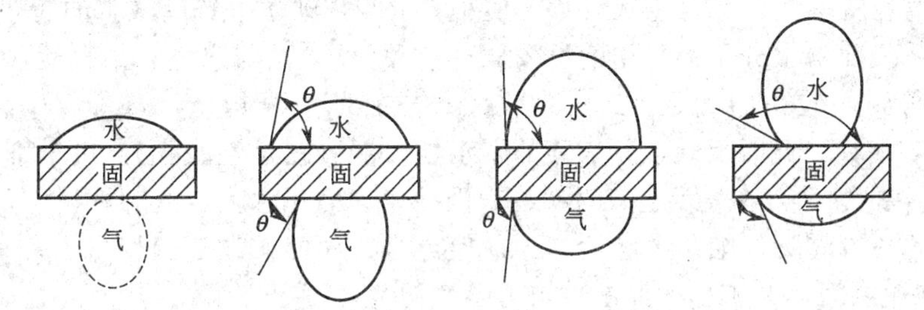


图 2-16　不同矿物表面的润湿现象

许多学者用润湿过程来说明浮选的原理，认为：①表层浮选基本上取决于矿物表面的空气是否能被水所取代，如水不能取代矿物表面的空气，此矿物就将漂浮在水面上；②全油浮选是由被浮矿物表面的亲油性和疏水性造成的；③泡沫浮选是由于被浮矿物经浮选剂处理后，表面具有疏水性而附着于气泡上浮。

任意两种流体与固体接触后，所发生的附着、展开或浸没现象（广义地说）均可称为润湿过程，其结果是一种流体被另一种流体从固体表面部分或全部被排挤或取代，这是一种物理过程，且是可逆的。例如，浮选过程就是调节矿物表面上一种流体（如水）被另一种流体（如空气或油）取代的过程（即润湿过程）。

（2）润湿接触角　为判断、比较矿物表面亲水或疏水程度，常用接触角 $\theta$ 这个物理量来度量。在浸于水中的矿物表面上附着一个气泡（或水滴附着于矿物表面），当附着达到平衡时，气泡在矿物表面形成一定的接触周边，称为三相润湿周边，如图 2-17 所示。以三相润湿周边上的 $A$ 点为顶，以固水交界线为一边，以气水交界线为另一边，经过水相的夹角 $\theta$ 叫做接触角。接触角的形成过程遵守热力学第二定律：在恒温条件下，气泡附着在矿物表面上后，从接触角开始排水并向四周扩展，润湿周边逐渐扩大。这个过程自动进行直到三相界面自由能（或以表面张力表示）$\sigma_{固水}$、$\sigma_{水气}$、$\sigma_{固气}$达到平衡为止，所形成的接触角叫平衡接触角（通常叫接触角，以后的讨论中提到的接触角，除注明者外，均指平衡接触角）。接触角的大小，由三相界面自由能的相互关系确定。

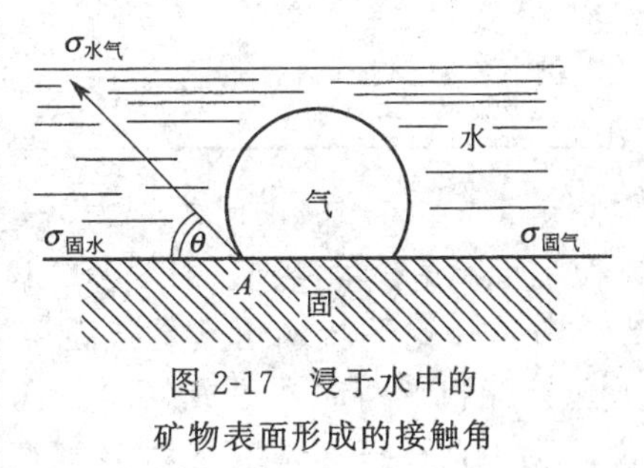


图 2-17　浸于水中的矿物表面形成的接触角

由物理化学知识可知，界面自由能是增加单位界面面积所消耗的能力，可将它看成是作用在单位长度上的力，就是表面张力。实际上，这两个概念是一致的。在讨论接触角的形成过程时，又可理解为：在固水、水气、固气三个界面上，分别存在三个力（表面张力），用同样的符号 $\sigma_{固水}$、$\sigma_{水气}$、$\sigma_{固气}$表示。这三个力都可看成是从三相交点 $A$ 向外拉的力。当三个力的作用达到平衡时，在 $x$ 轴投影方向，得力的平衡方程式：

$$\sigma_{固气}=\sigma_{固水}+\sigma_{水气}\cos\theta \tag{2-74}$$

移项简化后得：

$$\cos\theta=\frac{\sigma_{固气}-\sigma_{固水}}{\sigma_{水气}} \tag{2-75}$$

式中 $\sigma_{固水}$，$\sigma_{水气}$，$\sigma_{固气}$——固水、水气和固气的表面张力（或自由能）；

$\theta$——接触角。

式(2-75)表明，接触角大小取决于矿物对空气和对水的亲和力大小（$\sigma_{固气}-\sigma_{固水}$差值的大小）。在一定条件下$\sigma_{固水}$值与矿物表面性质无关，可看成恒定值。如果矿物表面与水分子的作用活性较高（亲和力强），与水分子结合后，原来矿物表面未饱和的作用能得到很大的满足，致使$\sigma_{固水}$值很低。相比之下，如果空气对矿物表面的亲和力较弱，$\sigma_{固水}$值就较大，这样$\sigma_{固气}-\sigma_{固水}$差值也就较大，$\cos\theta$值大，而$\theta$值小，反映出矿物表面有较强的润湿性（亲水性）。反之，如果矿物表面与水分子的作用活性较低（亲和力弱），与水分子结合后，原来矿物表面的未饱和程度得到比较小的满足，$\sigma_{固水}$值较大；与前种情况相比，$\sigma_{固气}-\sigma_{固水}$的值就较小，$\cos\theta$值小，而$\theta$值大，此时反映矿物表面的亲水性较弱（疏水性较强）。极个别矿物表面甚至出现$\sigma_{固气}<\sigma_{固水}$的情况，这表示空气对矿物表面的亲和力比水大，这时接触角大于90°。

从以上讨论可以看到接触角值愈大，$\cos\theta$值愈小，说明矿物润湿性愈小，其可浮性愈好。$\cos\theta$值介于0～1之间，对矿物的润湿性与可浮性的量度可定义为：

$$润湿性=\cos\theta$$

$$可浮性=1-\cos\theta$$

由此可见，通过测定矿物的接触角，可评价各种矿物的天然可浮性。

必须指出，不能误认为只有空气对矿物表面的亲和力大于水对矿物表面的亲和力，接触角大于90°时，矿粒才附着于气泡上。实践表明，用乙黄药处理金属矿物（如方铅矿、黄铜矿等）时，其接触角为60°时，就可成功浮选。表2-4列出了一些矿物接触角的测定值。

**表 2-4 矿物接触角测定值**

| 矿物名称 | 接触角/(°) | 矿物名称 | 接触角/(°) | 矿物名称 | 接触角/(°) |
|---|---|---|---|---|---|
| 硫 | 78 | 闪锌矿 | 46 | 方解石 | 20 |
| 滑石 | 64 | 萤石 | 41 | 石灰石 | 0～10 |
| 辉钼矿 | 60 | 黄铁矿 | 30 | 石英 | 0～4 |
| 方铅矿 | 47 | 重晶石 | 30 | 云母 | 0 |

由表2-4可以看出，各种矿物天然接触角的差别表明各种矿物被水润湿的程度不同。根据矿物表面润湿性的差别，对各种矿物进行天然可浮性分类，见表2-5。

以上讨论的接触角$\theta$是指固相表面光亮平滑，三力作用时润湿周边可以自由移动，三力能够互相平衡时，形成的接触角叫做平衡接触角。实验发现，接触角并不立刻达到平衡，也不是在任何情况下都会平衡。如果固相表面不光滑或有突起的晶棱，在形成接触角时，三相润湿周边的移动受到不能克服的阻力，这种润湿周边在固体表面移动受到阻碍的现象，称为"润湿阻滞"。阻滞可使形成的接触角不等于平衡接触角，这时的接触角叫阻滞接触角。阻滞接触角大于平衡接触角。通常润湿阻滞很难避免，故平衡接触角很难测准。

**表 2-5 矿物按天然可浮性分类**

| 类别 | 表面润湿性 | 破碎面暴露出的键的特征 | 晶格特征结构 | 代表性矿物 | 在水中接触角/(°) | 天然可浮性 |
|---|---|---|---|---|---|---|
| 1 | 小 | 分子键 | 晶格各质点间以弱的分子键相联系，断裂面上为弱的分子键 | 自然硫 | 78 | 好 |
| 2 | 中 | 以分子键为主，同时存在少量的强键（离子键、共价键、金属键） | 晶格由原子或离子层构成；层内原子间以强键结合，层与层之间为分子键；破裂主要发生在分子键，破裂面上也可能存在键，但其数量远远少于分子键 | 滑石<br>石墨<br>辉钼石 | 69<br>60<br>60 | 中 |

续表

| 类别 | 表面润湿性 | 破碎面暴露出的键的特征 | 晶格特征结构 | 代表性矿物 | 在水中接触角/(°) | 天然可浮性 |
|---|---|---|---|---|---|---|
| 3 | 大 | 强键(离子键、金属键、共价键) | 晶格有各种不同的结构,晶格各质点间以强键(离子键、共价键、金属键)结合,断裂面上为强键 | 方铅矿<br>黄铜矿<br>萤石<br>黄铁矿<br>重晶石<br>方解石<br>石英<br>云母 | 47<br>47<br>41<br>30～33<br>30<br>20<br>0～10<br>0 | 差 |

矿物的润湿性决定着矿粒与气泡发生碰撞接触时，是否能附着于气泡上，也就是说矿物的润湿性决定了矿粒的天然可浮性。表面润湿性强的矿物（亲水性矿物），天然可浮性差；表面润湿性差的矿物（疏水性矿物），天然可浮性则好。

#### 2.4.4.2 矿粒表面的电性与可浮性

单纯利用矿物表面天然可浮性进行矿石中各种矿物的浮选分离是有限的，通常要借助一定的浮选药剂，使矿物易于同气泡接触，即提高矿物的可浮性。浮选剂在固-液界面的吸附影响着矿物的可浮性，而这种吸附又受矿物表面电性的影响。因此，矿物表面电性同其可浮性有着密切联系。

(1) 双电层结构　水介质中，矿粒表面与水分子接触时，受水及溶质作用，在矿粒/水界面发生离子或配衡离子等荷电质点的相互转移，且这种荷电质点的转移是不等电量的，这导致了矿物/水界面电位差的产生，使矿粒表面带电，并在相界面上形成双电层。矿粒表面带电的主要原因有三个。①位于矿物表面上的晶格离子的选择性溶解或表面组分选择性解离。在极性水分子作用下，矿物表面正、负离子受到不同的吸引力，产生非等当量的转移，矿粒表面有些离子选择性进入溶液，使矿粒表面形成双电层。如萤石（$CaF_2$）在水中，$F^-$ 比 $Ca^{2+}$ 易于解离，矿物表面有过剩的 $Ca^{2+}$ 而带正电，解离的 $F^-$ 在矿物表面形成配衡离子层。②晶格同名离子或带电离子团从溶液中向矿物表面的选择性吸附。水溶液中的晶格同名离子达到一定浓度时便向矿粒表面吸附，使矿粒表面带电，并形成双电层。③矿物晶格中非等量类质同象替换、间隙原子、空位及矿物电离后吸附 $H^+$、$OH^-$ 等均可引起表面带电。

矿物表面带电后，即在相界面上形成双电层，其结构见图2-18，固体表面带负电。负电荷主要集中在1～2个原子厚度的表面层中，构成双电层的内层。液相中部分阳离子受表面静电吸引在固相表面一定距离处排列，形成紧密层（斯特恩层，Stern层），这一层将双电层内层和扩散层隔开，其厚度以水化离子的半径 $\delta$ 表示。在这一层内可以产生离子的特殊吸附，当离子受双电层内层静电力、范德华和化学键力的作用足够克服离子的热运动时，离子在该层内产生吸附。紧密层外是离子的扩散分布区，该区阳离子浓度从内向外由高到低。

在双电层内层吸附的离子称为定位离子。定位离子可以在界面间实现转移。这些离子在相界面上进行转移是由于化学吸附作用吸附到矿物表面，所以它们可以决定矿物表面的电性。这些离子与矿物表面必须有特殊的亲和力，它们为之间的作用力必须与晶格质点间作用力相同。在双电层外层吸附的离子，称为配衡离子，也称为反号离子。这些离子同矿物的表面没有特殊的亲和力，主要靠静电引力吸引，其离子的电性与双电层内层的电性相反，起着平衡电荷的作用。

(2) 双电层中的电位

① 表面电位　双电层的表面电位是指固体与溶液之间的电位差，通常以 $\varphi_0$ 表示（又称表面总电位或电极电位）。对于导体或半导体矿物，如一些金属硫化矿，可将矿物制成电极测出

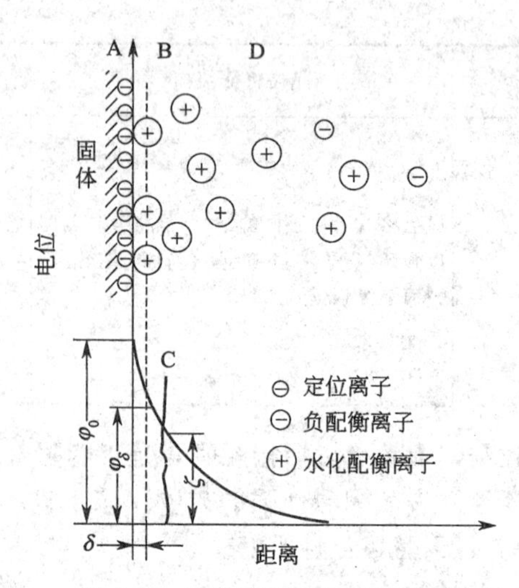


图 2-18 矿物表面双电层示意图

A—内层（定位离子层）；B—紧密层（Stern 层）；C—滑移层；D—扩散层

（$\varphi_0$为表面总电位；$\varphi_\delta$为 Stern 层电位；$\delta$ 为紧密层的厚度；$\zeta$ 为动电位）

$\varphi_0$。不导电的矿物，不能直接测定。但 $\varphi_0$主要由溶液中定位离子的活度决定，因此可以根据能斯特公式用溶液中定位离子的活度进行计算。

② 斯特恩（Stern）电位　斯特恩电位指紧密层与溶液之间的电位差。

③ 电动电位　当颗粒在外力作用下移动时，双电层中的扩散层与固体表面 Stern 层之间有一个滑动界面，滑动界面上的电位和溶液内部的电位差称为电动电位，又称 Zeta 电位，用 $\zeta$ 表示。Stern 层与固体表面也有电位差，常用 $\varphi_\delta$ 表示。实际上，$\varphi_\delta$ 是水化配衡离子最紧密靠近矿物表面的假设平面与溶液之间的电位差。通常，$\zeta$ 和 $\varphi_\delta$ 很接近，可以认为相等。当双电层内层电位较高、电解质浓度很高或吸附非离子型表面活性剂时，$\zeta<\varphi_\delta$。电动电位是颗粒在静电力、机械力或重力等作用下，颗粒带着吸附层沿滑动界面做相对运动时产生的电位差。影响电动电位的因素很多，凡能影响表面电位的因素都能影响电动电位。有些因素不能改变矿物的表面电位，但可以改变电动电位；有些惰性电解质只能改变电动电位大小，但不能改变其符号；还有一些表面活性电解质，可以在矿物表面产生特殊吸附，既可改变电动电位大小，也可以改变其符号。电动电位在浮选研究上很有实际意义。

（3）零电点和等电点

① 零电点　总电位 $\varphi_0$ 为零时，定位离子浓度的负对数值为零电点（用 PZC 表示）。对于定位离子为 $H^+$ 或 $OH^-$ 的氧化物及硅酸盐，其零电点可用溶液的 pH 值表示（$\varphi_0$为零时的 pH 值就是零电点），此时矿物表面电荷密度为零（pH 值等于零电点）。当 pH 值小于零电点时，矿物表面带正电；pH 值大于零电点时，矿物表面带负电。

矿物的零电点是矿物的重要特性之一。在此条件下，矿物表面电荷密度等于零。矿物的零电点取决于矿物自身性质。如果矿物表面没有污染或其他离子的特性吸附，对于难溶性金属氧化矿，零电点与等电点相等，在水中测得矿物的等电点也就是其零电点。零电点可以采用电位滴定法测定。部分矿物的零电点见表 2-6。虽然零电点是在严格条件下测定的，但由于试料纯度和预处理方法不同，零电点的实测值波动很大。

依据矿物的零电点不同，可调节矿浆 pH 值，选择性地使矿物表面带正电或负电。这样为选择捕收剂的种类（阴离子捕收剂或阳离子捕收剂）从而人为地改变矿物的可浮性提供了依据。如 pH 值小于零电点，矿物表面带正电，采用阴离子捕收剂有利于吸附和提高可浮性；pH 值大于零电点，采用阳离子捕收剂有利于吸附和改善矿物可浮性。

② 等电点 电动电位改变符号恰好等于零时的电解质活度的负对数值称为等电点或电荷转移点，用IEP表示。通常，等电点用pH值表示。即在一定的表面活性剂浓度下，改变溶液的pH值，当电动电位等于零时，溶液的pH值即为在该条件下该矿物的等电点。一种矿物的等电点既和pH值有关，也和产生特殊吸附的离子浓度有关。因此，说明某矿物的等电点时，应把有关的条件同时加以表述。

**表2-6 一些矿物的零电点**（电泳法测定）

| 矿物 | 零电点 | 矿物 | 零电点 |
|---|---|---|---|
| 白云母 | 0.4 | 硅孔雀石 | 2.0 |
| 石英 | 1.8，3，3.7 | 黄铁矿 | 6.2～6.9 |
| 透辉石 | 2.8 | 磁黄铁矿 | 3.0 |
| 膨润土 | ＜3.0 | 辉锑矿 | 2.5±0.5(电渗法) |
| 高岭土 | 3.4 | 辉钼矿 | ＜0.3 |
| 绿柱石 | 3.1，3.3，3.4 | 辰砂 | 3.5±0.5(电位滴定法) |
| 石榴石 | 4.4 | 方铅矿 | 2.4，3.0 |
| 电气石 | 4.0 | 闪锌矿 | 2.0，3.0，7.5 |
| 镁铁闪石 | 5.2 | 黄铜矿 | 2.0～3.0 |
| 锆英石 | 5.8 | 辉铜矿 | ＜3.0 |
| 软锰矿 | 5.6，7.4 | 蓝铜矿 | 9.5 |
| 褐铁矿 | 6.7 | 天然闪锌矿(99.9% ZnS) | 5.0～5.8 |
| 针铁矿 | 6.7 | 天然闪锌矿(含0.3%的铁) | 6.2 |
| 磁铁矿 | 6.5 | 天然闪锌矿(含1.45%的铁) | 10(电位滴定法) |
| 铬铁矿 | 5.6，7.0，7.2 | 天然闪锌矿(含5.4%的铁) | 3.0～3.5 |
| 赤铁矿 | 5.0，6.6，6.7 | 天然闪锌矿(含11.0%的铁) | 3.0～6.5 |
| 刚玉 | 9.0，9.4 | | |

(4) 影响双电层的因素 影响双电层的因素有很多，如溶液的pH值、水中离子组成、电解质的浓度等。通过调节这些因素可以改变矿物的表面电位和电动电位；有时虽不影响表面电位，但可以影响电动电位。下面就影响双电层的几个主要因素进行简单介绍。

① 杂质元素的特性吸附 无机盐类对矿物表面电动电位有明显的影响。如微量的氧化钙对降低煤粒的电动电位极其明显，而对矸石的电动电位的影响却很微弱。无机电解质对矿物表面电动电位的影响规律如下：阳离子价数越高，其电动电位降低越显著。原因是价数高，离子的静电力场大，压缩双电层的作用也大。当阳离子价数相同时，阳离子的体积越大，对电动电位的影响也越大。金属阳离子在矿物表面有特性吸附时可导致矿物零电点发生变化。阴离子在矿物表面特性吸附可使零电点降低。中性电解质和非极性有机分子对零电点和等电点几乎没有影响。极性有机分子可以改变零电点和等电点，但与无机物不同，有机物分子的性质决定了零电点的漂移方向，其浓度决定了漂移的程度。

② 温度 氧化矿物的零电点随温度的增高而降低。这是由于氧化矿物由表面带正电转为表面电荷为零的过程是放热反应。

③ 固液悬浮体中固体的含量 试验表明，电动电位随固体含量的增高而增高。

此外，氧化作用对矿物的电动电位也有影响。

(5) 矿物表面电性与可浮性 浮选过程中，调节矿物颗粒的表面性质可以通过不同浮选药剂的吸附来实现，而浮选药剂的吸附往往受矿物表面电性的影响。因此，研究和调节矿物表面电性的变化是研究药剂作用机理、判断矿物可浮性、实现不同矿物分离的重要方法。矿物表面双电层在很多方面都能影响矿物的分选效果，尤其对电动电位的影响最为显著。双电层和电动电位对浮选的影响主要表现在以下几个方面。

① 影响不同极性（电性）的药剂在矿物表面的吸附　尤其当药剂与矿物表面的吸附主要靠静电力为主的物理吸附时，矿物的表面电性更起决定作用。如果药剂的电性与矿物表面电性相反，且表面电荷的数量越多，则药剂在矿物表面吸附的数量越多。

例如，针铁矿的零电点 pH=6.7，当 pH<6.7 时，矿物表面荷正电，采用阴离子型（负电性）捕收剂十二烷基硫酸钠时药剂大量吸附，浮选效果很好；而采用阳离子型（正电性）十二胺捕收剂时则很难吸附，几乎不能浮选。同样当 pH>6.7 时，矿物表面带负电，用阳离子型捕收剂十二胺浮选效果很好，而用阴离子型捕收剂则基本不浮。

一般来说，浮选过程中占主要地位的是化学吸附。但当表面电荷符号与捕收剂离子的电荷符号相同且电荷很高时，静电斥力可以抑制捕收剂离子的化学吸附，若此时仍发生捕收剂的吸附，则表明捕收剂离子已克服静电阻碍作用，发生了特性吸附（化学吸附或半胶束吸附）。

② 调节矿物表面电性可调节矿物表面的抑制或活化作用，从而实现多种混合矿物的分选　以阳离子型捕收剂浮选石英为例，当 pH 值大于零电点时，石英表面荷负电，可用胺类进行捕收。如果在加入捕收剂前先加入无机阳离子，使矿物表面电性降低，石英受到抑制。随 pH 值的升高，石英表面负电性增高，抑制作用所需的无机阳离子的浓度也增大。无机阳离子 $K^+$、$Na^+$、$Ba^{2+}$ 等对石英均有抑制作用。

再以刚玉浮选为例说明无机离子的活化作用。刚玉的零电点在 pH=9 左右。当 pH=6 时，刚玉表面荷正电，用胺作捕收剂因电性相同，药剂与矿物互相排斥，不能捕收。如果加入足量 $SO_4^{2-}$，因为 $SO_4^{2-}$ 在刚玉表面有特性吸附，可使电动电位变号，然后再用胺浮选刚玉时，在 pH=6、加入 0.1mol/L $Na_2SO_4$、采用 $5\times10^{-4}$ mol/L 的十二胺作捕收剂，刚玉完全可浮。

③ 影响矿物颗粒絮凝和分散　矿物表面由于存在双电层，故有一定电性。如果这些颗粒表面带有相同的电性，在互相接近过程中，当达到一定距离以后，就会产生静电斥力，使颗粒分开。如果颗粒所带电荷相反，则可“异性相吸”，使它们凝聚。通常，同种矿物在相同溶液中其电性是相同的。它们处于絮凝或分散状态主要取决于其表面电荷的数量多少。

为了使悬浮颗粒絮凝，必须降低其表面电位，减少其间斥力，使其互相接近，最终形成絮团；反之，要使它们分散、处于悬浮状态，必须提高其表面电位。电动电位增高，扩散层变厚，增加颗粒间斥力，颗粒相互之间保持较大距离，削弱和抵消范德华引力，使颗粒分散体系更稳定。该过程的原理与胶体体系相似，将颗粒表面电荷中和，胶体体系即失稳；而在胶体颗粒上加上同种电荷，体系的稳定性就大大增加。因此，为改变颗粒在溶液中的分散或絮凝状态，可通过向矿浆中添加电解质改变颗粒表面的双电层电位来实现。通常，所加电解质价数越高，其作用也越大。

④ 影响细泥在矿物颗粒表面的吸附和覆盖　通常细泥的表面带负电，如果矿物的电动电位为正，则多数情况下意味着矿物表面荷正电，因此，细泥极易吸附到矿物的表面上。如果矿物表面覆盖了细泥，则会改变矿物表面原来的润湿性，并降低分选过程的选择性。因此，细泥覆盖对浮选有极大影响。

⑤ 电动电位与浮选的关系　研究表明：电动电位与浮选之间有着密切关系，即可用电动电位来评价矿物与各种药剂作用后浮选活性的变化。电动电位绝对值降低可使浮选效果变好。可以认为随矿物表面电动电位的降低，矿物与捕收剂的作用变好，捕收剂在矿物表面的吸附数量增多，矿物表面水化作用减弱，水化层变薄，提高了矿物表面疏水性和可浮性。

矿物表面与药剂作用后，可使电动电位降低。一些药剂与矿物表面有特殊亲和力，可作为双电层的定位离子吸附到矿物表面。当它们吸附到双电层内层后，既改变了矿物的表面电位，又改变了矿物电动电位，使矿物表面电位和电动电位同时降低。结果一方面可使矿物表面极性降低，减弱其水化作用，提高分选过程中的可浮性；另一方面可改善矿物表面与捕收剂的作用，增加捕收剂在矿物表面的吸附量。此外，还可减少细泥在矿物表面的覆盖。

可见，随矿物电动电位的降低，矿物的可浮性提高，浮选效果变好。因而可用药剂与矿物作用前后矿物电动电位之差评价矿物浮选活性的改变。电动电位差越大，药剂与矿物的作用越好，浮选活性的提高就越大。

#### 2.4.4.3　矿物表面的吸附现象与可浮性

（1）吸附与浮选　吸附是液体（或气体）中某种物质在相界面上产生浓度增高或降低的现象。对液体，当将某种溶质加入到溶液中，如果能使溶液表面能降低，表面层溶质的浓度大于溶液内部溶质的浓度，则称该溶质为表面活性剂或表面活性物质，这种吸附称为正吸附。反之，加入溶质后，使溶液的表面能升高，表面层溶质的浓度小于溶液内部溶质的浓度，则称该溶质为非表面活性剂或非表面活性物质，这种吸附称为负吸附。当吸附达到平衡时，单位面积上所吸附的吸附质的摩尔数，称为在该条件下的吸附量，通常用$\Gamma$表示。

浮选是在固、气、液三相中进行的过程，因此吸附是浮选过程中不同相界面上经常发生的现象。矿浆中加入药剂时，一些药剂可吸附在固液界面，另一些药剂则吸附在气液界面，还有一些药剂可吸附在液液界面，矿物在矿浆中还可以吸附矿浆中的其他分子、离子等。吸附的结果使矿物表面性质改变，矿物的可浮性得到调节，矿浆中气泡的稳定性得到改善，药剂的分散得到提高。所以，研究浮选过程中的吸附现象，对探索浮选理论和指导浮选实践均有重要意义。

（2）吸附的种类　浮选是复杂的物理化学过程。由于矿物表面性质不均匀，所采用药剂各种各样，矿浆的成分也不相同。因此矿浆中溶解的成分性质比较复杂，不同种类的药剂和成分可以吸附到不同的相界面上，因而所发生的吸附种类是多种多样的。表2-7列出了药剂在颗粒表面的吸附种类。

**表2-7　药剂在颗粒表面的吸附种类**

| 吸附性质 | 吸附部位 | 吸附形式 | 吸附特点 | 实例 |
|---|---|---|---|---|
| 表面化学反应 | 固相反应 | 在表面上生成独立新相 | 多层 | 硫化钠对重金属氧化矿的作用 |
| 化学吸附 | 双电层内层 | 非类质同象离子或分子的化学吸附 | 生成表面化合物（单分子层） | 黄药对硫化物的吸附 |
| | | 类质同象离子交换吸附 | 可深入固相晶格内部 | $Cu^{2+}$对闪锌矿的吸附 |
| | | 定位离子吸附 | 非等电量的吸附，改变表面电位 | $H^+$、$OH^-$对金属氧化物的吸附 |
| 物理吸附向化学吸附的过渡 | 双电层外层 | 离子的特性吸附 | 可引起电动电位变号 | 高价阳离子对石英的吸附，羧酸阴离子对氧化物的吸附 |
| | | 离子的扩散层吸附 | 压缩双电层，静电物理吸附性质 | $Na^+$、$K^+$、铵离子对氧化物的吸附 |
| 物理吸附 | 相界面 | 分子的氢键吸附 | 强分子吸附，向化学吸附过渡的性质 | 中性聚丙烯酰胺对颗粒的吸附 |
| | | 偶极分子的吸附 | 较强分子吸附 | 水及醇类分子在极性表面的吸附 |
| | | 饱和烃类化合物分子的色散吸附 | 弱分子吸附 | 烃类分子在非极性表面的吸附 |
| 黏附① | 相-相作用 | | 机械黏附性质 | 中性油液珠与疏水颗粒的作用 |

① 并非吸附现象，而是体相间的作用。

① 按吸附的本质，可分为物理吸附和化学吸附两类。

物理吸附：凡是由范德华力（分子键力）引起的吸附都可称为物理吸附，其特征是热效应小（一般仅20kJ/mol左右）、无选择性、吸附快、具有可逆性、易解吸、吸附的分子可在矿物表面形成多层结构等。

化学吸附：凡是由化学键力引起的吸附称为化学吸附。该吸附质可在矿物表面之间发生电子转移，并在矿物表面形成难溶性化合物，但不能生成新相。其特征是热效应大（通常在84～840kJ/mol之间）、吸附牢固、不易解吸、吸附不可逆、通常只有单层吸附、吸附具有很强的选择性、吸附慢。

② 按吸附物的形态又可分为分子吸附、离子吸附、半胶束吸附及捕收剂等在矿浆中反应的产物在矿物表面的吸附。

分子吸附：溶液中被溶解的溶质以分子形式吸附到固-液、气-液等相界面上，如起泡剂醇类分子在气-液相界面的吸附。分子吸附属物理吸附，其特征是吸附的结果不改变矿物表面的电性。

离子吸附：溶液中以离子形态存在的溶质离子（如捕收剂和活化剂离子）在矿物表面的吸附称为离子吸附。浮选药剂在矿浆中多呈离子状态，故研究离子吸附更为重要。离子吸附后常在矿物表面生成不溶性盐类，可改变矿物表面电性，包括电荷数量和符号，故离子吸附多属于化学吸附。

半胶束吸附：溶液中长烃链捕收剂浓度较高时，矿物表面吸附捕收剂非极性端，在范德华力的作用下发生缔合，形成类似胶束的结构，称为半胶束吸附。与溶液中形成胶束的情况相比，形成半胶束时溶液中溶质的浓度比形成胶束时低两个数量级。利用半胶束吸附原理可提高浮选药剂作用效果。如采用胺类时，适当加入一些长链的中性分子，可减少捕收剂离子之间的斥力，降低形成半胶束时的浓度，增加捕收剂在矿物表面的吸附量，对分选有利。中性分子在矿物表面的覆盖，增加了矿物表面的疏水性，减少了捕收剂的用量，可提高分选效果。形成半胶束的药剂浓度与烃基有关，烃基越长，形成半胶束所需浓度越低。

捕收剂等在矿浆中反应的产物也可在矿物表面产生吸附。

③ 按吸附作用方式和性质可分为交换吸附、竞争吸附和特性吸附。

交换吸附：指溶液中某种离子与矿物表面上另一种相同电荷符号的离子发生等当量交换而吸附在矿物表面。参与交换的离子可以是阳离子，也可以是阴离子。吸附可发生在双电层内层或外层。交换吸附在浮选中是常见的。如硫化矿物浮选常使用金属离子作为活化剂，例如$Cu^{2+}$、$Ag^{+}$与闪锌矿表面晶格中$Zn^{2+}$交换吸附的结果，使闪锌矿可浮性提高。

$$ZnS+2Ag^{+} = Ag_2S+Zn^{2+}$$

该反应的平衡常数很大，表明$Cu^{2+}$、$Ag^{+}$从闪锌矿表面交换$Zn^{2+}$的速度是很快的。又如，方铅矿表面在轻度氧化过程中表面的$S^{2-}$会被$OH^{-}$、$SO_4^{2-}$、$CO_3^{2-}$等交换。

竞争吸附：当矿浆溶液中存在多种离子时，它们在矿物表面的吸附决定了表面的活性及其在溶液中的浓度，即存在相互竞争。

物理吸附的捕收剂离子在双电层中起配衡作用，其吸附密度取决于与溶液中任何其他配衡离子的竞争。例如胺类捕收剂浮选石英，当捕收剂浓度低时，$Ba^{2+}$和$Na^{+}$在石英表面与捕收剂竞争而抑制浮选。

特性吸附：当矿物表面对溶液中某种组分有特殊的亲和力所产生的吸附称为特性吸附。特性吸附是介于物理吸附和化学吸附之间的过渡形态，具有极强的选择性。发生特性吸附时，不仅界面电动电位大小改变，而且其符号也改变。工作者研究了NaCl、$Na_2SO_4$和$RSO_4Na$（烷基硫酸钠）三种电解质在刚玉表面吸附时，引起其电动电位变化的情况。结果表明，随着NaCl浓度增高，刚玉表面电动电位逐渐减小，但速度缓慢，且已接近于零，但未能改变其符号。这说明反号离子在刚玉表面的作用除静电力以外，不存在其他力，所以电解质浓度增大只能压缩双电层的扩散层。但在电解质$Na_2SO_4$的作用下，刚玉的电动电位变化较大，并可改变符号。这说明了刚玉与$SO_4^{2-}$之间除静电力外，还有化学键力的作用。吸附作用不仅发生在扩散层，而且已进入紧密层，该种吸附属于特性吸附。而对于$RSO_4Na$，电动电位的改变就更明显。随着$RSO_4Na$浓度的增大，刚玉表面的电动电位降低得更快，这说明阴离子$RSO_4^-$对刚玉表面具有更强的亲和力。因此，十二烷基硫酸钠在刚玉表面的吸附，也属于特性吸附。

高价阳离子也可以在氧化矿物和硅酸盐矿物的表面发生特性吸附。这些高价阳离子有$Fe^{2+}$、$Ca^{2+}$、$Mg^{2+}$、$Pb^{2+}$、$Ni^{2+}$和$Cu^{2+}$等，它们在一定的pH值范围内，以羟基络合物的形式吸附到负电性矿物的紧密层中，使矿物表面的负电荷逐步被中和。如吸附的阳离子超过矿物表面上的负电荷，会导致矿物的电动电位改变符号。

④ 按双电层中吸附的位置可分为双电层内层吸附和双电层外层吸附。

双电层内层吸附：又称定位离子吸附，指矿物表面吸附溶液中的晶格离子、晶格类质同象离子和其他双电层定位离子（如$H^+$和$OH^-$），吸附到双电层内层，吸附结果使矿物表面电位改变数值或符号，这种吸附称为定位离子吸附。这类吸附具有很高的选择性，离子和矿物表面作用强度大，但需要的活化能不大，且作用速度快，可把矿物周围甚至水化层中的水分子排挤掉。发生这类吸附时，离子与矿物之间的作用力必须与晶格质点之间的相互作用力相同，否则吸附不能进行。

双电层外层吸附：双电层外层吸附是溶液中溶质分子或电荷符号与矿物表面相反的离子在双电层外层上的吸附。根据双电层外层的结构又可以分为紧密层吸附和扩散层吸附。紧密层吸附的作用力除静电力外，还有范德华力和化学键力；而扩散层的吸附则完全由静电力引起。外层吸附往往缺乏选择性，吸附是可逆的。凡与表面电荷相反的离子都可产生这样的吸附，因此在矿浆中原吸附的配衡离子可被其他配衡离子交换。

外层吸附不能改变矿物的表面电位，但可以改变电动电位。在紧密层的吸附，因同时存在静电力、化学键力、范德华力等，当吸附强烈时，不仅改变电动电位的大小，还可改变电动电位的符号。此时紧密层上所吸附的反号离子的电荷密度必须大于固体表面的电荷密度，否则，不能改变电动电位的符号。扩散层的吸附，只有静电力，因此，只能改变电动电位的大小，这种吸附常称为静电吸附。惰性电解质，如NaCl、$KNO_3$、KCl等在双电层外层的吸附，只改变电动电位的大小。表面活性物质及含表面活性离子的电解质，既可在扩散层吸附，又可在紧密层吸附。讨论药剂在双电层中的吸附时，常将静电吸附以外的吸附统称为特性吸附。

（3）浮选相界面吸附　吸附是浮选过程中相界面间相互作用的一种主要形式。如起泡剂主要吸附在气-液界面，捕收剂主要吸附在固-液界面，乳化剂主要吸附在液-液界面，矿浆中离子可吸附在不同界面等等。吸附的结果导致相界面性质发生变化，使浮选过程得以调节和进行。

① 气-液界面的吸附　浮选过程中使用起泡剂将引入矿浆的空气变成稳定的气泡。起泡剂多为表面活性剂，并以分子形式吸附、定向排列在气-液界面，非极性基朝向气相，极性基朝向水。浮选过程中研究表面活性物质在气-液界面的吸附是非常必要的。

在气-液界面，表面活性物质的平衡浓度$c$及表面张力$\sigma$与气-液界面吸附量$\Gamma$的关系可由吉布斯（Gibbs）等温吸附方程给出：

$$\Gamma=-\frac{c}{RT}\times\frac{d\sigma}{dc} \qquad (2\text{-}76)$$

式中，$R$为气体常数；$T$为热力学温度。

吸附过程中，如果吸附质能使吸附剂的表面张力显著降低，即吸附质在表面层的浓度大于体相浓度，则称为正吸附，此吸附质就称为表面活性物质（剂），例如浮选中常用的长烃链羧酸盐、硫酸酯、磺酸盐及胺类捕收剂等。如果吸附质使吸附剂的表面张力升高，此时吸附质在表面层的浓度小于体相浓度，则称为负吸附。这种吸附质被称为非表面活性物质，如浮选中使用的无机酸、碱、盐等调整剂。

② 固-液界面的吸附　浮选体系中固-液界面的吸附相当复杂。浮选过程中无论添加何种药剂，绝大多数情况下都在固-液界面发生吸附，从而使界面性质发生变化。因此，研究固-液界面吸附主要是研究不同药剂质点在固-液界面的吸附。

固体的吸附作用同液体的吸附作用类似，只发生在表面层而不深入到内部，属于表面现象。如果吸附的物质扩展到固体深处，则称为吸收。被吸附的溶质称吸附物，吸附吸附物的物质称为吸附剂。因为固体表面存在表面能，故也有吸附某种物质降低表面能的倾向，因此，吸附剂总是吸附那些能降低其表面能的物质。

溶液中药剂在固-液界面的吸附遵循朗格缪尔（Langmuir）吸附等温式：

$$\Gamma=\Gamma_{\mathrm{m}}\frac{bc}{1+bc} \tag{2-77}$$

式中，$\Gamma$、$\Gamma_{\mathrm{m}}$、$c$、$b$ 分别为平衡吸附量、饱和吸附量、吸附质平衡浓度和常数；常数 $b$ 的值等于吸附量为 $0.5\Gamma_{\mathrm{m}}$ 时的吸附质浓度值。利用该式可以准确计算高、低浓度下单分子层的吸附结果，该式同样也适用于气体在固体表面上的吸附。

如果固体表面是不均匀的，那么在发生多层吸附时则服从费兰德利希吸附经验方程：

$$\Gamma=kc^{1/n} \tag{2-78}$$

式中，$k$ 和 $n$ 均为经验常数，可用双对数图的方法获得。水溶液中，捕收剂在矿物表面的吸附常符合此式，固-气界面的吸附也可采用此式。

③ 液-液界面吸附　泡沫浮选过程中经常使用非极性烃类油作捕收剂，尤其在浮游选煤时烃类油是最主要的药剂。此外，油团、全油或乳化浮选时也需要采用大量非极性烃类油。但在泡沫浮选时要将油分散在水中形成 O/W（水包油）型乳状液；而对全油浮选等，要将水分散在油中形成 W/O（油包水）型乳状液。

在液-液界面吸附中，由于液-液界面的界面面积和界面自由能储量极高，系统处于多相热力学不稳定状态，所以液-液界面吸附总是力图向自由能降低的方向发展，以求达到稳定状态，即减少液-液界面面积。而单靠物理作用形成的乳状液只能暂时地增加界面面积，很快会发生破乳（油和水分层）。想要维持此乳状液的稳定，有一个途径就是用表面活性剂降低油-水界面自由能，这种办法可获得分散度适宜和稳定性较高的乳状液。制备这样的乳状液对烃类油浮选剂很有实际应用价值。所以浮选中研究液-液界面吸附主要就是研究油和水界面表面活性物质的分布规律以及对油和水分散性能及形式的影响。

浮选过程中使用着大量的表面活性剂，绝大多数情况下属于正吸附。当水中加入表面活性剂（长烃链）后，这些长烃链表面活性剂分子的疏水基被水排斥，亲水基则被水吸引。由于烃链较长，所以被水排斥的力大于水对极性基的吸引力，因此这样的单个分子在水中处于不稳定状态。为了趋于稳定状态，该类分子只能采用两种存在形态：一是在油-水界面上定向吸附，把亲水基留在水中，疏水基插入油中；二是在水中形成胶束，以尽量减少疏水基与水的接触，疏水基之间靠分子内聚力互相紧靠在一起。当表面活性剂浓度低时，该类分子形成两个或三个的分子聚集体；当浓度增高到一定程度时，表面张力、电导率会发生突变，这个转折点就是形成胶束的临界浓度，称为临界胶束浓度（*CMC*）。*CMC* 是表面活性剂非常重要的一个参数，*CMC* 越小，表明表面活性剂形成胶束所需的浓度越低，改变界面性质所需的浓度也越低。一般来说，对于某一同系物，*CMC* 随烃链中碳原子数目的增加而降低。

#### 2.4.4.4　气泡矿化的热力学分析

（1）气泡矿化的基本概念　气泡的矿化过程是指浮选过程中颗粒附着于气泡上的过程。在气泡矿化过程中，表面疏水的矿粒优先附着在气泡上，构成气泡-矿粒联合体；表面亲水的矿粒很难附着到气泡上，即使有可能附着也不牢固。这也就是说气泡矿化过程具有选择性。除了颗粒表面润湿性对气泡矿化有影响外，颗粒的物理性质（如粒度、密度、形状、带电状态等）、气泡的尺寸及浮选槽内流体动力学形态等多种因素均对气泡矿化有影响。

浮选过程可以分为四个阶段。①接触阶段。矿粒在流动矿浆中以一定的速度和气泡接近，并进行碰撞接触。②黏着阶段。矿粒与气泡接触后，表面疏水的矿粒和气泡之间的水化层逐渐变薄、破裂，在气、固、液三相之间形成三相接触周边，实现矿粒与气泡的附着。③升浮阶段。附着了矿粒的气泡（即矿化气泡）互相之间形成矿粒与气泡的联合体，在气泡浮力的作用下进入泡沫层。④泡沫层形成阶段。最后形成稳定泡沫层，并及时刮出。泡沫浮选过程中，疏水矿粒能否作为精矿上浮，取决于这四个阶段的进展情况。如果每个阶段都处于良好状态，就能得到满意的浮选结果。浮选时，矿粒能否上浮的总概率应由上述四个分过程的分概率来决定，即：

$$P=P_cP_aP_nP_s \tag{2-79}$$

式中　$P$——矿粒进入泡沫产品的总概率；

$P_c$——碰撞阶段的碰撞概率；

$P_a$——黏着阶段的黏着概率；

$P_n$——升浮阶段中的不脱落概率；

$P_s$——泡沫层形成阶段的稳定性概率。

$P_c$与气泡直径、矿粒直径、水流运动状态及矿浆浓度等有关。矿粒和气泡能否黏着，即$P_a$的大小与矿粒表面疏水程度、碰撞速度及气泡与矿粒的碰撞角度有关。$P_n$则和气泡与矿粒黏着的牢固程度关系密切。$P_n$受气泡和矿粒黏着面积、气泡给予矿粒的提升力、矿浆运动速度及其他矿粒对它的干扰程度等因素影响。$P_s$主要受气泡寿命及气泡与矿粒黏附的牢固程度的影响。为提高气泡和矿粒黏着的总概率，必须提高四个分过程的概率，才能有利于浮选过程的进行。

浮选矿浆中气泡的矿化是气泡群和矿粒群之间的群体行为，有别于单一的矿粒和气泡的情况。实际浮选槽内的气泡矿化现象可以归纳为三种形式。

① 矿粒附着于由碰撞和搅拌切割而形成的气泡上，形成矿化气泡。气泡运动时，黏附的矿粒群往往聚集于气泡尾部，形成所谓矿化尾壳。矿化尾壳占据气泡总表面积的百分比因浮选条件的不同而不同，在可浮性好的颗粒多的精选作业中可高达20%～30%，而低的只有1%～2%。

② 空气在水中由过饱和析出在颗粒的疏水性表面、增长和兼并最后析出颗粒-微泡联合体。此时许多气泡黏附在一个矿粒上，此种矿化形式对粗粒浮选有重要意义。

③ 由若干微小气泡和许多细小颗粒构成气絮团。此先决条件是形成疏水絮凝体，此种疏水粒群往往以气絮团浮出。

（2）气泡矿化的热力学分析　通常测定的接触角是用小水滴或小气泡在大块纯矿物表面测到的。实际浮选时，磨细的矿粒向大气泡附着，直接测定其接触角是困难的，因此须用物理化学的方法。气泡矿化前后的情况见图2-19。

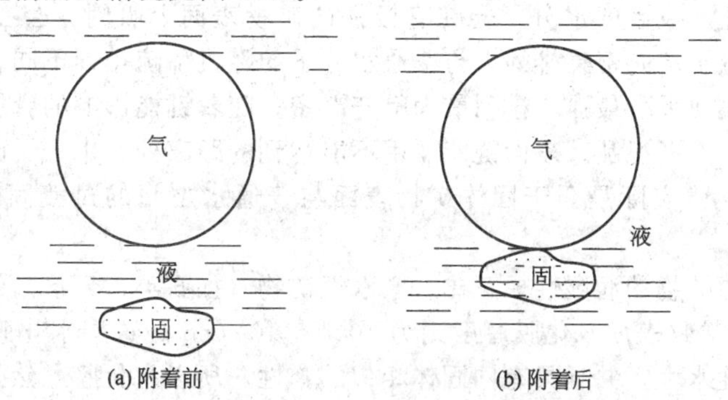


图2-19　气泡矿化前后对比

设$\sigma_{固水}$、$\sigma_{水气}$、$\sigma_{固气}$分别表示相应的相界面自由能（$10^{-7}J/cm^2$），$S_{固水}$、$S_{水气}$、$S_{固气}$分别表示相应的相界面表面积（$cm^2$），气泡矿化前系统自由能$E_a$为：

$$E_a=S_{水气}\sigma_{水气}+S_{固水}\sigma_{固水} \tag{2-80}$$

颗粒向气泡附着后系统自由能（假定附着面积为单位面积$1cm^2$）$E_b$为：

$$E_b=(S_{水气}-1)\sigma_{水气}+(S_{固水}-1)\sigma_{固水}+(1\sigma_{固气}) \tag{2-81}$$

附着前后自由能变化值$\Delta E$为：

$$\Delta E=E_a-E_b=\sigma_{水气}+\sigma_{固水}-\sigma_{固气} \tag{2-82}$$

由式(2-75)可知，$\sigma_{固水}-\sigma_{固气}=-\sigma_{水气}\cos\theta$，将此式代入式(2-82)得：

$$\Delta E=\sigma_{水气}(1-\cos\theta) \tag{2-83}$$

式中，$\sigma_{水气}$为水气界面自由能，其数值与水的表面张力相同（常温常压下为$72\times10^{-3}N/m$），由实验测定。

式(2-83)就是浮选基本行为——气泡矿化（矿粒向气泡附着）前后的热力学方程式，它表明了自由能变化与平衡接触角的关系。由于水的表面张力为恒定值，因此$\Delta E$仅与$\theta$值有关。

当矿物表面完全亲水时，$\theta=0°$，润湿性$\cos\theta=1$，可浮性$1-\cos\theta=0$，则$\Delta E=0$，矿粒不能自动地附着在气泡上，浮选行为不能发生。

当矿物表面疏水性增加时，接触角$\theta$增大，润湿性$\cos\theta$减小，可浮性$1-\cos\theta$增大，则$\Delta E$增大。按照热力学第二定律，在恒温条件下，如果过程变化前的体系比变化后的体系自由能大，$\Delta E>0$，则过程有自发进行的趋势。越是疏水的矿物，越能自发附着于气泡上。

必须指出，式（2-83）是在一些假定条件下得出的简化近似式。实际上，当气泡与矿粒接触时，界面面积的变化及气泡的变形相当复杂。曾有学者进行过较复杂的推算，由于固液及固气界面能难以直接测定，平衡接触角不易测准，特别是矿粒与气泡间形成水化膜的性质变化复杂等，所以这方面的工作有待继续研究。在实际中，可用$\Delta E$来定性研究矿物的浮选行为。通过对比各种矿物接触角的大小，比较它们与气泡附着前后体系自由能的变化，可粗略地判断它们的可浮性。理论上，可浮的基本条件是$\Delta E>0$，即接触角$\theta>0°$。在浮选药剂的作用下，大多数矿物的接触角大于零。

#### 2.4.4.5 气泡矿化的动力学分析

润湿性的差异是矿物浮选分离的前提和基础。热力学分析基本上阐明气泡矿化这一过程的方向与可能性，但气泡矿化能否实现以及实现的难易程度，还要看是否具备矿化的动力学条件。

(1) 水化膜

① 水化膜的形成及其性质　从宏观的接触角到矿物与水溶液表面的微观润湿性可知，润湿是水分子对矿物表面吸附形成的水化作用。水分子是极性分子，矿物表面的不饱和键能有不同程度的极性。因此，极性的水分子会在有极性的矿物表面上吸附，会在矿物表面形成水化膜。水化膜中的水分子定向密集排列，与普通水分子的随机稀疏排列不同。最靠近矿物表面的第一层水分子，受表面吸引最强，排列最为整齐严密。随着键能影响的减弱，离表面较远的各层水分子的排列秩序逐渐混乱。表面键能作用不能达到的距离处，水分子已呈普通水那样的无秩序状态。所以水化膜实际是介于固体矿物表面与普通水之间的过渡间界，又称“界间层”（见图2-20）。

水化膜的厚度与矿物的润湿性成正比。亲水性矿物（如石英、云母）的表面水化膜可以厚达$10^{-3}cm$，疏水性矿物表面水化膜厚度则为$10^{-6}\sim10^{-7}cm$。这层水化膜受矿物表面键能作用，它的黏度比普通水大，并且具有同固体相似的弹性，所以水化膜虽然外观是液相，但其性质却近似固相。

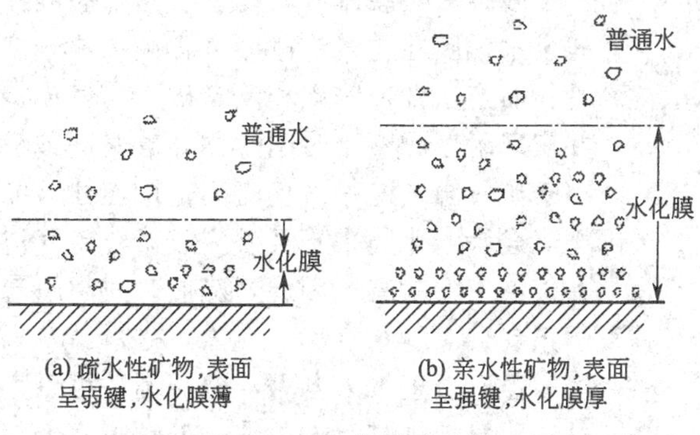


图 2-20 水化膜示意图

② 水化膜的薄化　在浮选过程中，矿粒与气泡互相接近，先排除隔于两者夹缝间的普通水。由于普通水的分子是无序而自由的，所以易被挤走。当矿粒向气泡进一步接近时，矿粒表面的水化膜受气泡的排挤而变薄。水化膜变薄过程的自由能变化与矿物表面的水化膜有关：a. 矿物表面水化性强（亲水性表面），则随着气泡向矿粒逼近，水化膜表面自由能增加，水化膜的厚度与自由能的变化表明，表面亲水性矿物不易与气泡接触附着；b. 中等水化性表面，这是浮选常遇到的情况；c. 弱水化性表面，就是疏水性表面，距离表面很近的一层水化膜很难排除。

（2）矿粒向气泡附着过程　浮选常遇到的矿物既非完全亲水，也非绝对疏水，往往是中间状态。矿粒向气泡附着过程可分为（a）、（b）、（c）和（d）四个阶段，如图 2-21 所示。

（a）阶段为矿粒与气泡的互相接近。这是由浮选机的充气搅拌使矿浆运动、表面间引力等因素综合造成的。矿粒与气泡互相接触的机会，与搅拌强度、矿粒气泡的大小等相关。

（b）阶段是矿粒与气泡的水化层接触。由于矿粒与气泡的逼近，原来矿粒与气泡间的普通水层逐步从夹缝中被挤走，直至矿粒表面的水化层与气泡表面的水化层相互接触。由于水化层的水分子是在表面键能的作用力场范围内，故水分子偶极是定向排列的，这与普通水分子的无序排列不同。

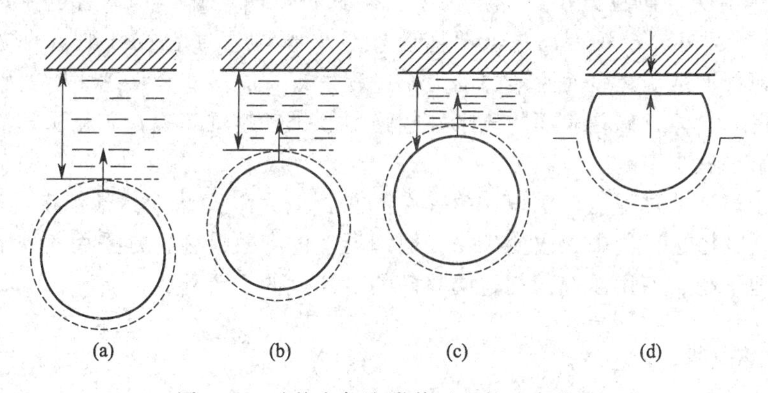


图 2-21 矿粒向气泡附着过程的四个阶段

（c）阶段是水化膜的变薄或破裂。水化层受到外加能的作用扩展到一定程度，成为水化膜。据测定，矿粒与气泡自发靠近间隔为 0.1nm。

（d）阶段是矿粒与气泡接触。接触发生后，如为疏水矿物，润湿周边可能继续扩展。在矿粒与气泡接触面上，可能有“残余水化膜”。残余水化膜是一个相当于单分子层的水膜，它与气泡中的蒸汽相平衡，与矿粒表面联系得十分牢固，已近于半固态，性质似晶体。残余水化膜的存在，不影响矿粒在气泡上的附着。要除去此膜，需要很大的外加力。

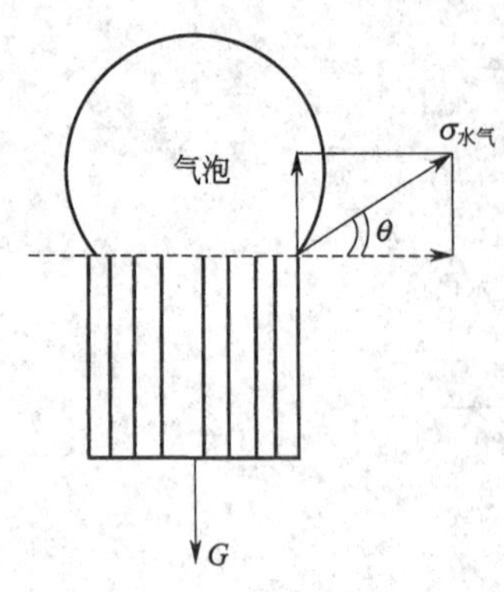


图 2-22 矿粒在气泡上附着的动力学分析

残余水化膜厚度与矿物表面的润湿性密切相关。疏水性矿物残余水化膜在与气泡碰撞过程中，易于变薄、破裂，从而实现附着；而亲水性矿物则相反。矿物与气泡接触，水化膜变薄、破裂并实现附着的整个时间，称黏着时间或感应时间（$t_{感}$）。$t_{感}$必须小于矿粒与气泡的碰撞时间，矿粒才可能实现向气泡的附着。否则，会因水化膜来不及破裂或矿粒受气泡的弹性作用而不能实现在气泡上的附着。因此，感应时间与附着速率是十分重要的动力学条件。

浮选过程加入各种浮选药剂，可以人为地改变上述动力学条件，明显地提高浮选效率。矿粒表面经捕收剂作用后，感应时间大大缩短；相反，矿粒经抑制作用后，感应时间大大增长。

(3) 矿粒在气泡上附着牢固度　矿粒与气泡附着的牢固度，应能保证矿化气泡浮升到浮选泡沫层，矿粒不至于中途脱落。当矿粒附着在气泡上后，能否上浮至矿浆进入泡沫产品，要看脱落力的大小。现就作用在矿粒气泡聚合体上的主要动力，综合分析影响受力的主要因素。由图 2-22 可知，矿粒附着在气泡上的动力学条件必须满足：

在静水　$$2\pi r\sigma_{水气}\sin\theta > m(\delta-\Delta)g \tag{2-84}$$

在涡流中　$$2\pi r\sigma_{水气}\sin\theta > m(\delta-\Delta)\omega^2 R \tag{2-85}$$

式中　$\sigma_{水气}$——水气界面上的表面张力；

$\theta$——接触角；

$\Delta$——水的密度；

$g$——重力加速度；

$\omega^2 R$——离心力场加速度；

$\delta$——矿粒的密度；

$r$——润湿周边半径（设矿粒为圆柱体）。

即矿粒与气泡之间的附着力 $2\pi r\sigma_{水气}\sin\theta$ 必须大于重力效应（或脱落力效应）。

在其他条件不变（矿粒大小、矿粒密度、浮选机叶轮转速、$\sigma_{水气}$为定值）时，由式（2-84）和式（2-85）可知：矿粒表面疏水性越强（即 $\theta$ 越大），矿粒在气泡上的附着力越大，就难以脱落。观察气泡从矿粒表面脱落的动力学过程发现：脱落总是从缩小附着面积开始的，水从附着面逐渐挤向气体；矿粒表面的疏水性越强，水排气越难实现，矿粒从气泡表面脱落的概率就越小，附着也就越牢。

矿粒附着于气泡的过程能否实现，关键在于能否最大限度地提高被浮矿物表面的疏水性，增大接触角值。在浮选工艺中，改变矿物表面润湿性的有效措施，是采用各种不同用途的浮选药剂，而正确地选择、使用浮选药剂是调整矿物可浮性的主要外因。

## 2.4.5 浮选药剂

矿物能否浮选主要取决于矿物表面的润湿性。自然界的矿物，除石墨、自然硫、辉钼矿和滑石外，绝大多数矿物的天然可浮性都比较差。为有效地实现各种矿物浮选分离，须人为地控制矿物表面的润湿性，扩大矿物间可浮性的差别。一般通过加入浮选药剂来改善矿物表面的润湿性，这种改善必须要有选择性，即只能加强一种矿物或某几种矿物的可浮性，而对其他矿物不仅不能加强有时还要削弱。浮选之所以能够被广泛应用于矿物加工，最重要的原因就在于它能通过浮选药剂灵活、有效地控制浮选过程，成功地将矿物按人们的需求加以分开，使资源得到综合利用。

浮选药剂种类很多，既有有机和无机化合物，又有酸、碱和不同成分的盐。浮选药剂在浮选过程中的作用除调节矿物的可浮性外，还有加强空气在矿浆中的弥散、增强泡沫的稳定性、改善浮选矿浆的性质等作用。浮选药剂的分类方法很多，根据其用途基本上可分为三大类。

① 捕收剂　在矿浆中能够吸附（物理吸附或化学吸附）在矿物表面形成疏水薄膜，使矿物的疏水性增大，增加矿物浮游性的药剂，如黄药、黑药、油酸等。

② 起泡剂　它是一种表面活性物质，能富集在气-水界面并降低表面张力、促使泡沫形成，提高气泡的稳定性和延长气泡寿命，如松醇油、甲酚油、醇类等。

③ 调整剂　其主要作用是调整其他药剂（主要是捕收剂）与矿物表面的作用，还调整矿浆的性质，提高浮选过程的选择性。调整剂种类很多，又细分为五种。

活化剂：凡能促进捕收剂与矿物的作用，提高矿物可浮性的药剂（多为无机盐）称为活化剂，如 $CuSO_4$ 是闪锌矿和黄铁矿的活化剂。

抑制剂：与活化剂相反，凡能削弱捕收剂与矿物的作用，降低和恶化矿物可浮性的药剂称为抑制剂，如 $ZnSO_4$、NaCN、淀粉等。

介质 pH 值调整剂：调整矿浆 pH 值的药剂称为 pH 值调整剂，如 $H_2SO_4$、$Na_2CO_3$、NaOH 等。其主要作用是调整矿浆的性质，使其对某些矿物浮选有利，对另一些矿物浮选不利。如用它来调整矿浆的离子组成，改变矿浆的 pH 值，调整可溶性盐的浓度，等。

絮凝剂：促使矿浆中细粒联合变成较大团粒的药剂称为絮凝剂，如聚丙烯酰胺、腐殖酸、石青粉等。絮凝剂的功能在于降低或中和矿粒的表面电性，或起“桥联”作用使细粒絮凝。

分散剂：能够在矿浆中使固体细粒悬浮的药剂称为分散剂。分散剂的功能在于其能给予矿物负电荷而起到分散作用，如水玻璃、磷酸钠、六偏磷酸钠等。

浮选药剂的分类见表 2-8，但其分类并非绝对。某种药剂在一定条件下属于这一类，在另一条件下，可能属于另一类。如硫化钠（$Na_2S$）在浮选有色金属硫化矿时是抑制剂，在浮选有色金属氧化矿时是活化剂，当用量过多时它又是抑制剂，等。

**表 2-8　浮选药剂分类**

| 分类 | 系列 | 品种 | 典型代表 |
| --- | --- | --- | --- |
| 捕收剂 | 阴离子型 | 硫代化合物羟基酸及皂 | 黄药、黑药等，油酸、硫酸酯等 |
| | 阳离子型 | 胺类衍生物 | 混合胺等 |
| | 非离子型 | 硫代化合物 | 乙黄腈酯等 |
| | 烃油类 | 非极性油 | 煤油、焦油等 |
| 起泡剂 | 表面活性物 | 醇类 | 松醇油、樟脑油 |
| | | 酸类 | 丁醚油类 |
| | | 醚醇类 | 醚醇油类 |
| | | 酯类 | 酯油类 |
| | 非表面活性物 | 酮醇类 | 酮醇油 |
| 调整剂 | pH 值调整剂 | 电解质 | 酸、碱 |
| | 活化剂 | 无机物 | 金属阳离子如 $Cu^{2+}$ 等，阴离子如 $CN^-$、$HS^-$、$HSO_3^-$ 等 |
| | 抑制剂 | 气体有机化合物 | $O_2$、$SO_2$ 等，淀粉、单宁等 |
| | 絮凝剂 | 天然絮凝剂 | 石膏粉、腐殖酸等 |
| | | 合成絮凝剂 | 聚丙烯酰胺等 |
| | 分散剂 | 有机物、无机物、有机聚合物 | 水玻璃、磷酸盐、单宁酸盐 |

#### 2.4.5.1 捕收剂

捕收剂应具有两种功能，一是能吸附在矿粒表面上，二是吸附后使矿粒表面疏水或疏水性增强。几乎所有的捕收剂（不论离子型还是非离子型），均由能吸附在矿物表面上的极性官能团，即极性基和非极性基构成。在极性基中原子价未被全部饱和，有剩余亲和力，它决定捕收剂对矿物的亲固能力，非极性基的全部原子价均被饱和，活性很低，它决定药剂的疏水性能。

根据捕收剂分子结构将捕收剂分为异极性捕收剂、非极性油类捕收剂和两性捕收剂三类。捕收剂分子结构中一般都包含两个基：极性基和非极性基。极性基能活泼地作用于矿物表面，使捕收剂固着于矿物表面上；非极性基起疏水作用。工业上使用的捕收剂一般为异极性的有机物质，也有捕收剂起捕收作用的不是离子而是分子。

异极性捕收剂是异极性物质。常见的有黄药（R—OCSSNa）、脂肪酸（R—COOH）、胺类（$R—NH_2$）等。这类捕收剂的分子是由极性基（—OCSSNa，—COOH，$—NH_2$）和非极性基（R—）两部分组成。在极性基中不是全部的原子价都被饱和，有多余亲和力。它们决定着极性基的作用活性，与矿物表面作用时，固着在矿物表面上，故也称亲固基。在非极性基中，全部原子价均被饱和，化学活性很低，不被水所润湿，也不易与其他化合物反应，对矿物表面起疏水作用。

非极性油类捕收剂的化学通式为 R—H。油类捕收剂分子内各原子之间以极强的共价键相互结合，对于弱的分子键，易附着于表面同样呈弱分子键的非极性矿物。如非极性的煤油分子与强极性的水分子之间的作用力很弱，所以表现出疏水性。

两性捕收剂通式为 $R^1X^1R^2X^2$，$R^1$、$R^2$ 为烃基，通常 $R^1$ 是较长的烃基，$R^2$ 则为较短的烃基。$X^1$ 为阳离子基，有—NH—、$—NH_4$、—AsH、$—PH_4$ 等；$X^2$ 为阴离子基，一般为—COOH、$—SO_4H$、—SH、$—PO(OH)_2$等。两性捕收剂的解离情况，依介质的酸、碱性而定，通过调整矿浆 pH 值，使其产生不同的捕收作用。以氨和酸为例：在碱性溶液中解离为阴离子，在酸性溶液中解离为阳离子，pH 值适宜时可使其处于阴、阳离子平衡状态（$R^1X^{1+}R^2X_2^-$）。

常见捕收剂其结构性能见表 2-9。

（1）硫化矿捕收剂　硫化矿浮选时，常用硫代化合物类捕收剂，它通常具有二价硫原子组成的亲固基，同时疏水基分子量较小，其主要代表物质有黄药、黑药、氨基硫代甲酸盐、硫醇、硫脲及相应的酯类。黄药是目前世界上使用最为广泛的捕收药剂，尤其在重金属硫化矿的选矿和浮选过程中是必不可少的。

（2）非硫化矿捕收剂　这类捕收剂通常在其极性基中含有氧、氮等原子，同时非极性基分子量较大。常用的非硫化矿捕收剂又分为阴离子型和阳离子型两大类，前者多为各种烃基含氧酸，后者主要是有机胺类。季铵盐类阳离子表面活性剂由于其良好的吸附性、高效无毒、选择能力强、pH 值使用范围宽等特点，逐渐在可溶性盐矿、铝土矿和磷矿中硅酸盐分选、钾钠盐分选、从氧化铁分选出石英及硅酸盐中等得到了较好的应用，尤其是作为硅酸盐等矿物的捕收剂，具有显著的优越性。

（3）非极性油类捕收剂　非极性烃油类捕收剂可分为脂肪烷烃（$C_nH_{2n+2}$）、环烷烃（$C_nH_{2n}$）和芳香烃三类。分子式中的 $n$ 值常在 12～18 之间，常温下为液态，其化学性质不活泼，难溶于水，不能解离，故称为非极性捕收剂或中性油类的捕收剂。非极性烃油类捕收剂的工业来源有两方面：一方面来自石油工业产品，如煤油、柴油、变压器油等烃油类；另一方面来自炼焦化工副产品，如焦油、重油、中油等。常作浮选剂的有煤油、柴油、燃料油、变压器油、重油等。浮选中烃类油特别是煤油、燃料油和柴油，常作为辅助捕收剂使用。因为阳离子或阴离子捕收剂和烃类油混合使用，常能提高捕收能力。硫化矿浮选中使用烃类油辅助捕收剂，有助于粗粒和连生体颗粒的浮选。浮选氧化矿物和重力浮选时联合应用烃类油和阴离子捕收剂具有更重要的意义。因为阴离子捕收剂首先在矿物表面形成一疏水性捕收剂层，烃类油再覆盖在矿物表面上，更加强了矿物表面的疏水性，改善了矿粒与气泡之间的附着，降低了阴离子捕收剂的用量，提高了浮选回收率。

**表 2-9 常见捕收剂结构性能**

| 药剂 | 分子式 | 价键因素 | | | | 表面因素 | |
|---|---|---|---|---|---|---|---|
| | | 解离性 | 水溶性 | 极性 | 化学特性 | 非极性基种类 | 非极性基大小 |
| 黄药 | $ROCSSNa$ | 弱离子型 | 易溶固体 | 弱极性 | 与重金属离子生成难溶化合物 | 正、异构烷基 | $C_2$～$C_5$ |
| 黑药 | $(RO)_2RSSNH_4$ | 弱离子型 | 易溶固体 | 弱极性 | 与重金属离子生成难溶化合物 | 烷基、甲苯 | $C_2$～$C_5$ |
| 氨基硫酸盐 | $R_2NCSSNa$ | 弱离子型 | 易溶固体 | 弱极性 | 与重金属离子生成难溶化合物 | 烷基 | $C_2$～$C_5$ |
| 双黄药 | $(ROCSS)_2$ | 非离子型 | 难溶液体 | 弱极性 | 与重金属离子生成难溶化合物 | 正、异构烷基 | $C_2$～$C_5$ |
| 磺酸钠 | $RSO_3Na$ | 强离子型 | 可溶固体或不溶软膏 | 强极性 | | 烷基 | $C_{12}$～$C_{25}$ |
| 硫醚类 | $RNHCSOR^1$ | 非离子型 | 难溶液体 | 弱极性 | 与重金属离子生成难溶化合物 | $C_2$～$C_5$ | |
| 硬脂酸皂 | $RCOONa$ | 弱离子型 | 可溶固体 | 弱极性 | 与碱土金属、重金属离子生成难溶化合物 | $C_2$～$C_5$ | $C_{10}$～$C_{20}$ |
| 油酸皂 | $RCOONa$ | 弱离子型 | 可溶固体 | 弱极性 | | 不饱和烯基 | $C_{17}$ |
| 伯胺 | $RNH_2$ | 弱离子型 | 可溶固体或不溶软膏 | 强极性 | 与重金属离子生成络合物 | 烷基 | $C_{12}$～$C_{18}$ |
| 氨基酸 | $RNH_2(CH_2)_2COOH$ | 两性型 | 可溶固体 | 强极性 | 与重金属离子生成络合物 | 烷基 | $C_8$～$C_{18}$ |
| 柴油类 | $C_nH_{2n+2}$ | 非离子型 | 不溶液体 | 非极性 | 与矿物无化学活性 | 烷烃 | $C_{10}$～$C_{20}$ |

(4) 其他捕收剂

① 两性捕收剂　分子中同时含有带负电和带正电两种官能团的捕收剂，叫两性捕收剂。两性捕收剂通式为 $R^1X^1R^2X^2$，$R^1$ 是较长的烃基，$R^2$ 则较短。$X^1$ 为阳离子功能团，如—$NH_2$ 等；$X^2$ 为阴离子功能团，如—COOH、—$SO_3H$、—OCSSH 等。

两性捕收剂的特点是在碱性介质中酸根生成盐，阴离子起作用，在电场中向阳极移动；在酸性介质中阳离子起作用，在电场中向阴极移动；在等电点，分子呈电中性，在电场中不移动，此时溶解度最小。含有阴、阳两种功能团的捕收剂有氨基酸、氨基磺酸、二乙胺乙黄药等，现对二乙胺乙黄药简介如下。

二乙胺乙黄药的化学结构式为：

$$\begin{matrix} C_2H_5 \\ \quad\diagdown \\ \qquad NCH_2CH_2OCSSNa \\ \quad\diagup \\ C_2H_5 \end{matrix}$$

在酸性介质中，二乙胺乙黄药呈阳离子形态 $(C_2H_5)_2N^+HCH_2CH_2OCSSH$；在碱性介质中，则呈阴离子形态 $(C_2H_5)_2NCH_2CH_2OCSS^-Na^+$；在等电点时，不解离，呈中性分子形态 $(C_2H_5)_2NHCH_2CH_2OCSS$。因此，通过调整矿浆 pH 值，使其产生不同的捕收作用。

此外，两性捕收剂的优点还包括：a. 良好的水溶性和抗低温性；b. 不受海水和硬水的影响或影响较小；c. 能够在矿物表面发生静电吸附和化学吸附，同时可与部分金属离子发生螯合作用，选择性好。

② 络合捕收剂　这类捕收剂的典型代表是8-羟基喹啉，其化学结构式为：

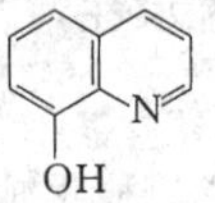

N
OH

8-羟基喹啉是白色结晶物质，熔点47～76℃，沸点267℃。它几乎不溶于水和乙醚，易溶于酒精、丙酮、氯仿、苯及多种无机酸的水溶液，也极易溶于乙酸。它是一种两性捕收剂，在不同的pH值范围内，可以形成沉淀，超过此范围，沉淀又溶解。

③ 炔类捕收剂　这类捕收剂不含氮也不含硫，是以高度不饱和的炔基为主体的碳氢化合物。有含炔基的缩醛类或醇醚类[式(Ⅰ)～式(Ⅳ)]、丙炔类[式(Ⅴ)]和十二烷基硫-1-丁烯-3-炔[式(Ⅵ)]，可作为硫化矿的捕收剂。

其他如有机硅捕收剂、有机氟捕收剂等目前大部分处于研究阶段。对上述这些新型捕收剂的研究，为浮选的发展开辟了新的途径。

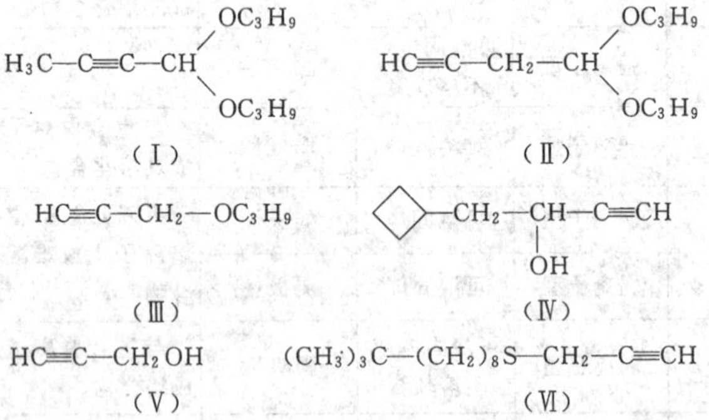

$H_3C—C≡C—CH(OC_3H_9)_2$

(Ⅰ)

$HC≡C—CH_2—CH(OC_3H_9)_2$

(Ⅱ)

$HC≡C—CH_2—OC_3H_9$

(Ⅲ)

$\square—CH_2—CH(OH)—C≡CH$

(Ⅳ)

$HC≡C—CH_2OH$

(Ⅴ)

$(CH_3)_3C—(CH_2)_8S—CH_2—C≡CH$

(Ⅵ)

在实际浮选过程中，往往采用两种或多种捕收剂混合使用以提高捕收效果。研究者以氧化石蜡皂（YS）、油酸、YS和油酸混合药剂为萤石捕收剂，考察各自对萤石的捕收性能。实验结果表明，以YS和油酸混合药剂为捕收剂时，浮选效果改善显著，回收率提高了3.93%。对比采用单一731氧化石蜡皂和731和油酸混合药剂为捕收剂浮选云南某白钨矿，结果显示：捕收剂采用单一的731与采用731和油酸混合药剂均能获得较好的浮选指标，但是采用单一的731时用量在800g/t以上；而采用混合捕收剂时，731的用量只需300g/t、油酸的用量为80g/t就能获得品位为8.54%、回收率为78.10%的白钨粗精矿。

#### 2.4.5.2　起泡剂

(1) 起泡剂的结构　起泡剂是一种能够吸附于水气界面降低表面张力的异极性有机表面活性物质，要求在水-气界面上的吸附能力大（起泡剂在矿物表面上最好不发生吸附），这样可显著降低水的表面张力，增大空气在矿浆中的弥散度，改善气泡在矿浆中的大小及运动状态，减少向矿浆中充气搅拌的动力消耗，在矿浆表面上形成浮选需要的泡沫层。

起泡剂分子也是由极性基和非极性基两部分构成。极性基最常见的有羟基—OH、羧基—COOH、醚基—O—、羰基—C═O、氨基$—NH_2$、氰基—CN、吡啶基≡N、磺酸基$—OSO_2OH$、$—SO_2OH$等。浮选中用的最多的是带羟基的醇类和酚类，以及带醚基的一些合成起泡剂，由于它们既不能水化又不解离（分子起泡性常比离子好），因此没有捕收作用。就起泡剂结构而言，与异极性捕收剂十分相似，但捕收剂和起泡剂在浮选过程中的作用机理是不同的。捕收剂的极性基亲固体，非极性基亲空气。起泡剂与水作用时，水的偶极子易与同极性基结合，使之水化，疏水的非极性基与水不作用，力图离开水相而移至气相（见图2-23）。这两种趋势减少了增加单位面积所须做的功，降低了水的表面张力。

(2) 起泡剂的作用 浮选过程中添加起泡剂，其主要作用有以下三个方面。

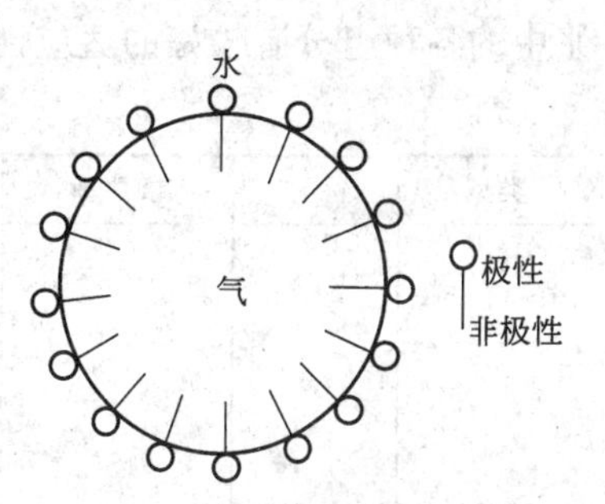

图 2-23 起泡剂与水的作用过程

① 使空气在矿浆中分散成小气泡，并防止气泡兼并 浮选过程中希望生成的气泡直径较小，而且具有一定的寿命。但气泡直径也不能太小、太过于稳定，否则会对分选不利。在矿浆中，气泡直径大小与起泡剂浓度有关。试验表明，矿浆中没加起泡剂时，气泡平均直径3～5mm，加入起泡剂后，可降到0.5～1mm。浮选过程中希望气泡不兼并，升浮到矿浆表面后，也不立即破裂，能形成具有一定稳定性的泡沫，保证浮选过程的顺利进行，这些都是靠起泡剂来实现的。

② 增大气泡机械强度，提高气泡的稳定性 气泡为了保持最小面积，通常呈球形。起泡剂在气-液界面吸附后，定向排列在气泡的周围，见图 2-24。气泡在外力作用下发生变形时，变形地区表面积增加，导致气泡表面的起泡剂分子吸附密度降低，表面张力增大。但体系的自发趋势是降低表面张力。因此，存在于气-液界面上的起泡剂，增强了抗变形的能力。如果变形力不大时，气泡将不能破裂，并能恢复原来的球形，增加了气泡的机械强度。

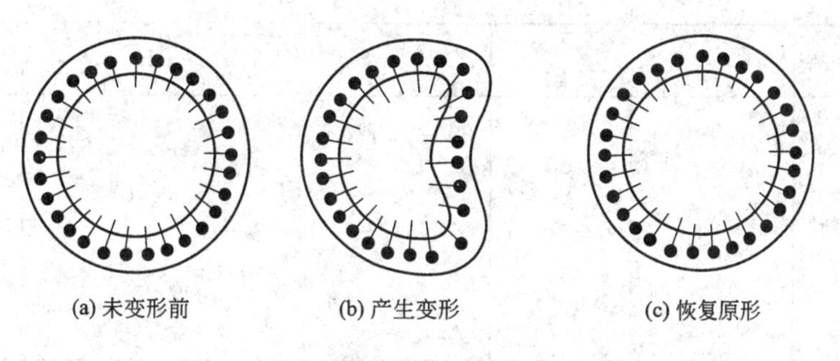


图 2-24 起泡剂增大气泡机械强度示意图

③ 降低气泡的运动速度，增加气泡在矿浆中停留时间 浮选过程中，起泡剂的添加可以降低气泡的运动速度，增加气泡在矿浆中的停留时间，这一作用主要通过三个方面实现：a. 起泡剂极性端有一层水化膜，气泡运动时必须带着这层水化膜一起运动，由于水化膜中水分子与其他水分子之间的引力，将减缓气泡运动速度；b. 为了保持气-液界面张力为最小，气泡要保持其球形，不容易变形，增大了运动过程的阻力，使气泡运动速度降低；c. 由于起泡剂作用的结果，产生的气泡直径小，数目多，小气泡的运动速度通常较慢。

物质在表面层中自发地富集的现象，叫吸附现象。由于起泡剂分子在水气界面上的取向吸附作用，降低了水气界面的表面张力，使水中弥散的气泡变得坚韧与稳定。非表面活性物质也可作起泡剂。试验表明，有些没有表面活性本身又不是捕收剂的药剂（如双丙酮醇）自身并不起泡，与捕收剂一起使用，可形成很好的泡沫，提高精矿品位及回收率。

(3) 常用的起泡剂 作为起泡剂，一般应具备以下几个特点：①用量较低时，能形成量多、分布均匀、大小合适、韧性适当和黏度不大的气泡；②应有良好的流动性，适当的水溶性，无毒、无臭、无腐蚀，便于使用，价廉，来源广；③无捕收性能，对矿浆 pH 值变化和矿浆中的各种组分有较好的适应性。常用的起泡剂分类及其结构见表 2-10。

**表 2-10 常见起泡剂分类及其结构**

| 类型 | 品种 | 极性基 | 实例 | 结构 | 备注 |
|---|---|---|---|---|---|
| 非离子型（一般无捕收性） | 醇类 | —OH | 正构脂肪醇 | $C_nH_{2n+1}OH$($C_6$～$C_9$混合) | 制醇工业副产品、杂醇油 |
| | | | 异构脂肪醇 | $CH_3$ OH<br>$H_3C-CH-CH_2-CH-CH_3$ | 英文缩写 MIBC |
| | | | 萜品醇 | 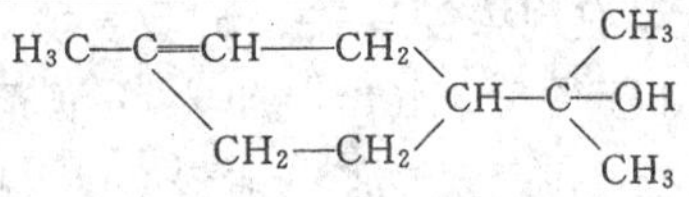 $H_3C-C=CH-CH_2$ $CH_3$<br>$CH-C-OH$<br>$CH_2-CH_2$ $CH_3$ | 2[#]油的主要成分 |
| | | | 樟脑 | 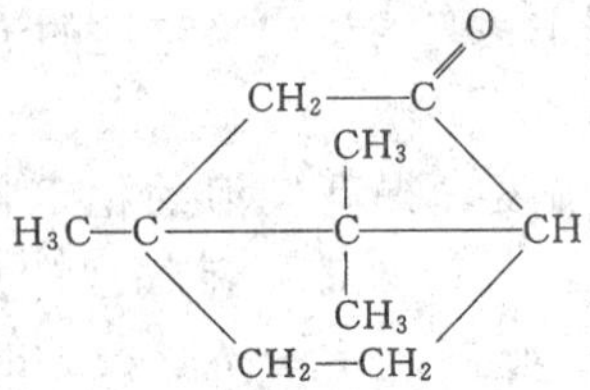 O<br>$CH_2-C$<br>$CH_3$<br>$H_3C-C-C-CH$<br>$CH_3$<br>$CH_2-CH_2$ | 樟脑油主要成分 |
| | | | 桉叶醇 | 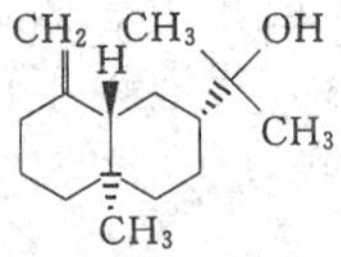 $CH_2$ $CH_3$ OH<br>H<br>$CH_3$<br>$CH_3$ | 桉树油的主要成分 |
| | 聚醇醚类 | —O—<br>—OH | 聚丙烯二醇醚 | $H_3C-(OC_3H_6)_n-OH$ | Dowfrot-h250 |
| | 氧烷类 | —O— | 三乙氧丁烷 | 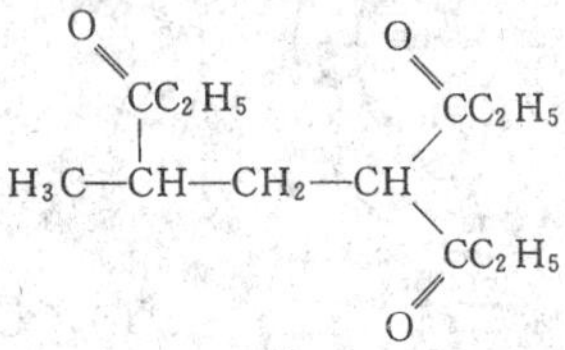 O O<br>$CC_2H_5$ $CC_2H_5$<br>$H_3C-CH-CH_2-CH$<br>$CC_2H_5$<br>O | |
| 离子型（兼具捕收性） | 酸及皂类 | —COOH(Na) | 脂肪酸(皂) | $C_nH_{2n+1}COOH(Na)$ | 包括不饱和酸(皂) |
| | | | 树脂酸(皂)如松香酸 | 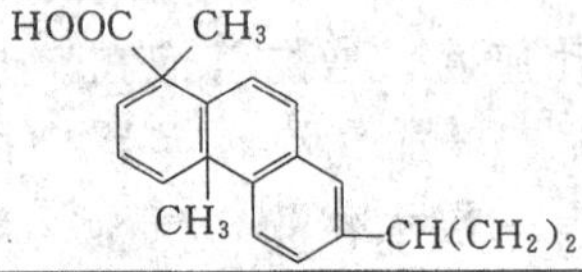 HOOC $CH_3$<br>$CH_3$<br>$-CH(CH_2)_2$ | 粗塔油的成分之一 |
| | 烃基磺酸(皂) | $-SO_3H(Na)$ | 烷基苯磺酸钠 | 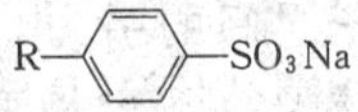 R—⟨苯环⟩—$SO_3Na$ | 国外牌号 R-800 |
| | 酚类 | —OH | 甲苯酚等 | 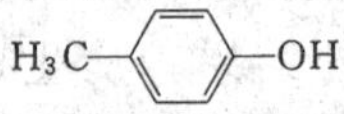 $H_3C$—⟨苯环⟩—OH | 多用混合物 |
| | 吡啶类 | ≡N | 重吡啶 | 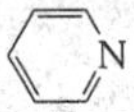 ⟨吡啶环⟩ N | 混合物 |

由以上要求可见，醇类是比较合适的起泡剂之一，原因在于：醇在水中不解离，属于非离子型起泡剂；起泡性能强，不具有捕收性能；在水中的溶解度较大，分散好，药剂用量小；对矿浆 pH 值改变影响小。所以，醇类是现在应用最广泛的起泡剂。

(4) 极性基对起泡性能的影响 起泡剂极性基的结构和数量影响其分子的物理性质（溶解度、解离度、黏度等）和化学性质（如对矿物表面活性的改变、与矿浆中离子的化学反应等）。也可以说，极性基结构特性影响着起泡剂的溶解度大小，起泡剂的溶解度又影响着起泡剂性能及形成的泡沫特性，因而极性基对起泡性能有一定影响。表 2-11 为常见起泡剂极性基特性。

**表 2-11 常见起泡剂极性基特性**

| 极性基 | 对水引力 | 对相似分子的引力 | 泡沫稳定性 |
|---|---|---|---|
| $-CH_2I$,$-CH_2Br$,$-CH_2Cl$ | 强 | 强 | 不稳定 |
| $-CH_2OHCH_3$,$-C_6H_5OCH_3$,$-COOCH_3$,$-OC_nH_{2n+1}$ | 强 | 强 | 泡沫稳定,药剂溶解度低 |
| $-CH_2OH$,$-COOH$,$-CN$,$-CONH_2$,$-CH{=}NOH$,$-C_6H_4OH$,$-CH_2COOH$,$-NHCONH_3$,$-NHCOCH_3$ | 很强 | 中弱 | 泡沫稳定,药剂溶解度中等 |
| $-C_6H_4SO_3H$,$-SO_3H$,$-SO_4H$ | 极强 | 中弱 | 泡沫稳定,药剂溶解度高 |

① 极性基对起泡剂溶解度的影响 起泡剂极性基对其溶解度的影响主要取决于其性质和数量，极性基与水分子作用越强，其溶解度越大。几种常见极性基对水作用力的顺序为：$-O- < -COOH < -OH < -SO_3H < -SO_4H$。因此，当非极性基相近时，各类起泡剂溶解度按上面顺序逐渐增大。此外，极性基数目越多，溶解度越大。如醇分子中只有一个羟基，醇醚类分子中除一个羟基外，还有醚基，因此，醇醚类的溶解度比醇类大。而氧烷类只有醚基，没有羟基，醚基与水的作用力较小，所以溶解度较低。

起泡剂的溶解度对起泡性能及形成气泡的特点有很大的影响。溶解度过高，则药剂耗量大，或迅速产生大量泡沫，但不能持久；溶解度过低，部分起泡剂来不及溶解，随泡沫流失，或气泡速度缓慢，延续时间较长，难以控制。常见起泡剂溶解度列于表 2-12。

**表 2-12 常见起泡剂溶解度** 单位：mg/L

| 起泡剂 | 溶解度 | 起泡剂 | 溶解度 |
|---|---|---|---|
| 正戊醇 | 21.9 | 松油 | 2.5 |
| 异戊醇 | 26.9 | 樟脑 | 0.74 |
| 正己醇 | 6.24 | 萜烯醇 | 1.98 |
| 甲基异戊醇 | 17.0 | 1,1,3-三乙氧基丁烷 | 约 8 |
| 正庚醇 | 1.81 | 聚丙烯乙二醇(相对分子质量 400～450) | 全溶 |
| 3-庚醇 | 4.5 | 甲酚酸 | 1.66 |
| 正壬醇 | 0.586 | 2-壬醇 | 1.28 |

表 2-13 为带某些极性基的起泡剂在各种非极性基的情况下的溶解度值，带羟基的起泡剂溶解度较高。起泡剂溶解度对起泡影响很大，溶解度很高时（如醇类），起泡速度快，泡沫结构疏松，起泡较大且较脆，在气-液界面吸附较少，耗量多。溶解度很低时（如松油类），起泡速度慢而持久，泡沫结构致密，较黏，泡径较小。另外，难溶性起泡剂泡沫稳定性随分子长度变化的范围较窄，对分子长度要求严格，泡沫寿命较长，韧性较大；易溶性起泡剂泡沫稳定性变化情况则相反。

**表 2-13 各极性基的起泡剂溶解度**

| 非极性基 | 各种极性基的溶解度/(mg/L) | | | |
|---|---|---|---|---|
| | $-OH$ | $-NH_2$ | $-COOH$ | $-NO_2$ |
| $C_4H_9$ | 1055 | | 333 | |
| $C_6H_5$ | 874 | 383 | 24 | 15 |
| $m$-$C_6H_4CH_3$ | 202 | | 7 | 5 |
| $o$-$C_6H_4CH_3$ | 227 | 158 | 9 | |

② 极性基对起泡剂解离度的影响　由于极性基结构不同，使得有些起泡剂在水中解离，有些则不解离，矿浆 pH 值对解离的起泡剂的性能有所影响。离子型起泡剂水解性强，起泡性受 pH 值影响较为明显，一般酸性起泡剂在碱性矿浆中疏水性较小，表面活性较低，起泡能力下降或需用量增加；碱性起泡剂在碱性矿浆中起泡能力增强，可减少用量。离子型脂肪酸的起泡性受 pH 值的影响则更为明显。松油的—OH 虽不能解离，但仍受 pH 值的影响，pH＞9 时，起泡能力明显上升。

③ 极性基水化能力对起泡性能的影响　起泡剂中极性基在水中与水分子作用发生水化，极性基水化能力的适当增强可增加泡沫的稳定性。根据极性基在水-气界面吸附自由能的大小，大致可以判断各种极性基水化能力的强弱：—COOH 吸附能最大，最容易吸附到气-液界面，因此其泡沫发黏，选择性较差；$—SO_4$、$—NH_2$吸附能小，形成的泡沫性脆，选择性好；—OH 居中。

④ 极性基断面大小对起泡性能的影响　起泡剂分子在气泡四周的定向排列程度决定于极性基，所以极性基断面较小时，分子在界面定向排列更紧密，起泡剂分子吸附层趋于饱和时，气泡的寿命最长。

(5) 非极性基对起泡性能的影响　起泡剂中非极性基结构的不同对起泡性能亦有影响。当极性基一定时，正构烷基起泡剂溶液表面张力随烷基中$—CH_2—$数增加而降低，形成的气泡中微小气泡的比例增多，气泡上升速度减小，对浮选有利。芳香基类起泡剂，如烷基苯磺酸钠类，烷基侧链中$—CH_2—$数量不同，起泡能力也不同，起泡稳定性以$C_{12}$～$C_{13}$较好，$C_8$～$C_{11}$最好，$C_{16}$～$C_{17}$时，难以溶解，起泡性较差。对于异构烷基起泡剂，直链烷基中含有双链时，起泡性能增加，萜烯醇或树脂醇中增加双链时，起泡性能显著增加，双链被饱和后，起泡性能就大大下降。天然起泡性高的萜烯醇和树脂醇类分子烃基中均带双键、支链及不对称结构。

(6) 起泡剂的应用特性　起泡剂的应用特性是通过在浮选过程中各起泡剂所起的作用大小表现出来的。首先表现在起泡能力上，依各种起泡剂起泡能力大小（从左往右起泡能力递减）排列如下：聚丁乙二醇醚＞三乙氧基丁烷＞聚甲基乙二醇醚＞四丙烯乙二醇甲醚＞乙醇＞辛醇＞$C_4$～$C_8$混合醇＞庚醇＞戊醇＞二甲基苯二甲酸＞环己醇＞松油＞甲酚。其次，由于起泡剂可有序排列在气-液界面，使界面表面张力大大降低，从而稳定了气泡且有效防止气泡兼并。起泡剂分子防止兼并强弱顺序为：聚乙烯乙二醇醚＞三乙氧基乙烷＞辛醇＞$C_3$～$C_6$混合醇＞环己醇＞甲酚。最后表现在降低气泡上升速度上，实践证明，气泡上升速度降低，对矿物浮选有利。加入起泡剂后可以减缓气泡上升速度，原因在于起泡剂分子在起泡表面形成“装甲层”，该层对水偶极有吸引力，同时又不如水膜那样易于随阻力变形，因而阻滞上升运动。实验测知，起泡剂阻滞气泡上升能力的大小顺序排列为：三乙氧基丁烷＞四丙烯乙二醇甲醚＞己醇＞辛醇＞庚醇＞二甲基苯二甲酸＞环己醇＞松油＞甲酚＞酚。

#### 2.4.5.3 调整剂

调整剂是浮选过程中调整矿物浮选行为的药剂，依作用可分为抑制剂、活化剂、介质 pH 值调整剂、矿泥分散剂、凝结剂和絮凝剂。广义而言，浮选过程中所使用的除捕收剂和起泡剂以外的药剂都可以叫做调整剂。调整剂包括各种无机化合物（如盐、碱和酸）和有机化合物。同一种药剂，在不同条件下往往起不同的作用。调整剂是控制矿物与捕收剂作用的一种辅助药剂。浮选过程经常是在捕收剂和调整剂的良好配合下才能获得高的技术指标。对于一些复杂的矿石或难选矿石，选择合适的调整剂，往往是获得高指标的关键。常用的调整剂分子结构和特性情况见表 2-14。

**表 2-14 常见调整剂分子结构及特性**

| 种类 | 名称 | 分子结构式 | 应用特征 |
|---|---|---|---|
| 无机抑制剂（有效成分是阴离子） | 氰化钠（氰化钾） | $NaCN(KCN)$ | 抑制 ZnS、FeS |
| | 氰化钙 | $Ca(CN)_2$ | 抑制 ZnS、FeS |
| | 硫化钠 | $Na_2S$ | 抑制 ZnS、FeS 及脱药 |
| | 硫化钙 | $CaS$ | 抑制 ZnS、FeS |
| | 亚硫酸 | $H_2SO_3$ | 抑制 ZnS、活化铜矿 |
| | 硫代硫酸钠 | $Na_2S_2O_3$ | 抑制 ZnS、活化铜矿 |
| | 硫代碳酸钠 | HO—C(=O)—SNa | 抑制硫化矿 |
| | 重铬酸钾 | $K_2Cr_2O_7$ | 抑制 PbS |
| | 硅酸钠（水玻璃） | $Na_2SiO_3$ 或 $mNa_2O \cdot nSiO_2$ | 抑制硅酸盐矿物 |
| | 硅氟化钠 | $Na_2SiF_6$ | 抑制硅酸盐矿物 |
| | 磷酸三钠 | $Na_3PO_4 \cdot 12H_2O$ | 抑制脉石矿物 |
| | 焦磷酸钠 | $Na_4P_2O_7 \cdot 10H_2O$ | 抑制方解石、磷灰石，重晶石 |
| | 偏磷酸钠 | $(NaPO_3)_n$ | 抑制 $Ca^{2+}$、$Mg^{2+}$ 活化矿物 |
| 无机抑制剂（有效成分是阳离子） | 硫酸锌 | $ZnSO_4$ | 抑制 ZnS |
| | 石灰 | $CaO$ | 抑制 FeS 矿等 |
| | 次氯酸钙 | $Ca(ClO)_2 \cdot 4H_2O$ | 抑制硫化铜、铁矿 |
| | 硫酸亚铁 | $FeSO_4$ | 抑制硫化矿，兼作絮凝剂 |
| | 硫酸铝 | $Al_2(SO_4)_3$ | 抑制硫化矿，兼作絮凝剂 |
| 低分子量有机抑制剂 | 柠檬酸 | HOOC—$H_2C$—C(OH)(COOH)—$CH_2$—COOH | 抑制萤石、被 $Cu^{2+}$ 活化的石英 |
| | 酒石酸 | HOOC—CH(OH)—CH(OH)—COOH | 抑制萤石、被 $Cu^{2+}$ 活化的石英 |
| | 草酸 | HOOC—COOH | 抑制硅酸盐矿物 |
| | 茜素 S | （蒽醌环结构：O；—$SO_3Na$；OH；O OH） | 抑制萤石、重晶石等硅酸盐矿物 |
| 高分子有机抑制剂 | 天然淀粉 | 分子简化式：$(C_6H_{10}O_5)_m$<br>（结构：$CH_2OH$；CH—O—$CH_2$；—O—CH —CH—CH—OH；OH） | 抑制石英、辉石、滑石、萤石及白云石。萤石在酸、碱介质中均可；白云石只在碱性中有抑制作用 |
| | 糊精（水解淀粉） | $(C_6H_{10}O_5)_n$ | 抑制石英、滑石、绢云母等 |
| | 单宁 | 分子式复杂，结构之一<br>（结构：$R^2$—…—CO—O—CH($R^1$)—O—…—OH；OH；OH）<br>$R^1$ 为 $C_6H_{11}O_5$<br>$R^2$ 为 $(OH)_3C_5H_2COO$<br>$[(OH)_2C_6HCOO]_n$ | 抑制含钙、镁矿物，方解石、白云石等；抑制石英，用于萤石、磷灰石、白钨矿等浮选 |
| | 羧甲基纤维素 | 极性基—COOH(NA)，—O— | 抑制赤铁矿、方解石及 $Ca^{2+}$、$Fe^{2+}$ 活化的石英等 |
| | 羧乙基纤维素 | 极性基—OH，—O— | 抑制 Ca、Mg 硅酸盐矿物 |
| | 磺化木质素 | 极性基—$SO_3H$(Na、Ca)，—OH | 抑制脉石矿物，分离稀有金属 |
| | 聚丙烯酰胺 | 极性基—$CONH_2$，—COOH | 抑制脉石，兼作絮凝剂 |

续表

| 种类 | 名称 | 分子结构式 | 应用特征 |
| --- | --- | --- | --- |
| 有机和无机活化剂 | 金属离子 | $Cu^{2+}$、$Ca^{2+}$、$Ag^{+}$、$Ba^{2+}$ | 硅酸盐矿清洗及活化剂 |
| | 无机酸、碱 | $HCl$、$H_2SO_4$、$NaOH$ | 硅酸盐矿物活化剂、pH值调整剂 |
| | 聚乙烯二醇 | | 脉石矿物活化剂 |
| | 乙二胺磷酸盐 | $CH_2—NH$<br>$\vert$<br>$CH_2—NH—HPO_4$ | 氧化矿物活化剂 |
| pH值调节剂 | 石灰、碳酸钠 | $CaO$、$Na_2CO_3$ | 硫化矿pH值调节剂氧化矿和硅酸盐矿pH值调节剂 |
| | 各种无机酸 | $H_2SO_4$、$HCl$、$H_3PO_4$ | pH值调节剂 |
| 高分子有机絮凝剂 | 聚丙烯酰胺、羧甲基纤维素、淀粉 | | 用于选择性絮凝法处理氧化矿、锡石、重晶石、水铝石、硅孔雀石等 |

(1) 抑制剂　凡能够破坏或削弱矿物对捕收剂的吸附，增强矿物表面亲水性的药剂称为抑制剂。抑制剂对矿物的抑制作用，是通过以下几种方式实现的。

① 消除溶液中活化离子　在活化离子的作用下，矿物可以实现浮选，若将活化离子去除就可使矿物浮选受到抑制。例如，石英在$Ca^{2+}$、$Mg^{2+}$的活化作用下才能被脂肪酸类捕收剂浮选，若在浮选前加入苏打，使$Ca^{2+}$、$Mg^{2+}$生成不溶性盐沉淀，消除了$Ca^{2+}$、$Mg^{2+}$的活化作用，从而使石英失去可浮性。

② 消除矿物表面活化薄膜　选择合适的调整剂来溶解矿物表面活化薄膜，使其失去可浮性，从而达到对该矿物的抑制。例如闪锌矿表面生成硫化铜薄膜后可用黄药浮选，当硫化铜薄膜被氰化物溶解后闪锌矿就失去了可浮性，即无法进行浮选。

③ 形成亲水薄膜　在矿物表面形成亲水薄膜，可以提高矿物表面的水化性，同时削弱对捕收剂的吸附活性。亲水薄膜有三种。第一，形成亲水的离子吸附膜。例如矿浆中存在过量的$HS^-$、$S^{2-}$时，硫化矿表面可吸附它们形成亲水的离子吸附膜。第二，形成亲水的胶体薄膜。例如水玻璃在水中生成硅酸胶粒，吸附于硅酸盐矿物表面，形成亲水的胶体抑制薄膜。第三，形成亲水的化合物薄膜。例如方铅矿被重铬酸盐抑制，在矿物表面生成亲水的$PbCrO_4$抑制薄膜。

上述这些作用并不是孤立存在的，某种药剂往往是同时通过几方面的作用配合来实现有效抑制。

常用的抑制剂包括：硫化钠及其他可溶性硫化物、氰化物、硫酸锌、二氧化硫、亚硫酸及其盐类、重铬酸盐、水玻璃及有机抑制剂（淀粉、单宁、羧甲基纤维素、木质素、腐植酸）等。

(2) 活化剂　凡能增强矿物表面对捕收剂的吸附能力的药剂称为活化剂。活化剂一般通过以下几种方式使矿物得到活化。

① 在矿物表面生成难溶性活化薄膜。当矿物本身很难被某种捕收剂捕收，但在活化剂的作用下，难溶性活化薄膜在矿物表面生成，从而使矿物能够成功被捕收。例如，白铅矿本身很难被黄药捕收，但经硫化钠活化后，在白铅矿表面生成的硫化铅薄膜使得浮选很容易进行。

② 活化离子在矿物表面吸附。例如，纯石英本身不能被脂肪酸类捕收剂浮选，但石英吸附$Ca^{2+}$、$Ba^{2+}$后就能实现浮选。

③ 清洗掉矿物表面的抑制性亲水薄膜。例如，黄铁矿在强碱介质中表面会生成亲水的$Fe(OH)_3$薄膜，此时矿物不能被黄药浮选。但如采用硫酸去除黄铁矿表面的$Fe(OH)_3$薄膜后便能采用黄药进行浮选。

④ 消除矿浆中有害离子的影响。例如，硫化矿往往不能被黄药浮选是因为矿浆中存在$HS^-$、$S^{2-}$，只有把这些离子去除后并出现游离氧，硫化矿才能被黄药浮选。

浮选过程中常用的活化剂有硫酸铜及有色重金属可溶性盐、碱土金属和部分重金属的阳离子、可溶性硫化物以及无机酸、碱等。

(3) 介质pH值调整剂 矿物通常在一定的pH值范围内才能得到良好的浮选。pH值调整剂的主要作用形式为：①调整重金属阳离子的浓度；②调整捕收剂的离子浓度；③调整抑制剂的浓度；④调整矿泥的分散与凝聚；⑤调整捕收剂与矿物之间的作用。

常用的pH值调整剂有石灰、碳酸钠、硫酸和苛性钠等。

(4) 分散剂、凝结剂和絮凝剂 选矿处理的物料通常是各种粒度粒子的混合物。当粒度减小时，粒子质量相应变小，比表面积变大，表面能增高，会显著地影响分选过程。微细粒子在矿浆中悬浮的自由运动状态称为“分散状态”。分散的粒子有自动聚集、降低体系自由能的趋势。粒子相互碰撞黏附成聚团、尺寸由小变大的过程称为聚集（或聚团）过程。在电解质作用下，消除离子的表面电荷或压缩双电层而使粒子聚集并析出沉淀的现象称为“凝聚”（或凝结）。向微细粒子的悬浮液中加入高分子聚合物（如淀粉或聚电解质等），通过桥联作用使微细粒子聚集成疏松的、三维空间的、多孔性的“絮团”过程称为“高分子絮凝”，简称“絮凝”。如果絮凝作用对各种不同粒子无选择性，则称为“全絮凝”；如果在多种粒子的混合悬浮液中絮凝剂选择性地吸附某种粒子使之絮凝，其余粒子仍处于分散状态，则称为“选择性絮凝”。

长期以来，“絮凝（flocculation）”与“凝结（coagulation）”这两个名词常常混淆不清，近年来才逐渐加以区别：①根据悬浮液“去稳定作用”机理，或按形成聚集体的形态划分，“絮凝”指形成松散的开网式聚集体，“凝结”指形成紧密的聚集体；②按照所用的化学药剂不同，絮凝用的是有机高分子聚合物，凝结用的是无机化学药剂；③根据工程操作步骤的不同，絮凝是通过颗粒的机械迁移形成聚集体（调浆后颗粒之间的碰撞），凝结是通过化学药品调整颗粒；④根据某些工程的应用，絮凝是颗粒迁移的步骤，凝结为总体的聚集作用过程。

絮凝所形成的聚集体，能够被相当微弱的机械力或固体和悬浮介质的界面上物理力的变化扰乱和崩解。絮凝在选矿中占有重要地位，浮选工艺中矿石细粒在浮选过程中与气泡黏附之前就包含着一个絮凝过程；为防止精矿流失，在精矿浓缩机中加速精矿细粒的沉降，必要时要添加絮凝剂，减少浓缩机溢流中精矿的损失；有的精矿矿浆很难过滤，添加絮凝剂可以大大提高过滤速度，减少滤饼中的水分。在尾矿水处理方面，可加入絮凝剂净化。

利用絮凝剂作用的选择性，发展成选择性絮凝脱泥法，它是利用絮凝剂对目的矿物（或对废弃矿物）的选择性絮凝作用，采用脱泥手段脱去脉石矿泥，提高有用矿物的含量，甚至经过多次反复脱泥作业（或对脉石和有用矿物正反交替进行选择性絮凝脱泥）直接得到合格精矿。采用絮凝-脱泥-浮选法选择性脱泥后，初步提高矿石品位，脱去有干扰的细矿泥，为下一步浮选创造条件。

① 分散剂 凡能在矿浆中使固体细粒悬浮的药剂称为分散剂。常用的分散剂有碳酸钠、水玻璃、三聚磷酸盐、单宁、木素磺酸盐等。分散作用的共同特征是使矿粒表面的负电性增强，增大矿粒之间的排斥作用力，并使矿粒表面呈现强的亲水性。如须强烈分散矿泥，要在加入分散剂前先加入苛性钠，提高矿浆pH值，使矿泥高分散。

最常用的分散剂是水玻璃，它既价廉，分散效果又好。水玻璃在水中生成$H_2SiO_3$分子、$SiO_3^{2-}$、$HSiO_3^-$及水玻璃胶粒，它们能吸附在矿粒表面大大地增强矿粒表面的亲水性，故水玻璃是良好的分散剂。

碳酸钠是一种有效的药剂，它既可调节矿浆pH值，又有分散作用。当要求矿浆pH值不十分高又希望分散矿浆时，为增强碳酸钠的分散作用，可配用少量水玻璃。各种聚磷酸盐都具有分散作用，常用的有三聚磷酸盐（$Na_5P_3O_{10}$）和六偏磷酸盐［$(NaPO_3)_6$］。木素磺酸盐、单宁等也有分散作用，但不常作分散剂用。

② 凝结剂 常用的凝结剂是无机物，也称为“助沉剂”。此类药剂包括在絮凝剂分类之

中，无机凝结剂主要有无机盐类（如硫酸铝、硫酸铁、硫酸亚铁、铝酸钠、氯化铁、四氯化钛等）、酸类（如硫酸、盐酸等）和碱类（如氢氧化钙等）。

③ 絮凝剂　能够促进絮凝过程的化学药品叫做絮凝剂。絮凝剂一般分为有机高分子絮凝剂和天然高分子絮凝剂两类。目前选择性絮凝剂有：聚丙烯腈的衍生物（聚丙烯酰胺、水解聚丙烯酰胺、非离子型聚丙烯酰胺等）、聚氧乙烯、羧甲基纤维素、木薯淀粉、玉米淀粉、海藻酸铵、纤维素黄药、腐殖酸盐等。

人工合成高分子絮凝剂具有絮凝能力强、用量少、价廉等优点，目前已广泛用于尾矿水净化、污水澄清等方面。天然高分子絮凝剂主要使用淀粉，原因是它的选择性强。

表 2-15 列出了非金属矿物在浮选过程中所用的各种药剂。

**表 2-15　各种非金属矿物浮选用药剂**

| 矿物名称 | pH 值调节剂 | 抑制剂 | 活化剂 | 捕收剂 | 起泡剂 | 强化捕收剂 | 强化选择性药剂 |
|---|---|---|---|---|---|---|---|
| 明矾石 | $Na_2SiO_3$ | 过量的 $Na_2SiO_3$ | | R-765，脂肪酸 | 醇类，甲酚酸 | | |
| 磷灰石 | NaOH，$Na_2CO_3$ | 苛性淀粉，HF，乳酸 | | R-710，R-765，油酸塔油 | 醇类，松油 | | |
| 重晶石 | $Na_2CO_3$，$Na_2SiO_3$ | $AlCl_3$，$FeCl_3$ | 钡盐或铅盐 | R-710，R-765，R-825，油酸，高级醇的硫酸盐 | 醇类，松油，甲酚酸 | 气溶胶 | $Na_2SO_3$ 枸橼酸 |
| 绿柱石 | NaOH，磷酸盐 | $H_2SO_4$ | $Pb(NO_3)_2$ | R-710，R-765，R-801，R-825，胺，油酸 | | | |
| 硼砂 | 云母浮选后进行充分洗涤 | | $BaCl_2$，铅盐 | 脂肪酸 | 苯胺，二甲苯，吡啶 | 苯胺 | 淀粉，糊精，白质树胶 |
| 水滑石 | $Na_2SiO_3$ | | | 黄原酸盐和 Pb-Tl 的反应物 | 醇类，甲酚酸 | | 阿拉伯树胶，磷酸盐 |
| 方解石 | $Na_2SiO_3$ | 白质树胶，$Na_2SiO_3$，重铬酸，Palcotan，Falconate | 温水 | K-710，K-765，油酸，脂肪酸残渣 | 醇类 | | R-610 |
| 炭质页岩 | $Na_2SiO_3$，软水 | R-600 系列酸，石灰，硝酸盐，单宁，$BaCl_2$ | | 燃料油，煤油 | 醇类，松油 | | |
| 天青石 | $Na_2SiO_3$ | 白质树胶，$Na_2SiO_3$ | | R-710，R-765，R-801，R-825，油酸 | 醇类，松油 | | |
| 黏土类 | 酸性($PH_3$) | $Na_2SiO_3$ | | 胺，阳离子捕收剂 | 醇类，松油 | 燃料油，吡啶 | |
| 煤、木炭 | 中性 | 单宁，白质树胶 | | 燃料油，煤油 | 醇类，松油 | | $Na_2SiO_3$ |
| 灰硼石 | | | | 脂肪酸，R-801，R-825 | 苯胺，二甲苯，吡啶 | 苯胺 | 淀粉，糊精，白质树胶 |
| 褐石榴石 | NaOH | 过量的 NaOH | | R-710，脂肪酸 | | 燃料油 | $H_2SO_4$ |
| 刚玉 | NaOH | 过量的酸 | $CuSO_4$ | R-710，R-765，油酸 | 醇类，松油 | | |
| 冰晶石 | | | | R-710，R-765，油酸 | 醇类 | 正甲苯胺 | |
| 白云石 | | 明矾，白质树胶，漂白粉 | | R-710，R-765，脂肪酸 | 醇类 | | |
| 长石类 | HF | | HF | 胺，阳离子捕收剂 | 醇类 | | $Na_2SiO_3$，$H_2SO_4$ |

续表

| 矿物名称 | pH值调节剂 | 抑制剂 | 活化剂 | 捕收剂 | 起泡剂 | 强化捕收剂 | 强化选择性药剂 |
|---|---|---|---|---|---|---|---|
| 萤石 | NaOH | 枸橼酸，$BaCl_2$，铵盐 | 温水 | R-710，R-801，R-825 | 醇类，松油，甲酚酸 | | $Na_2SiO_3$，重铬酸，白质树胶，palcotan |
| 石榴石（各种） | $H_2SO_3$，$Na_2SiO_3$ | 强酸性矿浆 | 酸性矿浆 | R-801，R-825 | B-23 | 燃料油 | 酸类 |
| 石墨 | $H_2SO_3$ | R-600 系列，淀粉 | | 燃料油，煤油 | 松油 | 松塔油 | $Na_2SiO_3$，HF |
| 石膏 | $Na_2SiO_3$ | $H_2SO_4$，动物胶，单宁酸 | | R-765，R-710，阳离子捕收剂，高级醇的硫酸盐 | 松油，甲酚酸 | | 明矾 |
| 岩盐 | | 磷酸盐 | Bi 盐和 Pb 盐 | R-710，脂肪酸，环烷酸 | | 高级醇的硫酸盐 | 用碱性对脂酸除去黏土 |
| 角闪石 | pH5～6，酸性 | $H_2SO_4$ | | R-801，R-825 | | | |
| 各种云母 | $Na_2CO_3$，$Na_2SiO_3$，$H_2SO_4$ | R-600 系列，HF，淀粉，胶，乳酸，$Na_2CO_3$ | 铅盐 | R-801，R-825，胺，阳离子捕收剂，碱化树脂 | 醇类，松油，甲酚酸 | 黑药 25、31，燃料油 | 铝盐，磷酸 |
| 独居石 | $Na_2CO_3$，$Na_2SiO_3$ | 强酸 | | R-710，油酸 | 醇类，松油 | | $Na_2SiO_3$ 枸橼酸 |
| 石英 | 中性 | $Na_2SiO_3$，HF，$H_2SO_4$ | | 阳离子捕收剂，胺 | 醇类，松油 | 燃料油，煤油 | |
| 硅线石 | $Na_2CO_3$，$H_2SO_4$ | | | R-710，R-825，油酸，阳离子润湿剂 | | 气溶胶 | 精选用 $H_2SO_4$ |
| 锂云母 | R-600，HF，淀粉 | | | R-765，R-825 油酸 | 醇类 | 气溶胶 | 用 NaOH 洗涤，精选时用 $H_2SO_4$ |
| 硫黄 | 石灰 | | | 黑药 15，醇类起泡剂 | 杂酚油 | 燃料油，煤油 | 酸盐 |
| 滑石 | 不调节 | R-600 系列，淀粉胶，明矾 | | R-801，R-825，阳离子捕收剂，短链胺 | 醇类，松油 | 黑药 25、31，燃料油 | 铝盐 |
| 蛭石 | $H_2SO_4$ | R-600 系列，淀粉胶 | | | 醇类，松油，甲酚酸 | 燃料油 | |
| 锆石 | 酸性和中性 | | 铜盐 | R-765，R-825，油酸 | 醇类 | | 酸类 |

## 2.4.6 影响浮选技术指标的主要因素

在矿物的浮选分离过程中，影响浮选结果的主要因素有矿物的可浮性、浮选药剂制度、浮选设备、浮选工艺流程及浮选过程中的操作因素。

自然界中并非所有的矿物都具有天然可浮性，因此可依据矿物自身性质科学地选择浮选药剂（捕收剂、调整剂、起泡剂）及工艺流程，选用合适的浮选设备及合理操作，方可获得较好的浮选技术指标，而这些必须经过一定的试验才能做到。本节主要讨论浮选工艺及操作条件对浮选指标的影响，主要包括磨矿细度、矿浆浓度、药剂制度、矿浆温度、搅拌与充气、浮选时间、矿浆 pH 值、水质等。

#### 2.4.6.1 磨矿细度

为保证浮选的高技术经济指标，研究矿粒粒度对浮选的影响以及根据矿石性质正确地确定磨矿细度具有重要意义。

(1) 粒度对浮选的影响　浮选时不但要求矿物单体分离，而且要达到适宜的粒度。矿粒太粗，即使矿物已单体解离，但气泡的浮载能力也无法浮起矿粒进行浮选。各类矿物的浮选粒度上限不同，如硫化矿物一般为0.2～0.25mm，非硫化矿物为0.25～0.3mm，对于一些密度较小的非金属矿（如煤等），粒度上限还可提高。但磨矿粒度过细（$<0.01$mm）也对浮选不利。粗粒和超细粒（矿泥）都具有许多特殊的物理性质和物理化学性质，它们的浮选行为与一般粒度的矿粒（$0.001\text{mm}<d<0.1\text{mm}$）不同，在浮选过程中要求特殊的工艺。

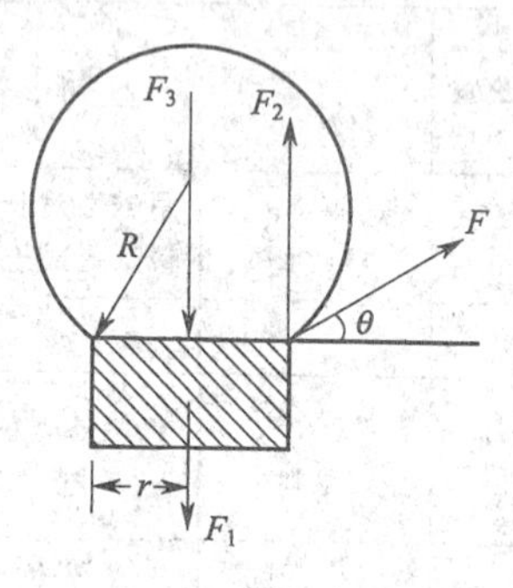


图 2-25　矿粒向气泡上附着的受力图

浮选时矿粒向气泡附着是浮选过程的基本行为，矿粒在气泡上附着得牢固与否直接影响浮选指标的好坏。矿粒在气泡上附着的牢固程度，除了与矿粒本身的疏水性有关之外，还与矿粒的粒径大小有关。一般而言，矿粒小（除了$<5\sim10\mu m$外）则向气泡附着较快，比较牢固。反之，粒度较粗，向气泡附着较慢且不牢固。

矿粒在气泡上附着的受力情况如图 2-25 所示。矿粒在气泡上附着主要受到三个方向上的力的作用：矿粒在水中受到的重力$F_1$，方向向下；矿粒在气泡上附着的表面张力$F_2$，方向向上；气泡内的分子对于矿粒附着面的压力$F_3$，方向向下。下面简单分析一下这三个力。

$F_1$是矿粒在水中的重力，也可以理解为是使矿粒脱离气泡的力，它等于矿粒在空气中的重力$W=d^3\delta g$减去在水中的浮力$f=d^3\rho g$，即

$$F_1=W-f=d^3\delta g-d^3\rho g=d^3(\delta-\rho)g \tag{2-86}$$

式中　$d$——矿粒直径；

$\delta$——矿粒密度；

$\rho$——水的密度。

由上式可见，$F_1$的大小与矿粒的大小（$d$）的三次方成正比。矿粒越大，则从气泡上脱离的力越大。

$F_2$确定地说，是作用在三相润湿周边上的表面张力在垂直方向上的力，它是使矿粒能够保持在气泡上附着的力，其表达式为：

$$F_2=2\pi r\sigma_{\text{气液}}\sin\theta \tag{2-87}$$

式中　$r$——附着面半径；

$\sigma_{\text{气液}}$——气-液界面的表面张力；

$\theta$——接触角。

由式(2-87)可知，保持矿粒在气泡上附着的力$F_2$与矿粒的接触角有关系，接触角大的，保持矿粒在气泡上附着的力也大。

$F_3$是气泡内的分子对矿粒附着面的压力，这个力也可以理解是使矿粒从气泡上脱离的力，其大小为：

$$F_3=\pi r^2\frac{2\sigma_{\text{气泡}}}{R} \tag{2-88}$$

式中，$R$为气泡半径。

由式(2-88)可知，气泡大（$R$大）则所受到的压力$F_3$小。

当三个力$F_1$、$F_2$和$F_3$处于平衡态时，矿粒在气泡上的附着接近于脱落状态，此时，

$$F_2=F_1+F_3$$

$$2\pi r\sigma\sin\theta=d^3(\delta-\rho)g+\pi r^2\ \frac{2\sigma_{气液}}{R}$$

$$\sin\theta=\frac{d^3(\delta-\rho)g}{2\pi r\sigma_{气液}}+\frac{r}{R} \tag{2-89}$$

式(2-89) 称为矿粒在气泡上附着的平衡方程式。可以看出，矿粒与气泡处于相对静止状态时，接触角 $\theta$ 与表面张力 $\sigma$、矿粒的大小（矿粒质量）$d$、附着面半径 $r$ 及气泡半径 $R$ 之间的关系。但在实际浮选过程中，矿粒与气泡是相对运动的，矿粒与气泡之间受的脱落力比静止时复杂。但从式(2-89) 中仍然可以定性地看出矿粒大小与浮选的一些关系。

① 当矿粒的可浮性较好，即接触角较大时，浮选粒度 $d$ 可以大些，但也应有一定的限度。

② 对于较粗粒级的浮选，气泡要大些（$R$ 大）比较有利。或者说，在气泡较大的情况下，被浮选矿物的接触角小时可以浮选。但是气泡太大时，气泡自身的稳定性也差。

(2) 粗粒浮选　在矿粒单体解离的前提下，粗磨浮选可节省磨矿费用，降低选矿成本。在处理不均匀嵌布矿石和大型斑岩铜矿时，在保证粗选回收率前提下，有粗磨后进行浮选的趋势。但因粗矿粒比较重，不易悬浮，与气泡碰撞的概率较小，附着气泡后容易脱落。因此，粗矿粒在一般工艺条件下，比较难浮。在粒度大于可浮的粒度上限时，可用重选法回收粗粒有用矿物；须用浮选处理粗料时，可采用以下特殊工艺。

① 改进药剂制度　选用捕收能力强的捕收剂和合理增大药剂浓度，目的在于增强矿物与气泡的固着强度，加快浮升速度，有时可配合使用非极性油。

② 增加矿浆浓度　粗粒浮选一般选用较浓的矿浆。粗磨分级机溢流浓度较大，可不用加水稀释直接进入浮选机浮选。较浓的矿浆药剂浓度较大，矿粒受到的浮力也较大。但是，矿浆浓度不应过浓，因为过浓，会使矿浆充气性能恶化，浮选过程选择性降低。

③ 浮选机的选择和调整　机械搅拌式浮选机内矿浆的强烈湍流运动是使矿粒从气泡上脱落的主要因素。因此，降低矿浆运动的湍流强度是保证粗粒浮选的根本措施。采取的措施有：第一，挑选适合浮选粗粒的专用浮选机（如环射式浮选机）；第二，改进和调节常规浮选机的结构和操作，适当降低槽深（如采用浅槽型），缩短矿化气泡的浮升路程，以免矿粒脱落；第三，在叶轮区上方加格筛，以减弱矿浆湍流强度，保持泡沫区平稳；第四，增大充气量以获得大气泡，有利于将粗粒“拱抬”上浮，形成气泡和矿粒组成的浮团；第五，刮泡时要迅速而平衡。

(3) 细粒浮选　浮选的细粒级矿粒（简称细粒）通常指小于 18μm 或 10μm 的矿泥。细粒矿泥按其来源可分两种：一是由矿石中的各种泥质矿物（如高岭土、绢云母、褐铁矿、绿泥石、炭质页岩等）所产生的矿泥，称为原生矿泥；另一种是矿石在采掘、搬运、破碎、磨矿、选别等过程中产生的矿泥，称为次生矿泥。比较两类矿泥的可浮性，原生矿泥通常比次生矿泥难浮。

矿泥的质量小，比表面积大、表面键力不饱和等对浮选会产生一系列不利影响。由于微粒表面能强，在一定条件下，不同矿物微粒间易发生互凝作用而形成选择性聚集，微粒黏着在粗粒表面形成矿泥罩盖，妨碍粗粒浮选，使回收率降低。微粒的大比表面积和表面能带来高的药剂吸附能力，导致吸附选择性差，增加药耗；微粒可使矿浆黏性增加，使浮选机充气条件变坏；微粒表面溶解度大，使矿浆中的“难选离子”增加；由于微粒质量小易被水流机械夹带和泡沫机械夹带，使回收率和精矿质量降低。从微粒与气泡的作用看，由于微粒与气泡接触效率及黏着效率低，使气泡对矿粒的捕获率下降，同时产生气泡的矿泥“装甲”现象，影响气泡的运载量。

根据以上分析，大量矿泥的存在导致细粒浮选速度变慢，选择性变差，回收率降低，精矿品位不高，为此常采用以下工艺措施进行改善。

① 消除和防止矿泥对浮选过程的干扰。

添加矿泥分散剂：将矿泥分散可以消除矿泥覆盖于其他矿物表面和微粒间发生无选择性互凝的有害作用。常用的矿泥分散剂有水玻璃、碳酸钠、六偏磷酸钠等。

分段、分批加药：随时保持矿浆中药剂的有效浓度，这样不仅可以提高选择性，且可以避免药剂一次加入被矿泥吸收。

降低浮选矿浆浓度：可提高浮选过程的选择性，减少矿泥对精矿泡沫的污染，降低矿浆黏度。

脱泥：这是一种根除矿泥影响的有效办法。分级脱泥是最常用的方法，如在浮选前用水力旋流器，或将矿泥和粗砂分别处理，即进行“泥砂分选”；对于易浮的矿泥，可在浮选前加少量起泡剂预先浮选脱泥。

② 选用对微粒矿物具有化学吸附或螯合作用的捕收剂，以提高浮选过程的选择性。

③ 应用物理或化学的方法，增大微粒矿物的外观粒径，提高待分选矿物的浮选速率和选择性，根据这一原理的新工艺有如下几种。

选择絮凝浮选：采用絮凝剂选择性絮凝目的矿物或脉石矿泥微粒，然后用浮选法分离。

载体浮选：利用一般浮选粒级的矿粒作载体，使细粒罩盖于载体上，然后与载体一起浮出。载体可用同类载体（矿物），也可用异类载体（矿物）。

团聚浮选：又称乳化浮选，细粒矿物经捕收剂处理，在中性油作用下，形成带矿的油状泡沫。此法已用于选别细粒的磷灰石等。其操作工艺条件分为两类：一类是捕收剂与中性油先配成乳状液加入；另一类是在高浓度矿浆中（70%固体），先后加入中性油及捕收剂，强烈搅拌。

④ 减小气泡粒径实现微泡浮选　在一定条件下，减小气泡粒径，不仅可增加气-液表面，同时可增加微粒的碰撞概率和黏附概率，有利于微粒矿物的浮选。主要的工艺有如下几种。

真空浮选：采用降压装置，从溶液中析出微泡的真空浮选法，气泡粒径一般为0.1～0.5mm。研究证明，从水中析出微泡可有效浮选细粒的萤石、石英等。

电解浮选：利用电解水的方法获得微泡，一般气泡粒径为0.02～0.06mm。

### 2.4.6.2　药剂制度

在浮选工艺过程中，药剂的种类和数量、药剂的配制方式、加药地点、加药顺序、加药方式等，总称为药剂制度，简称为药方。在浮选厂，药剂制度是浮选过程中的重要工艺因素，对浮选指标有重大影响。

（1）药剂种类和数量　浮选厂的用药种类与矿石性质、工艺流程、产品要求等因素有关。所以，浮选药剂种类的选择是在矿石可选性试验或半工业试验研究中确定的，然后在浮选厂工业条件下进行验证。浮选药剂的用量要恰到好处：用量不足，达不到选矿指标；用量过度，则会增加选矿成本。表2-16表明各类浮选药剂用量与浮选指标的关系。混合用药已在实践中得到广泛应用。各种捕收剂混合使用是以矿物表面不均匀性和药剂间的协同效应为依据的，主要有如下几种混合方式。

**表2-16　各种药剂用量大小与浮选指标的关系**

| 药剂种类 | 药剂用量大小与选别指标的关系 |
|---|---|
| 捕收剂 | 药量不足，矿物疏水性不够，回收率下降；药量过大，精矿质量下降，药剂成本升高，分离浮选困难 |
| 起泡剂 | 药量不足，泡沫稳定性差；药量过大，发生“跑槽”现象，增加选矿成本 |
| 活化剂 | 药量过小，活化不好；药量过大，破坏浮选过程的选择性，增加选矿成本 |
| 抑制剂 | 药量不足，精矿品位低，回收率也低；药量过大，回收率降低，选矿成本升高 |

① 同系列药剂的混合作用　如低级黄药与高级黄药共用，不同黑药的混合剂（208号黑药），使捕收力和选择性都得到改善。

② 同类药剂的混合使用　各种硫化矿捕收剂的共用，包括强捕收性与弱捕收性药剂的混

合、可溶与不可溶药剂的混合、价昂与价廉药剂的混合使用等。

③ 阳离子与阴离子捕收剂共用 这种混合用药的机理有两种解释：一种是阳离子药剂先在荷负电的矿物表面吸附，并使矿物表面电荷符号变正，以利于阴离子药剂吸附；另一种是在酸性介质中阳离子捕收剂为离子吸附，阴离子捕收剂为中性分子吸附（或者在碱性介质中情况相反）。前者为“电荷补偿”机理，后者称分子离子共吸附。

④ 大分子与小分子药剂共用或混用 “聚-复捕收剂”是将不溶于水的高分子聚合物与普通捕收剂混合制成的水溶性复合物，它是捕收剂分子沿聚合物烃链发生定向吸附构成的复合物，其捕收力比原来高。起泡剂和调整剂的混合使用，就更常见，其目的是为了加强这些药剂的抑制效能。如氰化物与硫酸锌混用，亚硫酸盐与硫酸锌混用，二氧化硫与淀粉混用等。

混合捕收剂的效果之所以显著，主要基于两点原因：①使用混合捕收剂时，矿物表面吸附的药剂层比较致密，捕收剂在矿物表面形成疏水层的速度比较快，也就加快了矿粒向气泡的附着速度。这是由于矿物表面的不均匀性，不同的捕收剂能发挥不同的特点，有利于在矿物表面形成致密的疏水层。②药剂的协同效应也有一定作用。

(2) 配药方式 对易溶于水的药剂（如黄药、硫酸铜、苏打等）一般配成5%～10%的水溶液应用。难溶于水的脂肪酸类药剂（如氧化石蜡皂、塔尔油等）配药时，要加温并加入药剂总量10%的碳酸钠使之皂化。加入矿浆时，药剂溶液温度保持在60～70℃。当使用脂肪酸类捕收剂，并配合使用煤油或柴油时，可先将脂肪酸溶于煤油或柴油，使之乳化，然后添加乳浊液。胺类捕收剂一般配制成乙酸盐或盐酸盐溶液后加入。石灰一般配制成石灰乳加入。油状药剂（如2号油、煤油、甲酚黑药等）可以直接加入。

(3) 药剂添加

① 加药顺序 一般按下列顺序添加：pH值调整剂→活化剂或抑制剂→捕收剂→起泡剂；浮选被抑制过的矿物加药顺序为：活化剂→捕收剂→起泡剂。

② 加药地点 一般视药剂性质和作用时间长短而定。一般pH值调整剂和抑制剂加入球磨机中，使其充分发挥作用。易溶的捕收剂加于浮选前搅拌槽，难溶的药剂可加于球磨机中。活化剂与起泡剂一般都加入搅拌槽。

何向文对云南某磷矿进行了不同加药点添加调整剂的浮选对比试验，结果表明，调整剂加入到磨机中的试验结果优于加入到浮选槽中的结果。

③ 加药方式 浮选药剂可采用两种加药方式：一次集中加药和分批加药。一次集中加药是将药剂在浮选前一次全部加入。该方式有利于提高浮选过程初期的浮选速度，因为浮选初期的选择性往往是最好的。对于易溶的、不易被泡沫机械带走的、不易在矿浆中失效的药剂，一般采用一次集中加药。对于易被泡沫带走的药剂和脂肪酸类捕收剂、在矿浆中易起反应的药剂（如二氧化硫等）、过量会起相反作用的药剂（如硫化钠等），应分批加药。分批加药时，在粗选前加60%～80%，其余20%～40%分别加于扫选或其他适当地点。

#### 2.4.6.3 矿浆浓度

矿浆浓度是指矿浆中固体矿粒的含量，它是浮选过程中很重要的工艺参数，直接影响下列各项技术经济指标。

① 回收率 矿物浮选的矿浆浓度和回收率之间存在着明显的规律性。当矿浆很稀时，回收率较低，矿浆浓度增加，回收率也增加。超过最佳的矿浆浓度后，回收率又降低。这是由于矿浆过浓或过稀都会使浮选机充气条件变坏。

② 精矿质量 一般在较稀的矿浆中浮选，精矿质量较高，在较浓的矿浆中浮选，精矿质量下降。

③ 药剂用量 浮选时矿浆须保持一定的药剂浓度，才能获得较好的浮选指标。当矿浆较浓时，液相中药剂浓度增加，处理每吨矿石的用药量可减少；当矿浆较稀时，处理每吨矿石的

用药量须增加。

④ 浮选机生产能力　随着矿浆浓度增大，浮选机的生产能力（按处理量计算）可提高。

⑤ 浮选时间　矿浆较浓时，浮选时间会延长，有利于提高回收率。

⑥ 水电消耗　矿浆愈浓，处理每吨矿石的水电消耗将愈少。

为得到最适宜的矿浆浓度，除上述因素外，还须考虑矿石性质和具体的浮选条件。一般原则是：浮选大密度、粒度粗的矿物用浓矿浆；浮选小密度、粒度细的矿物和矿泥时，用稀矿浆。粗选作业用浓矿浆，以保证获得高回收率和节省药剂；精选用稀浓度矿浆，有利于提高精矿质量。扫选作业的浓度受粗选影响，一般不另行控制。

#### 2.4.6.4 矿浆温度

浮选一般在常温下进行，但在以下两种情况下需要调节矿浆温度：一是药剂性质要求；二是特殊工艺要求。

（1）非硫化矿加温浮选　在非硫化矿（如萤石、磷灰石等）浮选中，当使用某些难溶的且其溶解度随温度有变化的捕收剂（如脂肪酸和脂肪胺类），提高矿浆温度可使它们在水中的溶解度和捕收力增加，从而改善浮选过程的选择性，节约大量药剂和获得高回收率。萤石浮选时，用癸脂作为捕收剂的试验表明：如果要得到相同的选矿指标，当浮选温度为10℃时，癸脂用量为510g/t；当温度为30℃时，癸脂用量只需要250g/t。

（2）硫化矿加温浮选　硫化矿加温浮选工艺，目前得到广泛应用。实质是利用各种硫化矿表面氧化速度的差异，扩大待分选矿物可浮性差别。加温浮选工艺虽有很多优点，但要消耗大量热能，在应用该种工艺时，要预先研究，从技术、经济上全面加以论证。如经过论证决定必须加温时，应尽量利用厂内或厂外的余热，以求降低成本。

#### 2.4.6.5 浮选时间

矿浆通过浮选机在每一槽内有一定的停留时间。矿浆在每一作业的浮选槽内的停留时间，称为该作业的浮选时间。各种矿石最适宜的浮选时间通过矿石可选性试验和半工业及工业试验研究过程确定。一般规律是：当矿物的可浮性好，被浮矿物的含量少，浮选给矿粒度适当，矿浆浓度较小，药剂作用强，充气搅拌强时，所需浮选时间短。

精选时间的长短根据矿物可浮性及对精矿质量要求而定。如浮选石墨时，多次精选才能得到高质量的精矿，精选时间为粗选时间的6～10倍。

浮选时间与浮选指标的关系表现为：增加浮选时间，可使回收率增大，精矿品位略有下降。回收率在浮选开始时增加很快，以后逐渐转缓，最后几乎不再增加。

#### 2.4.6.6 pH值调节

矿浆pH值是浮选过程中的一个重要因素，它影响矿物表面的浮选性质和各种浮选的作用。矿物在采用不同浮选药剂进行浮选时，都有一个“浮”与“不浮”的pH值，叫做临界pH值，控制临界pH值，就能控制各种矿物的有效分选。因此，控制矿浆pH值，是控制浮选工艺过程的重要措施之一。

矿浆pH值主要从以下三方面影响浮选过程。

① pH值对矿粒表面亲水性及电性的影响　矿浆在pH值较大的情况下，矿浆中的$OH^-$比较多，矿粒表面吸附大量的$OH^-$，这样使得矿粒表面亲水性增大并阻碍捕收剂阴离子的吸附。pH值的大小也直接影响矿粒表面的电性，即$\zeta$电位。

有些硫化矿物并不具备天然可浮性，但是在合适的矿浆电位条件下可表现出良好的自诱导可浮性，改变矿浆电位和矿浆pH值，可以调控这些矿物的自诱导可浮性，在一定的pH条件下，每种硫化矿物都具有自诱导浮选的电位区间。

② 浮选药剂要解离成为有效离子与pH值有直接关系　绝大多数的浮选药剂是以离子型的方式与矿物表面作用的。药剂解离成为有效离子的多少与pH值有很大的关系。若药剂的有

效离子为阴离子（$X^-$）时，在碱性矿浆（pH>7）的条件下，才能产生更多的有效离子 $X^-$，因为

$$X^- + H_2O \rightleftharpoons XH + OH^-$$

上述反应是可逆反应，只有在 $OH^-$ 浓度增大的条件下反应才会向左进行，才会产生更多的 $X^-$。

当药剂有效离子为阳离子时，只有在低 pH 值的矿浆中才能解离出较多的阳离子。

③ 各种矿物的浮选在一定条件下存在着一个适宜的 pH 值　各种矿物在不同的药剂条件下，有可浮与不可浮的临界 pH 值。矿浆的 pH 值往往直接或间接影响矿物的可浮性，同时临界 pH 值也随浮选条件的变化而变化，即使用不同的捕收剂或改变其浓度，矿物的临界 pH 值也将发生变化。

大多数硫化矿石在碱性或弱碱性矿浆中浮选。因为酸性矿浆对设备有腐蚀作用，尤其是很多浮选药剂（如黄药、油酸、松油醇等）在弱碱性矿浆中较为有效。许多矿物是以盐的形式存在的（如萤石 $CaF_2$），在矿浆中会产生盐的水解作用，对矿浆的 pH 值会产生一定的缓冲作用，调整矿浆 pH 值时，应考虑到这一点。根据长期生产实践总结出常见硫化矿浮选的 pH 值（见表 2-17）。

**表 2-17　常见硫化矿浮选 pH 值**（以粗选为准）

| 矿石类型 | 粗选 pH 值 | 矿石类型 | 粗选 pH 值 |
|---|---|---|---|
| 铜矿 | 9.5～11.8 | 铜钴矿 | 10～11 |
| 铜硫铁矿 | 9.0～11.5 | 铅锌矿 | 7.1～12.0 |
| 铜钼矿 | 10.0～11.5 | 铜铅锌矿 | 7.2～12.0 |
| 铜镍矿 | 7.8～9.5 | 硫化钼矿 | 3.5 |

### 2.4.6.7　充气和搅拌

（1）充气　充气就是把一定量的空气送入浮选机的矿浆中，并使它弥散成大量微小的气泡，以便使疏水性矿粒附着在气泡表面上。进入矿浆中的空气量与浮选机的类型和工作制度有关，如机械搅拌式浮选机，充气与搅拌是同时产生的，其充气量主要决定于叶轮转速，叶轮转速越快，则充气量愈大。矿浆浓度对浮选机的充气量与空气弥散程度有很大影响。空气在浮选机矿浆中的弥散程度主要视气泡的大小而定。气泡越小，则空气弥散得越好，也就增加了气泡表面及其与矿粒接触的机会，有利改善浮选指标，但气泡过小反而有害。

起泡剂的性能和用量对空气的弥散程度存在着一定影响。纯水中气泡的平均尺寸为 4.5～5mm，当加入 20mL/g 松油醇、萜品醇类及其他表面活性物质时，可使气泡尺寸降至 0.3mm 左右，且气泡的平均尺寸随矿浆中起泡剂浓度的增加而减小。提高浮选机的充气量，可使气泡直径略为增大。浮选机内加入起泡剂会使充气量有所降低，起泡剂性能越好，充气量降低越多。

（2）搅拌　浮选过程中对矿浆的搅拌分为两个阶段：一是矿浆进入浮选机之前的搅拌，二是矿浆进入浮选机之后的搅拌。矿浆进入浮选机之前的搅拌在调整槽中进行，其目的是加速矿粒与药剂的相互作用。在调整槽中搅拌时间的长短，应由药剂在水中分散的难易程度和它们与矿粒作用的快慢来确定，如松油醇等起泡剂只需要搅拌 1～2min，一般药剂要搅拌 5～15min。当采用剪切絮凝浮选工艺时，浮选前需要比较强烈的搅拌。矿浆进入浮选之后搅拌主要起到三个方面的作用：①促进矿粒的悬浮及在槽内均匀分散；②促进空气很好地在槽内均匀分布（对机械搅拌式浮选槽而言还起充气作用）；③促进空气在槽内高压区加速溶解，在低压区加速析出，形成大量活性气泡。

综上所述，浮选中最适宜的充气和搅拌，应根据浮选机的类型和结构特点通过试验确定。加强浮选机中矿浆的充气和搅拌，对浮选有利但不能过分。因为过分会产生气泡兼并、精矿质

量下降、槽内矿浆容积减小、电能消耗增加、机械磨损加快等缺点。

#### 2.4.6.8 水质

浮选是在水介质中进行的，水中含有的气体、离子、某些有机物都能影响浮选过程。水质中硬度是影响浮选的一个重要因素。不过 ISO 国际标准从 1984 年就不再使用“硬度”术语而采用“钙镁总量”代替之，并用浓度单位表示测定结果。钙镁总量可分为以下几类。

① 碳酸盐钙镁含量　指 $Ca^{2+}$、$Mg^{2+}$ 的碳酸氢盐，这类钙镁在加热煮沸时容易形成沉淀而被除去。过去把这种 Ca、Mg 含量称为暂时硬度或碱性硬度。

② 非碳酸盐钙镁含量　指不能通过煮沸除去的钙镁含量。主要是因钙镁的硫酸盐、氯化物、硝酸盐所致。过去把它称为永久硬度或非碱性硬度。

③ 钙镁总含量　碳酸盐钙镁含量和非碳酸盐钙镁含量之和为钙镁总含量（过去称为总硬度)。水的钙镁总含量按下式计算：

$$\text{水的钙镁总量}=\frac{[Ca^{2+}]}{40.08}+\frac{[Mg^{2+}]}{24.32}\quad(\text{mmol/L})\tag{2-90}$$

式中，$[Ca^{2+}]$、$[Mg^{2+}]$ 分别表示 $Ca^{2+}$、$Mg^{2+}$ 在水中的浓度，g/L。

通常把 0.5mmol/L 称为 1°，按此标准水的软硬等级分配为：极软水 1.5°以下，软水 1.5°～3.0°，中等硬水 3°～6°，硬水 6°～9°，极硬水 9°以上。

各国采用的硬度计算标准有些不同，具体换算见表 2-18，在硬度前标以××硬度。

表 2-18　各国采用的硬度换算表

| $CaCO_3$ 含量/(mmol/L) | 德国硬度 DH | 英国硬度 Clark | 法国硬度 DegrecF | 美国硬度/(mg/L) |
|---|---|---|---|---|
| 1 | 5.61 | 7.02 | 10 | 100 |
| 0.178 | 1 | 1.25 | 1.78 | 17.8 |
| 0.143 | 0.80 | 1 | 1.43 | 14.3 |
| 0.1 | 0.56 | 0.70 | 1 | 10 |
| 0.01 | 0.056 | 0.070 | 0.1 | 1 |

大多数江河湖泊的水都属于软水，也是浮选中使用最多的水源。它们的特点是含盐量较低，一般含盐量少于 0.1%，含多价金属离子也较少。硬水含有较多的多价金属阳离子（如 $Ca^{2+}$、$Mg^{2+}$、$Fe^{2+}$、$Fe^{3+}$、$Ba^{2+}$、$Sr^{2+}$ 等)，也有 $HCO_3^-$、$SO_4^{2-}$、$Cl^-$、$CO_3^{2-}$、$HSO_3^-$ 等阴离子。硬水对采用脂肪酸类药剂浮选很有害，$Ca^{2+}$、$Mg^{2+}$ 等会消耗这些药剂，并破坏选择性。因此，在浮选前，必须消除这些离子的有害影响，将硬水软化。一般是加入碳酸钠，使之生成不溶性沉淀；也可采用离子交换法和其他物理方法（如电磁处理、超声波处理）处理。除此之外，还可以人工合成抗硬水性捕收剂。研究者以合成的醚烷基磷酸酯作捕收剂对磷灰石和方解石进行浮选试验，结果表明该捕收剂适合在弱碱性介质中使用，有较好的抗硬水性。对磷矿石的浮选效果比使用脂肪酸（皂）作捕收剂的浮选指标好，且 $Na_2CO_3$ 的用量显著降低。

水中氧气的含量对浮选有很大影响。当浮选用水中含有大量的有机物质（如腐殖土和微生物等）时，消耗了溶解氧，降低硫化物的浮选速度，严重时会破坏整个浮选过程。为此在浮选前预先充气，提高水中含氧量，以改善浮选条件。

地处沿海和内陆地区的矿山，浮选时需用含盐量（一般为 0.1%～5%）较高的海水和湖水（即咸水）。这种水质对有些矿物浮选有利，对有些矿物浮选不利。

可溶性盐类的浮选须在其饱和溶液中进行。在饱和溶液中，无机盐类的解离程度显著减小，要用聚合物抑制脉石，不能用无机抑制剂。为减少有用成分的损失，必须利用回水。在饱和溶液中进行浮选时，选用捕收剂应满足下列几个条件：①能在饱和溶液中溶解，不与溶液中的离子形成沉淀；②能在饱和溶液中被盐类吸附；③所需的浓度不超过形成胶囊的临界浓度。常用的捕收剂是烃基硫酸盐、磺酸盐、胺类和烃链较短的脂肪酸。

浮选是固体颗粒资源化的一种重要技术，我国已应用于从粉煤灰中回收炭、从煤矸石中回收硫铁矿、从焚烧炉灰渣中回收金属等方面。但浮选法要求矿物在浮选前须破碎和磨碎到一定的细度。浮选时要消耗一定数量的浮选药剂，且易造成环境污染或增加相配套的净化设施。另外还需要一些辅助工序，如浓缩、过滤、脱水、干燥等。因此在生产实践中究竟采用哪一种分选方法，应根据固体颗粒的性质，经技术经济综合比较后确定。

## 2.5　电力选矿

### 2.5.1　概述

电选是利用各种矿物的电性差别，在高压电场中实现矿物分选的一种选矿方法。它是细粒矿物的重要选矿方法之一。电选在工业上的应用始于 1908 年，目前电选广泛应用于有色、黑色、稀有金属矿石的精选；非金属矿物和粉煤灰的分选；陶瓷、玻璃原料和建筑材料的提纯；矿石和其他物料的分级和除尘等。电选在非金属矿物的选矿提纯上应用得比较多，如常见的磁铁矿、钛铁矿、锡石、自然金等，其导电性都比较好；而石英、锆英石、长石、方解石、白钨矿以及硅酸盐类矿物的导电性很差，故能利用它们的电性差异，用电选的方法分开。

电选的内容很广泛，包括电选、电分级、摩擦带电分选、介电分选、高梯度电选、电除尘等方面。

摩擦电选是利用两种矿物互相接触、碰撞和摩擦，或使之与某种材料做成的给矿槽摩擦，产生大小不同而符号相反的电荷，然后给入到高压电场中，由于矿粒带电符号不同，产生的运动轨迹也明显不同，从而使两种矿物分开。

介电分选是在液体介质或空气介质中进行的，通常在液体介质中进行。两种介电常数不同的矿粒或物料，在非均匀电场中，如果某种矿粒的介电常数大于液体介电常数，则该种矿粒被吸引；反之，介电常数小于液体者则被排斥，从而使之分开。

高梯度电选是在介电分选原理的基础上发展起来的一种新方法，它主要是针对微细粒矿物的分选。在介电液体中放入介电体（非导体）纤维或小球，此种介电体受到电场极化后，在其表面产生极不均匀的电场，从而增加了非均匀电场的作用力。当其中一种矿粒的介电常数大于液体介电常数时，粒子被吸向电场强度及梯度最大区域，反之则被排斥而进入低的电场区域，两种矿粒的运动轨迹也不同，故能使之分开。高梯度电选，很类似于高梯度强磁选，放入分选罐内的纤维或球介质，与高梯度磁选的钢毛或其他介质相似，也是一种捕获介质。

除介电分选及高梯度电选是在介电液体中进行外，其余均为干式作业，对缺水地区具有优越性。对一些只适宜干式分级的物料，电分级具有明显的优点。电选对周围环境不产生污染，因而在世界上一些发达国家得到了更广泛的应用。干式电选由于其工艺简单、分选指标好，在某些矿物的选矿作业中呈现出取代传统选矿方法的良好前景，如采用干式电选对磷矿石进行选别富集。

电选的有效处理粒度通常为 0.1～2.0mm，但对片状或密度小的物料如云母、石墨、煤等，其最大处理粒度可达 5mm 左右，而湿式高梯度电选机的处理粒度则可下降到微米级。

在大多数情况下，电选都是在高压电场中进行的，除少数采用高压交流电源外，绝大多数均用高压直流电源，将负电输到电极，个别情况下才采用正电。

对于磁性、密度及可浮性都很接近的矿物，采用重选、磁选、浮选均不能或难以有效分选时，则可以利用它们的电性质差别使之分选。目前除少数一些矿物直接采用电选外，在大多数情况下，电选主要用于各种矿物及物料的精选。电选前，物料大多先经重选或其他选矿方法粗选后得出粗精矿，然后采用单一电选或电选与磁选配合，最终得出精矿。

电选之所以不断地为人们所重视，生产实践证明它有以下优点：耗电少，生产费用低，选别效果好，精矿品位高，回收率高；电选机本身结构简单，要求加工精度不高；易操作和维修且安全可靠，仅供电系统较为复杂；电选机占地面积少，电选为干式选矿方法，利于缺水和严寒地区采用；使用范围广，除能分选有色金属、稀有金属和非金属外，对黑色金属及放射性矿物的分选也开始在生产上得到应用。

## 2.5.2 基本概念

### 2.5.2.1 矿物的电性质

矿物的电性质是电选的依据。所谓矿物的电性质是指矿物的电导率（也可以用电阻率）、介电常数、比导电度以及整流性等，它们是判断能否采用电选的依据。由于各种矿物的组分不同，表现出的电性质也明显有别，即使属于同种矿物，由于所含杂质不同，其电性质也有差别。但不管如何，总有一定的变动范围，可根据其数值大小判定其可选性。

（1）电导率　矿物的电导率 $\sigma$ 是指长度为 1cm、横截面积为 $1cm^2$ 的矿物的导电能力，表现为电阻率 $\rho$ 的倒数，即

$$\sigma=1/\rho=L/(RS) \tag{2-91}$$

式中　$\sigma$——电导率，$\Omega^{-1}\cdot cm^{-1}$；

$\rho$——电阻率，$\Omega\cdot cm$；

$R$——电阻，$\Omega$；

$S$——导体的面积，$cm^2$；

$L$——导体的长度，cm。

矿物的电导率代表矿物导电的能力，根据矿物电导率的大小，常将矿物分成下列三种类型。

导体矿物：$\sigma=10^4\sim10^5\Omega^{-1}\cdot cm^{-1}$，如自然铜、石墨等矿物，此类矿物的导电性较好，在通常的电选中，能作为导体分出。

非导体矿物：$\sigma<10^{-10}\Omega^{-1}\cdot cm^{-1}$，如硅酸盐和碳酸盐矿物，此类矿物的导电性很差，在通常的电选中，只能作为非导体分出。

半导体矿物：$\sigma=10^{-10}\sim10^2\Omega^{-1}\cdot cm^{-1}$，如硫化矿、金属氧化矿等，其导电性介于导体与非导体之间。

矿物电导率的大小与温度、矿物的结晶构造、矿物的表面状态等因素有关。

电选中的导体与非导体的概念与物理学中的导体、半导体和绝缘体是有很大差别的。所指的导体矿物是指在电场中吸附电子后，电子能在矿粒上自由移动，或在高压静电场中受到电极感应后，能产生正负电荷，这种正负电荷也能自由移动。非导体则相反，它在电场中吸附电荷后，电荷不能在其表面自由移动或传导，在高压静电场中只能极化，正负电荷中心只发生偏离，并不能移走，一脱离电场则又恢复原状，不表现出正负电性。导电性中等（或称半导体）的矿物，则是介于导体与非导体之间的矿物，除确有一部分这类矿物外，在实际电选中，通常是连生体居多。

矿物中的杂质对矿物的导电性有显著影响。在实际电选中，一些矿物表面常常被其他物质污染，从而改变了矿物的电性质。例如，在钽铌矿、白钨锡矿的精选中，由于表面黏附有铁质，原本属于非导体的矿物如石英、石榴石、长石、锆石等，变成了导体矿物，给电选造成困难。解决的方法是采用酸洗，清除表面杂质。

对于电阻小于 $10^6\Omega$ 者，电子的流动是很容易的；反之，电阻大于 $10^7\Omega$ 者，电子不能在

表面自由运动，这在电场选矿时表现最明显。当用电选分选导体和非导体时，两者电阻值相差越大，则越容易分选。

(2) 介电常数　矿物颗粒的介电性是指矿物在外电场中可以被极化的性质。矿物的介电常数（ε）表示矿物隔绝电荷之间相互作用的能力。介电常数越大，表示隔绝电荷之间相互作用的能力越强，即其本身的导电性越好；反之介电常数越小，其本身的导电性越差。

通常，电荷间的相互作用力在真空中最大，在所有电介质中都比真空中减小某一倍数，这一倍数就称为介电常数ε，表示为：

$$\varepsilon = E/E_1 \tag{2-92}$$

式中　$E$——在真空中的电场强度；

$E_1$——在电介质中的电场强度。

真空的介电常数最小，ε=1；导体矿物介电常数最大，ε→∞；非导体矿物的介电常数为1～∞之间。

介电常数值的大小是目前衡量和判定矿物能否采用电选分离的重要判据。一般情况下，介电常数ε＞12者，属于导体，用常规电选可作为导体分出；ε＜12者，若两种矿物的介电常数仍然有较大差别，则可采用摩擦电选而使之分开；否则，难以用常规电选方法分选。大多数矿物属于半导体矿物。

矿物的介电常数，可以用平板电容法及介电液体法测定。前者为干法，适用于大块结晶纯矿物，后者为湿法，可用来测细颗粒的介电常数。

(3) 比导电度　电选中，矿物颗粒的导电性除了与颗粒本身的电阻有关外，还与颗粒和电极的接触面电阻有关，而界面电阻又与高压电场的电位差有关。当电场的电压足够大时，界面电阻减少，导电性差的矿物亦可起导体作用。即各种矿物均有一个由非导体转为导体的电位差，且所需的电位差值不尽相同。石墨的导电性很好，由非导体变成导体时所需电位差最小(2800V)。以它为标准，将其他各种矿物由非导体变为导体时所需的电位差与2800V相比，其比值就称为比导电度。两种矿物的比导电度相差越大，越容易分离。

(4) 整流性　在测定矿物的比导电度时会发现，有些矿物只有当高压电极带负电时才作为导体分出，如方解石；而另一些矿物则只有当高压电极带正电时才作为导体分出，如石英；还有一些如磁铁矿、钛铁矿等，无论高压电极的正负，均能作为导体分出。矿物表现出的这种与高压电极极性相关的电性质称作整流性。为此规定：

只获得正电的矿物叫正整流性矿物，如方解石，此时电极带负电；

只获得负电的矿物叫负整流性矿物，如石英，此时电极带正电；

不论电极正负，均能获得电荷的矿物叫全整流矿物，如磁铁矿等。

根据矿物介电常数和电阻的大小，可以大致确定矿物用电选分离的可能性；根据矿物的比导电度，可大致确定其分选电压，当然此电压乃是最低电压；根据矿物的整流性，可确定电极的极性。但实际上往往采用负电进行分选，正电很少采用，因为采用正电时对高压电源的绝缘程度要求较高，且不能带来更好的效果。

#### 2.5.2.2 矿粒的带电方式

电选机采用的电场有静电场、电晕电场和复合电场三种。矿粒带电的方法有传导、感应、电晕以及接触摩擦带电。

(1) 传导带电　在静电场中，当矿粒直接和电极接触时，导电性好的矿粒可直接从电极获得极性相同的电荷，即直接传导带电。矿粒带电后则被电极极化而产生束缚电荷，靠近电极一端产生与电极相反的电荷，被电极吸引，从而导电性不同，在电极上表现的行为也不同。传导带电方法是最简单的方法。图2-26表示导体与非导体与带电电极接触后的行为。

图2-26中，负极表示高电压，正极表示接地极。导体矿粒与带电电极接触后，由于其导

电性良好，电极立即将电荷传导给矿粒，矿粒获得与电极符号相同的电荷，从而受到排斥而吸向正极，如图 2-26(b) 所示，且所获电荷全部传走。非导体矿粒则由于本身导电性很差，只能受到电场极化，电荷不能直接传导到矿粒上，极化后正负电荷中心产生偏移，靠近电极一端产生正电，另一端产生负电，而此电荷又均不能传走，所以被负电极吸住。一离开电场，就又恢复原状。

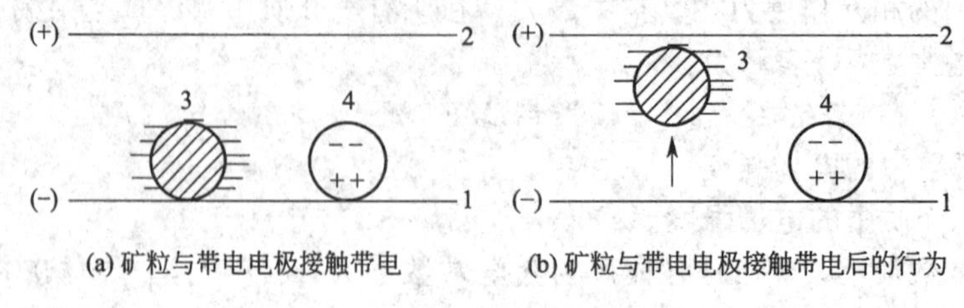

(a) 矿粒与带电电极接触带电　　(b) 矿粒与带电电极接触带电后的行为

图 2-26　矿粒与带电电极接触带电

1—带电电极；2—接地极；3—导体矿粒；4—非导体矿粒

但在实际选矿中，很少遇到纯导体和非导体矿物的混合体，大部分都是半导体的混合物或半导体与非导体的混合物，它们的导电性相差很小，故采用这种使矿粒带电的方式分选，效果并不好。

(2) 感应带电　感应带电与传导带电显然不同，感应带电是矿粒并不与带电电极接触，而在电场中受感应作用，导电性好的矿粒在靠近电极的一端因电极感应，产生和电极极性相反的电荷，另一端产生相同的电荷，且矿粒上的电荷可以移走，而使矿粒带电。导电性差的矿物，只能被电极极化，其电荷不移走，因而产生不同的电性行为，如图 2-27 所示。

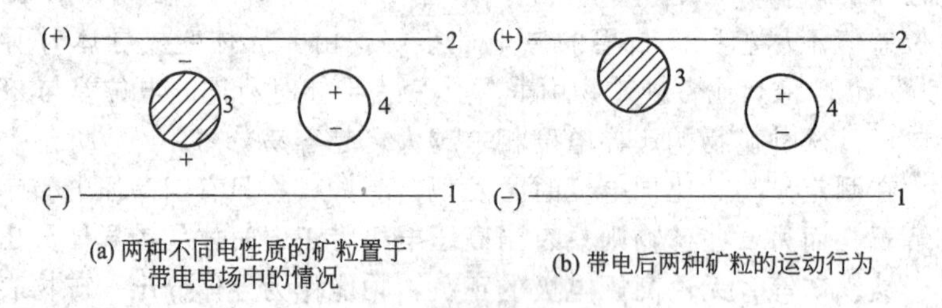

(a) 两种不同电性质的矿粒置于带电电场中的情况　　(b) 带电后两种矿粒的运动行为

图 2-27　矿物颗粒的感应带电

1—带电电极；2—接地极；3—导体矿粒；4—非导体矿粒

导体矿粒在电场中感应后，靠近负极的一端感应为正电，另一端则为负电；非导体矿粒只受到电场极化，正负电荷中心产生偏转，表现出的电荷为束缚电荷，不能移走。根据正负电荷互相吸引的原理，导体矿粒立即吸向负极（带电电极），在此一瞬间，正负电荷均通过传导而移走，然后从负极得到负电荷而被排斥，最终矿粒停留在接地极上。如两电极不是平行板极而带电电极又为尖电极，则导体颗粒会被吸向尖电极，非导体矿粒仍停留在原来的位置。

(3) 电晕电场中带电　传导、感应带电均属静电场，两者均不放电，而电晕电场不同。在两个曲率半径相差很大的电极上（直径小的采用丝电极，直径大的一般采用平面电极或鼓筒并接地），加足够的电压，细电极附近的电场强度将大大超过另一电极，在细电极附近的空气将发生碰撞电离，产生大量的电子和正负离子，向符号相反的电极移动，形成电晕电流，这种现象叫电晕放电。在电晕电场中，不同性质的矿粒吸附空气离子而得符号相同但数量不同的电荷，表现不同的电力作用，从而实现分离。电晕带电在整个电选发展史上起了很重要的作用，使电选效率大大提高，其带电过程如图 2-28 所示。

从图 2-28 可见，不论导体和非导体均能在电场中获得电荷。导体矿粒的介电常数大，获得的电荷多，但因其导电性好，吸附在表面的电荷能在表面自由流动，故能很快地分布于矿粒表面。而吸附于非导体表面的电荷不能自由流动，一旦导体和非导体颗粒与接地极接触，导体上的电荷瞬间（1/1000～1/40s）传导至接地极而消失，非导体由于导电性很差或不导电，表面吸附的电荷不能传走或要花比导体至少多100倍乃至1000倍的时间才能传走一部分电荷，故与接地极相互吸引。此种情况在高压电选时更为突出，有利于导体和非导体的分离。

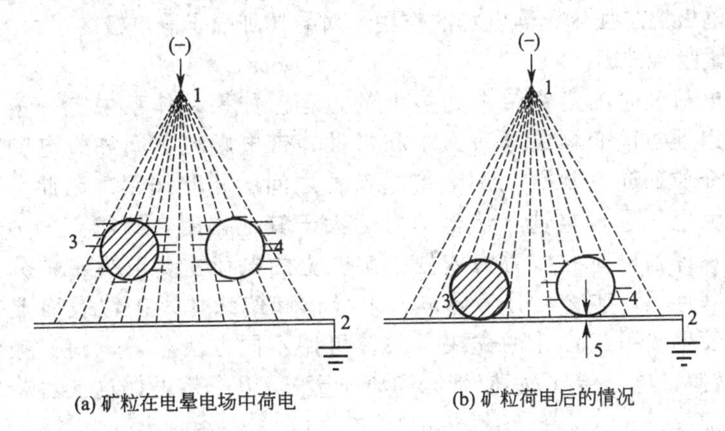


图 2-28 电晕电场中带电

1—带负电电晕极；2—接地极；3—导体矿粒；4—非导体矿粒；5—镜面吸力

（4）摩擦带电 摩擦带电是通过接触、碰撞、摩擦的方法使矿粒带电。一种是矿粒与矿粒互相摩擦，使各自获得不同符号的电荷；另一种是矿粒与给料设备表面摩擦、碰撞（包括滚动）使之带电。互相摩擦碰撞带电的根本原因是电子的转移。介电常数大的矿粒，具有较高的能位，容易受到极化，易于给出外层电子而带正电；而介电常数小者能位低，难以极化，易于接受电子而带负电。这样，带有不同电荷符号的矿物颗粒进入电场后就可以实现分离。必须指出，并非所有矿物都能采用摩擦带电的方法进行分选，只有两种矿物都属于非导体矿物，且两者的介电常数要有明显的差别，才能发生电子转移并保持电荷，从而可以采用摩擦带电的方法实现分离。由于摩擦获得的电荷比较少，且受到摩擦处理量的影响，故该方法未能广泛地应用于生产。目前，摩擦电选主要应用在微粉煤及粉煤灰的选别作业中。

（5）复合电场中带电 所谓复合电场是指电晕电场与静电场相结合的电场。采用复合电极是鼓筒式电选机发展史上的一个大进展，复合电场电选机的分选效果要优于单一的静电场或电晕电场电选机。复合电极的形式一种是电晕电极在前，静电极在后［见图 2-29(a)］；另一种则是电晕极与静电极混装在一起［见图 2-29(b)］。

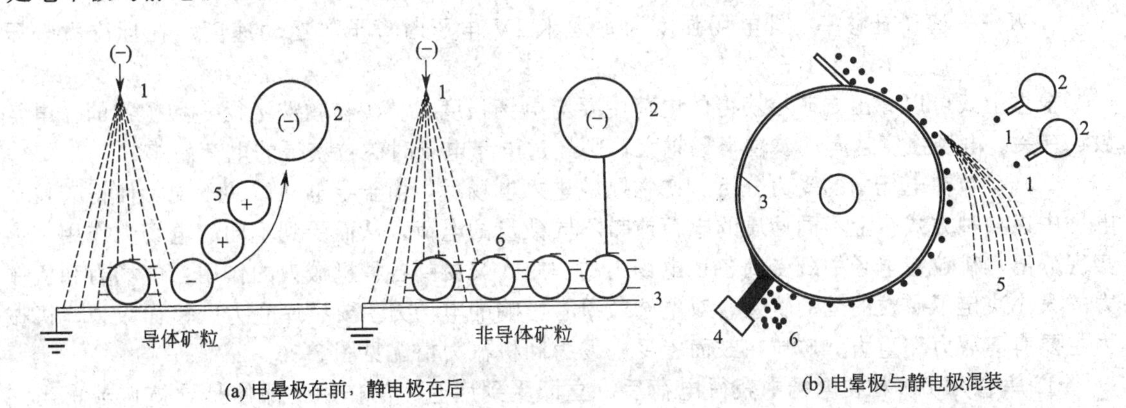


图 2-29 矿粒在复合电场中带电情况

1—电晕极；2—静电极；3—接地极；4—毛刷；5—导体矿粒；6—非导体矿粒

图 2-29(a) 中，导体和非导体矿粒均先在电晕场中荷电，但随着矿粒往前运动，立即受到静电极的作用，导体传走电荷后，受到静电极的感应而带电并吸向静电极方向。非导体则不同，由于所吸附之电荷不能传走，受到静电极的斥力，将矿粒压于接地极（鼓筒面或平面极），显然两者的运动轨迹很不相同，据此将导体和非导体分开。

电晕极与静电极混装强化了静电场的作用，对导体加强了静电极的吸引力，对非导体则加强了斥力，使之紧吸于鼓面。

静电带电是电荷临时固定在带电物体上的过程。如果在体系中有一个以上的保留电荷的颗粒，那么可以通过改变颗粒电荷大小和极性、带电颗粒之间和带电颗粒与电极之间距离、颗粒和周围介质的介电常数来调节带电颗粒之间的相互作用。因此，可以采用能使矿物带有电荷的最大电压进行电选，让电动力远大于其他作用在颗粒上的力。其实，电选是以不同矿物获得和保留电荷的能力为依据，矿粒上的电荷主要取决于被分选矿粒的电物理性质。根据电物理性质，矿物可分为导体、半导体和绝缘体。矿粒表面上带有足够的电荷是矿粒在电场中发生吸引或排斥的先决条件。可用不同方法获得电荷。颗粒获得电荷的主要机理有接触/摩擦带电、传导/感应带电和离子轰击/电晕带电，这三种带电机理是设计和制造电选机的基础。

## 2.5.3 基本原理

矿物电选中用得最多的是高压电晕电场及静电场，用得最普遍的是鼓筒式电选机。所以，下面主要介绍与它们相关的矿粒电选过程。

（1）矿粒在电晕电场中所获得的电荷，通常用下式表示：

$$Q_t=\left(1+2\frac{\varepsilon-1}{\varepsilon+2}\right)Er^2\frac{\pi Kent}{1+\pi Kent} \tag{2-93}$$

式中 $Q_t$——球形矿粒在时间 $t$ 内所获得的电荷，C；

$t$——矿粒在电场中停留的时间，s；

$r$——矿粒半径，cm；

$\varepsilon$——矿粒的介电常数，F/m；

$E$——矿粒所在位置的电场强度，V/m；

$e$——离子电荷，等于 $1.6\times10^{-19}$C；

$n$——电晕电场内离子浓度，$n=1.7\times10^{8}$个/cm$^3$；

$K$——离子迁移率，即电场强度为每厘米 1V 电压时离子的运动速度。在标准大气压时，$K=2.1$cm/s。

根据上式可以看出，矿粒获得的电荷主要与电场强度 $E$、矿物颗粒半径 $r$ 和矿物的介电常数 $\varepsilon$ 有关。电场强度越高，矿粒半径越大，则经过电晕电场时矿粒获得的电荷越多。

（2）矿粒在电场中的受力分析　矿物颗粒进入电场后，由于导电性质的不同，使得矿粒在电场中以某种方式带上不同性质的电荷或带不同数量的电荷，从而受到不同的电场力作用，以实现分离。矿粒在电场中既受到各种电场力的作用，又受到各种机械力的作用。电场力和机械力的大小决定了矿粒的运动轨迹。对电选效果有影响的电场力主要有库仑力、镜面吸力，机械力主要有离心力和重力。矿粒在鼓面上受电场力和机械力情况见图 2-30。

① 库仑力　矿粒在电场中获得电荷后，立即受到库仑力的作用，即使是导体矿粒，当它在高压静电场中受到感应而带电时，同样受到库仑力的作用。库仑力大小为：

$$F_1=QE \tag{2-94}$$

式中　$F_1$——作用于矿粒上的库仑力，N；

$Q$——矿粒在电场中获得的电荷，C；

$E$——电场强度，V/m。

对导体矿粒而言，库仑力为静电极对它的吸引力，其方向朝向带电电极；对非导体矿粒而言，则为斥力，方向朝向接地极。

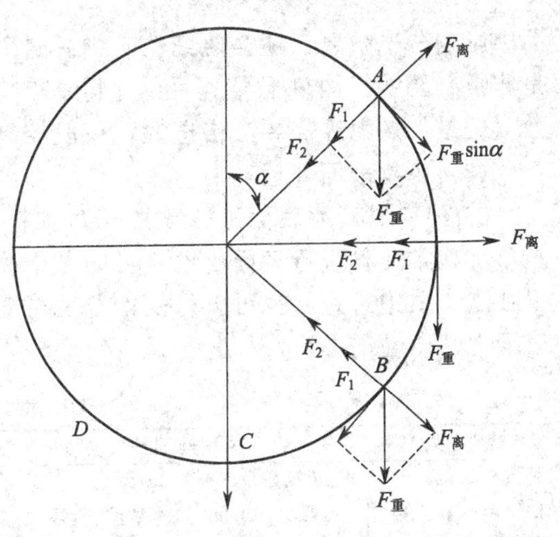


图 2-30　矿粒在鼓面上受电力和机械力情况图

② 镜面吸力　对非导体矿粒而言，表面上有大量电荷不能传走，必然与金属构件的鼓筒发生感应，对应地感应出正电荷，从而吸在鼓筒表面。虽然这种电荷比较弱，但由于电场强度大，并同时受到库仑力的作用，非导体颗粒能更紧地被吸附在鼓面上。对导体矿粒而言，表面的电荷很容易传走，剩余电荷极少或等于零，一般不存在镜面吸力的作用。所以，镜面吸力是使导体矿粒和非导体矿粒分开的重要电场力。

镜面吸力表示公式为：

$$F_2=\frac{Q_R^2}{r^2} \tag{2-95}$$

式中　$Q_R$——矿粒剩余电荷，C；

$r$——矿粒中心与接地极之间的距离，m。

③ 机械力　矿粒在鼓筒上受到的离心力为：

$$F_离=m\frac{v^2}{R} \tag{2-96}$$

重力为：

$$F_重=mg \tag{2-97}$$

为了将不同电性的矿粒分开，矿粒在鼓筒电选机上所受的合力应满足下列要求。

对于导体矿粒，应在鼓筒的 $AB$ 范围内落下，关系式为：

$$F_离+F_1>F_2+mg\cos\alpha \tag{2-98}$$

对于非导体矿粒，应在鼓筒的 $CD$ 范围内落下，关系式为：

$$F_1+F_2>F_离+|mg\cos\alpha| \tag{2-99}$$

对于半导体矿粒，应在鼓筒的 $BC$ 范围内落下，关系式为：

$$F_离+|mg\cos\alpha|>F_1+F_2 \tag{2-100}$$

## 2.5.4 影响电选的主要因素

影响电选指标的主要因素有两类：一是物料性质；二是电选机性能。

### 2.5.4.1 物料性质

物料性质主要从四方面影响电选：物料的粒度组成、物料的湿度、矿物表面处理、给矿方式和给矿量。

(1) 物料的粒度组成　能够进行电选的物料粒度范围必须窄，即粒度越均匀越好。如果物料粒度范围太宽，尤其是电导率相差不大的矿粒，分选效果不好。这是因为粗粒非导体矿粒自身的重力和离心力较大，容易混到导体产品中去，而细粒导体矿粒则易混到非导体产品中去，故电选前须将物料进行分级。但如果分级过窄，不但增加工序，提高生产成本，而且容易产生灰尘。所以，在实际生产中，在物料粒度基本符合要求的条件下，应尽可能减少分级或不分级。

目前电选的有效分选粒度为 0.1～2.0mm，最小可以分选到 20～30μm。

(2) 物料的湿度　矿粒表面带有水分时，不仅会使非导体矿物的导电性提高，混进导体产品中影响分选效果；还会使细粒矿物黏附团聚，恶化电选效果。因此，电选前对物料进行预热是非常必要的。加热干燥的目的是除去矿物的表面水分，恢复矿物的固有电性，并使物料松散。但是加热温度需要严格把握，一般控制在80～130℃。

(3) 矿物表面处理

① 药剂对矿粒表面进行改性　对矿粒进行表面改性主要是针对一些难选矿物进行的。通过添加化学药剂进行表面改性，目的在于改变矿粒表面的电导率，提高电选效果。表面处理可以在水介质中进行，也可以将药剂与固体物料混合，采用干法进行改性。表2-19是部分矿物表面电性改性的方法。

**表 2-19　部分矿物表面改性的方法**

| 处理矿物名称 | 采用药剂及大致用量 | 处理矿物名称 | 采用药剂及大致用量 |
|---|---|---|---|
| 长石与石英 | 氢氟酸(100～200g/t) | 锡石与硅酸盐矿物 | 甲酚(250g/t)，油酸钠(400g/t) |
| 白钨与脉石矿物 | NaCl(1000g/t)，水玻璃，硫酸盐 | 重晶石与锡石 | 混合脂肪酸 |
| 磷灰石 | 氢氟酸(矿物质量的5%～10%) | 金刚石与质矿物 | NaCl(矿物质量的0.5%) |

② 表面污染物的清理　矿粒表面的污染物有两种：一是泥质或微细粒物料的表面黏附，二是矿粒表面在成矿和分选过程中因铁质污染形成的铁质薄膜。前者通常用水即可清洗完全，而后者则须加入一定浓度的酸进行清洗。

### 2.5.4.2　电选机性能

电选的设备因素主要有：电源电压、电极间的相对位置、辊筒大小及转速、分离隔板的位置、大气压力等。

(1) 电源电压　电压是影响电选效果非常重要的因素。电压的大小直接影响电场强度的大小。矿粒获得的电荷直接与电场强度有关，电压越高，电场强度越大，从电晕电极逸出的电子越多，越有利于分选。但是电压越高对分选越有利也不是绝对的，因为对各种具体矿物所要求的分选电压是不同的。

(2) 电极结构及其相对位置　电极结构指的是电晕电极根数、位置和偏极的大小等。一般来说，单根电晕电极和一根静电电极选矿时导体矿物的回收率比较高，但是精矿品位低，分选效率很低。电晕电极根数多，只对提高精矿品位有利，而对导体的回收率不利。电晕电极与鼓筒的相对位置以45°为宜。

极距对电选也是重要的影响因素，应根据物料的粒度、鼓的直径和外加电压来考虑极距。小极距所需电压低，但因为容易引起火花放电，影响分选效果，在生产中难以实现。一般采用60～80mm的极距，在较高的电压下，既不易引起火花放电，又能保证分选效果。

(3) 鼓筒的尺寸转速　鼓筒的直径直接影响电选时的离心力。鼓筒转速的大小直接影响入选物料在电场区的停留时间。物料经过电场区的时间应接近0.1s，才能保证物料获得足够的电荷，否则分选效率必然降低。当转速慢时，矿粒通过电场时获得的电荷比较多，对非导体来说，就能产生较大的镜面吸力，从而不易脱离鼓筒。转速越低，导体矿物品位越高；如转速太大，不论导体或非导体矿粒的离心力都会增大，而非导体的镜面吸力减小，致使非导体矿粒过早脱离鼓面，混杂于导体矿物中，造成导体矿物品位下降，而此时非导体矿物的品位则很高。

根据作业要求不同，转速也应有所不同。导体产品为精矿时，扫选作业宜用高转速，尽可能保证导体的回收率；精选作业时，为保证导体品位，宜用低转速。转速的大小与入料粒度有关，粒度大，要求转速慢，粒度小，要求转速快。

(4) 分离隔板的位置　分离隔板的位置应从产品质量、回收率和产率分配等方面来综合考虑，以获得最佳分选指标。虽然颗粒通过电选机电场的运动轨迹取决于各种力的平衡，但精矿、中矿和尾矿产品的品位和回收率随分离板位置和长度的改变而变化。所以，优化分离板的个数和位置可以改进最终产品的回收率和品位。若要求非导体矿物很纯，则鼓筒下分离非导体矿粒的分隔板应当向鼓筒倾斜，使中矿多一些返回再选；反之，如要求导体矿物很纯，则分离导体矿粒的分隔板应当更偏离鼓筒，多余的中矿返回再选。

（5）大气压力　在电选系统中，大气压力改变着颗粒带电性质。大气压力变化会改变外加端电压，因而影响电选时颗粒的行为。低大气压的电离场中的电子比高大气压时的要多些。当颗粒在空间落下时，阻力随大气压力改变而变化。空气所产生的机械阻力决定着不同粒度颗粒具有不同的运动轨迹。这种作用对细粒级影响大些。虽然降低大气压力可能有助于对阻力灵敏的细颗粒的电选，但试验结果表明，只是稍稍改善选别指标。大气压力对较粗颗粒的电选影响大些。

虽然在每一种电选机中有一个带电机理是主要的，但是也还有其他带电机理存在，在某种程度上，其他的带电机理也起一定的作用。因此带电过程是一个不确定的过程。不同时刻矿物带的电荷与矿物性质、带电机理类型、分选机机械和电力方面的贡献以及周围的条件有关。所以，很难精确确定每一种矿物所带电荷的多少。只能根据不同带电过程建立起的公式，粗略地估计每个矿粒所带的电荷数量。

如果再考虑颗粒的粒度和形状，电选过程更是一个不确定的过程。因为电选是一个表面影响过程，所以，一个矿样的两个不同粒级，甚至来源相同和粒度相同的矿粒由于形状不同而带有不同的电荷，这使得电选过程更为复杂。因此，成功电选的关键因素是需要了解、认识和评估起作用的力、有效的带电机理、矿物特性和电选机机械因素。

（6）给矿方式和给矿量　给矿方式和给矿量也直接影响电选效果。电选要求均匀给矿，并使每个矿粒都应该有接触辊筒的机会，否则会因为导体不能接触辊筒而无法将电荷放掉，致使其混入非导体产品中，影响分选效果。给矿量过大，辊筒表面分布的物料层厚，外层矿粒不易接触到辊筒，而且矿粒相互干扰和夹杂，易使分选效果下降；给矿量过小，设备生产能力下降，故须根据实际条件确定合适的给矿量。

除上面提到的物料性质的四个方面影响电选选别指标外，温度也会影响电选效果。温度的变化会改变物料的物理性质。提高温度会降低导体的电导率，但是会增大半导体或绝缘体的电导率。随着温度的升高，非导体混合物中的一种组分变成能电选的导体组分。如果矿物在温度提高时具有相转变，那么温度的影响就比较大。

## 2.6 磁力选矿

### 2.6.1 概述

磁选是在不均匀磁场中，利用各矿物间磁性差异而使不同矿物分离的一种选矿方法。磁选既简单又方便，不会产生额外污染，多用于黑色金属矿石的选别、有色及稀有金属矿石的精选、重介质选矿中磁性介质的回收和净化。非金属矿中一般都含有有害的铁杂质，磁选对于非金属矿来说就是从非金属矿物原料中除去含铁等磁性杂质，达到非金属矿物提纯的目的。例如，当高岭土含铁高时，高岭土的白度、耐火度和绝缘性都降低，严重影响产品质量。一般来说，高岭土中铁杂质除去1%～2%，白度可提高2～4个单位。蓝晶石、红电气石、长石、石英及霞石、闪长岩的分选，很早就使用了干式磁选。

### 2.6.2 基本概念

#### 2.6.2.1 磁学基础

通常采用磁感应强度 $B$ 和磁场强度 $H$ 来描述磁场的大小和方向。在国际单位制中，磁感

应强度 $B$ 的单位为特斯拉，记为 T，有时用高斯这一单位，1 特斯拉＝10000 高斯。磁场强度 $H$ 的国际单位为安培每米（A/m）。磁感应强度与磁场强度间存在如下关系：

$$B=\mu H \tag{2-101}$$

式中，$\mu$ 为物质的磁导率。

当磁介质被置于磁场中时，由于磁场的作用而磁化，从而在介质内产生磁矩。单位体积内的磁矩称为磁化强度，磁化强度是表征磁介质磁化程度的物理量。在一般情况下，磁介质中某点的磁化强度 $M$ 与该点的磁感应强度成正比，在国际单位制中表示为：

$$M=\kappa B/\mu=\kappa H \tag{2-102}$$

式中，$\kappa$ 为物质的体积磁化率，无量纲。

在磁介质中，磁场中任意点处的磁感应强度，除了原磁场外，还应包括磁介质磁化后产生的附加磁场。因此，在有磁介质的磁场中，任一点的磁感应强度 $B$、磁场强度 $H$、磁化强度 $M$ 之间存在如下关系：

$$B=\mu_0(H+M) \tag{2-103}$$

比较式(2-101)～式(2-103) 可知：

$$\mu=\mu_0(1+\kappa) \tag{2-104}$$

令 $\mu_r=1+\kappa$，称 $\mu_r$为磁介质的相对磁导率。

$\kappa$ 只与磁介质的性质有关。它是表示物质被磁化难易程度的量。$\kappa$ 值越大，表明该物质越容易被磁化。对大多数物质，$\kappa$ 是常数，强磁性物质的 $\kappa$ 不是常数。

物质的体积磁化率与其本身密度的比值，称为物质的质量磁化率，或物质的比磁化率（系数），即

$$\chi=\kappa/\delta \quad (m^3/kg) \tag{2-105}$$

#### 2.6.2.2 矿物的磁性

（1）物质的磁性　磁性可看成是物质内带电粒子运动的结果，是物质的基本属性之一，也是磁选的依据所在。自然界中各种物质都具有不同程度的磁性，大多数物质的磁性都很弱，只有少数物质才有较强的磁性。就磁性来讲，物质可分为三类：顺磁性物质、逆磁性物质和铁磁性物质。

顺磁性物质在磁化场中呈现微弱的磁性，磁化后产生的附加磁场与磁化场方向相同。具有顺磁性的物质很多，有 Na、K、Cr、Mn 以及许多稀土金属、铁族元素的盐类等。

逆磁性物质在磁化场中呈现微弱的磁性，磁化后产生的附加磁场与磁化场的方向相反。但只有在磁化场不存在、原子本身磁矩等于 0 时才显出逆磁性，在其余条件下逆磁性则被顺磁性和铁磁性效应掩盖。具有逆磁性的物质较多，有 Zn、Ag、Sb 等金属，Si、P、S 等非金属，惰性气体及许多有机化合物等。

铁磁性物质磁化后在磁化场中能产生很强的而且与磁化场方向相同的附加磁场，具有很强的磁性。铁磁性是分布在物质晶格结点上的大量顺磁性原子交换作用的结果，使原子磁矩平行排列。

此外，还存在反铁磁性物质和亚铁磁性物质。反铁磁性物质的原子磁矩反向平行排列，正好相互抵消。亚铁磁性物质是离子磁矩反向平行排列，但由于离子磁矩不相等，所以不能完全抵消，还剩余一部分。铁磁性物质、亚铁磁性物质和反铁磁性物质在一定温度以上表现为顺磁性，这个温度成为涅耳温度。由于反铁磁性物质的涅耳温度很低，所以在常温下可把反铁磁性物质列入顺磁性物质一类。亚铁磁性物质的宏观磁性大体上与铁磁性物质类似，从应用角度把它们列入铁磁性物质之中。

（2）磁选中矿物磁性的分类　磁选中矿物磁性的分类不同于物质磁性的物理分类。矿物按其比磁化系数的大小可分为三类：强磁性矿物、弱磁性矿物和非磁性矿物。表 2-20 列出矿物

磁性及分类情况。

#### 2.6.2.3 矿物的磁化

矿物磁化就是矿物颗粒在磁场作用下，从不表现磁性变为具有一定磁性的现象。由于物质磁性来源于原子的磁矩，所以矿物磁化后其矿物颗粒内原子磁矩按磁场方向定向排列。矿物磁化后的磁化状态（磁化方向和强度），用磁化强度 $J$ 这一矢量来表示，数值上表现为矿物颗粒单位体积内的磁矩。为此

$$J=M/V \tag{2-106}$$

式中 $J$——矿物颗粒的磁化强度，A/m；

$M$——矿物颗粒的磁矩，$A \cdot m^2$；

$V$——矿物颗粒的体积，$m^3$。

表 2-20 矿物磁性及分类

| 矿物磁性类别 | 磁性特征 | 磁物质属性 | 磁性特点 | 代表矿物 |
|---|---|---|---|---|
| 强磁性矿物 | 比磁化率<br>$\chi>3.8\times10^{-5}m^3/kg$<br>$(\chi>3\times10^{-3}cm^3/g)$ | 亚铁磁性物质 | 磁比强度高，较低外磁场作用可达磁饱和，磁场强度、比磁化系数与外磁场强度呈曲线关系，其磁性与磁场变化有关，存在磁滞现象并有剩磁 | 磁铁矿、磁赤铁矿、γ-赤铁矿、钛磁铁矿、磁黄铁矿及锌铁尖晶石等 |
| 弱磁性物质 | 比磁化率<br>$\chi=7.5\times10^{-6}\sim1.26\times10^{-7}m^3/kg$<br>$(\chi=6\times10^{-4}\sim10\times10^{-6}cm^3/g)$ | 顺磁性或反铁磁性物质 | 比磁化率为一常数，与磁化强度、本身形状、粒度无关，只与矿物组成有关。磁化强度和磁场强度呈直线关系，无磁饱和及磁滞现象 | 赤铁矿、褐铁矿、锰矿、金红石、黑钨矿、角闪石、绿泥石、橄榄石、石榴子石、辉石等 |
| 非磁性物质 | 比磁化率<br>$\chi<1.26\times10^{-7}m^3/kg$<br>$(\chi<10\times10^{-6}cm^3/g)$ | 逆磁性物质或顺磁性物质 | 在外磁场作用下基本不呈磁性 | 白钨矿、锰矿、方铅石、金刚石、石膏、萤石、刚玉、高岭土、煤、石英、长石、方解石、石墨、自然硫等 |

磁化强度的方向随矿物性质而异。磁化强度越大，说明矿物被外磁场磁化的程度越大。

研究表明，磁化强度与磁化磁场强度（外磁场强度）成正比：

$$J=\chi_0 H \tag{2-107}$$

式中 $H$——磁化磁场强度（外磁场强度），A/m；

$\chi_0$——比例系数（磁化率），称为体积磁化率（体积磁化系数）。

$\chi_0$表示单位体积的矿物颗粒在单位强度的磁场中磁化时所产生的磁矩，其数值大小表明磁化的难易程度，$\chi_0$越大，越容易磁化。物质（矿物）的体积磁化率与其本身的密度之比，称为质量磁化率（比磁化率）或比磁化系数。以 $\chi$ 表示。

$$\chi=\chi_0/\delta \tag{2-108}$$

式中 $\delta$——物质的密度，$kg/m^3$；

$\chi$——单位质量物质在单位磁场强度的外磁场中磁化时所产生的磁矩。

### 2.6.3 基本原理

#### 2.6.3.1 矿物在非均匀磁场中的磁力及磁选过程

一定长度的矿物颗粒在非均匀磁场中被磁化后成为一个磁偶极子，长轴平行于磁场方向，两极呈现不同磁极（N或S），磁极强度分别为$+q_{磁}$和$-q_{磁}$。由物理学可知，某一磁极在磁场中某点所受磁力的大小为：

$$f_{磁}=M_0[q_{磁}H-q_{磁}(H-L\mathrm{d}H/(\mathrm{d}L)]$$

$$=\mu_0 q_{磁} L\mathrm{d}H/\mathrm{d}L$$
$$=\mu_0 M\mathrm{d}H/\mathrm{d}L \tag{2-109}$$

式中 $f_{磁}$——矿粒在磁场中所受的磁力，N；
$\mu_0$——真空磁导率；
$M$——$4\pi\times10^{-7}$ Wb/(m·A)[韦伯/(米·安)]；
$q_{磁}$——磁性强度，A·m；
$H$——矿粒在近磁极端处的磁场强度，A/m；
$\mathrm{d}H/\mathrm{d}L$——磁场梯度，$\mathrm{A/m^2}$。

因为
$$M=JV=\chi_0 HV$$
所以
$$f_{磁}=\mu_0\chi_0 VH\mathrm{d}H/\mathrm{d}L \tag{2-110}$$

单位质量矿粒上的磁力称为比磁力，以 $F_{磁}$ 表示。

$$F_{磁}=f_{磁}/m=(M_0\chi_0 VH\mathrm{d}H/\mathrm{d}L)/(V\delta)$$
$$=M_0\chi H\mathrm{d}H/\mathrm{d}L$$
$$=M_0\chi H\,\mathrm{grand}H \tag{2-111}$$

式中 $F_{磁}$——矿粒的比磁力；
$V$——矿粒的体积，$\mathrm{m^3}$；
$m$——矿粒的质量，kg；
$\delta$——矿粒的密度，$\mathrm{kg/m^3}$；
$H\,\mathrm{grand}H$——磁场力。

作用在矿物颗粒上的比磁力大小取决于反映矿物磁性的比磁化率 $\chi$ 和反映磁场特性的磁力 $H\,\mathrm{grand}H$。为此分选强磁性矿物时，$\chi$ 很大，磁场力可相应降低；分选弱磁性矿物，$\chi$ 很小，则需很大的磁场力 $H\,\mathrm{grand}H$。如需获得高磁场力，可采用高磁场强度 $H$，或采用高梯度 $\mathrm{grand}H$ 实现。

式(2-111) 同样也说明了磁选过程中磁场为什么必须是非均匀磁场。因为在式(2-111) 中，

$$\mathrm{grand}H=\frac{H_2-H_1}{x_2-x_1}=\frac{\Delta H}{\Delta x} \tag{2-112}$$

式中，$H_2$、$H_1$为距离磁场某端 $x_1$处和 $x_2$处的磁场强度。在均匀磁场中，$\frac{\Delta H}{\Delta x}=0$，表明矿粒在均匀磁场中的比磁力 $F_{磁}=0$，即没有受到磁力的作用，故无法实现磁选。所以，矿粒在磁场中要实现分选，磁场必须是非均匀磁场。

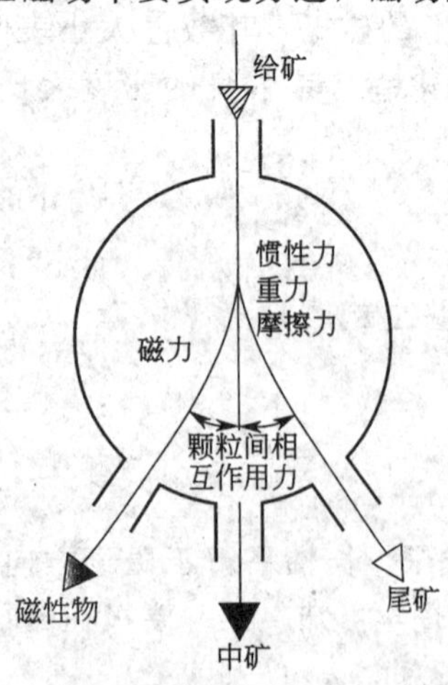


图 2-31 磁选过程模拟图

#### 2.6.3.2 磁选基本条件

磁选是在磁选设备所提供的非均匀磁场中进行的。被磁选矿石进入磁选设备的分选空间后，受到磁力和机械力（包括重力、离心力、流体阻力等）的共同作用，沿着不同的路径运动，对矿浆分别截取，就可得到不同的产品，如图 2-31 所示。

因此，较强磁性和较弱磁性颗粒在磁选机中成功分选的必要条件是：作用在较强磁性矿石上的磁力 $F_1$必须大于所有与磁力方向相反的机械力的合力；同时作用在较弱磁性颗粒上的磁力 $F_2$必须小于相应机械力之和。即

$$F_1>F_{机1} \tag{2-113}$$
$$F_2<F_{机2} \tag{2-114}$$

以上公式说明，磁选的实质是利用磁力和机械力对不同磁性颗粒的不同作用而实现的。进入磁选机的矿石将被分成两种或多

种产品，在实际分选中，磁性矿石、非磁性矿石不可能完全进入相应的磁性产品、非磁性产品和中矿中，而是呈一定的随机性。因此，磁选过程的效果可用回收率、品位、磁性产品中磁性物质与给矿中磁性物质之比和磁性产品中磁性物质的含量来表示。

下面以高岭土为例来说明非金属矿磁选的具体过程。

砂质高岭土中的磁性矿物一般包括：①嵌布粒度较细的铁、钛矿物，如磁铁矿、针铁矿、赤铁矿、褐铁矿、锐钛矿、钛铁矿等；②磁性微弱的部分硅酸盐，因为铁以类质同相存在于晶格结构中而带弱磁性，如云母。

目前工业上大多采用高梯度磁选机进行高岭土磁选。磁选分离过程中，颗粒除了受到磁力的作用以外，还有各种重力、摩擦力以及流体动力阻力等竞争力。

顺磁性矿粒在高梯度磁场中受到的磁力作用为：

$$F_m = VKH_0 \text{grad}H \tag{2-115}$$

式中　$F_m$——顺磁性颗粒所受的磁力，N；

$V$——颗粒的体积，$m^3$；

$K$——颗粒的体积磁化系数；

$H_0$——背景磁场强度，A/m；

$\text{grad}H$——磁场强度。

在高岭土的分选中，因为颗粒较细，主要的竞争力是流体动力阻力。

$$F_c = 12\pi\eta b V_1 \tag{2-116}$$

式中　$b$——颗粒半径；

$\eta$——矿浆黏度；

$V_1$——颗粒相对于流体的速度。

只要保持磁性颗粒所受的磁力大于其竞争力，即 $F_m > F_c$，就可以将磁性颗粒捕收。

高梯度磁选机是在强磁选机的基础上发展起来的一种新型强磁选机，适用于弱磁性矿物的选别。它的特点是通过整个工作体积的磁化场是均匀磁场，这意味着不管磁选机的处理能力大小，在工作体积中任何一个颗粒经受同在任何位置的颗粒所受到的同等的力，磁化场均匀地通过工作体积，介质被均匀磁化，在磁化空间的任何位置梯度的数量级是相同的，但和一般磁选机相比，磁场梯度大大提高，通常可达 107Gs/cm（$1\text{Gs} = 10^{-4}\text{T}$，对钢毛介质而言），提高了 10～100 倍，这样为磁选颗粒提供了强大的磁力来克服流体阻力和重力，可使微细粒弱磁性矿粒得到有效的回收（回收粒级下限最低可达 1μm），介质所占空间大为下降，高梯度磁选机介质充填率仅为 5%～12%（一般强磁选机的介质充填率为 50%～70%），因而提高了分选区的利用率，介质轻，传统负载轻，处理量大。

研究者采用高梯度磁选机分选高岭土和云母，能去除 29.0%的铁含量和 30.9%的云母含量，高梯度效果明显。采用二次高梯度磁选机对硅藻土进行除铁，精矿中 $Fe_2O_3$ 含量由原来的 2.02%降为 0.86%，除铁率可达 67%。

### 2.6.4　影响磁选的主要因素

影响磁选指标的主要因素有矿石性质、设备性能、操作条件等。

矿石性质主要表现为：①矿石中各矿物的磁化率（磁性）大小及相对差值。磁选是依据矿物的磁性分选的，矿物的磁化率（磁性）越大，越有利于磁选分离；同时矿物之间还须有明显的磁性差别，否则无法进行磁选分离提纯。②入选矿物的细度及粒度组成。磁选主要适用于粗、中粒的矿物分离提纯，在矿物本身能达到单体解离的状况下尽可能粗些，一般大于 0.074mm，且粒度应当尽量均匀。目前有效磁选细度下限为 0.035mm，过细时，强磁性矿粒易被水流带走，弱磁性矿粒则不易被有效捕捉到。采用高磁场强度和高梯度，有效磁选细度下限可达 10μm，但对弱磁性矿物的磁选效果受到限制。③矿物的泥化及罩盖。有些矿物如赤铁矿、褐铁矿等本身易泥化，往往形成矿泥罩盖，再加上本身磁性较弱，将大大影响磁选效果。对此应采取适当清洗或控制磨矿细度等措施。

设备性能主要是磁场强度、磁场梯度、结构特征等，应当依据不同矿物特性选取。

## 2.7 湿法化学提纯技术

### 2.7.1 概述

非金属矿物的提纯，从广义上来讲，包括粗加工和深加工提纯。粗加工主要是指选矿，包括重选、浮选、磁选、电选等。对于一般工业用途的非金属矿，只需进行粗加工即能满足工业要求。但是，对一些用于特殊目的非金属矿物，单采用常规选矿方法难以达到应用要求。例如，许多工业部门所用石墨必须是高纯的，如原子反应堆的燃烧室元件，要求石墨灰分小于 0.1%；其他如高导电石墨、超导石墨等都要求碳含量在 99%以上。采用浮选法和电选法虽然可使石墨品位达到 90%～95%，甚至个别的可达到 98%，但由于硅酸盐矿物浸染在石墨鳞片中，用机械方法难以进一步提纯。这就需要采用深加工精细提纯方法，例如化学提纯法、热力精炼法等，以进一步除去石墨精矿中的杂质。

矿物的湿法化学提纯，是利用不同矿物在化学性质上的差异（氧化还原性、溶解性、离子半径差异、络合性、水化性、荷电性和热稳定性）的差异，采用化学方法或化学方法与物理方法相结合来实现矿物的分离和提纯。矿物的湿法化学提纯主要应用于一些纯度要求很高，且机械物理选矿方法又难以达到纯度要求的高附加值矿物的提纯，如高纯石墨、高纯石英和高白度高岭土等。

非金属矿物的湿法化学提纯技术主要包括三种：①酸法、碱法和盐处理法；②氧化-还原法（漂白法）；③絮凝法。

### 2.7.2 酸法、碱法和盐溶法

非金属矿物的酸法、碱法和盐处理法，指在相应酸、碱及盐药剂作用下，把可溶性矿物成分（杂质矿物或有用矿物）浸出或交换出来，使之与不溶性矿物组分分离的过程。浸出过程（酸法和碱法）或离子交换（盐处理法）是通过化学反应完成的。表 2-21 列出了常见酸、碱和盐处理方法的应用范围。

**表 2-21 常见酸、碱和盐处理应用范围**

| 浸出方法 | 常用浸出试剂 | 矿物原料 | 目的及应用范围 |
|---|---|---|---|
| 酸法 | 硫酸、盐酸 | 石墨、金刚石、石英（硅石） | 提纯；含酸性脉石矿物 |
| | 硫酸、盐酸 | 膨润土、酸性白土、高岭土、硅藻土、海泡石等 | 活化改性；阳离子浸出改性 |
| | 硝酸（氢氟酸）或硫酸、盐酸的混合液（如王水） | 石英砂（硅石、水晶） | 提纯；含酸性脉石矿物 |
| | 氢氟酸 | 石英 | 提纯；超高纯度 $SiO_2$ 制备 |
| | 过氧化物（Na、H）、次氯酸盐、过醋酸、臭氧等 | 高岭土、伊利石及其他填料、涂料矿物 | 氧化漂白；硅酸盐矿物及其他惰性矿物 |
| 碱法 | 氢氧化钠 | 金刚石、石墨 | 提纯；浸出硅酸盐等碱（土）金属矿物 |
| | 氨水 | 黏土矿物、氧化矿物与硫化矿物 | 改性；含碱性的矿石 |
| 盐浸 | 碳酸钠、硫酸钠、硫化钠、草酸钠、氯化钠、氧化锂等低价金属盐类 | 膨润土、累托石、沸石、凹凸棒石 | 离子交换 |

### 2.7.2.1　酸法提纯

非金属矿的酸法处理主要是去除非金属矿物中的硫化物、氧化物或着色杂质。去除着色杂质是非金属矿进行酸法处理的最主要目的。着色杂质是指其中含铁的各种化合物，如 $Fe_2O_3$、$FeO$、$Fe(OH)_3$、$Fe(OH)_2$、$FeCO_3$ 等，其中有些铁是以单体矿物或矿物包裹体存在，有些是以薄膜铁的形式附着于矿物表面、裂缝或结构层间。

酸法浸出常用酸有硫酸、盐酸、硝酸、草酸和氢氟酸等。

(1) 硫酸浸出　硫酸常用来去除石英、硅藻土表面的铁薄膜，铁薄膜组分主要为褐铁矿和针铁矿（氢氧化铁)，涉及的反应方程式如下：

$$Fe_2O_3+3H_2SO_4 = Fe_2(SO_4)_3+3H_2O$$
$$2Fe(OH)_3+3H_2SO_4 = Fe_2(SO_4)_3+6H_2O$$

同时，浓硫酸为强氧化剂，在加热时几乎能氧化一切金属，且不释放氢，可将大多数硫化物氧化为硫酸盐，涉及的反应方程式如下：

$$MS+2H_2SO_4 = MSO_4+SO_2+2H_2O$$

式中　MS——金属硫化物。

(2) 盐酸浸出　盐酸可与多种金属化合物反应，生成可溶性金属氯化物，其反应能力强于稀硫酸，可浸出某些硫酸无法浸出的含氧酸盐类矿物。同硫酸一样，盐酸在矿物加工中也大量使用，其缺点是设备防腐蚀要求较高。

以盐酸为浸出剂，非金属矿物除铁涉及的反应方程式如下：

$$Fe_2O_3+6HCl = 2FeCl_3+3H_2O$$
$$Fe(OH)_3+3HCl = FeCl_3+3H_2O$$

(3) 氢氟酸浸出　从矿物中浸出金属（离子）一般不用氢氟酸。氢氟酸的特点是能溶解 $SiO_2$ 和硅酸盐，生成气态 $SiF_4$，故常用于制备高纯 $SiO_2$ 或除去矿物中的 $SiO_2$ 杂质等。

在浸出硅石（$SiO_2$）中的金属杂质时，对某些包裹细密的杂质矿物，使用少量 HF（低浓度）有助于 $SiO_2$ 部分溶解，以使杂质金属离子较易被其他药剂浸出，如采用0.02%～0.1%的稀氢氟酸和0.02%～0.2%的连二亚硫酸钠，在常温下搅拌处理石英可将其 $Fe_2O_3$ 含量从0.15%降至0.028%。

针对云母含量较高的石墨提纯时，可借助 HF 提高提纯效果。其原因在于：石墨的主要杂质是硅酸盐类，与 HF 反应生成氟硅酸（或盐），随溶液排出，从而获得高纯石墨，发生的反应如下：

$$SiO_2+4HF(气) = SiF_4\uparrow+2H_2O$$

反应完成后，用 NaOH 溶液中和，经洗涤、脱水、烘干，即可除去其硅酸盐矿物杂质，获得纯度达99%以上的石墨产品。

采用 HF 处理硅石（$SiO_2$）制备超纯 $SiO_2$，其工艺工程如下：用浓 HF 处理浸出高品位石英砂（$SiO_2>99.9\%$），使 $SiO_2$ 溶解并产生四氟化硅气体：

$$SiO_2+4HF(气) = SiF_4\uparrow+2H_2O$$

原有的杂质留在 $SiO_2$ 和 HF 的溶液中，反应产生的 $SiF_4$ 经收集、水解，使 $SiF_4$ 气体与水作用，发生下列反应：

$$3SiF_4+2H_2O = 2H_2SiF_6+SiO_2$$

将水解产物经过沉积重新回收 $SiO_2$，可得纯净的 $SiO_2$，其品位可达99.999%。

非金属矿物的酸处理浸出，亦可采用硝酸、草酸等，工业上应用相对较少，其原理过程同硫酸、盐酸一致。

在酸浸过程中，浸出剂可以使用一种，也可以两种乃至三种浸出剂混合使用。由于协同效应，多种浸出剂混合使用的提纯效果要高于单一浸出剂的提纯效果。例如，采用盐酸与氟硅酸混合酸处理石英砂，其提纯效果要好于盐酸为浸出剂的提纯效果，含铁量（$Fe_2O_3$）由0.0059%降至0.0002%～0.005%。

#### 2.7.2.2 碱法提纯

碱法提纯是目前国内应用最多，也较成熟的方法，主要用于硅酸盐、碳酸盐等碱金属与碱土金属矿物的浸出，如石墨、细粒金刚石精矿的提纯等。碱法浸出中使用频率最多的浸出剂是NaOH，浸出原理是将NaOH与石墨或金刚石细砂按比例混匀，在温度>500℃条件下，使NaOH与石墨或细粒金刚石中杂质矿物反应生成可溶性硅酸盐，洗涤后用酸除去生成物。主要反应方程式如下：

$$SiO_2+2NaOH = Na_2SiO_3+H_2O$$

$$Fe_2O_3+2NaOH = 2NaFeO_2+H_2O$$

$$Fe^{3+}+3OH^- = Fe(OH)_3\downarrow$$

$$Al^{3+}+3OH^- = Al(OH)_3\downarrow$$

$$Ca^{2+}+2OH^- = Ca(OH)_2\downarrow$$

$$Mg^{2+}+2OH^- = Mg(OH)_2\downarrow$$

加入盐酸后反应为：

$$Na_2SiO_3+2HCl = 2NaCl+H_2SiO_3$$

$$Fe(OH)_3+3HCl = FeCl_3+3H_2O$$

$$Al(OH)_3+3HCl = AlCl_3+3H_2O$$

$$Ca(OH)_2+2HCl = CaCl_2+2H_2O$$

$$Mg(OH)_2+2HCl = MgCl_2+2H_2O$$

上述反应（强碱高温熔融）只适合于石墨、金刚石等化学性质非常稳定的有用矿物，其他情况下不适用。

#### 2.7.2.3 盐法提纯

盐法提纯中常用到的试剂为碳酸钠和硫化钠。$Na_2CO_3$溶液对矿物原料的分解能力较弱，但具有较高的选择性，且对设备的腐蚀性小，所以对碳酸盐含量高的矿物原料仍不失为一有效的金属离子浸出剂。常用于黏土矿物的阳离子交换。

氧化硅、氧化铁和氧化铝等在碳酸钠溶液中很稳定，仅少量硅呈硅酸形态，铁呈不稳定的络合物形态，铝呈铝酸钠形态存在。碳酸盐矿物不溶于碳酸钠，但氧化钙、氧化镁易被碳酸钠分解，反应方程式如下：

$$CaO+Na_2CO_3+H_2O = CaCO_3+2NaOH$$

$$MgO+Na_2CO_3+H_2O = MgCO_3+2NaOH$$

碳酸钠也可同氢氧化钠配合适用，去除金属氧化物效果更好。碳酸钠还可浸出矿石中的磷、钒、钼、砷等氧化物，成为可溶性钠盐，涉及的反应方程式如下：

$$P_2O_5+3Na_2CO_3 = 2Na_3PO_4+3CO_2\uparrow$$

$$V_2O_5+Na_2CO_3 = 2NaVO_3+CO_2\uparrow$$

硫化钠溶液可分解砷、锑、锡、汞的硫化矿物，使它们生成相应的可溶性硫化酸盐而转入浸出液中。

$$As_2S_3+3Na_2S = 2Na_3AsS_3$$

$$Sb_2S_3+3Na_2S = 2Na_3SbS_3$$

$$SnS_2+Na_2S = Na_2SnS_3$$

$$HgS+Na_2S = Na_2HgS_2$$

为防止硫化钠水解，一般采用硫化钠和氢氧化钠混合溶液作浸出剂。

#### 2.7.2.4 提纯机理

无论是以酸为浸出剂，还是碱作为浸出剂，提纯过程通常要经过如下几个阶段：

① 浸出剂分子借扩散作用穿过附面层到达固相表面；

② 浸出剂被吸附在固相表面；

③ 在固相表面发生化学反应，生成可溶性化合物；

④ 生成的可溶性化合物从固相表面解吸；

⑤ 可溶性化合物穿过附面层向溶液中扩散。

通过②、③、④阶段，使固液界面上浸出剂的浓度急剧下降而溶解物的浓度急剧上升形成饱和溶液。显然，如果固相界面的饱和溶液不向外扩散，当然也就没有新的浸出剂去补充，那么浸出反应将停止进行。实际上，由于远离固相的溶液内部溶解物浓度很低，因此，固液界面的饱和溶液中的溶解物不断向外扩散，有使整个溶液中的溶解物浓度变得均衡的趋势，这就是发生第⑤步过程的原因。

浸出速度可以用下式表示：

$$\frac{\mathrm{d}c}{\mathrm{d}t}=\frac{DF}{\delta}(c_{泡}-c) \tag{2-117}$$

式中 $\frac{\mathrm{d}c}{\mathrm{d}t}$——浸出速度，即液相内部浸出物浓度的变化速度；

$c$——液相内部浸出物的浓度；

$c_{饱}$——固相界面浸出物的饱和浓度；

$F$——被溶解的固相的表面积；

$\delta$——固相界面饱和溶液的厚度，近似地等于附面层厚度；

$D$——浸出物的扩散系数，是浓度梯度为1时，在单位时间内经过 $1\text{cm}^2$ 截面积扩散的物质数量，mol 或 g。

该式说明，浸出速度正比于浸出物的扩散系数、被溶解的固相的表面积和固液界面与溶液内部的浸出物浓度差，而反比于附面层（饱和溶液层）厚度。

浸出反应是发生在固液界面的多相反应，其反应速率除与浸出剂向界面扩散速度有关外，还与浸出剂在固相表面发生的化学反应的速率有关。这两个速度中的较慢者影响着整个过程的速度。这样，浸出反应过程可能存在着如下三种情况：

(1) 扩散控制反应　固液界面上的化学反应速率远快于浸出剂扩散到界面的速度，浸出剂一到表面，浸出反应立即结束，使过程处于“停工待料”状态，所以浸出速度是受扩散速度控制的。

(2) 化学控制反应　与前一情况相反，反应速率远慢于扩散速度，此时界面上浸出剂是充裕的。反应要多少，扩散过程就供应多少，因此过程是受化学反应速率控制的。

(3) 中间控制反应　介于上述两个极端情况中间，反应速率与扩散速度接近。某些情况（外界条件）下，过程受控于扩散速度；在另一些情况下，过程受控于化学反应。

整个浸出过程主要包括扩散和吸附-化学反应两大步。因此影响矿物酸碱浸出的因素是：①原矿性质（矿物组成、渗透性、孔隙度）；②操作因素（矿物粒度、浸出试剂浓度、矿浆浓度、浸出时间及浸出时的搅拌）。因矿物自身因素无可调节性，故操作因素成为影响酸碱提纯效果的主要因素。因此，在生产工艺上，影响浸出速度的主要因素有如下几条。

(1) 浸出剂浓度　浸出剂浓度是影响浸出速度的主要因素之一。浸出速度随浸出剂的浓度增加而增大，但浓度过大，有时会增大不希望溶解的组分或杂质的溶解。适宜浓度应是欲浸出组分的溶解速度最大而杂质溶解量最小。

(2) 矿浆浓度　矿浆浓度的大小既影响浸出试剂的消耗量，又影响矿浆的黏度，从而影响浸出效率和后续处理。浸出速度通常是随矿浆浓度减小而增大，因为这样能保持溶液中浸出物浓度始终较低。降低矿浆浓度，可减小矿浆黏度，有利于矿浆的搅拌、输送、固液分离和获得较高的浸出率。因此，用大量浸出剂去浸出少量固体物料，可提高速度，但应考虑经济效益。

（3）搅拌作用　搅拌可减小扩散层厚度，增大扩散系数。浸出时进行搅拌会加速整个浸出反应的完成，其浸出速度和浸出率高。通常情况下，搅拌速度适当增加，浸出效果亦好；搅拌速度过高，会导致矿粒随溶液的“同步”运动，此时搅拌会失去其降低扩散层厚度的作用，且增加能耗。

提高搅拌速度常使溶解速度增快，这可使附面层的厚度减小。当过程属于扩散控制时，溶解速度可表示为搅拌速度的函数：

$$\text{溶解速度} \propto (\text{搅拌速度})^{\alpha} \tag{2-118}$$

式中，$\alpha \leqslant 1$，即搅拌速度越大，浸出速度越快。

在另一种情况下，当过程为化学控制时，搅拌速度的影响不大。但任何情况下，搅拌都能保持固体悬浮，有利于浸出。

（4）浸出温度　提高温度会加快化学反应速率和分子扩散运动，因而能加快浸出速度。在低温下，化学反应速率往往远低于扩散速度，即浸出过程是化学控制的；在高温下，化学反应速率加快到远高于扩散速度，过程变为扩散控制。

（5）矿物原料的粒度　矿物原料的粒度对固-液相界面及矿浆黏度有较大影响。在一定的粒度范围内，增加细度可提高浸出速率。但过细会增加矿浆黏度，使扩散阻力增大而降低浸出速度。

## 2.7.3 氧化-还原法

作为填料或颜料在工业中使用的非金属矿物粉体材料，如高岭土、重晶石粉等这些用作陶瓷、造纸和化工填料的矿物，要求具有很高的白度和亮度，而自然界产出的天然矿物中，往往因含有一些着色杂质而影响其自然白度。采用常规选矿方法，往往因矿物粒度极细和矿物与杂质紧密共生而难以奏效。因此，采用氧化-还原漂白方法将非金属矿物提纯是一条有效的途径。

非金属矿物中有害的着色杂质主要是有机质（包括碳、石墨等）和含铁、钛、锰等矿物，如黄铁矿、褐铁矿、赤铁矿、锐钛矿等。由于有机物通过煅烧等方法容易除去，因此上述金属氧化物成为提高矿物白度的主要处理对象。采用强酸溶解的方法，固然能将上述铁、钛化合物大部分除掉，但是，强酸（如盐酸、硫酸等）在溶解氧化铁、氧化钛的同时，也会溶解氧化铝，从而有可能破坏高岭土等黏土类矿物的晶格结构。因此，氧化-还原漂白法在非金属矿物漂白提纯中占有重要的地位。目前常用的漂白方法包括氧化法、还原法、氧化-还原联合法等三种，其中还原法应用得最广泛。

### 2.7.3.1 还原漂白

（1）连二亚硫酸盐漂白法　对黏土类矿物进行还原漂白时最常用的连二亚硫酸盐是连二亚硫酸钠，又称低亚硫酸钠，工业上又称为保险粉，分子式为 $Na_2S_2O_4$。工业上可用锌粉还原亚硫酸来制得。保险粉是一种强还原剂，碘、碘化钾、过氧化氢、亚硝酸等都能被它还原。在还原漂白过程中，连二亚硫酸盐被氧化生成硫酸盐，如：

$$S_2O_4^{2-} + H_2O = 2HSO_4^{-} + 2H^{+} + 2e^{-}$$

还原漂白多在酸性介质中进行，常以 $H_2SO_4$ 调节酸度，即 $H_2SO_4$ 和 $Na_2S_2O_4$ 对矿物体系共同作用进行漂白。黏土类矿物中存在三价铁的氧化物，不溶于水，在稀酸中溶解度也较低。

但若在矿浆中加入保险粉，氧化铁中三价铁可被还原为二价铁。由于二价铁易溶于水，经过滤洗涤即可除去。其主要反应为：

$$Fe_2O_3+3H_2SO_4 = Fe_2(SO_4)_3+3H_2O$$

$$Fe_2(SO_4)_3+Na_2S_2O_4 = Na_2SO_4+2FeSO_4+2SO_2\uparrow$$

上式合并为：

$$Fe_2O_3+Na_2S_2O_4+3H_2SO_4 = Na_2SO_4+2FeSO_4+3H_2O+2SO_2\uparrow$$

对于连二亚硫酸钠同氧化铁的作用过程，还有另一种解释，即矿浆中的 $S_2O_4^{2-}$ 直接与 $Fe_2O_3$ 颗粒接触反应，使其还原成 $Fe^{2+}$ 而起到漂白作用，硫酸只是调节酸度提供 $H^+$。

$$Fe_2O_3+2H^++S_2O_4^{2-} = 2Fe^{2+}+H_2O+2SO_3^{2-}$$

对于 FeOOH 铁矿物的反应主要为：

$$Na_2S_2O_4+2FeOOH+3H_2SO_4+4H_2O = Na_2SO_4+2FeSO_4+4H_2O+2SO_2\uparrow$$

$$4FeSO_4+2H_2O+O_2 = 4Fe(OH)SO_4$$

在上述反应中，如有氧的存在，则 $FeSO_4$ 有被重新氧化的可能。

$$2FeSO_4+H_2SO_4+\frac{1}{2}O_2 = Fe_2(SO_4)_3+H_2O$$

为此，尽量避免氧与 $FeSO_4$ 接触，生成有色的高价铁离子和碱式盐沉淀。漂白过程拥有一定的还原体系非常必要。

常用的还原漂白剂除了连二亚硫酸钠外，还有连二亚硫酸锌。如上所述，连二亚硫酸钠很不稳定。相比之下，连二亚硫酸锌则稳定些。但是，它会使漂白废水中锌离子浓度过高；同时，锌离子残存于漂白土内，在用作造纸涂料和填料时产生的废水中所含的锌离子足以危及河流内的生物。

(2) 硼氢化钠漂白法　硼氢化钠漂白法实际上是一种在漂白过程中通过硼氢化钠与其他药剂反应生成连二亚硫酸钠来进行漂白的方法。具体加药过程为：在 pH=7.0～10.0 的情况下，将一定量的硼氢化钠和 NaOH 与矿浆混合，然后通入 $SO_2$ 气体或用其他方法使 $SO_2$ 与矿浆接触；调节 pH 值在 6～7，有利于在矿浆中产生最大量的连二亚硫酸钠，再用亚硫酸（或 $SO_2$）调节 pH 值到 2.5～4，此时即可发生漂白反应，反应如下：

$$NaBH_4+9NaOH+9SO_2 = 4Na_2S_2O_4+NaBO_2+NaHSO_3+6H_2O$$

这种方法的本质仍是连二亚硫酸钠起还原漂白作用。但是，在 pH=6～7 时，生成的最大量的连二亚硫酸钠十分稳定。在随后的 pH 降低时，连二亚硫酸钠与矿浆中氧化铁立即反应，得到及时利用，从而避免了连二亚硫酸钠的分解损失。

(3) 亚硫酸盐电解漂白法　这是一种在生产过程中产生连二亚硫酸盐进行还原漂白的方法，即在含有亚硫酸盐的高岭土矿浆中，通以直流电，使溶液中的亚硫酸电解还原生成连二亚硫酸，并及时与三价铁反应使其还原为二价可溶性 $Fe^{2+}$，从而达到漂白的目的。

(4) 还原-络合漂白法　黏土矿物中的三价铁用连二亚硫酸钠还原成二价铁后，如果不是马上过滤洗涤，而是像实际生产中那样停留一段时间，会出现返黄现象。解决这一问题的方法就是加入络合剂，使得二价铁离子得到络合而不再容易被氧化。可用来对铁进行络合的药剂种类很多：①在漂白后加入磷酸和聚乙烯醇来提高漂白效果；②在漂白后添加羟胺或羟胺盐来防止二价铁的再氧化；③用草酸、聚磷酸盐、乙二胺醋酸盐、柠檬酸等作为二价铁的络合剂。

上述用来对铁离子进行络合的药剂，基本都属于螯合剂。它们都含有两类官能团：既含有与金属离子成螯的官能团，又含有促进水溶性的官能团。例如，草酸分子除了有与金属离子成螯的羟基外，尚有亲水基团羰基，与铁离子作用时形成含水的双草酸络铁螯合离子：

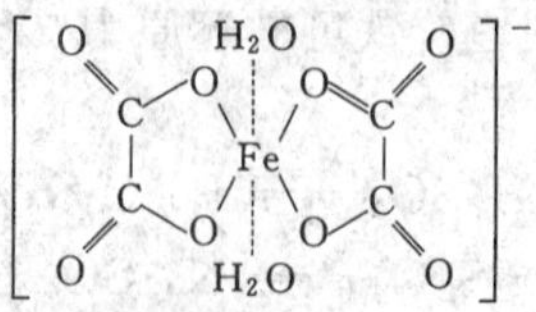

该螯合离子为水溶性，在漂白后可随溶液排除。事实上，据测定，用草酸溶解矿物表面的铁要比硫酸及盐酸的速度快三倍，而且由于生成的螯合离子极稳定，故草酸可以从矿物表面排除与晶格联系极牢固的铁离子，使得本已存在于矿浆中的矿物（包括氧化铁、氧化锰、氧化钛等）溶解电离平衡向右移动：

$$2Fe_2O_3+6H_2O \rightleftharpoons 4Fe(OH)_3$$

$$Fe(OH)_3 \rightleftharpoons Fe^{3+}+3OH^-$$

当有还原剂与草酸配合使用时，不仅被还原的二价铁使氧化铁溶解度提高，而且使络合离子的电离度和络合离子配位体的配位数降低，整个溶液体系中的络合离子形成纵横网络，大大提高了铁的络合效率。

影响还原漂白反应过程的因素很多，但主要是矿浆酸度、矿浆浓度、温度、漂白剂用量和反应时间、添加剂等。

#### 2.7.3.2 氧化漂白法

氧化漂白法是采用强氧化剂，在水介质中将处于还原状态的黄铁矿等氧化成可溶于水的亚铁。同时，将深色有机质氧化，使其成为能被洗去的无色氧化物。所用的强氧化剂包括次氯酸钠、过氧化氢、高锰酸钾、氯气、臭氧等。

以黄铁矿被次氯酸钠氧化的反应为例，其反应式如下：

$$FeS_2+9ClO^-+2H^+ \longrightarrow Fe^{2+}+2S+9Cl^-+H_2O$$

在较强的酸性介质中，亚铁离子是稳定的。但当 pH 值较高时，亚铁离子则可能变成难溶的三价铁，失去其可溶性。除了 pH 值的影响外，氧化漂白还受到矿石特性、温度、药剂用量、矿浆浓度、漂白时间等因素影响。

#### 2.7.3.3 氧化-还原联合漂白法

在黏土矿物中，有一类呈灰色（如美国佐治亚州产出的灰色高岭土），它与呈粉红色和米色的黏土不同，采用上述还原漂白法并不能改善其白度和亮度，而采用氧化法漂白的效果也不很好。因此出现了氧化-还原联合漂白法，就是先将灰色黏土用强氧化剂次氯酸钠和过氧化氢进行氧化漂白，将黏土中的染色有机质和黄铁矿等杂质除去；然后再用联二亚硫酸钠作还原剂进行还原漂白，使得黏土中剩余的铁的氧化物如 $Fe_2O_3$、FeOOH 等还原成可溶的二价铁，从而使这种灰色黏土得到漂白。

#### 2.7.3.4 氧化-还原法的影响因素

以次氯酸盐为例，采用氧化法对非金属矿进行漂白处理，其影响因素主要有以下几点。

（1）温度　随着温度升高，漂白剂的水解速度加快，从而加快漂白速度，缩短漂白时间；但温度过高，热耗量大，药剂分解速度过快，造成浪费并污染环境。实际生产中可在常温下加大药量、调整 pH 值、延长漂白时间来达到预期效果。

（2）pH 值　次氯酸盐为弱酸盐，在不同 pH 值下有不同的氧化性能。在碱性介质中较稳定，在中性和酸性介质中不稳定，且分解迅速，生成强氧化成分。在弱酸性（pH=5～6）条件下，其活性最大，氧化能力最强，此时二价铁离子也相对较稳定。

（3）药剂用量　最佳用药量与原矿特性、杂质被氧化程度、反应温度、时间和 pH 值等有关。

（4）矿浆浓度　药剂用量一定时，矿浆浓度降低，漂白效果下降。另外，若浓度过高，由于产品得不到洗涤，过滤后残留药剂离子太多，影响产品性能。

(5) 漂白时间　时间越长，漂白效果越好。开始时反应速率很快，随后越来越慢，需要通过试验确定合理而又经济的漂白时间。

# 2.8 其他选矿提纯技术

## 2.8.1 磁流体选矿

### 2.8.1.1 概述

磁流体，也称磁性液体，一般是加入表面活性剂包覆的磁性颗粒（直径约为10mm）分布于基液中形成的胶体溶液。磁流体的组成一般包括磁性颗粒、表面活性剂和基液。磁流体能够稳定存在而不发生沉降，是因为永不停息的布朗运动阻止纳米颗粒在重力作用下发生沉降，表面活性剂层如油酸或聚合物涂层包覆纳米颗粒，以提供短距离的空间位阻和颗粒之间的静电斥力，防止纳米颗粒团聚。

磁流体分选是20世纪60年代发展起来的一项选矿新技术。磁流体分选是以特殊的流体如顺磁性液体、铁磁性悬浮液和电解质溶液作为分选介质，利用流体在磁场或磁场和电场的联合作用下产生的"加重"作用，按矿物之间的磁性、导电性和密度的差异，使不同矿物实现分选的一种新的分选方法。磁流体分选工艺能否得到广泛的工业应用取决于廉价磁流体的制备。水基铁磁流体有望成为有效且廉价的磁流体，$Fe_3O_4$是目前为止研究得比较多的磁流体物质。

磁流体的制备主要包括三个步骤：①制备磁性纳米颗粒；②对磁性纳米颗粒进行抗团聚处理；③磁性颗粒与基液混合。

磁流体通常采用强电解质溶液、顺磁性溶液和铁磁性胶体悬浮液。似加重后的磁流体仍然具有液体原来的物理性质，如密度、流动性、黏滞性等。似加重后的密度称为视在密度，它可以通过改变外磁场强度、磁场梯度或电场强度来调节。视在密度高于流体密度（真密度）数倍，流体真密度一般为1400～1600kg/m$^3$，而似加重后的流体视在密度可高达19000kg/m$^3$，因此，磁流体分选可以分离密度范围宽的固体矿物。磁流体分选根据分离原理与介质的不同。可分为磁流体动力分选和磁流体静力分选两种。

### 2.8.1.2 分选介质

理想的分选介质应具有磁化率高、密度大、黏度低、稳定性好、无毒、无刺激性气味、无色透明、价廉易得等特性条件。

(1) 顺磁性盐溶液　顺磁性盐溶液有30余种，Mn、Fe、Ni、Co盐的水溶液均可作为分选介质。其中有实用意义的有$MnCl_2 \cdot 4H_2O$、$MnBr_2$、$MnSO_4$、$Mn(NO_3)_2$、$FeCl_2$、$FeSO_4$、$Fe(NO_3)_2 \cdot 2H_2O$、$NiCl_2$、$NiBr_2$、$NiSO_4$、$CoCl_2$、$CoBr_2$和$CoSO_4$等。这些溶液的体积磁化率为$8\times10^{-8}\sim8\times10^{-7}$，真密度为1400～1600kg/m$^3$，且黏度低、无毒。其中$MnCl_2$溶液的视在密度可达11000～12000kg/m$^3$，是重悬浮液不能比拟的。

$MnCl_2$和$Mn(NO_3)_2$溶液基本具有上述分选介质所要求的特性条件，是较理想的分选介质。分离固体矿物（轻产物密度<3000kg/m$^3$）时，可选用更便宜的$FeSO_4$、$MnSO_4$和$CoSO_4$水溶液。

(2) 铁磁性胶粒悬浮液　一般采用超细粒（0.1nm）磁铁矿胶粒作为分散质，用油酸、煤油等非极性液体介质，并添加表面活性剂为分散剂调制成铁磁性胶黏悬浮液。一般每升该悬浮液中含$10^7\sim10^{18}$个磁铁矿粒子。其真密度为1050～2000kg/m$^3$，在外磁场及电场作用下，可使介质加重到20000kg/m$^3$，这种磁流体介质黏度高，稳定性差，介质回收再生困难。

### 2.8.1.3 磁流体分选原理

磁流体的分选原理是建立在重介质分选基础上的，磁流体就相当于重介质，但是又不同于重介质选矿的是，磁流体作为分选介质是通过磁场调节密度梯度分布实现多密度级分选的。磁流体分选根据分离原理及介质的不同，可分为磁流体动力分选和磁流体静力分选两种。

(1) 磁流体动力分选（MHDS） 磁流体动力分选是在磁场（均匀磁场或非均匀磁场）与电场的联合作用下，以强电解质溶液为分选介质，按固体矿物中各组分间密度、比磁化率和电导率的差异分选弱磁性或非磁性矿物的一种选矿技术。

磁流体动力分选的研究历史较长，技术也较成熟，其优点是分选介质为导电的电解质溶液，来源广，价格便宜，黏度较低，分选设备简单，处理能力较大，处理粒度为0.5～6.0mm的固体矿物时，可达50t/h，最大可达100～600t/h。缺点是分选介质的视在密度较小，一般为3～4g/$cm^3$，分离精度较低。

(2) 磁流体静力分选（MHSS） 磁流体静力分选是在非均匀磁场中，以顺磁性液体和铁磁性胶体悬浮液为分选介质，按固体矿物中各组分间密度和比磁化率的差异进行分离。由于不加电场，不存在电场和磁场联合作用产生的特性涡流，故称为静力分选。

磁流体静力分选中被分选颗粒一般均要求为非磁性颗粒。另外，由于磁性物仍为微细颗粒，对于体积相似的颗粒会产生静电吸引作用而影响感应磁场的分布，进而影响分选，故不宜分选煤泥含量高的物料及过细物料。应用在磁流体静力选矿中的工作介质，必须具备以下三个条件：

① 应具有较高的磁化系数，以便在不均匀磁场中能产生较高的磁浮力，提高液体的视在密度；

② 具有较低的黏度和较好的流动性，不发生沉淀和凝聚，以便提高对矿物的分选精度；

③ 无毒、无气味，价廉易得，使用方便，回收与再生容易。

磁流体静力分选的优点是视在密度高，如磁铁矿微粒制成的铁磁性胶体悬浮液视在密度高达19000kg/$m^3$，介质黏度较小，分离精度高。缺点是分选设备较复杂，介质价格较高，回收困难，处理能力较小。

通常，要求分离精度高时，采用静力分选；固体矿物中各组分间电导率差异大时，采用动力分选。

磁流体分选是一种重力分选和磁力分选联合作用的分选过程。各种物质在似加重介质中按密度差异分离，这与重力分选相似；在磁场中按各种物质间磁性（或电性）差异分离，这与磁选相似。磁流体分选不仅可以将磁性和非磁性物质分离，而且也可以将非磁性物质之间按密度差异分离。因此，磁流体分选法将在矿物加工中占有特殊的地位。

## 2.8.2 摩擦洗矿

非金属矿物以水为介质浸泡，之后进行冲洗并辅以机械搅动（必要时须配加分散剂），借助于矿物本身之间的摩擦作用，将被矿泥黏附的矿物颗粒解离出来并与黏土杂质相分离，称之为摩擦洗矿。摩擦洗矿是处理与黏土胶黏在一起或含泥较多的矿物的一种工艺，包括碎散和分离两项作业。对于硅酸盐类非金属矿物，如石英、长石等，裸露地表的原生矿床经长期风化，矿粒被黏土矿物或岩石的分解物包裹，形成胶结或泥浆体，表面上观察呈块状者颇多。这种情况下在分选之前常采用同矿石破碎相区别的摩擦洗矿碎解方法进行矿物单体分离，既清除矿物颗粒表面黏附物，又可防止不必要的粉碎或过粉碎。处理一些风化或原生微细粒非金属矿物，可使矿物颗粒表面净化，露出能反映矿石本身性质的表面。除去杂质后，不仅可使矿物颗粒本身得到提纯，也为后序选矿提纯作业（如浮选）改善了条件。摩擦洗矿既可作为其他提纯作业的前期准备，也可单独完成矿物的提纯。

用于矿物擦洗的设备主要有摩擦洗矿机、圆筒洗矿机和槽式洗矿机等。

### 2.8.3 拣选

拣选是利用矿石的表面特征、光性、电性、磁性、放射性及矿石对射线的吸收和反射能力等物理特性，使有用矿物和脉石矿物分离的一种选矿方法。拣选主要用于块状和粒状物料的分选，如除去大块废石或拣出大块富矿。其分选粒度上限可达250～300mm，下限为10mm，个别贵重矿物（如金刚石），下限可至0.5～1mm。对非金属矿物的分选来说，拣选具有特殊作用，可用于预先富集或获得最终产品，如对原生金刚石矿石，采用拣选可预先使金刚石和废石分离；对金刚石粗选和精选，采用拣选可获得金刚石成品。同样，对于大理石、石灰石、石膏、滑石、高岭土、石棉等非金属矿物，均可采用拣选获得纯度较高的最终成品。由此可以看出，拣选的应用范围已不单单是预选，还可用于粗选、精选和扫选等选别作业。目前，拣选已经成为一种不可忽视、无可替代的选矿方法。

拣选作为一种重要的预选方法应用于矿石人选前的预先富集是解决入选矿石日益贫化趋势的一项重要对策，是提高选矿经济技术指标的重要途径，尤其是对非金属矿具有更重要的意义，具体表现在以下几个方面：

① 采用拣选法进行矿石预选，可部分取代效率低而成本高的选择性开采方法，可以降低选矿厂10%～60%的能耗；

② 预先除去大块废石，节省废石的运输、破碎、磨矿和选矿处理；

③ 提高入选矿石品位和最终精矿质量；

④ 拣出废石可用于回填和用作建筑材料，不造成环境污染。

拣选分为流水选（连续选）、份选（堆选）、块选三种方式。流水选指一定厚度的物料层连续通过探测区的拣选方法。份选和块选是指一份或一块矿石单独通过探测区的拣选方法。目前工业上分选以块选为主，包括手选（即人工拣选）和机械（自动）拣选两种方式。其中手选又分为正手选和反手选两种方式；机械拣选又包括光度拣选、激光拣选、磁性检测拣选、核辐射拣选、红外线辐射拣选、电极法拣选、复合拣选和辅助法拣选等方式。

#### 2.8.3.1 人工拣选

人工拣选是指根据有用矿物和脉石矿物之间的外观特征（颜色、光泽、形状等）的不同，用手分拣出有用矿物和脉石矿物。手选是最简单的拣选方式，有正手选和反手选两种选矿方式，前者是指从物料中分拣出有用矿物，而后者是指从物料中分拣出脉石矿物。手选主要用于机械方法不好拣选或保证不了质量的矿石，如拣选长纤维的石棉、片状云母，从煤系高岭石中拣出大块废石（石英、长石），等。手选的缺点是劳动强度大、效率低。

人工拣选一般在手选场、固定格条筛、手选皮带机和手选台上进行。常用的手选设备有手选皮带和手选台两种。手选皮带要求平皮带，宽度不大于1.2m，速度0.2～0.4m/s，倾角不大于15°，距地面0.7～0.8m，照明距地面2m。手选台一般按4人面积$3.2m^2$计。

#### 2.8.3.2 机械拣选

机械拣选是根据矿石外观特征及矿石受可见光、X射线、γ射线照射后所呈现的差异或矿石天然辐射能力的差别，借助仪器实现有用矿物和脉石分离的选矿方法。各种机械拣选方法如表2-22所示。

**表2-22 机械拣选种类、特性及应用范围**

| 拣选名称 | 辐射种类 | 波长范围/μm | 利用的特性 | 应用范围 |
|---|---|---|---|---|
| 放射性拣选 | γ射线 | $<10^{-1}$ | 天然γ放射性 | 铀、钍矿石伴生元素 |
| 射线吸收拣选（γ射线吸收法、X射线吸收法、中子吸收法） | γ射线<br>X射线<br>γ中子 | $<10^{-1}$<br>0.5～1<br>$<10^{-1}$ | 通过矿石的γ射线强度、X射线机中子辐射密度 | 煤和矸石及铁、铬矿石 |

续表

| 拣选名称 | 辐射种类 | 波长范围/$\mu m$ | 利用的特性 | 应用范围 |
| --- | --- | --- | --- | --- |
| 发光性拣选（$\gamma$荧光法、X荧光法、紫外荧光法、红外线法） | $\gamma$射线<br>X射线<br>紫外线 | $<10^{-1}$<br>0.5～1<br>0.1～0.4 | 矿石放射荧光强度及发射的红外射线 | 金刚石、萤石、白钨矿、石棉 |
| 光电拣选 | 可见光<br>X射线 | 0.4～0.78<br>0.5～1 | 矿物反射、透射、折射能力差异 | 石膏、滑石、石棉、大理石、石灰石 |
| 电磁拣选 | 无线电波 | $10^3$～$10^{11}$ | 电磁场能量变化、电导率差异 | 金属硫化矿及氧化矿 |

（1）光电拣选　目前，非金属矿工业较为常用且设备成熟的就是光电拣选。光电拣选是指利用矿物反射、透射或折射可见光能力的差别及发光性，将有用矿物和脉石分离。矿物的漫反射、颜色、透明度、半透明度等光学性质也可用于光电拣选。两种矿物反射率差值大于5%～10%即可进行光电拣选。光电拣选光源有白炽灯、荧光灯、石英卤素灯、激光及X射线等。光电拣选在我国主要用于金刚石的分选。

固体物料在进行光电拣选之前，需要预先进行筛分分级，使之成为窄粒级固体物料，并清除入选物料中的粉尘，以保证信号清晰，提高分离精度。光电拣选具体过程为：入选物料经预先分级后进入料斗。由振动溜槽均匀地逐个落入高速沟槽进料皮带上，在皮带上拉开一定距离并排队前进，从皮带首段抛入光检箱受检。当颗粒通过光检测区时，受光源照射，背景板显示颗粒的颜色或色调，当欲选颗粒的颜色与背景颜色不同时，反射光经光电倍增管转换为电信号（此信号随反射光的强度变化），电子电路分析该信号后，产生控制信号驱动高频气阀，喷射出压缩空气，将电子电路分析出的异色颗粒（即欲选颗粒）吹离原来下落轨道，加以收集。而颜色符合要求的颗粒仍按原来的轨道自由下落加以收集，从而实现分离。

（2）激发光拣选　激发光拣选是以某些矿物在激发源照射下选择性发光，而与其伴生的绝大多数脉石矿物不发光的原理为依据，从而进行分选的方法。

发光过程由三个阶段组成：物质对激发射线能量的吸收，物质内部激发能量的转换和传递，以及物质内发光中心的发光和物质内部平衡状态的恢复。物质的发光有不同的形式，在某些情况下，发光与激发同时存在同时消失，这种光叫做荧光。发荧光的物质称为荧光物质。在另外一些情况下，当激发停止后，发光仍能持续一段时间，有时长达1～2h，这种光叫做磷光。发磷光的物质称作磷光物质。研究结果表明，矿物的发光可分为光致发光、X射线发光、阴极射线发光和放射发光等。

在采用激发光拣选法拣选矿物时，须对脉石矿物进行发光考察，否则将会干扰发光信号，致使拣选过程终止。

（3）磁性检测拣选　磁性检测拣选法是指利用有用矿物和脉石之间磁性的差异进行分选的方法。磁性检测拣选法是通过检测器件收集磁性矿物的磁性信号，进而输送给电子信息处理系统进行放大、鉴别，并指令执行机构动作，使磁性矿物与非磁性矿物分离开来。

大部分矿物的磁性，取决于磁性矿物在其中的含量、化学组成特点、铁磁性矿物颗粒的大小以及结合特征等。表征矿物在磁场中被磁化的难易程度的物理量，称作磁化系数，又称作磁化率，以$\chi$表示。磁性检测拣选法常以该物理量的值来标定矿物可选性难易程度。

（4）光度拣选　光度拣选，又称光选法，是指在可见光区域的拣选。可见光区域波长范围为350～700nm，以白炽灯、日光灯、激光为光源。当矿物受到光照射，便会产生各种特征色，故光选就是对矿物的颜色分选。需要注意的是，水分对光选有很大的影响。在拣选过程中，如果入选矿物的干湿程度不同，尤其是表面有一层水膜后，则会造成光选效果的偏差。

光选法分为漫反射单光拣选法、漫反射双光拣选法、透明度法和表面荧光法等。

（5）电极法拣选　根据矿物电导性能差异进行分选的方法，称为电极法，也称电导率计拣选法。矿物的导电性，通常通过测定矿物的电阻率来求得（电阻率的倒数就是电导率）：$\rho = RS/L$，其中 $\rho$ 为电阻率，Ω·m；$R$ 为电阻，Ω；$L$ 为长度，m；$S$ 为横截面积，$m^2$。

矿物的电阻率取决于矿物组成的电阻率、矿物的百分含量以及矿物晶体和颗粒间相互联系的特征。如矿物中所含导体矿物是彼此连接的，则矿物的电阻率就低；如果所含导体矿物彼此隔离，则电阻率就大。

电极法拣选过程如下：将给矿装置的盘石作为一个电极，以电刷触头为另一个电极，两电极呈直角安装，对穿过两极并在设定长度上的矿块进行测量，电子信息处理系统处理检测结果，并与给定的分离参数比较，最后由执行机构完成有用矿物和脉石的分离任务。

（6）核辐射拣选法　核辐射拣选法的研究始于 20 世纪 50 年代，到 60 年代才首次得到使用。该方法是指以外辐射源和自身放射性为基础的分选方法。

核辐射拣选法包括两方面内容：一是依据矿物原料中，有用矿物和脉石自身天然放射性的差异而进行分选的方法；二是借助外部辐射源对物料进行照射，根据射线与矿块物质相互作用时，有用矿物和脉石所产生的某种效应的差异而进行分选的方法。

核辐射拣选法分选矿物原料过程如下：一定粒级的物料，受到辐射源放射出来的某种射线的照射，当射线（粒子）与矿块物质相互作用时，射线或被吸收，或产生散射和其他射线，它们中有 α、β、γ 或中子射线以及辐射离子等。检测系统对上述过程中的某一种特性予以探测，从而将探测到的信号输送给信息处理系统，该系统再对信号进行放大、鉴别等处理过程，最后执行机构发出指令信号，于是，执行机构便可将物料分成有用矿物和脉石两种产物。

#### 2.8.3.3 机械拣选的特点

拣选方法尤其是机械拣选具有以下特点。

① 单机生产能力大　由于采用了高速气阀（每秒动作高达 300 次）作执行机构，大大提高了拣选机的生产能力，极大地促进了拣选技术的发展。

② 粒度分选范围广　在所有的选矿方法中只有重质选矿法和磁选法能与之相比。

③ 分选效果好　由于采用了精密的检测器件，又采用了现代电子技术作为控制系统。因此无论作为预选还是精选的选别作业都具有很高的分选精度和分选效果。

④ 生产费用低　根据国内外生产实践证明，拣选费用低于重选，主要体现在耗水量方面的差异。

⑤ 自动化程度高　由于采用了激光、固态摄像机、计算机微处理技术，现代拣选机已成为高技术选矿设备，其自动化程度远高于浮选、重选、磁选、电选等主要选矿设备。具有操作简便、快捷、工作强度低、工作环境好等特点。

⑥ 对操作人员的素质要求高　设备一次性投入大，设备折旧费高。所以是否采用拣选依据具体的技术经济分析结果而定。

### 2.8.4 摩擦与弹跳分选

摩擦与弹跳分选是根据固体颗粒中各组分摩擦系数和碰撞系数的差异，在与斜面碰撞弹跳时产生不同的运动速度和弹跳轨迹而实现彼此分离的一种处理方法。

固体颗粒从斜面顶端给入，并沿着斜面向下运动时，其运动方式随颗粒的形状或密度不同而不同，其中纤维状或片状几乎全靠滑动，球形颗粒有滑动、滚动和弹跳三种运动方式。

单颗粒单体在斜面上向下运动时，纤维状或片状体的滑动加速度较小，运动速度较小，所以它脱离斜面抛出的初速度较小；而球形颗粒由于是滑动、滚动和弹跳相结合的运动，其加速度较大，运动速度较快，因此它脱离斜面抛出的初速度较大。

当颗粒离开斜面抛出时，受空气阻力的影响，抛射轨迹并不严格沿着抛物线前进，其中纤维状颗粒由于形状特殊，受空气阻力影响较大，在空气中减速很快，抛射轨迹表现出严重的不对称（抛射开始接近抛物线，其后接近垂直落下），故抛射不远。球形颗粒受空气阻力影响较小，在空气中运动减速较慢，抛射轨迹表现对称，抛射较远。因此在非金属矿物中，纤维状与颗粒状、片状与颗粒状，因形状不同在斜面上运动或弹跳时，产生不同的运动速度和运动轨迹，因而可以彼此分离。

摩擦与弹跳分选设备有带筛式分选机、斜板运输分选机和反弹辊筒分选机三种。

## 2.8.5 微生物选矿

### 2.8.5.1 概述

矿物的微生物加工技术是一门新兴的矿物加工技术，它包括微生物浸出技术和微生物选矿技术（微生物浮选技术）。微生物浸出技术主要应用于冶金行业，指利用微生物自身的氧化特性或微生物代谢产物，如有机酸、无机酸和三价铁离子等，将矿物中有价金属以离子形式溶解到浸出液中加以回收，或将矿物中有害元素溶解并除去的方法。利用微生物的这种性质，结合湿法冶金等相关工艺，形成了生物冶金技术。微生物选矿是利用某些微生物或其代谢产物与矿物相互作用，产生氧化、还原、溶解、吸附等反应从而脱除矿石中不需要的组分或回收其中的有价金属的技术。

从微生物选矿与微生物浸出的定义可以看出，微生物浸出主要是利用微生物自身的氧化特性与微生物的代谢产物，使矿物的某些组分氧化，进而使有用目的组分以可溶态的形式与原物分离，从而得到目的组分的工程。而微生物选矿不仅是指微生物或其代谢产物与矿物相互作用产生氧化反应这一过程，还涉及了微生物或其代谢产物与矿物相互作用发生还原、溶解、吸附等反应从而脱除矿石中不需要的组分，或回收其中的有价金属的过程，这就是微生物选矿与微生物浸出的主要区别所在。

### 2.8.5.2 选矿微生物

微生物是指一切肉眼看不见或看不清的所有微小生物，在自然界分布极广，土壤、空气、水、物体表面、生物体表面及内部均有微生物的分布。微生物生命活动的基本特征就是吸附生长，而微生物的吸附生长必然会以本身或代谢产物性质影响和改变被吸附物体的表面性质，如表面元素的氧化还原性、溶解沉降性、电性及湿润性等。微生物在物体表面吸附生长，并以本身特有的性质影响和改变被吸附物体表面性质的作用，类似于选矿药剂在矿物表面吸附、调整和改变矿物表面性质的作用。另外，微生物分布的广泛性、微生物的可培养性和可驯化性等特点，使得人类获得所需品种、所需数量的微生物选矿药剂成为可能。

生物选矿可以利用的微生物种类很多，但目前仅开发出少数几类，并且大多尚停留在实验室研究阶段（见表 2-23）。用于生物选矿的微生物有的是从矿床和矿山水中分离出来，反过来又被应用于选矿研究中；有的则是研究者们通过测定菌种独特的表面化学性能，来决定是否用其开展试验。选用的微生物形式多种多样，包括微生物及其代谢产物的溶解菌体和冻干菌体等。

**表 2-23 目前已研究的生物选矿用微生物**

| 微生物名称 | 接触角/(°) | 特征 | 主要功能 |
|---|---|---|---|
| 氧化亚铁硫杆菌 | 26.8±0.8 | 杆状，大小 0.5μm×(1.0～2.0)μm，典型革兰氏阴性菌，单鞭毛，可动，严格好氧，严格无机化能自养 | 脱硫，抑制黄铁矿 |
| 氧化硫硫杆菌 | 26.8±0.8 | 杆状，大小(0.3～0.5)μm×(1.0～1.7)μm，典型革兰氏阴性菌，单鞭毛，可动，严格好氧，严格无机化能自养 | 脱硫，抑制黄铁矿 |

续表

| 微生物名称 | 接触角/(°) | 特征 | 主要功能 |
|---|---|---|---|
| 草分枝杆菌 | 70.0±5.0 | 短杆状或短棒状，菌体长1.0～2.0μm，革兰氏阳性菌 | 抑制白云石，赤铁矿捕收剂 |
| 多黏类芽孢杆菌 | 42.0±2.0 | 杆状，(0.6～0.8)μm×(2.0～5.0)μm，革兰氏阳性菌，异养型微生物，嗜中性，有动力，不定、好氧或兼性厌氧生长 | 黄铁矿分离 |
| 枯草杆菌 | 32.9±9.0 | 椭圆到柱状，单个细胞(0.7～0.8)μm×(2.0～3.0)μm，革兰氏阳性菌，好氧 | 抑制磷灰石和白云石 |
| 浑浊红球菌 | 70.0±5.0 | 1.0μm×2.0μm，单细胞革兰氏阳性菌，化能有机营养菌 | 方解石和菱镁矿的捕收剂 |

#### 2.8.5.3 微生物选矿可行性

吸附于矿物表面的微生物通过自身性质调整改变矿物的表面性质，这类似于传统的选矿药剂。在矿物浮选过程中，矿物表面的润湿性是直接依据。微生物独特的电性及疏水性不仅帮助其吸附于矿物表面，同时还能改变矿物表面的性质，尤其是其润湿性，从而引发生物选矿的可能性。

当疏水的微生物通过排斥极性水分子而与其他微生物发生界面反应时，会导致微细粒矿物形成疏水聚团，这时微生物相当于选矿絮凝剂；而若吸附于矿物表面的微生物以其自身疏水性改变矿物表面的疏水性，帮助其浮选分离时，这种微生物就相当于浮选捕收剂；当微生物在矿物表面吸附，不但可减少矿物表面的净电荷，还可通过矿物表面净电荷的减少调节矿物的抑制、活化、分散和絮凝等状态时，微生物就成为选矿调整剂。

涉及微生物选矿技术的主要参数有：溶液 pH 值、溶液温度、电位值和润湿性、作用时间、回收率、矿物性质等。

#### 2.8.5.4 微生物在选矿中的应用

（1）微生物及其代谢产物作为絮凝剂　常规浮选对于粒度为0.1～0.3mm 的颗粒具有较好的适应性，对于粒度较小尤其是小于10μm 的颗粒，浮选效果很差。而用絮凝剂使微细粒矿物絮凝成较大颗粒，脱除脉石细泥后再浮去粗粒脉石，这就是絮凝-浮选。目前，关于利用微生物及其代谢产物作为絮凝剂进行非金属矿物选矿的报道较多。例如，利用细菌和菌纲絮凝佛罗里达的磷灰石黏土矿，利用赖氨酸细胞絮凝有机和无机废料等。有研究者研究发现 *Mycobacterium phlei*（*M. phlei*）菌的胞外聚合物和处于特定条件下的表面活性物可使微生物本身及矿物细粒絮凝。研究者最先报道了用 *M. phlei* 菌絮凝赤铁矿、煤及磷灰石细泥的情况。研究表明：磷灰石悬浮液在10.2mg/kg *M. phlei* 菌作用下，赤铁矿悬浮液在5.85mg/kg *M. phlei* 菌作用下，4min 后可得到大量沉淀；*M. phlei* 菌存在与否对煤的絮凝情况有很大影响。随后的研究也证实，表面具有较高负电性及疏水性的 *M. phlei* 菌对于赤铁矿、煤及磷灰石而言，是良好的生物絮凝剂，且在特定情况下，还可能有选择性地絮凝矿物。

由以上试验结果，完全有理由相信微生物可作为良好的絮凝剂，并可能具有良好的选择性。近期的研究则更多地致力于寻找成本更为低廉的微生物菌种，并研究其与矿物作用时的表面特征变化和机理，从而更好地控制絮凝效果。

（2）微生物及其代谢产物作为捕收剂　凡能选择性地作用于矿物表面，使矿物表面疏水的物质，称之为捕收剂。由此可知，选用微生物作为捕收剂主要是希望它能改变矿物表面的电荷，使其具有疏水性。这些微生物表面上有聚合物或是酸、类脂、氨基酸、蛋白质等疏水性官能团，它们可以直接附着在矿物表面，使矿物表面疏水，从而得以浮选分离。

赤铁矿表面的负电荷要远少于具有疏水表面的 *M. phlei* 菌。Dubel 等人最早考虑将 M. *phlei* 菌作为赤铁矿的捕收剂。他们分别对＜53μm＋20μm 和＜20μm 的赤铁矿进行吸附浮选，结果表明：＜53μm＋20μm 粒级赤铁矿在 pH＝7±0.5 时，其浮选回收率随着 *M. phlei* 菌浓度的增大而提高。＜20μm 粒级赤铁矿的浮选回收率则略有不同。在一定范围内，随着 *M. phlei* 菌浓度提高，吸附量增大，浮选回收率显著上升；*M. phlei* 菌浓度达到相当值后，回收率随*M. phlei*菌浓度及吸附量提高的幅度变小；*M. phlei*菌浓度大于$2.0\times10^5$mg/kg则会导致形成过大赤铁矿疏水聚团而降低浮选回收率。在其他研究中，*M. phlei*菌及其代谢物还用作煤矿、白云石及磷灰石的捕收剂。无论何种情况，*M. phlei*菌的浓度都极其重要。

(3) 微生物及其代谢产物作为调整剂　微生物选矿中，作为调整剂用到的微生物有硫酸盐还原菌（SRB)、氧化亚铁硫杆菌、*M. phlei*菌等。研究表明SRB及其代谢物可以影响硫化矿及非硫化矿的浮选。在混合矿中，SRB可以抑制黄铜矿和闪锌矿，而辉铂矿及方铅矿则不受影响；利用SRB还可以很好地将方铅矿和闪锌矿分离。试验表明，混合矿在与SRB作用后，方铅矿的回收率高达95%，而闪锌矿的回收率仅为4.5%。氧化亚铁硫杆菌可以在煤浮选中作为黄铁矿的抑制剂。氧化亚铁硫杆菌可以在短时间内吸附到黄铁矿表面，使其表面由疏水性转化为亲水性，从而使黄铁矿失去可浮性。随后，许多学者进行了广泛而深入的研究探讨，发现黄铁矿在与细菌作用后，可以在更多复杂硫化矿体系中受到抑制而其余矿物不受影响。

#### 2.8.5.5 微生物选矿展望

生物选矿技术具有简单易行、成本低、能耗少且污染少等特点。微生物选矿技术在选矿中展示出良好的应用前景，可以预言，它将改变一些传统的选矿方法和概念，使选矿过程产生一些根本的变革，从根本上使传统的选矿方法高技术化。微生物选矿的应用研究，已取得了一些令人鼓舞的实验研究成果，为它今后在工业上的大规模实际应用展示了美好前景，但它离大规模的工业应用还有相当的一段距离。目前仍然有大量的基础研究和应用研究必须进行，主要有以下几个方面：①微生物表面化学性质研究，尤其是微生物表面电性和疏水性的研究；②微生物与矿物表面作用机理研究，阐明微生物与矿物表面之间的主要作用力；③微生物培养方法研究；④降低微生物培养成本，利用制药、食品等工业有机废料作为微生物培养基成分，是降低微生物培养成本的切实可行的措施；⑤加强微生物选矿药剂的工业应用研究，尤其是加强价廉、高效、适应性强、利于包装、便于使用的无害微生物选矿药剂的工业应用研究，而这方面的研究，可能是促进微生物选矿药剂工业应用的重要前提。

### 2.8.6 高温煅烧提纯技术

#### 2.8.6.1 概述

高温煅烧作为一种提纯手段，主要是将非金属矿物中比较容易挥发的杂质（如炭质、有机质等)，以及特别耐高温的矿物中耐火度较低的矿物通过煅烧而蒸发掉。也就是说，煅烧是依据矿物中各组分分解温度或在高温下化学反应的差别，有目的地富集某种矿物组分或化学成分的方法。对于许多矿物，煅烧处理同时具有提纯和改性两种功能，这里只涉及提纯。

非金属矿煅烧或热处理是重要的选矿提纯技术之一，其主要目的如下。

(1) 使目的矿物发生物理和化学变化　在适宜的气氛和低于矿物原料熔点的温度条件下，使矿物原料中的目的矿物发生物理和化学变化，如矿物（化合物）受热脱除结构水或分解为一种组成更简单的矿物（化合物)、矿物中的某些有害组分（如氧化铁）被气化脱除或矿物本身发生晶形转变，最终使产品的白度（或亮度)、孔隙率、活性等性能提高和优化。如高岭土煅烧脱结构水而生成偏高岭石、硅铝尖晶石和莫来石；石膏矿（二水石膏）经低温煅烧成为半水石膏，高温煅烧则成为无水石膏或硬石膏；凹凸棒石及海泡石煅烧后可排出大量吸附水和结构水，使颗粒内部结晶破坏而变得松弛，比表面积和孔隙率成倍增加；铝土矿（水合氧化铝）和水镁石（氢氧化镁）煅烧后脱除结晶水生成氧化铝或氧化镁；滑石在600℃以上的温度下煅烧，脱除结构水，晶格内部重新排列组合，形成偏硅酸盐和活性二氧化硅。表2-24列出一些含水矿物的脱除结构水的温度范围。

**表 2-24 一些含水矿物脱除结构水的温度范围**

| 矿物名称 | | 化学组成 | 结晶完整程度 | 脱除结构水温度/℃ |
|---|---|---|---|---|
| 高岭石族 | 地开石 | $Al_2O_3 \cdot 2SiO_2 \cdot 2H_2O$ | 柱状晶体,解理片似菱形 | 600～680 |
| | 珍珠陶土 | $Al_2O_3 \cdot 2SiO_2 \cdot 2H_2O$ | 解理片呈楔形,有珍珠光泽,不吸收染料 | 600～680 |
| | 高岭石 | $Al_2O_3 \cdot 2SiO_2 \cdot 2H_2O$ | 晶体呈片状,吸收染料变为多色性 | 480～600 |
| | 多水高岭石(埃洛石) | $Al_2O_3 \cdot 2SiO_2 \cdot 6H_2O$ | 结晶程度低,呈管状结晶 | 480～600 |
| 蒙脱石 | | $Al_2O_3 \cdot 4SiO_2 \cdot 3H_2O$ | 含结晶水的铝硅酸盐 | 550～750 |
| 伊利石 | | $KAl_2[(Al,Si)Si_3O_{10}](OH)_2 \cdot nH_2O$ | | 550～650 |
| 叶蜡石 | | $Al_2O_3 \cdot 4SiO_2 \cdot H_2O$ | | 600～750 |
| 一水铝石 | | $Al_2O_3 \cdot H_2O$ | 非晶质含水矿 | 450～650 |
| 三水铝石 | | $Al_2O_3 \cdot 3H_2O$ | | 250～450 |
| 石膏 | | $CaSO_4 \cdot 2H_2O$ | 含结晶水的硫酸盐矿物 | 130～270 |
| 氢氧化铁 | | $Fe(OH)_3$ | | 65 |

(2) 使碳酸盐矿物和硫酸盐矿物发生分解 碳酸盐矿物主要指石灰石、白云石、菱镁矿等，经高温煅烧后生成氧化物和二氧化碳。硫酸盐矿物主要指硫酸钙和硫酸钡，高温煅烧后生成氧化物及硫化物。

(3) 使硫化物、碳质及有机物氧化 在一些非金属矿物如硅藻土、煤系高岭石及其他黏土矿物中，常含有一定的碳质、硫化物或有机质，通过在适宜温度下煅烧可以除去这些杂质，使矿物的纯度、白度、孔隙率提高。

(4) 熔融和烧成 熔融是将固体矿物或岩石在熔点条件下转变为液相高温流体；烧成是在高于矿物热分解温度下进行的高温煅烧，也称重烧，目的是稳定氧化物或硅酸盐矿物的物理状态，变为稳定的固相材料。为了促进变化的进行，有时也使用矿化剂或稳定剂。这个稳定化处理，从现象上看有再结晶作用，目的在于使矿物变为稳定型变体，具有高密度和常压稳定性等特性。

熔融和烧成常用来制备低共熔化合物，如二硅酸钠、偏硅酸钠、正硅酸钠以及四硅酸钾、偏硅酸钾、二硅酸钾、轻烧镁、重烧镁、铸石以及玻璃、陶瓷和耐火材料等。

#### 2.8.6.2 煅烧反应分类

煅烧过程中，矿物组分发生的变化称为煅烧反应。煅烧反应主要是在热发生器（各种煅烧窑炉）中发生于气-固界面的多相化学反应，该反应同样遵循热力学和质量作用定律。根据煅烧过程中主要煅烧反应的不同，可将煅烧方法分为六类：还原煅烧、氧化煅烧、氯化煅烧、加盐煅烧、离析煅烧和磁化煅烧。

(1) 还原煅烧 还原煅烧是指在还原气氛中使高价态的金属氧化物还原为低价态的金属氧化物或矿物在还原气氛中进行的煅烧。除了汞和银的氧化物在低于400℃的温度条件下于空气中加热可以分解析出金属外，绝大多数金属氧化物不能用热分解的方法还原，只能采用添加还原剂的方法将其还原。凡是对氧的化学亲和力比被还原的金属对氧的亲和力大的物质均可作为该金属氧化物的还原剂。在较高的温度下，碳可以作为许多金属氧化物的还原剂。生产中常用的还原剂为固体碳、一氧化碳气体和氢气。

还原焙烧目前主要应用于处理难选的铁、锰、镍、铜、锡、锑等矿物原料，此外还用于精矿去除杂质、粗精矿精选等过程。

(2) 氧化煅烧 氧化煅烧指在氧化气氛中加热矿物，使炉气中的氧与矿物中某些组分作用或矿物本身在氧化气氛中进行的煅烧。在这里氧化煅烧主要是指将金属硫化物转变为相应的氧化物和或硫酸盐的一种煅烧方法，涉及的反应方程式如下。工业上氧化煅烧多用于对黄铁矿进行杂质的脱除及有用组分的氧化富集，设备多为多膛炉、回转窑和沸腾炉等。氧化煅烧的温度高于其着火温度，但应低于其熔化温度，煅烧温度一般在580～800℃之间，温度过高会出现烧结的现象。

$$2MS+3O_2 \xlongequal{} 2MO+2SO_2$$

$$2SO_2+O_2 \xlongequal{} 2SO_3$$

$$MO+SO_3 \xlongequal{} MSO_4$$

(3) 氯化煅烧　氯化煅烧可以说是在直接氯化和氧化煅烧预处理的基础上发展起来的。氯化煅烧是指在一定条件下，借助氯化剂的作用，使物料中的某些组分转变为气相或凝聚相的氯化物，以使目的组分和其他组分分离富集的过程。

根据煅烧作业温度条件的不同，氯化煅烧可以分为低温、中温和高温氯化煅烧三种类型。在一些论述氯化煅烧的专著中，常将氯化煅烧分为中温氯化煅烧和高温氯化挥发煅烧。中温氯化煅烧因为煅烧温度不高（600℃左右），生成的金属氯化物基本上呈固态存留在焙砂中，随后需要用浸出作业使氯化物溶出而与焙砂分离，因而常常称为氯化煅烧浸出法。高温氯化煅烧则因为煅烧温度比较高，生成的金属氯化物呈蒸气状态挥发或者呈熔融状态而可以直接与固体煅烧矿或脉石分离。使氯化物呈蒸气状态挥发的煅烧方法，又常常称为氯化挥发煅烧法。中温和高温氯化煅烧方式，都会造成金属损失和分散，焙砂失重大、可溶性组分含量低，焙砂中硫、砷固定率低；而且，能量消耗大，设备要求高等因素的影响，限制了其工业化应用。而低温氯化煅烧温度为200～400℃（大多在280～350℃），远低于硫化物、硫砷化物大量燃烧的温度，固体氯化剂（NaCl、$CaCl_2$等）分解的主要途径是借助炉气中的$SO_2$、$SO_3$作催化剂的氧化分解反应。低温氯化煅烧的主要缺点是反应速率慢，一般都需要几个小时才能反应彻底。

氯化煅烧中应用的氯化剂有氯、氯化氢、四氯化碳、氯化钙、氯化钠、氯化铵等，但最常见的是氯、氯化氢、氯化钙和氯化钠。

以$Cl_2$为氯化剂，氯化煅烧涉及的反应方程式如下：

$$MO+Cl_2 \xlongequal{} MCl_2+1/2O_2$$

$$MS+Cl_2 \xlongequal{} MCl_2+1/2S_2$$

$$MO+2HCl \xlongequal{} MCl_2+H_2O$$

$$MS+2HCl \xlongequal{} MCl_2+H_2S$$

(4) 加盐煅烧　加盐煅烧指的是在矿物原料焙烧中加入钠盐，如$Na_2CO_3$、NaCl和$Na_2SO_4$等，在一定的温度和气氛下，使矿物原料中的难溶目的组分转变为可溶性的相应钠盐的变化过程。所得焙砂（烧结块）可用水、稀酸或稀碱进行浸出，目的组分转变为溶液，从而使有用组分分离富集。加盐煅烧可用于提取有用成分，也可用于除去难选粗精矿中的某些杂质。在非金属矿的选矿提纯中，加盐煅烧主要用于去除石墨、高岭土等精矿中的磷、铝、硅、钒、钼等杂质，在煅烧过程中加入盐类添加剂，使之转化成相应的可溶性盐，便于浸出。

涉及的反应方程式如下：

$$Ca_3(PO_4)_2+3Na_2CO_3 \longrightarrow 2Na_3PO_4+3CaCO_3$$

$$Al_2O_3+2NaOH \xrightarrow{500\sim800℃} 2NaAlO_2+H_2O$$

$$SiO_2+Na_2CO_3 \xrightarrow{700\sim800℃} Na_2SiO_3+CO_2\uparrow$$

$$SiO_2+2NaOH \xrightarrow{500\sim800℃} Na_2SiO_3+H_2O$$

$$V_2O_5+Na_2CO_3 \longrightarrow 2NaVO_3+CO_2\uparrow$$

$$Fe_2O_3+2NaOH \xrightarrow{500\sim800℃} 2NaFeO_2+H_2O$$

$$Fe_2O_3+Na_2CO_3 \longrightarrow 2NaFeO_2+CO_2\uparrow$$

$$2MoS_2+6Na_2CO_3+9O_2 \longrightarrow 2Na_2MoO_4+4Na_2SO_4+6CO_2\uparrow$$

加盐煅烧比一般煅烧温度高，接近物料的软化点，但仍低于物料的熔点，此时熔剂熔融形成部分液相，使反应试剂较好地与炉料接触，可增加反应速率。因此，此作业的目的不是烧结而是使难溶的目的组分矿物转变为相应的可溶性钠盐，烧结块可以直接送去水淬浸出或冷却磨细后浸出。

(5) 离析煅烧　离析煅烧是指在中性或还原气氛中加热矿物，使其中的有价组分与固态氯化剂（氯化钠或氯化钙）反应，生成挥发性气态金属氯化物，随机沉淀在炉料中的还原剂表面。

以贵州某高铝硅褐铁矿为研究对象，采用离析焙烧-弱磁选工艺对该矿石进行了提铁降杂研究，矿物中所含 $SiO_2$ 含量由原来的 13.88%降到 7.89%，$Al_2O_3$ 含量由原来的 26.11%降到 4.26%。涉及的反应方程式如下：

$$6HCl + Fe_2O_3 = 2FeCl_3 + 3H_2O$$

$$2FeCl_3 + C + 3H_2O = 2FeO + CO + 6HCl$$

$$2FeCl_3 + CO + 3H_2O = 2FeO + CO_2 + 6HCl$$

$$FeO + Fe_2O_3 = Fe_3O_4$$

$$6HCl + Al_2O_3 = 2AlCl_3 + 3H_2O$$

在完全反应条件下，煅烧后生成的固体产物主要为 $Fe_2O_3$ 和 $AlCl_3$。由于 $AlCl_3$ 沸点较低(183℃)，高温条件下其以蒸气形式离开矿石，并吸附于剩余的碳质还原剂表面，矿石中的含铝矿物与含铁矿物得以离析分离。与此同时，非磁性的褐铁矿通过焙烧，转化为强磁性的磁铁矿，通过弱磁选便可将铁矿物富集。

(6) 磁化煅烧　磁化煅烧是将含铁矿物原料在低于其熔点的温度和一定的气氛下进行加热反应，使弱磁性铁矿物（如赤铁矿、褐铁矿、菱铁矿和红铁矿等）转变为强磁性铁矿物（一般为磁铁矿）的一种煅烧方法，常用于铁矿的磁选分离和富集的预处理过程，一般仅是磁选的辅助作业，在冶金、选矿和化工领域有着广泛的应用。工业上常用的磁化煅烧设备主要有竖炉、回转窑和沸腾炉等，实验室中常用的装置有马弗炉、管式炉等。

## 参 考 文 献


[1] 李川泽．非金属矿采矿选矿工程设计与矿物深加工新工艺新技术应用实务全书 [M]．北京：当代中国音像出版社，2005.

[2] 王利剑．非金属矿物加工技术基础 [M]．北京：化学工业出版社，2010.

[3] 郑水林，袁继祖．非金属矿加工技术与应用手册 [M]．北京：冶金工业出版社，2005.

[4] 谢广元．选矿学 [M]．徐州：中国矿业大学出版社，2001.

[5] 樊民强，张荣曾．颗粒在跳汰床层中分布形态的研究 [J]．煤炭学报，2000，25 (3)：312-315.

[6] 王飞，郑士芹，张奕奎，等．跳汰分层过程数学建模．黑龙江科技学院学报，2001，11 (4)：42-44.

[7] 符东旭，熊诗波．跳汰床层密度分布规律的研究 [J]．选煤技术，2001，(2)：13-18.

[8] 樊民强．跳汰分层动力学研究 [J]．选煤技术，2004，(3)：5-9.

[9] 陈玉，张明旭．离心跳汰理论与实践的分析研究 [J]．选煤技术，2004，(2)：23-26.

[10] 匡亚莉，欧泽深．跳汰过程中水流运动的数学模拟 [J]．中国矿业大学学报，2004，33 (3)：254-258.

[11] 李树军．浅谈介质粒度对重介质分选的影响 [J]．山西焦煤科技，2011，(9)：20-22.

[12] 布哈普 R B. 重介质分选评述 [J]．国外金属矿选矿，2005，(5)：12-17.

[13] 戴惠新．选矿技术问答 [M]．北京：化学工业出版社，2010.

[14] 王淀佐．矿物浮选和浮选剂——理论与实践 [M]．长沙：中南工业大学出版社，1986.

[15] 陈小丹．黄药在浮选领域的作用 [J]．广东化工，2012，39 (6)：338-339.

[16] 杨耀辉，张裕书，刘淑君．季铵盐类表面活性剂在矿物浮选中应用 [J]．矿产保护与利用，2011，(5-6)：108-112.

[17] 张泾生，阙煊兰．矿用药剂 [M]．北京：冶金工业出版社，2009.

[18] 田建利，肖国光，黄光耀，等．两性浮选捕收剂合成研究进展 [J]．湖南有色金属，2012，28 (1)：13-17.

[19] 刘鸿儒，夏鹏飞，朱建光．两性捕收剂的合成 [J]．湖南化工，1991，(2)：29-32.

[20] 张益魁．混合捕收剂在萤石浮选中应用的研究［J］．非金属矿，1999，22（1）：34-36.
[21] 卜显忠，刘振辉，张崇辉．应用组合药剂常温浮选云南某白钨矿的研究［J］，2012，34（7）：78-82.
[22] 王国芝，徐刚，徐盛明，等．浮选药剂结构与性能关系的研究进展［J］．矿产保护与利用，2012，(1)：53-59.
[23] 王淀佐．浮选药剂作用原理及应用［M］．北京：冶金工业出版社，1982.
[24] 钟宣．浮选药剂的结构与性能——浮选药剂性能的电负性计算法［J］．有色金属：冶炼部分，1975，(4)：44-51.
[25] 陈建华，冯其明，卢毅屏．浮选药剂亲固基团的设计［J］．有色金属，1999，51（2）：19-23.
[26] 冯其明，席振伟，张国范，等．脂肪酸捕收剂浮选钛铁矿性能研究［J］．金属矿山，2009，(5)：46-49.
[27] 钟宣．浮选药剂的结构与性能——浮选药剂的 HLB 计算法［J］．有色金属：冶炼部分，1977，(7)：36-40.
[28] 李仕亮，王毓华．胺类捕收剂对含钙矿物浮选行为的研究［J］．矿冶工程，2010，30（5）：55-58.
[29] 林强，杨晓玲，王淀佐．二烃基硫代次膦酸对某些硫化矿的捕收性能研究［J］．有色矿冶，1997，(2)：17-20.
[30] 李正勤．晶体化学基本原理在浮选中的应用［J］．湖南有色金属，1985，(3)：18-22.
[31] 钟宣．浮选药剂的结构与性能——浮选药剂分子几何大小与选择性［J］．有色金属：冶炼部分，1977，(10)：13-20.
[32] 钟宣．浮选药剂的结构与性能——浮选药剂性能的 CMC 计算法［J］．有色金属：冶炼部分，1977，(6)：25-28.
[33] Thanikaivelan P，Subramanian V，Rao J R，et al. Application of quantum chemical descriptor in quantitative structure activity and structure property relationship［J］. Chemical Physics Letters，2000，323（1-2）：59-70.
[34] 刘凤霞．氧化铅浮选黄药分子结构与性能研究［D］．南宁：广西大学，2007.
[35] 蒋玉仁，薛玉兰，王淀佐．浮选药剂性能的能量判据计算［J］．中南工业大学学报：自然科学版，1999，30（5）：481-484.
[36] 罗思岗，王福良．分子力学在研究浮选药剂与矿物表面作用中的应用［J］．矿冶，2009，18（1）：1-4.
[37] Natarajan R，Nirdosh I，Basak S C，et al. QSAR modeling of flotation collectors using principal components extracted from topological indices［J］. Journal of Chemical Information and Computer Sciences，2002，42（6）：1425-1430.
[38] 何向文，谢国先，杜灵奕．药剂不同添加方式对胶磷矿浮选的影响研究［J］．化工矿物与加工，2012，(3)：4-6.
[39] 覃文庆，姚国成，顾帼华，等．硫化矿物的浮选电化学与浮选行为［J］．中国有色金属学报，2011，21（10）：2669-2677.
[40] 罗廉明，华萍．抗硬水性捕收剂的合成及浮选性能研究［J］．湖北化工，1999，(4)：9-11.
[41] 王振宇，刘滢．高岭土选矿除铁工艺研究现状［J］．甘肃冶金，2012，34（1）：52-55.
[42] 罗正杰．北海高岭土与云母分选技术研究［J］．中国非金属矿工业导刊，2007，(3)：41-43.
[43] 马圣尧，周岳远，李小静．吉林硅藻土磁选除铁工艺研究［J］．中国非金属矿工业导刊，2012，(3)：13-15.
[44] Rinaldi C，Chaves A，Elborai S，et al. Magnetic fluid rheology and flows［J］. Current Opinion in Colloid & Interface Science，2005，(10)：141-157.
[45] 刘晓龙，韦宗慧，冯超，等．磁流体制备及性质研究［J］．物理实验，2012，32（8）：6-10.
[46] 陈恭，王秀玲，刘勇健，等．表面活性剂二次包覆制备 $Fe_3O_4$ 水基磁流体［J］．苏州科技学院学报：自然科学版，2012，29（3）：46-50.
[47] 胡大为，王燕民，潘志东．不同形貌纳米 $Fe_3O_4$ 粒子磁流体的稳定性及其流度学性能［J］．硅酸盐学报，2012，40（4）：583-589.
[48] 韩调整，黄英，黄海舰．磁流体的制备及应用［J］．材料开发与应用，2012，27（4）：86-92.
[49] 张振忠，王超，赵芳霞，等．纳米铁粉对硅油基 $Fe_3O_4$ 磁流体的性能影响［J］．功能材料，2008，39（5）：864-866.
[50] Liu Y C，Jiang R L，Zhao W T. Rare earth modification and mechanism of cobalt ferrite ionic magnetic fluids［J］. Chinese Journal of Chemical Physics，2005，18（6）：1010-1014.
[51] 赵猛，邹继斌，胡建辉．磁场作用下磁流体黏度特性的研究［J］．机械工程材料，2006，30（8）：64-65.
[52] Fofana M，Klima M S. Density simulations in magnetic fluid-based separators［J］. Minerals Engineering，1988，11（4）：361-374.
[53] Hui C，Shen C M，Yang T Z. Large-scale $Fe_3O_4$ nanoparticles soluble in water synthesized by a facile method［J］. Journal of Physics and Chemistry C，2008，112（30）：1336-1338.
[54] 张侃，蒋荣立，种亚岗．磁流体静力分选机理研究［J］．选煤技术，2011，(4)：10-14.
[55] 吴彩斌，周平，段希祥，等．干式电选工艺在化工矿山中的应用研究［J］．化工环保，2004，24（1）：9-12.
[56] 叶孙德，戴惠新．电选技术的应用现状与发展［J］．云南冶金，2007，36（3）：15-20.
[57] 路阳，曹亦俊，章新喜，等．微粉煤摩擦电选脱硫降灰试验研究［J］．选煤技术，2006，(6)：3-6.
[58] 于凤芹，章新喜，段代勇，等．粉煤灰摩擦电选脱碳的试验研究［J］．选煤技术，2008，(1)：8-12.
[59] 龚文勇，张华．电选粉煤灰脱碳技术的研究［J］．粉煤灰，2005，(3)：33-36.
[60] 马诺切赫力 H R. 电选法基础理论评述［J］．国外金属矿选矿，2002，(7)：4-16.

[61] 马诺切赫力 H R. 电选法应用实践评述［J］. 国外金属矿选矿，2002，(10)：4-17.
[62] 杨波，王京刚，张亦飞，等. 常压下高浓度 NaOH 浸取铝土矿预脱硅［J］. 过程工程学报，2007，(5)：922-927.
[63] 黄如柏. 微晶石墨提纯方法研究［J］. 非金属矿，1996，(6)：38-39.
[64] 邱冠周，袁明亮，杨华明，等. 矿物材料加工学［M］. 长沙：中南大学出版社，2006.
[65] 中南矿冶学院冶金研究室编. 氯化冶金［M］. 北京：冶金工业出版社，1978.
[66] 王菊. 碳质银精矿富氧-氯化煅烧工艺及动力学研究［D］. 吉林：吉林大学，2009.
[67] 王在谦，唐云，舒聪伟，等. 难选褐铁矿氯化离析焙烧-磁选研究［J］. 矿冶工程，2013，33 (2)：81-84.
[68] 王星昊. 循环流化床燃烧及其磁化焙烧铁矿石的提质试验研究［D］. 杭州：浙江大学，2011.
[69] 谢刚，李晓阳，臧健，等. 高纯石墨制备现状及进展［J］. 云南冶金，2011，40 (1)：48-51.
[70] 蒋鸿辉，王琨. 生物选矿的应用研究现状及发展方向［J］. 中国矿业，2005，14 (9)：76-78.
[71] 李安，李宏煦，郭云驰，等. 生物选矿的基本理论及研究进展［J］. 金属矿山，2010，(6)：109-114.
[72] Gary J H. Chemical and physical beneficiation of Florida phosphate slimes［R］.［S. I.］：United States Bureau of Mines，1963.
[73] Bemstein R A. Waste treatment with microbial nucleo-protien floeculating agent：US，3684706［P］. 1972-08-15.
[74] Misra M，Smith R W，Dubel J. Bioflocculation of finely divided minerals［M］//Smith R W，Misra M. Mineral Bioprocessing. Warrendale：The Minerals，Metals and Materials Society，1991：91-103.
[75] Misra M，Chen S，Smith R W，et al. *Mycobacterium phlei* as a flotation collector for hematite［J］. Minerals and Metallurgical Processing，1993，10：170-175.
[76] Dubel J，Smith R W，Misra M，et al. Microorganisms as chemical reagents：The hematite system［J］. Minerals Engineering，1992，5 (3-5)：547-556.
[77] Smith R W，Misra M，Chen S. Adsorption of a hydrophobic bacterium onto hematite implications in the froth flotation of hematite［J］. Industrial Microbiology，1993，11 (2)：63-67.
[78] Zheng X，Snith R W，Mehta R K，et al. Anionic flotation of apatite from dolomite modified by the presence of bacteria［J］. Minerals and Metallurgical Processing，1998，15：52-56.
[79] Solojenken P M，Lyubavina L L，Larin V K，et al. A new collector in non-sulfide ore flotation［J］. Bulletin Nonferrous Metall，1976，16：21-31.

# 第3章

# 非金属矿物粉体加工技术

## 3.1 概述

粉体是众多颗粒的聚集体，粉体学又称为颗粒学。人类应用粉体材料已有很长的历史。近几十年来，随着粉末冶金、高技术陶瓷、纳米功能材料的发展，各行业对粉体材料，特别是高性能粉体材料的需求不断增加，相应的粉体加工处理技术也不断更新，相关研究逐渐深入并受到研究工作者的广泛关注。

在非金属矿物加工中，通常把粒径小于10μm的粉体称为超细粉体，相应的加工技术称为超细粉碎。超细粉碎是近几十年来发展起来的一门新技术，是非金属矿深加工的最重要技术之一。

超细粉体的应用始于20世纪中叶，是伴随着现代高技术和新材料行业以及传统产业技术和资源综合利用及深加工等发展起来的一项新的粉碎工程技术，在陶瓷、涂料、塑料、橡胶、微电子及信息材料、精细磨料、耐火材料、药品及生化材料等许多领域的需求日益增加，对粉体粒度和粒度分布、纯净度、颗粒形状等的要求日益严格。与之相应，相关的超细粉碎分级理论和技术得到了很大发展，出现了各种型号的机械或气流冲击式超细粉碎机和超细分级装置，配之以产品输送、介质分离、除尘、检测等设备，构成了较为庞大的、涉及面较广的新型行业。

超细粉体通常分为微米级、亚微米级、纳米级粉体。粒径大于1μm的粉体为微米级，粒径在0.1～1μm的粉体为亚微米级，粒径在0.001～0.1μm的粉体为纳米级。微米、亚微米、纳米级粉体的性质和相关技术相差很大，本章只涉及微米级非金属矿粉体的加工技术。

超细粉体的性能与普通的颗粒是有很大不同的。当颗粒的尺度达到亚微米级尤其是纳米级时，其表面的原子排列和电子分布结构及晶体结构较普通颗粒均有明显变化，产生了有别于普通颗粒的表面效应、小尺寸效应、量子效应和量子隧道效应。因此，在某些特殊场合会具有优异的物理、化学及表面与界面性质。

超细粉碎过程不仅仅是粒度减小的过程，同时还伴随着被粉碎物料晶体结构和物理化学性质不同程度的变化。这种变化对较粗的粉碎过程来说是微不足道的，但对超细粉碎过程来说，由于粉碎时间较长、粉碎强度较大以及物料粒度被粉碎至微米级或亚微米级，这些变化在某些粉碎工艺和条件下经常出现。这种因机械超细粉碎作用导致的被粉碎物料晶体结构和物理化学性质的变化称为粉碎过程机械化学效应。这种机械化学效应对被粉碎物料的应用性能产生一定程度的影响，现正在将其应用于对粉体物料的表面活化处理中。

# 3.2 粉体的粒度特征

## 3.2.1 粒径

### 3.2.1.1 单颗粒粒径

粒度是指一个颗粒的大小，通常球体颗粒的粒度用直径表示，立方体颗粒的粒度用边长表示。对不规则的矿物颗粒，可将与矿物颗粒有相同行为的某一球体直径作为该颗粒的等效直径。

实验室常用的测定物料粒度组成的方法有筛析法、水析法和显微镜法。筛析法得到的粒径是筛孔尺寸，水析法得到的是某种沉降特性相同的球形颗粒的直径，显微镜下观察到的是颗粒与视线垂直的平面上的尺寸。下面介绍几种常用的粒径表示方法。

（1）球当量径　球当量径是实际颗粒与球形颗粒的某种性质相类比得到的粒径，具体包含两类：等体积球当量径和等表面积球当量径。等体积当量径是指与颗粒体积相等的球形颗粒的直径，用符号 $d_V$ 表示，若颗粒的体积为 $V$，则

$$d_V=\sqrt[3]{\frac{6V}{\pi}} \tag{3-1}$$

等表面积球当量径是指与颗粒表面积相等的球形颗粒的直径，用符号 $d_S$ 表示，若颗粒的表面积为 $S$，则

$$d_S=\sqrt{\frac{S}{\pi}} \tag{3-2}$$

（2）圆当量径　圆当量径是颗粒的投影图形与圆的某种性质相类比得到的粒径。对于薄片状颗粒，多用该粒径表示颗粒的大小。圆当量径主要包括投影圆当量径和等周长圆当量径。投影圆当量径指与颗粒投影面积相等的圆的直径，也称为 Heywood 径，用符号 $d_H$ 表示，若投影面积为 $A$，则

$$d_H=\sqrt{\frac{4A}{\pi}} \tag{3-3}$$

等周长当量径指与颗粒投影等周长的圆的直径，用符号 $d_L$ 表示，若投影周长为 $L$，则

$$d_L=\frac{L}{\pi} \tag{3-4}$$

（3）三轴径　以颗粒外接四方体的长 $l$、宽 $b$、高 $h$ 定义的粒度平均值称为三轴平均径。其计算式及物理意义列于表 3-1。

（4）定向径　定向径是指在显微镜下平行于一定方向测得的颗粒的尺寸。

① 费雷特径（Feret 径）$d_F$ 沿一定方向测得的颗粒投影轮廓两边界平行线间的距离。对于一个颗粒，$d_F$因所取方向而异，可按若干方向的平均值计算。

② 马丁径（Martin 径）$d_M$ 又称定向等分径，沿一定方向将颗粒投影面积二等分的线段长度。

③ 最大定向径 $d_m$ 沿一定方向测得的颗粒投影轮廓最大割线的长度。

**表 3-1　三轴平均径计算公式**

| 名称 | 计算式 | 物理意义 |
|---|---|---|
| 二轴平均径 | $\frac{l+b}{2}$ | 平面圆形的算术平均 |

续表

| 名称 | 计算式 | 物理意义 |
| --- | --- | --- |
| 三轴平均径 | $\frac{l+b+h}{3}$ | 算术平均 |
| 二轴几何平均径 | $\sqrt{lb}$ | 平面图形的几何平均 |
| 三轴几何平均径 | $\sqrt[3]{lbh}$ | 与颗粒外接长方体体积相等的立方体的棱长 |
| 三轴调和平均径 | $\frac{3}{1/l+1/b+1/h}$ | 与颗粒外接长方体比表面积相等的球的直径或立方体棱长 |

#### 3.2.1.2 颗粒群平均粒径

在生产实践中，涉及的往往并非单一粒径，而是包含不同粒径的若干颗粒的集合体，即颗粒群。其平均粒径通常用统计数学的方法来计算。

假定颗粒群按粒径大小可分为若干粒群，其中第 $i$ 粒级（$d_{i-1} \sim d_i$）的粒径为 $d_i$，颗粒数为 $n_i$，占颗粒群总个数的分数为 $f_{in}$，则平均粒径 $D$ 的计算方法通常有以下几种：

（1）算术平均粒径：

$$D=\frac{\sum n_i d_i}{\sum n_i}=\frac{\sum f_{in} d_i}{\sum f_{in}} \tag{3-5}$$

（2）几何平均粒径：

$$D_g=\prod d_i f_i \tag{3-6}$$

式中，$f_i$ 为第 $i$ 粒级的质量分数，将上式两边取对数，得

$$\lg D_g=\sum f_i \lg d_i \tag{3-7}$$

（3）加权平均粒径

$$D=\left(\frac{\sum f_{in} d_i^{\alpha}}{\sum f_{in} d_i^{\beta}}\right)^{\frac{1}{\alpha+\beta}} \tag{3-8}$$

### 3.2.2 粒度分布

粒度分布指用特定仪器和方法反映出粉体样品中不同粒径颗粒占颗粒总量的分数，有区间分布和累计分布两种形式。区间分布又称为微分分布或频率分布，它表示一系列粒径区间中颗粒的百分含量。累计分布也叫积分分布，它表示小于或大于某粒径颗粒的百分含量。

若将粒径 $d_p$ 作为随机变量，其取值小于任意指定的 $D_p$ 这一事件具有概率 $P(d_p<D_p)$，且此概率仅与 $D_p$ 值有关，即它是 $D_p$ 的函数 $F(D_p)$，则可表示为

$$P(d_p<D_p)=F(D_p) \tag{3-9}$$

如果在 $\Delta D_p$ 区间里有

$$\Delta F(D_p)=\frac{F(D_p+\Delta D_p)-F(D_p)}{\Delta D_p} \tag{3-10}$$

且

$$\lim_{D_p \to \infty} F(D_p)=F'(D_p)=f(D_p)$$

则函数 $F(D_p)$ 称为随机变量 $d_p$ 的累积分布函数，$f(D_p)$ 称为 $d_p$ 的分布密度或频率分布函数。

在粒度分析中，通常以累积筛余（大于某一筛孔尺寸的颗粒质量分数）或累积筛下（小于某一筛孔尺寸的颗粒质量分数）来表示累积分布。

表示粒度特性的几个关键指标如下。①$D_{50}$：一个样品的累计粒度分布分数达到50%时对应的粒径。它的物理意义是粒径大于它的颗粒占50%，小于它的颗粒也占50%，$D_{50}$也叫中位径或中值粒径。$D_{50}$常用来表示粉体的平均粒度。②$D_{97}$：一个样品的累计粒度分布分数达到97%时对应的粒径。它的物理意义是粒径小于它的颗粒占97%。$D_{97}$常用来表示粉体粗端

的粒度指标。其他如 $D_{16}$、$D_{90}$ 等参数的定义及物理意义与 $D_{97}$ 相似。

### 3.2.3　粉体的比表面积

上面介绍的粉体的粒度分布可以详细地反映不同粒度区间的颗粒含量，对于准确控制粉体各粒度级别的配比，提高某些制品的致密度以及改善和控制其透气性能是非常有价值的。在有些情形下，如在吸附和催化等应用场合真正有意义的不是粒度分布，而是其比表面积的大小。换言之，粉体的比表面积更能准确地表征其有关性能。

粉体的比表面积是指单位粉体所具有的表面积。单位质量粉体所具有的表面积称为粉体的质量比表面积，用 $S_w$ 表示；单位体积粉体所具有的表面积称为粉体的体积比表面积，用 $S_V$ 表示。二者的相互关系是：

$$S_w = S_V / \rho_p \tag{3-11}$$

## 3.3　粉体颗粒的种类

世界上存在成千上万种粉体物料。它们有的是人工合成的，有的是天然形成的。各种粉体的颗粒又是千差万别的。但是，如果从颗粒的构成来看，这些形态各异的颗粒，往往可以分成四大类型：原级颗粒、聚集体颗粒、凝聚体颗粒和絮凝体颗粒。

（1）原级颗粒　最先形成粉体物料的颗粒，称为原级颗粒。因为它是第一次以固态存在的颗粒，故又称一次颗粒或基本颗粒。从宏观角度看，它是构成粉体的最小单元。根据粉体材料种类的不同，这些原级颗粒的形状，有立方体状，有针形状，有球形状，还有不规则晶体状，如图 3-1 所示。

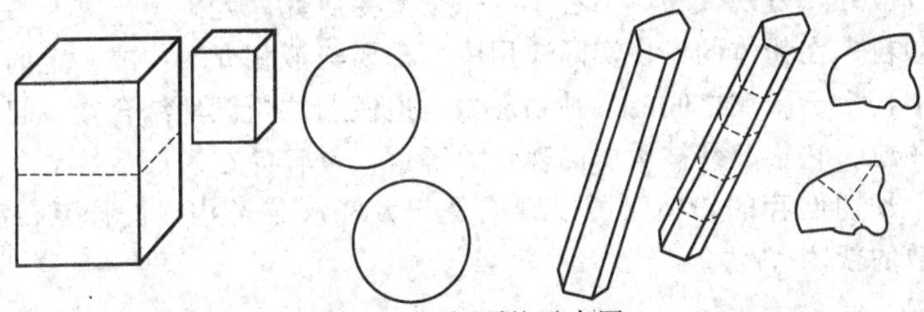

图 3-1　原级颗粒示意图

粉体物料的许多性能都与它的分散状态，即与它的单独存在的颗粒大小和形状有关。真正能反映出粉体物料固有性能的，就是它的原级颗粒。

（2）聚集体颗粒　聚集体颗粒是由许多原级颗粒靠着某种化学力将其表面相连而堆积起来的。因为它相对于原级颗粒来说，是第二次形成的颗粒，所以又称为二次颗粒。由于构成聚集体颗粒的各原级颗粒之间表面均相互重叠，因此，聚集体颗粒的表面积小于构成它的各原级颗粒表面积的总和，如图 3-2 所示。聚集体颗粒主要是在粉体物料的加工和制造过程中形成的。例如，化学沉淀物料在高温脱水或晶型转化过程中，便要发生原级颗粒的彼此粘连，形成聚集体颗粒。此外，晶体生长、熔融等过程，也会促进聚集体颗粒的形成。

由于聚集体颗粒中各原级颗粒之间有很强的结合力，彼此结合得十分牢固，并且聚集体颗粒本身就很小，很难将它们分散成为原级颗粒，必须再用粉碎的方法才能使其解体。

（3）凝聚体颗粒　凝聚体颗粒是在聚集体颗粒之后形成的，故又称三次颗粒。它是由原级颗粒或聚集体颗粒或者两者的混合物，通过比较弱的黏着力结合在一起的疏松的颗粒群，而其中各组成颗粒之间，是以棱或角结合的，如图 3-3 所示。正因为是棱或角连接的，所以凝聚体颗粒的表面积，与各个组成颗粒的表面积之和大体相等，凝聚体颗粒比聚集体颗粒要大得多。

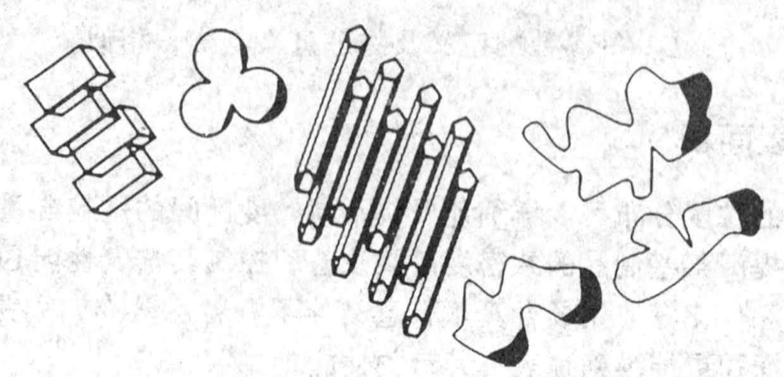

图 3-2　聚集体颗粒示意图

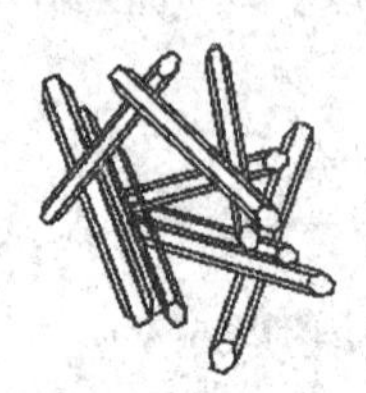

图 3-3　凝聚体颗粒示意图

凝聚体颗粒也是在物料的制造与加工处理过程中产生的。例如，湿法沉淀的粉体，在干燥过程中便形成大量的凝聚体颗粒。

原级颗粒或聚集体颗粒的粒径越小，单位表面上的表面力（如范德华力、静电力等）越大，越易于凝聚，而且形成的凝聚体颗粒越牢固。由于凝聚体颗粒结构比较松散，它能够被某种机械力，如研磨分散力或高速搅拌的剪切力解体。如何使粉体的凝聚体颗粒在具体应用场合下快速而均匀地分散开，是现代粉体工程学的一个重要研究课题。

（4）絮凝体颗粒　在粉体的许多实际应用中，都要与液相介质构成一定的分散体系。在这种液固分散体系中，由于颗粒之间的各种物理力，迫使颗粒松散地结合在一起，所形成的粒子群，称为絮凝体颗粒。它很容易被微弱的剪切力解絮，也容易在表面活性剂（分散剂）的作用下自行分散开来。长期储存的粉体，可以看成是与大气水分子构成的体系，故也有絮凝体产生，形成结构松散的絮团-料块。

## 3.4　超细粉碎助剂

### 3.4.1　概述

在超细粉碎过程中，尤其当颗粒的粒度减小到微米级后，超细粉体的比表面积和表面能显著增大，微细颗粒极易发生团聚，使实际应用受到了一定的限制。在粉碎过程中，向超细粉体中添加一定量的助磨剂或分散剂则可以有效改善上述情况。

助磨剂是一种可以有效提高磨矿效率、改变磨矿环境或物料表面的物理化学特性、降低磨矿能耗的在微粉碎和超微粉碎作业中使用的一种辅助材料。添加助磨剂的主要目的是提高物料的可磨性，阻止微细颗粒的黏结、团聚和在磨机衬板及研磨介质上的黏附，提高磨机内物料的流动性，从而提高产品细度和产量，降低粉碎极限和单位产品的能耗。

分散剂是指能定向吸附在被分散物质颗粒表面阻止其在分散介质中聚集，并能在一定的时间内保持稳定的表面活性物质。分散剂也是一种助剂，它是通过阻止颗粒的团聚，降低矿浆黏度来起助磨作用的。分散剂的化学结构由两部分组成：一部分是能吸附在粉体颗粒表面的“锚固”作用段，另一部分是能在分散介质中充分展开的长链段。

## 3.4.2 助磨剂

### 3.4.2.1 助磨剂的种类

助磨剂种类繁多，助磨效果差异很大，应用较多的就有百余种。按其在常温下的存在状态一般可分为液体、气体和固体三种。液体助磨剂有胺类、醇类、某些无机盐类；气体助磨剂有水蒸气、丙酮气体和惰性气体等；固体助磨剂有胶体炭黑、硬脂酸钙、无机盐氰亚铁酸钾、硬脂酸等。助磨剂根据其本身物理化学性质又可分为有机助磨剂和无机助磨剂两种。表3-2为部分实验室及工业细磨或超细磨中应用的助磨剂。

**表3-2 助磨剂的种类及应用**

| 类型 | 助磨剂名称 | 应用 |
|---|---|---|
| 液体助磨剂 | 乙醇、丁酸、辛醇、甘醇 | 石英 |
| | 甲醇、三乙醇胺、聚丙烯酸钠 | 方解石等 |
| | 乙醇、异丙醇 | 石英、方解石等 |
| | 乙二醇、丙二醇、三乙醇胺、丁醇等 | 水泥等 |
| | 丙酮、三氯甲烷、三乙醇胺、丁醇等 | 方解石、石灰 |
| | 丙酮 | 铁粉等 |
| | 有机硅 | 氧化铝、水泥等 |
| | 12～14胺 | 石英、石英岩等 |
| | FlotagamP | 石灰石、石英等 |
| | 月桂醇、棕榈醇、油醇(钠)、硬脂酸(盐) | 石灰石、方解石等 |
| | 硬脂酸(钠) | 浮石、白云石、石灰石、方解石 |
| | 癸酸 | 水泥、菱镁矿 |
| | 环烷酸(钠) | 水泥、石英岩 |
| | 环烷基磺酸钠 | 石英岩 |
| | 聚二醇乙醚 | SiC、$Si_3N_4$等 |
| | $n$-链烷系 | 苏打、石灰 |
| | 焦磷酸钠、氢氧化钠、碳酸钠、水玻璃等 | 伊利石、水云母等黏土矿物 |
| | NaCl、$AlCl_3$ | 石英岩等 |
| | 碳酸钠、聚马来酸、聚丙烯酸钠 | 石灰石、方解石等 |
| | 六偏磷酸钠、三聚磷酸钠、水玻璃等 | 石英、硅藻土、硅灰石、高岭土、长石、云母等 |
| | 六聚磷酸钠 | 硅灰石等 |
| | 三聚磷酸钠 | 赤铁矿、石英 |
| | 水玻璃、硅酸钠 | 石英、长石、黏土矿、钼矿石、云母等 |
| | 二乙醇胺 | 方解石、水泥、锆英石等 |
| | 聚羧酸盐 | 滑石等 |
| | 碳氢化合物 | 玻璃 |
| | 焦磷酸钠、六偏磷酸钠、聚丙烯酸钠等 | 黏土矿物 |
| | 硅酸钠、六偏磷酸钠、聚丙烯酸钠等 | 高岭土、伊利石等 |
| | 聚丙烯酸(钠) | 高岭土、碳化硅等 |
| 固体助磨剂 | 石膏、炭黑 | 水泥、煤等 |
| 气体助磨剂 | 二氧化碳 | 石灰石、水泥 |
| | 丙酮蒸气 | 石灰石、水泥 |
| | 氢气 | 石英等 |
| | 氮气、甲醇 | 石英、石墨等 |

从化学结构上来说，助磨剂应具有良好的选择性分散作用，能够调节矿浆的黏度，具有较强的抗$Ca^{2+}$、$Mg^{2+}$的能力，受pH值的影响较小等。也就是说助磨剂分子结构要与细磨和超细磨系统复杂的物理化学环境相适应。在非金属矿的湿式超细粉碎中，常用的助磨剂根据其化学结构分为三类：①碱性聚合无机盐，主要用于硅酸盐矿物的粉碎；②碱性聚合有机盐，常用

的是聚丙烯酸钠盐和铵盐；③偶极-偶极有机化合物。

#### 3.4.2.2 助磨剂的作用原理

关于助磨剂能够强化粉磨的原理，国内外科学工作者都进行了大量的研究工作，但是还是不够深入。目前关于助磨剂的作用机理，主要有两种观点：一是“吸附降低硬度”学说，二是“矿浆流变学调节”学说。前者认为助磨剂分子在颗粒上的吸附降低了颗粒的表面能或者引起表面层晶格的位错迁移，产生点或线的缺陷，从而降低颗粒的强度和硬度；同时，阻止新生裂纹的闭合，促进裂纹的扩展。后者认为助磨剂通过调节矿浆的流变学性质和矿粒的表面电性等，降低矿浆的黏度，促进颗粒的分散，从而提高矿浆的可流动性，阻止矿粒在研磨介质及磨机衬板上的黏附以及颗粒之间的团聚。

在磨矿时，磨矿区内的矿粒常受到不同种类应力的作用，导致形成裂纹并扩展，然后被粉碎。因此，物料的力学性质，如在拉应力、压应力或剪切力作用下的强度性质将决定对物料施加的力的效果。显然，物料的强度越低、硬度越小，粉碎所需的能量也就越少。根据格里菲斯定律，脆性断裂所需的最小应力为

$$\sigma=\left(\frac{4E\gamma}{L}\right)^{\frac{1}{2}} \tag{3-12}$$

式中 $\sigma$——抗拉强度；

$E$——杨氏弹性模量；

$\gamma$——新生表面的表面能；

$L$——裂纹的长度。

上式说明，脆性断裂所需的最小应力与物料的比表面能成正比。显然，降低颗粒的表面能，可以减小使其断裂所需的应力。从颗粒断裂的过程来看，根据裂纹扩展的条件，助磨剂分子在新生表面的吸附可以减小裂纹扩展所需的外应力，防止新生裂纹的重新闭合，促进裂纹的扩展。助磨剂分子在裂纹表面的吸附如图 3-4 所示。

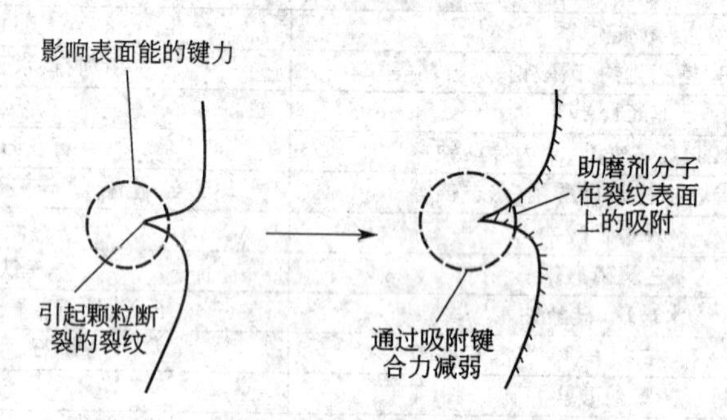


图 3-4 助磨剂分子在裂纹表面吸附示意图

实际颗粒的强度与物料本身的缺陷有关，使缺陷（如位错等）扩大无疑将降低颗粒的强度，促进颗粒的粉碎。

列宾捷尔（Rehbinder）首先研究了在有无化学添加剂两种情况下液体对固体物料断裂的影响。他认为，液体尤其是水将在很大程度上影响碎裂。添加表面活性剂可以扩大这一影响。原因是固体表面吸附表面活性剂分子后表面能降低了，从而导致键合力的减弱。

### 3.4.3 分散剂

#### 3.4.3.1 分散剂的种类

根据分散剂的化学构成分类，粉体分散剂的类型见表 3-3。在实际使用中，用于粉体在水性体系中的分散剂品种比较多，常见的列于表 3-4。

目前，工业上普遍采用的是聚合物分散剂。相比于其他分散剂，聚合物分散剂有以下优点：①无机分散剂会对电导率、介电常数带来不良影响，在某些领域内使用受到限制，而聚合物分散剂则不受这个限制；②与有机分散剂不一样，聚合物类分散剂在生产时具有可控的相对分子质量，而较高的相对分子质量有较好的分散稳定性；③聚合物类分散剂分散能力强，稳定效果好，对分散体系中的离子、pH 值、温度等因素敏感程度小；④聚合物类分散剂可显著降低分散体系的黏度，改善分散体系的流变性，能节省机械操作时所需的能源。

**表 3-3 常见的粉体分散剂**

| 分散剂类型 | 主要使用范围及性能特征 |
|---|---|
| 阴离子型分散剂 | 使用范围广泛，尤其适合于水作分散介质 |
| 非离子型分散剂 | 使用范围广，具有不同类分散剂的配伍性 |
| 阳离子型分散剂 | 极少使用 |
| 两性型分散剂 | 很少使用，仅限于根据分散剂体系 pH 调节分散稳定性的场合 |
| 高分子型分散剂 | 较多使用，适合不同的分散体系 |
| 氟、硅类分散剂 | 限特殊分散体系使用，价格昂贵 |
| 超分散剂 | 较多在亲油分散体系中使用，但价格昂贵 |
| 无机电解质 | 限水性体系使用，价格低廉 |
| 偶联剂 | 所有偶联剂都适用油性体系，部分还适用于水性体系 |

**表 3-4 水性体系的粉体分散剂品种**

| 类型 | 分散剂名称 | 简称 | 适用粉体类型 | 分散剂性能特征 |
|---|---|---|---|---|
| 阴离子型 | 亚甲基二萘磺酸钠 | NNO | 还原颜料、酸性染料 | 扩散性好，耐酸、碱、硬水 |
| | 十二烷基苯磺酸钠 | LAS | 无机粉体 | 耐硬水 |
| | 甲基萘缩甲醛磺酸钠 | MF | 还原染料、活性染料 | 扩散力强、耐硬水 |
| | 萘缩甲醛磺酸钠 | | 炭黑、水溶性颜料等 | |
| | MF 与席夫酸甲醛缩合物 | CI | 油性颜料等 | |
| | 苄基-甲基萘磺酸缩合物 | CNF | 工业染料等 | 阻止凝胶 |
| | 蒽磺酸钠甲醛缩合物 | AF | | |
| 阴离子聚合物 | 木质素磺酸盐 | | 分散染料、还原染料 | |
| | 聚丙烯酸钠 | | 无机粉体 | 稳定性好 |
| | 聚羧酸盐(钠/铵) | DA | 无机粉体 | 分散性好 |
| | 聚羧酸钠 | SN-5040 | 无机颜料 | |
| | 二聚异丁烯顺丁烯二酸钠 | | 多种颜料 | |
| | 聚丙烯酸铵 | | 无机粉体 | 固化后耐水性强 |
| | 丙烯酸钠丙烯酸酯共聚物 | | 多种颜料 | |
| | 苯乙烯-(甲基)丙烯酸共聚物 | | 有机、无机粉体 | 分散性好 |
| | 苯乙烯-马来酸酐共聚物 | SMA | 有机、无机粉体 | 分散性好 |
| | 苯乙烯-马来酸酐部分丁酯化共聚物 | SMB | 有机、无机粉体 | 分散性好、稳定性好 |
| | 硫化苯乙烯-马来酸酐共聚物钠盐 | SMAS | 无机粉体等 | 分散性好 |
| | 乙酸乙烯酯-马来酸酐共聚物钠盐 | | 无机粉体等 | 分散性好 |
| 非离子型 | 脂肪醇聚氧乙烯醚系列 | HLB>15 | 无机粉体 | |
| | 脂肪酸聚氧乙烯醚系列 | HLB>12 | 无机粉体 | |
| | 烷基酚聚氧乙烯醚系列 | HLB>13 | 无机粉体 | |
| | 吐温系列 | Tween | | |
| 偶联剂 | 锆铝酸酯复合偶联剂 | | 无机粉体 | 分散性优 |
| | 螯合型磷系钛酸酯偶联剂 | | 大部分无机粉体 | |
| | 螯合型磷酸酯偶联剂 | | 无机粉体 | |
| | 水溶性钛酸酯偶联剂 | | 有机、无机颜料 | |
| | 螯合配位型硼酸酯偶联剂 | | 无机粉体 | |
| 电解质 | 三聚磷酸钠 | | 无机粉体 | 价廉 |
| | 焦磷酸钠 | | 无机粉体 | 价廉 |
| | 六偏磷酸钠 | | 无机粉体 | 价廉 |

续表

| 类型 | 分散剂名称 | 简称 | 适用粉体类型 | 分散剂性能特征 |
| --- | --- | --- | --- | --- |
| 特种分散剂 | 全氟辛基磺酸钠 | | 有机、无机粉体 | 价格昂贵 |
| | 全氟癸基醚磺酸钠 | | 有机、无机粉体 | 价格昂贵 |
| | 脂肪醇聚氧乙烯醚(30)甲基硅烷 | WA | 有机颜料等 | 分散性、耐热性好 |
| | 1-氨基异丙醇 | AMP | 无机粉体等 | |

### 3.4.3.2 分散剂的作用原理

在超细粉体悬浮液中，粉体分散的稳定性取决于颗粒间相互作用的总作用能 $F_T$，即取决于颗粒间的范德华作用能、静电排斥作用能、吸附层的空间位阻作用能及溶剂化作用能的相互关系。颗粒间分散与团聚的理论判据是颗粒间的总作用能，可用下式表示

$$F_T = F_W + F_R + F_{Kj} + F_{rj} \tag{3-13}$$

式中，$F_W$ 为范德华作用能。两个半径分别为 $R_1$ 和 $R_2$ 的球形颗粒的范德华作用能可表示为

$$F_W = \frac{AR_1R_2}{6H(R_1+R_2)} \tag{3-14}$$

若 $R_1=R_2=R$，则有

$$F_W = \frac{AR}{12H} \tag{3-15}$$

式中 $H$——颗粒间距；

$A$——颗粒在真空中的 Hamaker 常数。

半径为 $R_1$ 和 $R_2$ 的球形颗粒在水溶液中的静电作用能（$F_R$）可用下式表示

$$F_R = \frac{\varepsilon R_1R_2}{4(R_1+R_2)}(\varphi_1^2+\varphi_2^2)\left[\frac{2\varphi_1\varphi_2}{\varphi_1^2+\varphi_2^2}\ln\left(\frac{1+e^{-KH}}{1-e^{-KH}}\right)+\ln(1-e^{-2KH})\right] \tag{3-16}$$

式中 $\varphi$——颗粒的表面电位；

$\varepsilon$——水的介电常数；

$K$——Debye 长度的倒数，$m^{-1}$；

$H$——颗粒间距。

在湿式超细粉碎过程中，无机电解质及聚合物分散剂能够使颗粒表面产生相同符号的表面电荷，利用排斥力使颗粒分开（见图 3-5）。

颗粒表面吸附有高分子表面活性剂时，它们在相互接近时产生排斥作用，可使粉体分散体更加稳定，不发生团聚（见图 3-6），这就是高分子表面活性剂的空间位阻作用。空间位阻能（$F_{Kj}$）可用下式表示：

$$F_{Kj} = \frac{4\pi R^2(\delta-0.5H)}{A_p(R+\delta)}kT\ln\frac{2\delta}{H} \tag{3-17}$$

式中 $A_p$——一个高分子结构单元在颗粒表面占据的面积；

$\delta$——高分子吸附层厚度；

$H$——颗粒间距；

$k$——玻尔兹曼常数；

$T$——热力学温度。

颗粒在液相中引起周围液体分子结构的变化，称为溶剂化作用。当颗粒表面吸附阳离子或含亲水基团［—OH、$PO_4^{3-}$、—$N(CH_3)_3^+$、—$CONH_2$、—COOH 等］的有机物，或者由于颗粒表面极性区域对相邻的溶剂分子的极化作用，在颗粒表面会形成溶剂化作用。当有溶剂化膜的颗粒相互接近时，产生排斥作用能，称为溶剂化作用能（$F_{rj}$）。半径为 $R_1$ 和 $R_2$ 的球形颗粒的溶剂化作用能可表示为

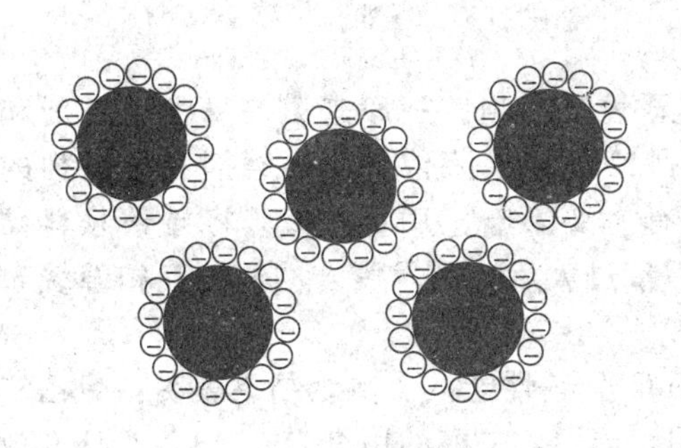
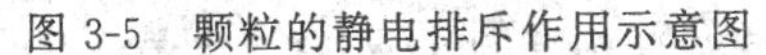
图 3-5 颗粒的静电排斥作用示意图

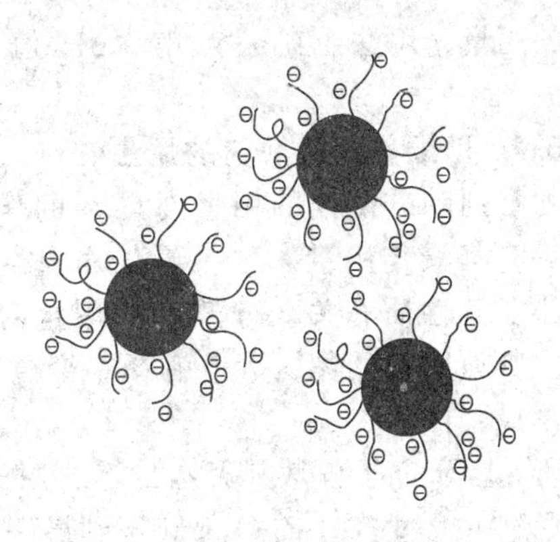
图 3-6 颗粒的空间位阻作用示意图

$$F_{rj}=\frac{2\pi R_1 R_2}{R_1+R_2}h_0 F_{rj}^0 \exp(-H/h_0) \tag{3-18}$$

式中 $h_0$——衰减长度；

$H$——相互作用距离；

$F_{rj}^0$——溶剂化作用能能量参数，与表面润湿性有关。

当颗粒间的排斥作用能大于其相互吸引作用能时，颗粒处于稳定的分散状态；反之，颗粒之间发生团聚。显然，作用于颗粒间的各种作用力（能）是随着条件变化而变化的。添加分散剂对超细粉体在液相中的表面电性、空间位阻、溶剂化作用以及表面润湿性等有重要影响。

### 3.4.4 助磨剂和分散剂的选择

在超细粉碎中，助磨剂和分散剂的选择对于提高粉碎效率和降低单位产品能耗是非常重要的。需要注意的是，助磨剂和分散剂的作用具有选择性。也就是说同一助磨剂对 A 物料有助磨效果，但是对 B 物料不一定有助磨效果。助磨剂和分散剂的选择基于以下几点考虑：

① 被磨物料的性质；

② 粉碎方式和粉碎环境；

③ 助磨剂的成本和来源；

④ 助磨剂和分散剂对后续作业的影响；

⑤ 助磨剂和分散剂是否绿色环保。

助磨剂的通常使用量为粉体质量的1%以下。助磨剂的最佳作用量是能在粉体表面形成单分子层吸附的使用量，过多过少都会影响助磨效果。经济性是助磨剂选用的首要考虑因素，选用助磨剂应遵循以下原则：①具有较高的性价比，构成助磨剂的组分廉价且来源稳定；②优先选用对最终粉体产品性能有提升作用的助磨剂；③优先选用对粉体色度等表观性能影响较小的助磨剂。

粉体分散剂的选用应遵循如下原则：①对于一定的分散体系，优先选用使用量小或者综合成本低的分散剂；②对于同一分散体系，选用分散稳定周期长的分散剂；③对于含其他分散物质的体系，优先选用与其他分散物质相容性好的分散剂；④对于一定的分散体系，优先选用对最终产品的外观和物理性能影响最小的、起泡能力弱的分散剂；⑤优先选用对环境影响小的绿色分散剂。

### 3.4.5 影响助磨剂和分散剂作用效果的因素

影响助磨剂和分散剂对超细粉碎作用效果的因素很多，其主要影响因素包括：助磨剂和分散剂的用量、用法、矿浆浓度、pH 值、被磨物料粒度及其分布、粉碎机械种类及粉碎方式等。

#### 3.4.5.1 助磨剂和分散剂的用量

助磨剂和分散剂的用量对助磨的作用效果有显著的影响。一般来说，每种助磨剂和分散剂都有其最佳用量。这一最佳用量与要求的产品细度、矿浆浓度、助磨剂和分散剂的分子大小及其性质有关。分散剂的用量对矿浆黏度有重要影响，用量过大，将导致浆料黏度过大，其原因可用图 3-7 来解释。聚合物分散剂用量过大后，引发聚合物链的互相缠绕，使颗粒形成聚团。

研究者研究了分散剂聚乙二醇的用量对纳米 ZnO 分散性能的影响，结果表明：聚乙二醇的用量过少或过多对 ZnO 都起不到最好的分散作用，当聚乙二醇的用量为 0.6mL 时分散效果最好。同时还发现聚乙二醇的聚合度越大，其对 ZnO 的分散效果越好：聚乙二醇（6000）对 ZnO 的分散效果要明显优于聚乙二醇（4000）和聚乙二醇（2000），这主要是由于聚乙二醇（6000）较大的聚合度赋予其较好的空间位阻效应，故分散性好。

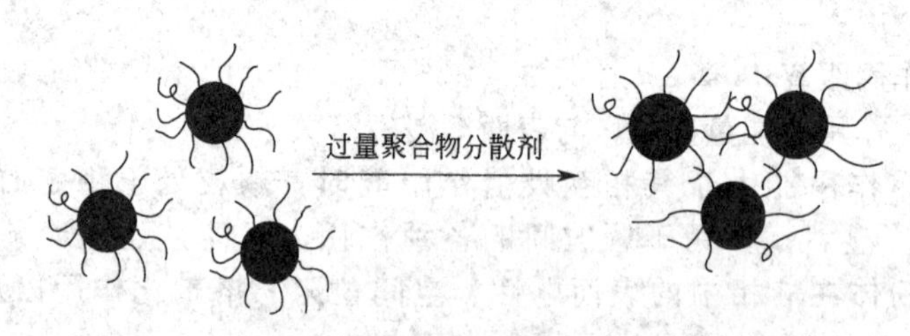


图 3-7 过量聚合物分散剂引发颗粒相互缠绕示意图

由上述例子可见，助磨剂的用量对其作用效果的重要影响。在一定的粉碎条件下，对于某种物料有一最佳助磨剂用量。用量过少，达不到助磨效果，过多则不起助磨作用，甚至起反作用。因此，在实际使用时，必须严格控制用量。最佳用量依产品细度或比表面积、浓度、pH 值以及粉碎方式和环境等变化，最好通过具体的试验来确定。

#### 3.4.5.2 矿浆的浓度或黏度

关于助磨剂作用效果的许多研究试验表明，只有矿浆浓度或体系的黏度达到某一值时，助磨剂才有明显的助磨效果。采用十六烷基三甲基溴化铵、三聚磷酸钠、六偏磷酸钠和柠檬酸钠作为云母的助磨剂，研究其对云母破裂能的影响（破裂能越小，云母越易破裂，助磨效果越好）。实验结果表明：这四种助磨剂的浓度对云母破裂能的影响都有一个最低值（最佳浓度），当助磨剂浓度低于最佳值时，破裂能随助磨剂浓度提高逐渐降低，而助磨剂浓度高于最佳值时，破裂能随助磨剂浓度提高逐渐上升。四种助磨剂的最佳浓度分别为：CTAB 6.86mmol/L，三聚磷酸钠 13.66mmol/L，六偏磷酸钠 8.00mmol/L，柠檬酸钠 10.00mmol/L。

#### 3.4.5.3 粒度大小和分布

粒度大小和分布对助磨剂作用效果的影响体现在两个方面：①粒度越小，颗粒质量越趋于均匀，缺陷越小，粉碎能耗越高，助磨剂则通过裂纹形成和扩展过程中的防“闭合”和吸附降低硬度作用降低颗粒的强度，提高其可磨度；②颗粒越细，比表面积越大，在相同含固量情况下系统的黏度越大。因此，粒度越细，分布越窄，助磨剂的作用效果越显著。

#### 3.4.5.4 矿浆 pH 值

矿浆 pH 值对某些助磨剂作用效果的影响：一是通过对颗粒表面电性及定位离子的调节影响助磨剂分子与颗粒表面的作用；二是通过对矿浆黏度的调节影响矿浆的流变学性质和颗粒之间的分散性。对于云母来说，如采用柠檬酸钠为助磨剂，则适宜的 pH 值为 5 左右，此时云母的破裂能可比在水中降低 30%～40%（破裂能越小，助磨效果越好）。

# 3.5　超微细粉碎技术

## 3.5.1　基本概念

### 3.5.1.1　粉碎的基本概念

（1）粉碎　固体物料在外力作用下克服其内聚力使之破碎的过程称为粉碎。

因处理物料的尺寸大小不同，可大致将粉碎分为破碎和粉磨两类处理过程：使大块物料碎裂成小块物料的加工过程称为破碎；使小块物料碎裂成细粉末状物料的加工过程称为粉磨。相应的机械设备分别称为破碎机械和粉磨机械。为了更明确起见通常按以下方法进一步划分。

粉碎
- 破碎
  - 粗碎——将物料破碎至 100mm 左右
  - 中碎——将物料破碎至 30mm 左右
  - 细碎——将物料破碎至 3mm 左右
- 粉磨
  - 粗磨——将物料粉磨至 0.1mm 左右
  - 细磨——将物料粉磨至 0.06mm 左右
  - 超细磨——将物料粉磨至 0.005mm 左右或更小

物料经粉碎尤其是经粉磨后，其粒度显著减小，比表面积显著增大，因而有利于几种不同物料的均匀混合，便于输送和储存，也有利于提高高温固相反应的程度和速度。

（2）粉碎比　为了评价粉碎机械的粉碎效果，常采用粉碎比的概念。

物料粉碎前的平均粒径 $D$ 与粉碎后的平均粒径 $d$ 之比称为平均粉碎比，用符号 $i$ 表示。数学表达式为：

$$i=\frac{D}{d} \tag{3-19}$$

平均粉碎比是衡量物料粉碎前后粒度变化程度的一个指标，也是粉碎设备性能的评价指标之一。

对破碎机而言，为了简单地表示和比较它们的这一特性，可用其允许的最大进料口尺寸与最大出料口尺寸之比（称为公称粉碎比）作为粉碎比。因实际破碎时加入的物料尺寸总小于最大进料口尺寸，故破碎机的平均粉碎比一般都小于公称粉碎比，前者为后者的 70%～90%。

粉碎比与单位电耗（单位质量粉碎产品的能量消耗）是粉碎机械的重要技术经济指标，后者用以衡量粉碎作业动力消耗的经济性；前者用以说明粉碎过程的特征及粉碎质量。当两台粉碎机粉碎同一物料且单位电耗相同时，粉碎比大者工作效果就好。因此，鉴别粉碎机的性能要同时考虑其单位电耗和粉碎比的大小。

各种粉碎机械的粉碎比大都有一定限度，且大小各异。一般情况下，破碎机械的粉碎比为 3～100；粉磨机械的粉碎比为 500～1000 或更大。

（3）粉碎级数　由于粉碎机的粉碎比有限，生产上要求的物料粉碎比往往远大于上述范围，因而有时须用两台或多台粉碎机串联起来进行粉碎。几台粉碎机串联起来的粉碎过程称为多级粉碎；串联的粉碎机台数称为粉碎级数。在此情形下，原料粒度与最终粉碎产品的粒度之比称为总粉碎比。若串联的各级粉碎机的粉碎比分别为 $i_1$，$i_2$，…，$i_n$，总粉碎比为 $i_0$，则有

$$i_0=i_1 i_2 \cdots i_n \tag{3-20}$$

即多级粉碎的总粉碎比为各级粉碎机的粉碎比的乘积。

若已知粉碎机的粉碎比，即可根据总粉碎比要求确定合适的粉碎级数。由于粉碎级数增多将会使粉碎流程复杂化，设备检修工作量增大，因而在能够满足生产要求的前提下理所当然地应该选择粉碎级数较少的简单流程。

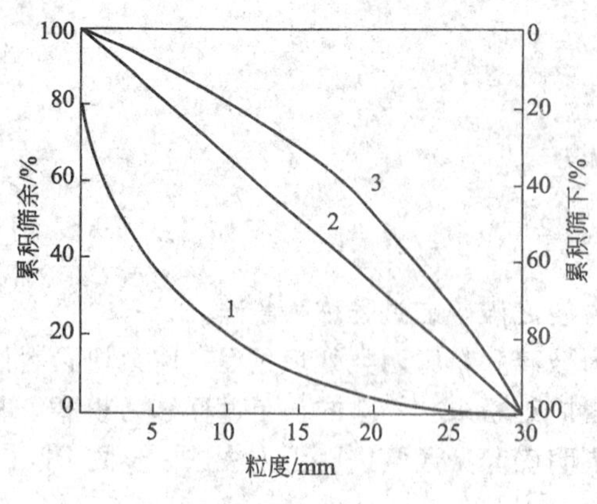


图 3-8 粒度组成特性曲线
1—细粒级物料较多；2—粗粒级物料较多；
3—物料粒度均匀分布

(4) 粉碎产品的粒度特性　物料经粉碎或粉磨后，成为多种粒度的集合体。为了考察其粒度分布情况，通常采用筛析方法或其他方法将它们按一定的粒度范围分为若干粒级。

根据测得的粒度分布数据，分别以横坐标表示粒度、以纵坐标表示累积筛余或累积筛下分数，即可作出累积粒度特性曲线，如图 3-8 所示。借助于该特性曲线可较方便明了地反映粒度分布情况。

图 3-8 中曲线 1 呈凹形，表明粉碎产品中含有较多细粒级物料；凸形曲线 3 则说明产品中粗级物料较多；曲线 2 表明物料粒度是均匀分布的。粒度分布曲线不仅可以用于计算不同粒级物料的含量，还可将不同粉碎机械粉碎同一物料所得的曲线进行比较，以判断它们的工作情况。

(5) 粉碎流程　根据不同的生产情形，粉碎流程可有不同的方式。如图 3-9 所示。流程 (a) 为简单的粉碎流程，(b) 为带预筛分的粉碎流程，(c) 为带检查筛分的粉碎流程，(d) 为带预筛分和检查筛分的粉碎流程。

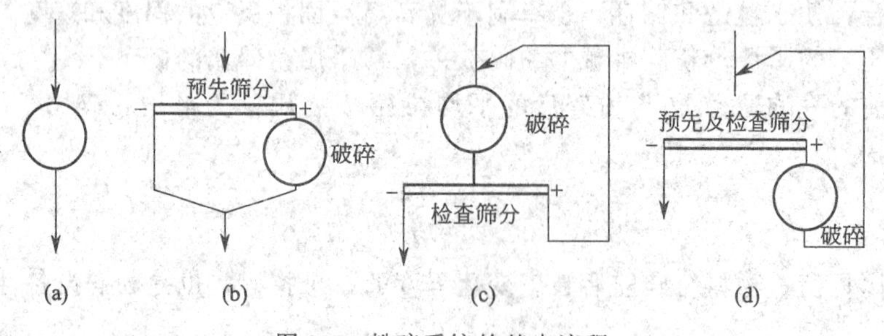


图 3-9 粉碎系统的基本流程

(a) 流程简单，设备少，操作控制较方便，但往往由于条件的限制不能充分发挥粉碎机的生产能力，有时甚至难以满足生产要求。

(b) 和 (d) 流程由于预先去除了物料中无需粉碎的细颗粒，故可增加粉碎流程的生产能力，减小动力消耗、工作部件的磨损等。这种流程适合于原料中细粒物料较多的情形。

(c) 和 (d) 流程由于设有检查筛分环节，故可获得粒度合乎要求的粉碎产品，为后续工序创造有利条件。但这种流程较复杂，设备多，建筑投资大，操作管理工作量也大，因而，此种流程一般主要用于最后一级粉碎作业。

凡从粉碎（磨）机中卸出的物料即为产品，不带检查筛分或选粉设备的粉碎（磨）流程称为开路（或开流）流程。开路流程的优点是比较简单，设备少，扬尘点也少。缺点是当要求粉碎粒度较小时，粉碎（磨）效率较低，产品中会存在部分粒度不合格的粗颗粒物料。

凡带检查筛分或选粉设备的粉碎（磨）流程都称为闭路（或圈流）流程。该流程的特点是从粉碎机中卸出的物料须经过检查筛分或选粉设备，粒度合格的颗粒作为产品，不合格的粗颗粒作为循环物料重新回至粉碎（磨）机中再行粉碎（磨）。粗颗粒回料质量与该级粉碎（磨）产品质量之比称为循环负荷率。检查筛分或选粉设备分选出的合格物料质量 $m$ 与进该设备的合格物料总质量 $M$ 之比称为选粉效率，用字母 $E$ 表示。

### 3.5.1.2 被粉碎物料的基本物性

(1) 强度　材料的强度是指其对外力的抵抗能力，通常以材料破坏时单位面积上所受的力来表示，单位为 Pa 或 $N/m^2$。按受力种类的不同，可分为以下几种类型。

① 压缩强度　材料承受压力的能力；

② 拉伸强度　材料承受拉力的能力；

③ 扭曲强度　材料承受扭曲力的能力；

④ 弯曲强度　材料对致弯外力的承受能力；

⑤ 剪切强度　材料承受剪切力的能力。

上述五种强度以抗拉强度为最小，通常只有压缩强度的 1/30～1/20，为剪切强度的 1/20～1/15，为弯曲强度的 1/10～1/6。

强度按材料内部的均匀性和是否有缺陷又分为理论强度和实际强度。

① 理论强度　不含任何缺陷的完全均质材料的强度称为理论强度，它相当于原子、离子或分子间的结合力，故理论强度又可以理解为根据材料结合键的类型所计算的材料强度。由离子间库仑引力形成的离子键和由原子间相互作用力形成的共价键的结合力最大，为最强的键，键能一般为 1000～4000kJ/mol；金属键次之，为 100～800kJ/mol；氢键结合能为 20～30kJ/mol；范德华键强度最低，其结合能仅为 0.4～4.2kJ/mol。不同的结合键使得材料具有不同的强度，故从理论上讲，材料的强度取决于结合键的类型。

一般来说，原子或分子间的作用力随其间距而变化，并在一定距离处保持平衡，而理论强度即是破坏这一平衡所需要的能量，可通过公式计算求得。理论强度的计算公式如下：

$$\sigma_{\text{th}}=\left(\frac{\gamma E}{a}\right)^{1/2} \tag{3-21}$$

式中　$\gamma$——表面能；

$E$——弹性模量；

$a$——晶格常数。

② 实际强度　完全均质的材料所受应力达到其理论强度，所有原子或分子间的结合键将同时发生破坏，整个材料将分散为原子或分子单元。事实上自然界中不含任何缺陷的、完全均质的材料是不存在的，故几乎所有材料破坏时都分裂成大小不一的块状，这说明质点间结合的牢固程度并不相同，即存在某些结合相对薄弱的局部，使得在受力尚未达到理论强度之前，这些薄弱部位已达到其极限强度，材料已发生破坏。因此，材料的实际强度或实测强度往往远低于其理论强度。一般情况下，实测强度为理论强度的 1/1000～1/100。由表 3-5 中的数据可以看出两者的差异。

**表 3-5　材料的理论强度和实测强度**

| 材料名称 | 理论强度/GPa | 实测强度/MPa |
|---|---|---|
| 金刚石 | 200 | 约 1800 |
| 石墨 | 1.4 | 约 15 |
| 氧化镁 | 37 | 100 |
| 氧化钠 | 4.3 | 约 10 |
| 石英玻璃 | 16 | 50 |

同一种材料，在不同的受载环境下，其实测强度是不同的。换言之，材料的实测强度大小与测定条件有关，如试样的粒度、加载速度及测定时材料所处的介质环境等。对于同一材料，粒度小时内部缺陷少，故实测强度要比粒度大时大；加载速度大时测得的强度也较高；同一材料在空气中和在水中的测定强度也不相同，如硅石在水中的抗张强度比在空气中减小 12%。

强度高低是材料内部价键结合能的体现，从某种意义上讲，粉碎过程即是通过外部作用力对物料施以能量，当该能量足以超过其结合能时，材料即发生变形破坏以至粉碎。尽管实际强度与理论强度相差很大，但两者之间存在一定的内在联系。所以，了解材料的结合键类型是非常必要的。非金属元素矿物及硫化物矿物中，通常以共价键为主；氧化物及盐类矿物通常为纯离子键或离子-共价键结合；自然金属矿物中都是金属键；含有 $OH^-$ 的矿物，说明有氢键的存在；范德华键一般多存在于某些层状矿物或链状矿物内。

(2) 硬度　硬度是衡量材料软硬程度的一项重要性能指标，它既可以表示材料抵抗其他物体刻划或压入其表面的能力，也可理解为在固体表面产生局部变形所需的能量，这一能量与材料内部化学键强度以及配位数等有关。硬度不是一个简单的物理概念，它是材料弹性、塑性、强度和韧性等力学性能的综合指标。

硬度的测试方法有刻划法、压入法、弹子回跳法及磨蚀法等，相应有莫氏硬度（刻划法）、布氏硬度、韦氏硬度和史氏硬度（压入法）及肖氏硬度（弹子回跳法）等。硬度的表示随测定方法的不同而不同，一般情况下无机非金属材料的硬度常用莫氏（Mohs）硬度来表示。材料的莫氏硬度分为10个级别，硬度值越大意味着其硬度越高。表3-6列出了典型矿物的莫氏硬度值。

表 3-6　典型矿物的莫氏硬度值

| 矿物名称 | 莫氏硬度 | 晶格能/(kJ/mol) | 表面能/(J/m²) | 矿物名称 | 莫氏硬度 | 晶格能/(kJ/mol) | 表面能/(J/m²) |
|---|---|---|---|---|---|---|---|
| 滑石 | 1 | — | — | 长石 | 6 | 11304 | 0.36 |
| 石膏 | 2 | 2595 | 0.04 | 石英 | 7 | 12519 | 0.78 |
| 方解石 | 3 | 2713 | 0.08 | 黄晶 | 8 | 14377 | 1.08 |
| 萤石 | 4 | 2671 | 0.15 | 刚玉 | 9 | 15659 | 1.55 |
| 磷灰石 | 5 | 4396 | 0.19 | 金刚石 | 10 | 16747 | — |

凡是离子或原子越小、离子电荷或电价越大、晶体的构造质点堆积密度越大者，其平均刻划硬度和研磨硬度也越大，因为如此构造的晶体有较大的晶格能，刻入或磨蚀都较困难，这说明硬度与晶体结构有关。除此以外，同一晶体的不同晶面甚至同一晶面的不同方向上的硬度也有差异，因为硬度决定于内部质点的键合情况。硬度可作为材料耐磨性的间接评价指标，即硬度值越大者通常其耐磨性能也越好。

由上述可知，强度和硬度两者的意义虽然不同，但是本质却是一样的，皆与内部质点的键合情况有关。尽管尚未确定硬度与应力之间是否存在某种具体关系，但有人认为，材料抗研磨应力的阻力和拉力强度之间有一定关系，并主张用“研磨强度”代替莫氏硬度。事实上，破碎越硬的物料也像破碎强度越大的物料一样，需要越多的能量。

(3) 材料的易碎（磨）性　仅用强度和硬度还不足以全面精确地表示材料粉碎的难易程度，因为粉碎过程除决定于材料的物理性质外，还受物料粒度、粉碎方式（粉碎设备和粉碎工艺）等诸多因素的影响。因此，引入易碎（磨）性概念。所谓易碎（磨）性即在一定粉碎条件下，将物料从一定粒度粉碎至某一指定粒度所需要的能量，它反映的是矿物被破碎和磨碎的难易程度。材料的这一基本物性取决于矿物的机械强度、形成条件、化学组成与物质结构。

(4) 材料的脆性　材料在外力作用下破坏时，无显著的塑性变形或仅产生很小的塑性变形就断裂破坏，其断裂面处的端面收缩率和延伸率都很小，断裂面较粗糙，这种性质称为脆性，它是与塑性相反的一种性质。从变形方面看，脆性材料受力破坏时直到断裂前只出现极小的弹性变形而不出现塑性变形，因此其极限强度一般不超过弹性极限。脆性材料抵抗动载荷或冲击的能力较差，许多硅酸盐材料如水泥混凝土、玻璃、陶瓷、铸石等都属于脆性材料，它们的抗拉能力远低于抗压能力。正由于脆性材料的抗冲击能力较弱，所以采用冲击粉碎的方法可有效地使它们产生粉碎。

(5) 材料的韧性　材料的韧性是指在外力的作用下，发生断裂前吸收能量和进行塑性变形的能力。吸收的能量越大，韧性越好；反之亦然。韧性是介于柔性和脆性之间的一种材料性能。一般材料的断裂韧性是从开始受到载荷作用直到完全断裂时外力所做的总功。断裂韧性和抗冲击强度有密切关系，故断裂韧性常用冲击试验来测定。

与脆性材料相反，韧性材料的抗拉和抗冲击性能较好，但抗压性能较差，在复合材料工程中，韧性材料与脆性材料的有机复合，可使两者互相弥补，相得益彰，从而得到其中任何一种材料单独存在时所不具有的良好的综合力学性能。如在橡胶和塑料中填入非金属矿物粉体可明显改善其力学性能；钢筋混凝土的抗拉强度远高于素混凝土的抗拉强度。

总的来说，就宏观上看，韧性与脆性的区别在于有无塑性变形；微观上看，其区别在于是否发生晶格面滑移。因此，韧性和脆性并不是物质不可改变的固有属性，而是可以随所处环境相互转换的。一般来说，如果温度足够高、变形速度足够慢，任何物料都具备塑性行为。

### 3.5.2 粉碎作用原理

(1) 搅拌研磨　搅拌研磨主要是指搅拌器搅动研磨介质产生不规则运动，从而对物料施加撞击或冲击、剪切、摩擦等作用使物料粉碎。实现该过程的设备称为搅拌式超细粉碎机，又叫做搅拌磨。

研磨介质的直径对研磨效率和产品粒径有直接影响，通常采用平均粒径小于 6mm 的球形介质。用于超细粉碎时，一般小于 1mm。介质直径越大，产品粒径也越大，产量越高；反之，介质直径越小，产品粒度越小，产量越低。为提高粉磨效率，研磨介质的直径须大于给料粒度的 10 倍，研磨介质的粒度分布越均匀越好。此外，研磨介质的密度（材质）及硬度也直接影响研磨效果。介质密度越大，研磨时间越短。研磨介质的硬度须大于被磨物料的硬度，一般来讲，须大 3 级以上。常用的研磨介质有氧化铝、氧化锆或刚玉珠、钢球（珠）、锆珠、玻璃珠和天然砂等。研磨介质的装填量对研磨效率也有影响。通常，粒径大，装填量也大；反之亦然。一般情况下，要求研磨介质在分散器内运动时，介质的空隙率不小于 40%。

搅拌磨和普通球磨机一样，也是依靠研磨介质对物料施以超细粉碎作用，但其机理有很大不同。搅拌磨工作时，物料颗粒受到来自研磨介质的力有三种：研磨介质之间相互冲击产生的冲击力、研磨介质转动产生的剪切力、搅拌棒后空隙被研磨介质填入时产生的冲击力。由于研磨介质吸收了输入能，并传递给物料，所以物料容易被超细粉碎。由于它综合了动量和冲量的作用，因而能有效地进行超细粉碎，使产品粒度达到微米级。此外，能耗绝大部分直接用于搅动研磨介质，而非虚耗于转动或振动笨重的筒体，因此能耗比球磨机和振动磨都低。可以看出，搅拌磨不仅具有研磨作用，还具有搅拌和分散作用，所以它是一种兼具多功能的粉碎设备。

(2) 机械冲击　机械冲击是指围绕水平或垂直轴高速旋转的回转体（如棒、叶片、锤头等）对物料进行强烈的冲击，使物料颗粒之间或物料与粉碎部件之间产生撞击，物料颗粒因受力而粉碎的一种超微细技术。实现该技术的设备称为机械冲击式超细粉碎机。该类设备粉碎物料的机理主要有以下三个方面。

① 多次冲击产生的能量大于物料粉碎所需要的能量，致使颗粒粉碎，这是该类设备使物料粉碎的主要机制。从这个意义上说，碰撞冲击的速度越快、时间越短，则在单位时间内施加于颗粒的粉碎能量就越大，颗粒越易粉碎。

② 处于锭子与转子之间间隙处的物料被剪切、反弹至粉碎室内与后续的高速运动颗粒相撞，使粉碎过程反复进行。

③ 锭子衬圈与转子端部的冲击元件之间形成强有力的高速湍流场，产生的强大压力变化可使物料受到交变应力作用而粉碎。

因此，粉碎后成品的颗粒细度和形态取决于转子的冲击速率、锭子和转子之间的间隙以及被粉碎物料的性质。

(3) 气流粉碎　气流粉碎是指利用高速气流（300～500m/s）或过热蒸汽（300～400℃）喷出时形成的强烈多相紊流场，使物料通过颗粒间的相互撞击、气流对物料的冲击剪切以及物料与设备内壁的冲击、摩擦、剪切等作用而粉碎的一种超微细技术。实现该技术的设备称为气流粉碎机，又叫做气流磨或流能磨，是最常用的超细粉碎设备之一。

气流粉碎机主要粉碎作用区域在喷嘴附近，而颗粒之间碰撞的频率远远高于颗粒与器壁的碰撞，因此气流粉碎机中的粉碎作用以颗粒之间的冲击碰撞为主。气流磨的工作原理如下：将无油的压缩空气通过拉瓦尔喷管加速成亚声速或超声速气流，喷出的射流带动物料做高速运动，使物料碰撞、摩擦、剪切而粉碎。被粉碎的物料随气流至分级区进行分级，达到粒度要求的物料由收集器收集下来，未达到粒度要求的物料再返回粉碎室继续粉碎，直至达到要求的粒度并被捕集。气流粉碎机与其他超细粉碎设备相比有以下特点。

① 粉碎仅依赖于气流高速运动的能量，机组无需专门的运动部件。

② 适用范围广，既可用于莫氏硬度不大于 9 的高硬度物料的超细粉碎，又可用于热敏性材料、低熔点材料及生物活性制品的粉碎。压缩气体通过气流粉碎机形成高速气流，压缩气体在喷嘴处绝热膨胀加速，会使温度下降。粒子高速碰撞虽然会使温度升高，但由于绝热膨胀使温度降低，所以在整个粉碎过程中，物料的温度不致太高，这对于热敏性材料、低熔点材料及生物活性制品的粉碎十分重要。

③ 粉碎过程主要是粒子碰撞，几乎不污染物料，而且颗粒表面光滑、纯度高、分散性好。

④ 粉碎强度大，粉碎后颗粒的平均粒度小，一般小于 5μm。

⑤ 产品粒度分布范围窄。扁平式、对撞式、循环式气流磨，在粉碎过程中由于气流旋转离心力的作用，能使粗、细颗粒自动分级；其他类型的气流粉碎机也可与分级机配合使用，因此能获得粒度均匀的产品。

⑥ 在粉碎的同时，实现物料干燥、表面包覆与改性。

⑦ 自处理量大，自动化程度高，产品性能稳定。

⑧ 辅助设备多，一次性投资大。影响运行的因素多，粉碎成本较高，噪声较大，环境污染相对严重。

随着技术的不断进步，气流粉碎机作为超细粉碎设备的潜力已充分显现出来。虽然它在超细粉碎领域的应用仍存在粉碎极限的问题，有一定的局限性，且能量利用率较低，但由于气流粉碎机是将超细颗粒凝聚体分散在空气中，并在分散的情况下进行收集，不但具有气流超细粉碎功能，而且具有优越的分散功能。所以，气流粉碎机在超细粉碎领域的应用前景还是很广阔的。

(4) 胶体细磨　实现胶体细磨粉碎技术的设备称为胶体磨或分散磨，主要部件包括固定磨体和高速旋转磨体。胶体磨工作时，物料细颗粒和液流混合成浆料，高速进入磨机内窄小空隙，利用液流产生的强大剪切力、摩擦、冲击力使物料被粉碎、分散、混合、乳化、微粒化。胶体磨按结构分为盘式、锤式、透平式及孔口式等多种类型。圆盘式胶体磨具有如下特点。

① 结构简单，操作维护方便，占地面积小。

② 物料的粉碎、分散、均匀混合、乳化处理同时进行。处理后的产品粒径可细至 1μm 以下。

③ 盘式胶体磨固定盘和旋转盘之间的间隙很小，加工精度高，产品粒径均匀。

④ 通过高速固定磨体和旋转磨体之间的间隙调整成品粒度，粒度控制方便。

⑤ 应用广泛，适用于化工、涂料、染料、医药、农药、食品等行业的超细粉碎。

(5) 振动研磨　振动研磨是一种利用球形或棒形研磨介质在磨筒内做高频振动，产生冲击、摩擦、剪切作用而使物料粉碎的超细粉碎技术，实现该技术的设备称为振动磨。振动磨的类型很多，按振动特点可分为惯性式、偏旋式；按筒体数目可分为单筒式和多筒式；按操作方法可分为间歇式和连续式等。

振动磨内研磨介质的研磨作用有：研磨介质受高频振动、研磨介质循环运动、研磨介质自转运动等作用。这些作用使研磨介质之间以及研磨介质与筒体内壁之间产生强烈的冲击、摩擦和剪切作用，在短时间内将物料研磨成细小粒子。与球磨机相比，振动磨有如下特点。

① 由于高速工作，可直接与电动机相连接，省去了减速设备，故结构简单，体积小，质量轻，占地面积小，能耗低。

② 介质填充率高（一般为60%～80%），振动频率高（1000～1500次/min），粉碎效率高，产量大，处理量较同容积的球磨机大10倍以上。

③ 产品粒度较细。筒内介质不是呈抛物线或泻落状态运动，而是通过振动、旋转与物料发生冲击、摩擦及剪切而被粉碎及磨细。

④ 粉碎工艺灵活多样，可进行干式、湿式、间歇式和连续式粉碎。可有以下组合方式：间歇-干式粉碎，连续-干式粉碎，间歇-湿式粉碎，连续-湿式粉碎。

⑤ 粒度均匀。可通过调节振动的频率、振幅、研磨介质种类、研磨介质粒径等调节产品粒度，可进行细磨和超细磨。

⑥ 振动磨的缺点是噪声大，大规格振动磨机对弹簧、轴承等机器零件的技术要求高。

（6）高压粉碎　高压粉碎超微细技术是指利用高压射流压力下跌时的穴蚀效应，使物料因高速冲击、爆裂和剪切等作用而被粉碎。高压粉碎机的工作原理是通过高压装置加压，使浆料处于高压中并发生均化，当矿浆到达细小的出口时，便以每秒数百米的线速度挤出，喷射在特制的靶体上，由于矿浆挤出时的互相摩擦剪切力，加上浆体挤出后压力突然降低所产生的穴蚀效应以及矿浆喷射在特制的靶体上所产生的强大冲击力，使得物料沿层间解离或在缺陷处爆裂，从而达到制备超细薄片之目的。

## 3.5.3 粉碎工艺

固体材料在机械力作用下由块状变为粒状或由粒状变为粉状的过程均属粉碎范畴。由于物料的性质以及要求的粉碎细度不同，粉碎的方式也不同。按施加外力作用方式的不同，物料粉碎一般通过挤压、冲击、磨削和劈裂几种方式进行，各种粉碎设备的工作原理也多以这几种原理为主。按粉碎过程所处的环境可分为干式粉碎和湿式粉碎；按粉碎工艺可分开路粉碎和闭路粉碎；按粉碎产品细度又可分为一般细度粉碎和超细粉碎。

### 3.5.3.1 粉碎方式

如图3-10所示，基本的粉碎方式有挤压粉碎（a）、冲击粉碎（b）、摩擦剪切粉碎（c）、劈裂粉碎（d）等。

（1）挤压粉碎　挤压粉碎是粉碎设备的工作部件对物料施加挤压作用，物料在压力作用下发生粉碎。挤压磨、颚式破碎机等均属此类粉碎设备。

物料在两个工作面之间受到相对缓慢的压力而被破碎，因为压力作用较缓慢和均匀，故物料粉碎过程较均匀。这种方法通常多用于物料的粗碎，当然，近年来发展的细颚式破碎机也可将物料破碎至几毫米以下。另外，挤压磨出磨物料有时会呈片状，故常作为细粉磨前的预粉碎设备。

（2）挤压-剪切粉碎　这是挤压和剪切两种基本粉碎方法相结合的粉碎方式，雷蒙磨及各种立式磨通常采用挤压-剪切粉碎方式。

（3）冲击粉碎　冲击粉碎包括高速运动的粉碎体对被粉碎物料的冲击和高速运动的物料向固定壁或靶的冲击，反击式及气流粉碎机都是采用这种粉碎方式。

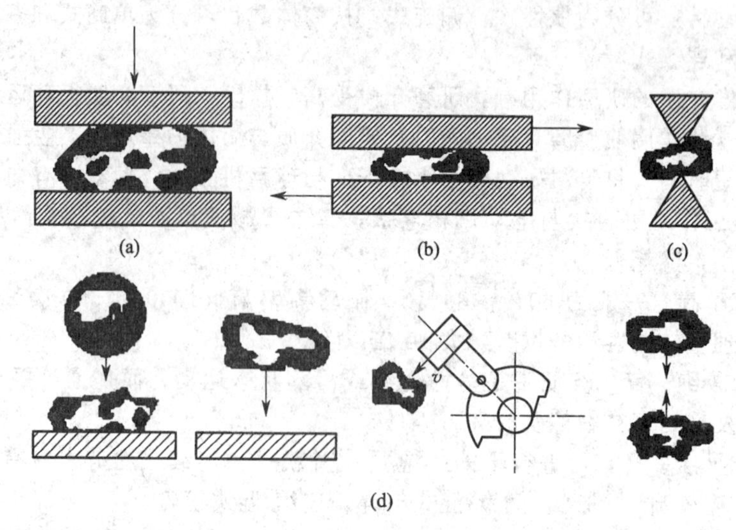


图 3-10　常用粉碎基本方式

这种粉碎过程可在较短时间内发生多次冲击碰撞，每次冲击碰撞是在瞬间完成的，所以粉碎体与被粉碎物料的动量交换非常迅速。

(4) 研磨、磨削粉碎　研磨和磨削本质上均属剪切摩擦粉碎，包括研磨介质对物料的粉碎和物料间相互的摩擦作用。振动磨、搅拌磨以及球磨机的细磨仓等都是以此为主要原理的。

与施加强大粉碎力的挤压和冲击粉碎不同，研磨和磨削是靠研磨介质对物料颗粒表面的不断磨蚀而实现粉碎的。因此，有必要考虑以下几点。

① 研磨介质的物理性质　相对于被粉碎物料而言，研磨介质应有较高的硬度和耐磨性。实践证明，细粉碎和超细粉碎时，研磨介质密度对研磨效果的影响减弱，而硬度对研磨效果的影响增强。用同是直径为 5mm 的钢球和氧化铝球在 $\phi$250mm×300mm 球磨中进行的矿渣(粒度小于 0.15mm) 细粉磨试验结果表明，在同一工作参数条件下，后者的粉磨效果优于前者。一般情况下，介质的莫氏硬度最好比物料大 3 级以上。常用的研磨介质有天然砂、玻璃珠、氧化铝球、氧化锆球和钢球等，表 3-7 列出了搅拌磨常用的研磨介质的密度和直径。

**表 3-7　搅拌磨常用的研磨介质的密度和直径**

| 研磨介质 | 密度/(g/cm³) | 直径/mm | 研磨介质 | 密度/(g/cm³) | 直径/mm |
|---|---|---|---|---|---|
| 玻璃(含铅) | 2.5 | 0.3～3.5 | 锆砂 | 3.8 | 0.3～1.5 |
| 玻璃(不含铅) | 2.9 | 0.3～3.5 | 氧化锆 | 5.4 | 0.5～3.5 |
| 氧化铝 | 3.4 | 0.3～3.5 | 钢球 | 7.6 | 0.2～1.5 |

② 研磨介质的填充率、尺寸及形状　如果研磨介质的填充率、尺寸及级配选择不当，即使磨机的其他工作条件再好也难以达到高的工作效率。生产中应根据物料的性质、给料和粉磨产品的粒度以及其他工作条件来确定与调整上述参数。研磨介质的填充率是指介质的表观体积与磨机的有效容积之比。理论上讲介质的填充率应以其最大限度地与物料接触而又能避免自身的相互无功碰撞为佳，它与物料的粒度、密度和介质的运动特点有关，如振动磨中介质做同时具有水平振动和垂直振动的圆形振动，球磨机中的介质做泻落状态的往复运动，搅拌磨中介质在搅拌子的搅动下做不规则的三维运动。振动磨中介质的填充率一般为 50%～70%，球磨机为 30%～40%，搅拌磨为 40%～60%。研磨介质的尺寸研究多是针对球磨机进行一般细度粉磨的情形，生产实践证明，进行超细粉磨的球磨机细磨仓的研磨介质尺寸一般应小于 15mm，且应有 2～3 级的配合，振动磨在 10～15mm 之间，搅拌磨用于超细粉碎时介质尺寸一般小于 1mm。研磨介质多为球形，也有柱状、棒状及椭球状等，有人将除球形外的其他形状的研磨

体称为异形研磨体。与同质量的球形研磨介质相比，异形研磨介质的比表面积大。另外，它们与物料的接触又是以线接触或面接触为主，故摩擦研磨效率高，这在球磨机和振动磨机中已有不少应用，其中以介质做泻落状态运动的球磨机细磨仓中异形介质的效果尤其明显。

但在搅拌磨中，介质是靠搅拌子的搅动运动的，异形介质易发生紊乱，且与搅拌件的摩擦增大，不利于减小粉碎电耗。所以，搅拌磨中一般使用球形研磨介质。

③ 研磨介质的黏糊　干法粉磨时，超细粉体极易黏糊于研磨介质表面，俗称“黏球”或“糊球”现象，因而使之失去应有的研磨作用。为了避免这种现象的发生，通常采用减小物料水分、加强磨内通风及加入助磨剂等措施。

### 3.5.3.2　粉碎模型

Rosin-Rammler 等认为，粉碎产物的粒度分布具有两成分性（严格地讲是多成分性），即合格的细粉和不合格的粗粉。根据这种双成分性，可以推论，颗粒的破坏与粉碎并非一种破坏形式所致，而是由两种或两种以上破坏作用共同构成的。Huting 等人提出了以下三种粉碎模型，如图 3-11 所示。

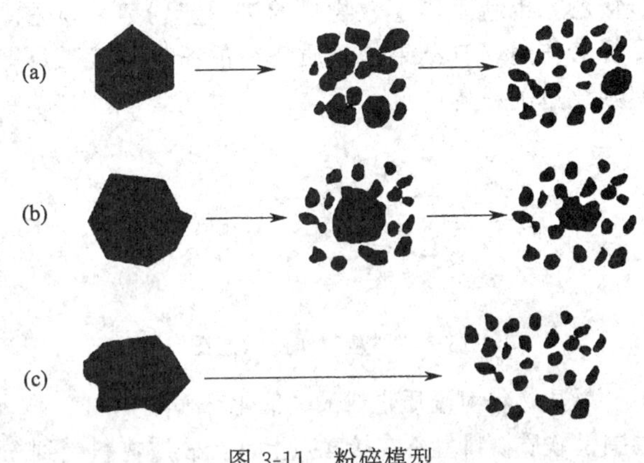


图 3-11　粉碎模型

(a) 体积粉碎模型　整个颗粒均受到破坏，粉碎后生成物多为粒度大的中间颗粒。随着粉碎过程的进行，这些中间颗粒逐渐被粉碎成细粉。冲击粉碎和挤压粉碎与此模型较为接近。

(b) 表面粉碎模型　在粉碎的某一时刻，仅是颗粒的表面产生破坏，被磨削下微粉成分，这一破坏作用基本不涉及颗粒内部。这种情形是典型的研磨和磨削粉碎方式。

(c) 均一粉碎模型　施加于颗粒的作用力使颗粒产生均匀的分散性破坏，直接粉碎成微粉成分。

上述三种模型中，均一粉碎模型仅符合结合极其不紧密的颗粒集合体如药片等的特殊粉碎情形，一般情况下可不考虑这一模型。实际粉碎过程往往是前两种粉碎模型的综合，前者构成过渡成分，后者形成稳定成分。

体积粉碎与表面粉碎所得的粉碎产物的粒度分布有所不同，如图 3-12 所示，体积粉碎后的粒度较窄、较集中，但细颗粒比例较小；表面粉碎后细粉较多，但粒度分布范围较宽，即粗颗粒也较多。

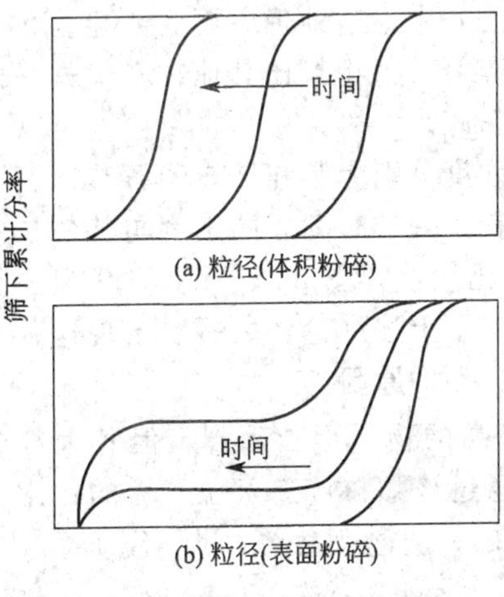

筛下累计分率

时间

(a) 粒径(体积粉碎)

时间

(b) 粒径(表面粉碎)

图 3-12　体积粉碎和表面粉碎的粒度分布

应该说明，冲击粉碎未必能造成体积粉碎，因为当冲击力较小时，仅能导致颗粒表面的局部粉碎；而表面粉碎伴随的压缩作用力如果足够大时也可产生体积粉碎，如辊压磨、雷蒙磨等。

### 3.5.3.3　混合粉碎和选择性粉碎

当几种不同的物料在同一粉碎设备中进行同一粉碎过程时，由于各种物料的相互影响，较单一物料的粉碎情形更复杂一些。

目前，对多种物料混合粉碎过程中各种物料是否有影响以及如何影响的看法尚存在分歧。一种看法是物料混合粉碎时无相互影响，认为无论单独粉碎还是混合粉碎，混合物料中每一组分的粒度分布本质上都遵循同样的舒曼粒度特性分布函数。

另一种看法是各种物料存在相互影响，但关于影响的结果却有两种不同的观点。

有人认为，混合粉碎中物料之间普遍存在着相互影响，其中，硬质物料对软质物料具有“屏蔽”作用，因而使软质物料受到保护，从而使其粉碎速度减缓；反过来，软质物料对硬质物料具有“催化”作用，因而使其粉碎速度加快。由于这两种反向影响，使得软硬不同的物料的易磨性趋于一致。对“屏蔽”作用的解释如图 3-13 所示。两个钢球相碰时可产生冲击力及磨削力，这些力使物料碎裂。当两个钢球接触时，从几何学上讲，只能是点接触。如果软物料位于接触点处，因直接受到破碎力作用而被粉碎，但如果此时周围还存在硬质物料，虽然并不直接位于接触点上，然而只要软质物料粒度稍有减小，其周围的硬质物料就可阻碍钢球的进一步接触，也就阻碍了软物料的进一步粉碎。从这个意义上讲，硬质物料对软质物料的粉碎起到了屏蔽作用，其结果是软质物料的粉碎速度减缓，其粗粒级产率比单独粉碎时高，而细粒级产率则比单独粉碎时低。

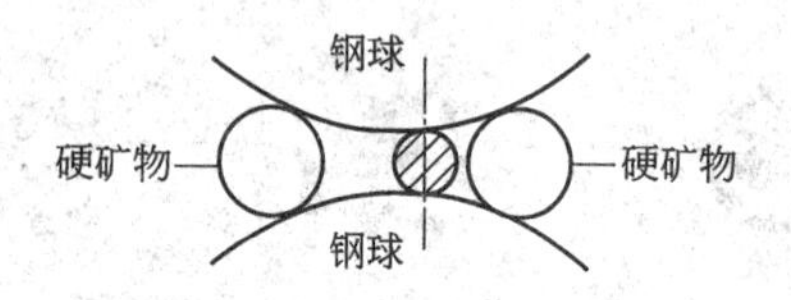


图 3-13 “屏蔽”作用示意图

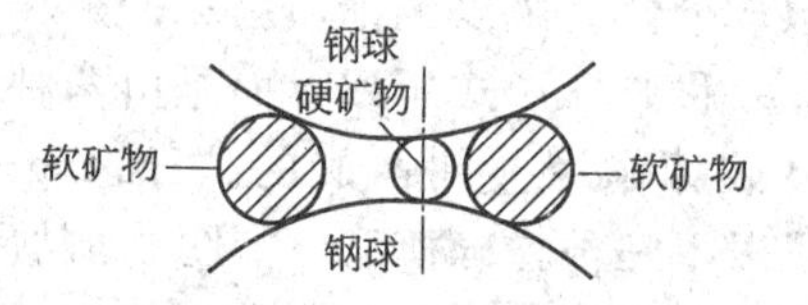


图 3-14 “催化”作用示意图

软质物料对硬质物料的“催化”作用如图 3-14 所示。如果钢球的接触点上存在的是硬质物料，周围是软质物料且不在接触点上，当硬质物料受到粉碎作用粒度减小时，周围软质物料对钢球粉碎作用的阻碍仍小于硬质物料颗粒，因此接触点上硬质物料所受的粉碎作用将强于周围的软质物料。换言之，软物料的混杂使硬质物料的粉碎速度加快，这种作用称为软质物料对硬质物料的催化作用，其结果是硬质物料粗粒级产率低于其单独粉碎情形，而细粒级产率高于其单独粉碎情形。

上述观点的依据模型是研磨介质之间单颗粒层情形，且未考虑作用力在颗粒之间的传递作用。实际上，粉碎或粉磨过程中，粉碎（磨）介质之间的物料往往是多颗粒层，介质对物料的作用力可通过颗粒之间传递而未必直接与颗粒接触即可使之发生粉碎。易碎的物料混合粉碎时比其单独粉碎时来得细，难碎物料比其单独粉碎时来得粗是普遍现象。在以挤压粉碎和磨削粉碎为主要原理的粉碎情形（如辊压磨、振动磨和球磨）中，这种现象更为明显。将这种多种物料共同粉碎时某种物料比其他物料优先粉碎的现象称为选择性粉碎。

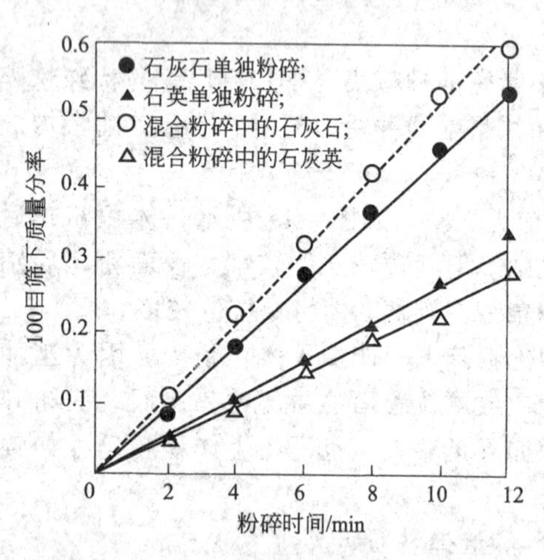


图 3-15 混合粉碎与单独粉碎的比较

例如，将莫氏硬度分别为 7 和 2.5 的石英和石灰石在球磨机中共同粉碎一定时间后的细度与其各自单独粉碎时细度进行比较，如图 3-15 所示。图中曲线所示的实验结果证实了上述结论。之所以出现这种现象，至少有以下两方面的原因。

① 颗粒层受到粉碎介质的作用力即使尚不足以使强度高的物料颗粒碎裂，但其大部分（其中一部分作用能量消耗于直接受力颗粒的裂纹扩展）会通过该颗粒传递至位于力的作用方向上与之相邻的强度低的颗粒上，该作用力足以使之发生粉碎，从这个意义上讲，硬质颗粒对软质颗粒起到了催化作用。

② 当两种硬度不同的颗粒相互接触并做相对运动时，硬度大者会对硬度小者产生表面剪

切或磨削作用，软质颗粒在接触面上会被硬质颗粒磨削而形成若干细颗粒。此时，硬质颗粒对软质颗粒起着研磨介质的作用。上述两种作用的结果导致了软质物料在混合粉碎时的细颗粒产率比其单独粉碎时高，而硬质物料则相反。

#### 3.5.3.4 粉碎工艺

在粉碎工艺上，超细粉碎工艺可分为干式（一段或多段）粉碎、湿式（一段或多段）粉碎、干湿组合式三种。

（1）干式超细粉碎工艺　干式超细粉碎工艺是一种广泛应用于超细粉碎硬脆性物料的工艺。干粉生产工艺无须设置后续过滤、干燥等脱水工艺设备，因此工艺简单，生产流程较短。操作简便、容易控制、投资成本低、运转费用低等是干式超细粉碎工艺的主要特点。

对于前段不设置湿法提纯和湿法加工工序或后续不设置湿法加工工序的物料，如方解石、滑石、硅灰石等的超细粉碎，在目前技术经济条件下，一般当产品细度 $d_{97} \geqslant 5\mu m$ 时，采用干法加工工艺。典型的干式超细粉碎工艺包括气流磨、球磨机、机械冲击磨、介质磨（球磨机、振动磨、搅拌磨、塔式磨）等超细粉碎工艺。

（2）湿式超细粉碎工艺　与干法超细粉碎相比，由于水本身具有一定程度的助磨作用，加之湿法粉碎时粉料容易分散，而且水的密度比空气的密度大，有利于精细分级，因此湿法超细粉碎工艺具有粉碎作业效率高、产品粒度细、粒度分布窄等特点。因此，一般生产 $d_{97} < 5\mu m$ 以下的超细粉体产品，特别是最终产品可以滤饼或浆料形式销售时，优先采用湿法超细粉碎工艺。但用湿法工艺生产干粉产品时，需要后续脱水设备（过滤和干燥），而且，由于干燥后容易形成团聚颗粒，有时还要在干燥后进行解聚，因此，配套设备较多，工艺较复杂。

#### 3.5.3.5 粉碎单元

目前工业上采用的超细粉碎单元作业（即一段超细粉碎）有以下几种。

（1）开路流程　如图 3-16(a) 所示，一般扁平或盘式、循环管式等气流磨因具有自行分级功能，常采用这种开路工艺流程。另外，间歇式超细粉碎也常采用这种流程。这种工艺流程的优点是工艺简单。但是，对于不具备自行分级功能的超细粉碎机，由于这种工艺流程中没有设置分级机，不能及时地分开合格的超细粉体产品，因此一般产品的粒度分布范围较宽。

（2）闭路流程　如图 3-16(b) 所示，其特点是分级机与超细粉碎机构成超细粉碎-精细分级闭路系统。一般球磨机、搅拌机、高速机械冲击磨、振动磨等的连续粉碎作业常采用这种工艺流程。其优点是能及时地分开合格的超细粉体产品，因此，可以减轻微细颗粒的团聚和提高超细粉碎作业效率。

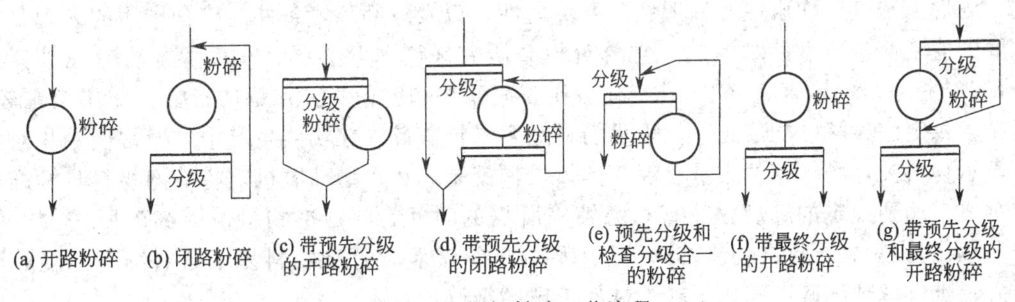


图 3-16　超细粉碎工艺流程

（3）带预先分级的开路流程　如图 3-16(c) 所示，其特点是物料在进入超细粉碎机之前先经分级，细粒级物料直接作为超细粉体产品，粗粒级物料再进入超细粉碎机粉碎。当给料中含有较多的合格粒级超细粉体时，采用这种工艺流程可以减轻粉碎机的负荷，降低单位超细粉体产品的能耗，提高作业效率。

（4）能预先分级的闭路流程　如图 3-16(d) 所示，这种工艺流程实质是图 3-16(b) 和图

3-16(c) 所示两种工艺流程的组合。这种组合作业不仅有助于提高粉碎效率和降低单位产品能耗，还可以控制产品的粒度分布。这种工艺流程还可简化为只设一台分级机，即将预先分级和检查分级合并在同一台分级机上［见图 3-16(e)］。

(5) 带最终分级的开路流程　如图 3-16(f) 所示，这种粉碎工艺流程的特点是可以在粉碎机后设置一台或多台分级机，从而得到两种以上不同细度和粒度分布的产品。

(6) 带预先分级和最终分级的开路流程　如图 3-16(g) 所示，这种工艺流程实质是图 3-16(c) 和图 3-16(f) 所示两种工艺流程的组合。这种组合作业不仅可以预先分离出部分合格细粒级产品，以减轻粉碎机的负荷，而且后设的最终分级设备可以得到两种以上不同细度和粒度分布的产品。

粉碎的段数主要取决于原料的粒度和要求的产品细度。对于粒度比较粗的原料，可采用先进行细粉碎或细磨再进行超细粉碎的工艺流程，一般可将原料粉碎到 200 目或 325 目后再采用一段超细粉碎工艺流程；对于产品粒度要求很细，又易于团聚的物料，为提高作业效率可采用多段串联的超细粉碎工艺流程。但是，一般来说，粉碎段数越多，工艺流程也就越复杂，工程投资也就越大。

### 3.5.4 影响超微细效果的各种因素

对于超微细这样一个高能耗过程，人们为了提高其效率做了大量优化工作，探求其最佳工作状态。由于超微细作业适用行业广泛和具体研究目的的不同，使“优化”一词有广泛的内容，有关研究及发表的文献也难以计量。影响超微细过程的因素很多，大致可分为三类：给料特性、操作因素、产品要求的指标。不同的粉碎设备其优化内容也不完全相同。理想情况是在保证粉碎产品粒度特性的前提下，最大限度地提高磨机处理量，同时降低能耗及介质消耗，这就是优化问题的核心所在。

#### 3.5.4.1 给料特性

反映被粉碎物料特性的因素很多：物料的化学组成、腐蚀性、易燃易爆性、水溶性、热敏性、密度、硬度、含水量、晶形结构、强度等等。本节主要讨论反映给料对物料细化过程的综合影响的因素，这些因素被称为给料特性，对粉碎过程有重要影响的给料特性有：物料易磨性、给料粒度及分布。

(1) 物料易磨性　物料易磨性就是指物料被球磨细碎的难易程度，它是物料的硬度、机械强度、韧性、密度、均质性、解理性、可聚集性，以及球磨环境条件的综合作用的表现，常用可磨度的值来衡量，准确掌握这一常数对粉磨研究来说非常必要，其表示方法有三种：邦德(Bond) 功指数法、汤普逊（Thompson）比表面积法和容积法。邦德功指数法应用范围较广，数值比较稳定。显然，功值越小，表示物料越容易被破碎。在实践生产中，通常使用相对易磨性来表示物料被球磨细碎的难易程度，具体操作就是利用小型球磨机，将被测物料与标准物料进行对比，达到规定的细度，计算球磨细碎所需的时间，与标准物料球磨细碎所需的时间之比＞1，表明该物料比标准物料难磨，＜1 则表明该物料比标准物料易于球磨细碎，显然其比值越大越难以球磨细碎，其比值越小越易于球磨细碎。

(2) 给料粒度　给料粒度的大小对球磨机的产量、料浆质量和球磨机的电力消耗等影响很大。通常入磨物料的粒度小，物料的球磨时间短，球磨细碎效率高，电力消耗低，易于获得高质量的料浆。反之，入磨物料的粒度大，则物料的球磨时间长，球磨细碎效率低，电力消耗高，难以获得高质量的料浆。一般说来，由于粉碎作业投资及生产费用比破碎作业高得多，因此降低给料粒度总是有利的。多碎少磨已经成为矿山和水泥行业的技术口号。然而，到目前为止还没有一种方法能较准确地算出不同类型的物料对不同规模粉碎系统的适宜给料粒度。

不同机理和规格的粉碎设备，对给料粒度的敏感性也不尽相同。球磨机对给料粒度的适应能力比较强，而气流粉碎机受给料粒度的影响就非常大。实验证明，给料细度的提高可大大提高气流粉碎机的产量。这说明气流粉碎机对给料粒度的影响是非常敏感的。将整个粉碎过程分为粗粉碎、细粉碎和超细粉碎多个阶段，每个阶段采用不同的设备或工艺参数有助于过程的优化，降低综合能耗。

#### 3.5.4.2　介质制度对粉碎过程的影响

在粉碎过程中，介质制度（形状、尺寸、配比、填充率、补给）也是决定磨机工作好坏的重要因素，应根据物料性质、给料及产品要求来确定。对一台粉碎机来说，要想确定最优化工作制度是很困难的，原因在于：①起作用的是介质制度各因素综合效果，难以用一个简单数学模型或参数描述；②给料特性多变，介质制度难以轻易调整；③介质磨损规律难以掌握。

(1) 介质填充率的影响　过去大量实验已证明，磨机吸取功率与填充率有着直接关系，在填充率为50%时达到最大值。虽然磨机产量与其功耗成比例，但磨机吸取功率达到最大值是否算是最佳状态还值得商榷。在不同的粉碎细度要求下，需要调整介质的冲击粉碎和研磨粉碎的能力分配。需要对物料进行超细粉碎的球磨过程中，希望充分发挥介质的研磨作用和介质对物料的压力。这时可以采用高填充率来强化介质的研磨，有时介质的填充率可高达80%。在较高的填充率下介质对物料研磨作用增强的同时，由于介质重心的提高，磨机的启动力矩和轴功率还有所下降。

在搅拌磨系统中，介质的填充率对磨机的工作起着决定性的作用。由于介质运动的动力不是通过筒体，而是通过搅拌轴和搅拌棒传递的。搅拌轴被埋在研磨介质中，启动力矩相当大，是工作力矩的10倍以上。大型搅拌磨多在低填充率下启动，正常运行后逐渐添加研磨介质使电机达到额定电流。一般低速搅拌磨的填充率为70%，高速搅拌磨的填充率仅为50%左右。为了优化大型搅拌磨的工作状况，常常采用空载启动、逐渐添加介质到额定负荷的方式。

(2) 介质大小的影响　到目前为止，还没有一种完全适用的计算球磨介质尺寸的公式。在实际操作中有如下几种经验公式用来确定适宜介质尺寸，它们都将介质大小视作给料粒度的函数：戴维斯（Davis）公式、拉祖莫夫公式等。只有邦德公式考虑了物料可磨性、密度、磨机转速影响，是目前使用较多较全面的公式。陈炳辰教授等人于1986年提出了一种用粉碎动力学模型求适宜球径的方法，通过对单一物料进行粉碎确定适宜介质直径。

如前面的分析，在介质研磨的粉碎体系中介质的大小要与粉碎过程的需要结合起来。如果给料粒度比较大，需要介质的冲击作用将其粉碎，那么配球就要大一些。在金属矿山的大型球磨机中补球的球径可大到250mm。在超细粉碎过程中，特别要强调微细粉的生成，要强化介质对物料的研磨作用就要降低研磨介质的粒径。在超细搅拌磨的使用中，最小的研磨介质直径可达0.5mm。

研究者采用行星式球磨机对石英进行粉磨，考察了不同直径的玛瑙球对石英粉粉磨效果的影响，结果表明：介质球直径为6mm时球磨得到的石英微粉质量较好，其中粒径值、均一性指数、1$\mu$m下粒径、5$\mu$m下粒径、10%粒径和90%粒径等指标均优于介质球直径为10mm时球磨所得的石英微粉。

(3) 介质配比的影响　物料在球磨生产过程中不仅需要冲击碰撞作用而且还需要研磨作用。显然大规格球石的重量大，对物料的冲击碰撞作用大，有利于大块物料的破碎。但小规格球石比大规格球石的比表面积（表面积与质量之比）大，增大了与物料的挤压和摩擦接触面积，有利于物料的研磨细碎。因此不同规格尺寸的球石配合使用可以最大限度地减少球石之间的空隙率，增加了球石与物料之间的接触概率，从而增强对物料的球磨细碎作用，达到提高球磨细碎效率的目的。也就是说物料球磨细碎作业时必须选用适宜规格的球石及其级配比例。

一般说来，在连续的粉磨过程中介质的大小分布是成一定规律的。为了降低成本，多采用补充大球的办法来恢复系统的研磨能力，磨机很难在长时间的工作中保持固定的介质配比不变。介质直径差别太大的情况下，会加剧介质间的无效研磨，即大介质对小介质进行了研磨，使研磨过程成本加大。磨机的介质大小配比关系到粉磨能力能否发挥和如何减少介质磨耗的大问题，尽可能在实践中摸索出适合自己工艺特点的配球方案，并经常清仓剔除过小的无效研磨介质。

（4）介质形状的影响　何种介质形状对粉碎过程最好，仍是一个有争议的问题。但普遍采用制作容易、形状在粉碎过程中不变的球形介质。凯斯尔（Kelsall）等人用BS模型分析法证明了球形介质可以使选择函数最大，并产生最大破碎速率。介质的形状决定了介质的加工成本和加工的可行性，从大规模工业应用的角度来看，球形和圆柱体介质是最容易加工的。在超细粉磨过程中，由于要求介质粒径很小，只能采用球形微珠。圆球具有最小的比表面积，因而也最耐磨。

（5）介质材质的影响　材质对研磨粉碎过程来说是一个重要的问题，它决定了粉碎过程的成本高低和粉碎效率大小。从对产品的污染方面考虑：介质在粉碎过程中有不断的消耗，而消耗的介质变成细粉弥散在被研磨粉碎的物料之中。因此，介质的材质首先不应该对物料有任何污染，至少是不含有无法剔除的污染。这对于精细陶瓷、非金属矿和化工行业的物料粉碎显得特别重要。从加工过程成本方面考虑：介质的磨损和破碎失效也会造成介质的损失，增加研磨粉碎过程的成本。在大型矿山和水泥行业多采用铸钢和轧制磨球，像球墨铸铁、高锰钢、贝氏体钢、铬钢和白口铁等材质。在化工、精细陶瓷和非金属矿行业多采用刚玉陶瓷、氧化锆、玻璃等材质。从粉碎效率方面考虑：在研磨粉碎过程中，外部的能量是通过介质的冲击和挤压研磨来完成对物料的粉碎，介质的密度大小决定了这种作用的强弱。一般说来，介质的密度越大，研磨能力越强，粉碎过程的效率越高。在同样的操作条件下，搅拌磨中氧化锆、氧化铝和玻璃微珠的研磨能力相差在数倍以上。

#### 3.5.4.3 操作因素对粉碎过程的影响

（1）研磨方式　干法球磨主要应用于球磨细碎原始的颗粒物，并且物料通常表现为劈裂的破碎特征。通过筛分分级后就能可靠地分离出达到所需细度要求的颗粒，再将未达到所需细度要求的颗粒重新返回干法球磨生产工艺流程中，通常能提高干法球磨效率。与湿法球磨相比，干法球磨主要具有以下两方面的优势：①球磨工艺流程短；②工艺流程较成熟，不需昂贵的干燥工序（如喷雾干燥），只需经筛分分级后便可获得粒度分布范围窄的能直接利用的细料。但干法球磨生产工艺具有能耗高、粉料过细会黏附于球及筒体内壁上导致卸料困难、操作条件差、细尘飞扬、环境污染严重及严重危害操作工人的身体健康等缺点。因此，目前陶瓷原料的球磨细碎很少采用干法球磨，几乎都是采用湿法球磨。

事实上水是最廉价的助磨剂，湿法球磨比干法球磨效率高主要是由于水的助磨作用。水之所以能助磨主要是有以下三方面的原因：①陶瓷原料颗粒表面上的不饱和键与水分子之间发生可逆反应，有助于陶瓷原料颗粒裂纹的生成及扩张等，易于被球磨细碎；②细颗粒物料在水中处于悬浮状态，对球磨细碎的缓冲作用（过细碎作用）小，有利于物料的球磨细碎；③水能减小物料黏球（球石被待磨物料所黏附）的概率，提高了球石的研磨运动速度，缩短了物料的球磨时间。因此，湿法球磨通常应用于多种物料及添加剂的精细细磨和超精细细磨等生产过程中。

（2）吸取功率　前述的研究大都是关于如何提高粉碎速率和处理能力，通过缩短单位质量物料粉碎时间来达到优化目的。然而，如何在不影响磨机处理能力和产品特性条件下，降低粉磨设备的吸取功率是过程优化的一个重要方面。以球磨机为例，对功耗影响较大的操作因素主要有磨机转速、填充率和粉碎浓度。对此，列文逊、邦德、陈炳辰教授等人都提出了各种理论和经验计算公式，为球磨过程优化研究提供了依据。理论公式从介质填充率和磨机转速对介质运动规律的影响出发，揭示了各参数与磨机吸取功率的定量关系。但由于对粉碎条件进行了某些简化及假设，并且没考虑到磨机中物料或料浆对磨机吸取功率的影响，所以只能在一定范围内适用。在实验基础上获得的经验公式考虑了较多因素，以修正系数形式出现在公式中，致使公式复杂化。

关于物料对磨机吸取功率的影响，研究者进行过系统实验研究。得到的结论是：干物料粉碎时物料充填在球荷空隙中，相当于增加了介质松散密度，使磨机吸取功率增加；同时加入物料又使球荷有效重心到筒体中心的垂直距离缩短，使磨机扭矩减小、吸取功率下降。在转速提高时，由于物料在离心力作用下的附壁效应，使磨机负荷减小，所以料球比增加可在一定程度上降低功耗。陈炳辰教授还将料浆对磨机吸取功率的影响归结为三个方面：①磨机中有一定量的料浆时，料浆的浮升作用及其阻力改变了介质间相互冲击和研磨作用的强度；②料浆中固体颗粒的存在改变了介质间直接作用摩擦力；③介质空隙中充填了料浆，增加了介质松散密度，相当于增加了旋转的介质物料混合体质量。

从以上诸研究结论可知，磨机吸取功率受到多种操作因素制约，除此之外给料特性和介质制度也有间接影响。对机理复杂的粉碎过程进行过分简化后，所得适宜操作条件也只是理想化结果而已，对有交互作用的因素加以孤立，也使对适宜操作条件的求解缺乏全面性和系统性。

在湿法超细搅拌研磨过程中，电机传来的动力对一部分消耗在介质的运动和对物料的粉碎上，另一部分消耗在浆料的流动旋涡之中。如果能适当地降低浆料的黏度，可有效地提高磨机的研磨效果和降低电机电流。

#### 3.5.4.4　助磨剂用于超细过程的优化

从颗粒的破坏机理来看，在超细研磨过程中微颗粒的细化过程有两种情况：颗粒受外力的冲击和挤压使内部裂纹扩展形成的体积破裂和颗粒表面受到研磨而形成的剥落。前者是指颗粒晶体内结合键的断裂，后者是指表面晶体的薄弱部位在剪切力的作用下形成微小晶粒从大颗粒表层分离。

微颗粒的形成过程是晶界不断断裂和新生表面不断形成的过程，在这一过程中存在能量的转换与表面不饱和键能的积累，高表面能的累积将导致微颗粒的团聚和颗粒内部裂纹的重新闭合。在机械粉碎过程中，颗粒并不是可以无限制磨细的。随着颗粒不断细化，其比表面积和表面能增大，颗粒与颗粒间的相互作用力增加，相互吸附、黏结的趋势增大，最后颗粒处于粉碎与聚合的可逆动态过程，颗粒表面积随能量输入的速率可用下式表示：

$$\mathrm{d}s/\mathrm{d}e = k(s_\infty - s) \tag{3-22}$$

式中　$\mathrm{d}s/\mathrm{d}e$——粉碎能量效率；

$s$，$s_\infty$——粉碎过程中颗粒的比表面积和粉碎平衡时的比表面积；

$k$——系数，当 $s \to s_\infty$，能量效率趋于零。

为解决粉碎过程中的聚合问题，降低平衡粒度、提高粉碎效率，最有效的措施是在粉磨介质中引入表面活性剂物质，即助磨剂。任何一种有助于化学键破裂和阻止表面重新结合并防止微颗粒团聚的药剂都有助于超细粉碎过程。

根据固体断裂破坏的格林菲斯定理，脆性断裂所需的最小应力与物料的比表面能成正比，颗粒通常受到不同种类应力的作用，导致裂纹形成并扩展，最后被粉碎。从颗粒断裂的过程来看，助磨剂分子在新生表面的吸附可以减小裂纹扩展所需的外应力，促进裂纹扩展。在裂纹扩展的过程中，助磨剂沿颗粒表面吸附扩散，进入新生裂纹内部的助磨剂分子起到了劈契的作用，防止裂纹的再闭合，加快粉碎过程进行。

另外，在干式粉碎过程中，助磨剂的加入改善了颗粒的表面特性，从而使粉体的流动性大大提高。在湿法粉碎过程中，助磨剂的加入可以降低黏度，改善浆料的流动性使粉碎过程能顺利进行。由于助磨剂在粉碎过程中与物料之间所发生的表面物理化学过程相当复杂，同一种助磨剂在不同矿物粉碎过程中所表现出来的效果也不同，其使用量也有所不同。选择合适的助磨剂会对整个生产过程起着决定性的作用。

研究者在对滑石进行细磨的过程中，添加六偏磷酸钠作为助磨剂，试验结果表明：六偏磷酸钠主要通过电离产生的离子以物理吸附的方式作用于滑石粉的表面，改善了滑石粉浆液的流变性（黏度）和颗粒的分散性（ζ电位），提高了其磨矿效率，所制备的滑石粉平均粒径为85.6nm。为解决用振动磨对煅烧高岭土进行细磨的过程中常出现磨机出料困难的问题，研究者采用实验室的振动磨进行粉体流动度实验，通过添加不同种类和用量的助磨剂改善振动磨粉体的流动度，以改善振动磨内粉体的研磨效果。结果表明煅烧高岭土的最佳研磨时间为40min左右，当研磨时间超过40min时，产品的颗粒粒度不会变得更细；加入助磨剂后，粉体在振动磨中的流动度得到改善，同时也能使产品的细度得到有效调整。有机助磨剂对流动度的影响明显好于无机助磨剂，但助磨剂的用量必须控制在合适的范围才能使流动度达到最佳指标：有机助磨剂用量在0.5%时流动度最好，无机助磨剂用量在0.1%时流动度最好。

对粉体进行超微细处理主要采用机械冲击、搅拌研磨、气流粉碎、胶体细磨、振动研磨和高压粉碎等技术。由于这些超微细技术都是在相应的超微细粉碎设备上进行的，故将结合多种超微细粉碎设备对超微细技术进行介绍。

## 3.6 超细分级技术

### 3.6.1 概述

所谓分级是根据不同粒度和形状的微细颗粒在介质（如空气或水）中所受的重力和介质阻力不同、具有不同的沉降末速来进行的。分级是超细粉碎过程中不可或缺的一个组成部分，对于提高超细粉碎效率和得到合格产品是很关键的。原因有以下几个方面。

① 在超细粉碎过程中，随粉碎时间延长，物料粒度越来越细，但同时由于颗粒表面积急剧增大，在表面能的作用下，微粒之间趋于团聚，至一定细度时，聚合与粉碎达到动态平衡，此即所谓的粉碎极限。即使再延长时间，也不能使物料进一步粉碎。这一现象的存在使粉碎效率下降，能耗增加。为此，需要设置超细分级装置使合格细粉及时分离出来，以避免过粉碎。另外，细粉团聚结成的二次粒子较结实，有时也须去除。

② 有些产品对成品粒度或级配要求很严格，比如墨粉、高级磨料、颜料或填料、高级陶瓷等，此时需要对超细粉碎后的产品进行精细分级，其目的是保证产品细度和级配达到要求。

在生产粗粉或粒径分布窄的细粉时，也须进行分级。粗粉生产时，微粉的存在会降低粉碎效率，所以应采用分级机把微粉去除；在生产粒径分布窄的细粉时，须采用精密分级装置把粗粉和微粉去除。

普通粉体的分级通常采用筛分法。但最细的筛网孔径只有20μm左右（即600目左右），再加上实际筛分过程中粉体对筛孔有堵塞作用，因此，实际生产中用筛网分级时，粉粒粒径小于45μm的就难以分级，即超细粉体的分级无法用筛分法进行。目前针对超细粉体的分级方法主要有：重力场分级、离心力场分级、惯性力场分级、电场力分级、磁场力分级、热梯度力场分级以及色谱分级等。在选择分级方法时，必须根据超细粉体的不同特性，利用合适的力场加以分级。

### 3.6.2 基本概念

在讨论和评判粉体分级技术时，经常会遇到“分级效率”、“分级精度”、“分级极限”及“分组粒径”等基本概念。下文将对这些基本概念进行定义和解释。

#### 3.6.2.1 分级效率

分级效率是评判一种分级方法优劣的重要指标，在工业化应用中，这一指标十分重要。对于某一分级方法即使分级出的产品分布范围很窄，但分级效率很低，在工业化生产中仍无实际应用价值。

分级效率通常有如下几种表示方法，即部分分级效率、总分级效率、牛顿分级效率、分级精度（又称锐度）、理查德分级效率和粒级效率曲线等。

（1）总分级效率 $\eta$　总分级效率 $\eta$ 是指分级出的产品的总质量占待分级粉体的质量分数，可用下式表示：

$$\eta=\frac{m}{m_0} \tag{3-23}$$

式中　$m$——分级出的产品质量；

$m_0$——待分级粉体的总质量。

（2）部分分级效率 $\eta$（$d_i$）　部分分级效率 $\eta$（$d_i$）是指分级出的产品中粒径为 $d_i$ 的颗粒的质量占待分级粉体中粒径为 $d_i$ 的颗粒的质量分数。部分分级效率 $\eta$（$d_i$）可用下式表示：

$$\eta(d_i)=\frac{m(d_i)}{m_0(d_i)} \tag{3-24}$$

式中　$m$（$d_i$）——分级出的产品中粒径为 $d_i$ 的颗粒的含量；

$m_0$（$d_i$）——待分级粉体中粒径为 $d_i$ 的颗粒的含量。

如图 3-17(a) 所示，曲线 $a$、$b$ 分别为原始粉体和分级后粗粉部分的频率分布曲线。设任一粒度区间 $d$ 和 $d+\Delta d$ 之间的原始粉体和粗粉的质量分别为 $w_a$ 和 $w_b$，以粒度为横坐标，以（$w_b/w_a$）×100%为纵坐标，可绘出如图 3-17(b) 所示的曲线 $c$，该曲线称为部分分级效率曲线。部分分级效率曲线也可用细粉相应的频率分布数据绘制，如图 3-17(b) 中的虚线所示。

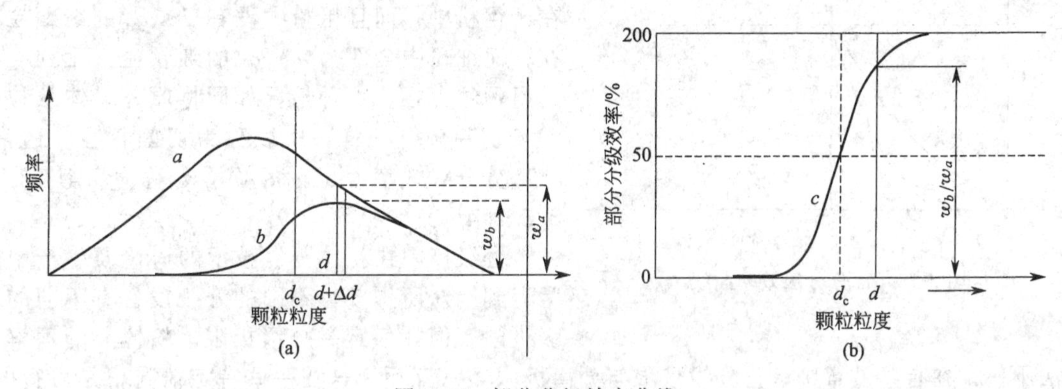


图 3-17　部分分级效率曲线

$a$—原始粉体的频率分布曲线；$b$—分级后粗粉部分的频率分布曲线；$c$—部分分级效率曲线

（3）牛顿分级效率（$\eta_N$）　牛顿分级效率，又称综合分级效率，综合考察合格细颗粒的收集程度和不合格粗颗粒的分级程度，在实际应用中经常采用，是一种最经典的分级效率表示方法。其计算公式如下：

$$\eta_N=\frac{\text{细粒级部分中含有的粗颗粒量}}{\text{原料中实有的粗颗粒量}}-\frac{\text{粗粒级部分中含有的细颗粒量}}{\text{原料中实有的细颗粒量}} \tag{3-25}$$

设 $Q$ 代表被分级的原料总量；$Q_1$ 代表原料中粗颗粒量；$Q_2$ 代表原料中细颗粒量。$m$、$n$、$p$ 分别代表原料、粗粒级部分和细粒级部分中实有的粗粒级物料的百分含量，则有 $Q=Q_1+Q_2$，$Q_m=Q_{1n}+Q_{2p}$，将此式代入牛顿分级效率公式并整理得：

$$\eta_N=\frac{(m-p)(n-m)}{m(1-m)(n-p)} \tag{3-26}$$

（4）理查德（Richard）分级效率　理查德分级效率（$\eta_R$）也是较早采用的一种分级效率计算方法，计算公式如下：

$$\eta_R = \text{粗粒产物中的粗粒回收率} \times \text{细粒产物中的细粒回收率} = \frac{\text{粗粒产物中的粗粒量}}{\text{原料中的粗粒量}} \times \frac{\text{细粒产物中的细粒量}}{\text{原料中的细粒量}} \tag{3-27}$$

#### 3.6.2.2　分级精度

分级精度 $S$ 通常定义为部分分级效率为25％和75％的粒径 $d_{25}$ 和 $d_{75}$ 的比值，表示式为

$$S = \frac{d_{25}}{d_{75}} \tag{3-28}$$

式中　$d_{25}$——产品中颗粒累积质量分数为25％时的颗粒粒径；

　　　$d_{75}$——产品中颗粒累积质量分数为75％时的颗粒粒径。

当粒度分布范围较宽时，分级精度可用 $S=d_{100}/d_{10}$ 表示。对于理想分级，$S=1$。实际分级中，通常 $S$ 值越大表明分级精度越高。

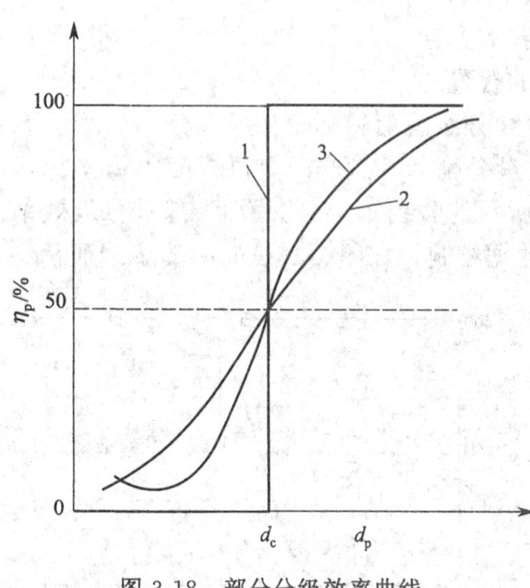


图 3-18　部分分级效率曲线

#### 3.6.2.3　分级粒径

分级粒径有时又称切割粒径或中位分离点，它是评判某一分级设备技术性能的一个很重要的指标，也是实际生产中设备选型的一个重要依据。

在图3-18中，曲线1为理想分级曲线，曲线2、3为实际分级曲线。曲线1在粒径为 $d_c$ 处发生跳跃突变，表明分级后 $d>d_c$ 的粗颗粒全部存在于粗粉中，而且粗粉中没有 $d<d_c$ 的细颗粒存在；而细粉中全部为 $d<d_c$ 的细颗粒，无 $d>d_c$ 的粗颗粒存在。这种情况如同将原有粉体从粒径 $d_c$ 处切割分开一样，所以称为切割粒径。通常，将部分分级效率为50％的粒径 $d_c$ 称为切割粒径。

#### 3.6.2.4　分级极限

分级极限在粉体分级技术的讨论及生产中经常遇到。众所周知，不同的分级设备有不同的分级极限，但如何定义分级极限，粉体界的理解及说法不一。在有些文章中，将分级极限与分离极限经常互用，这在一些特定情况下是可行的，而在某些情况下则是不妥当的。在工程上通常理解为，分级极限是指某一特定设备对粉体进行分级时，实际所能获得的最小粒度限度。因此，在工程上往往将它与分级设备所能达到的最小分级粒径相联系，有时甚至互用。

#### 3.6.2.5　分级效果的综合评价

判断分级设备的分级效果须从上述几个方面综合判断。譬如，当 $\eta_N$、$S$ 相同时，$d_{50}$ 越小，分级效果越好；当 $\eta_N$、$d_{50}$ 相同时，$S$ 值越小，即部分分级效率曲线越陡峭，分级效果越好。如果分级产品按粒度分为两级以上，则在考察牛顿分级效率的同时，还应分别考察各级别的分级效率。

### 3.6.3　分级原理

#### 3.6.3.1　重力分级

假设该重力场是按层流状态进行，并假设超细固体颗粒呈球形，在介质中自由沉降。此时，沉降速度逐渐增大，与此同时所受到的阻力也增大，沉降加速度逐渐减小。当所受阻力等

于颗粒的重力时，沉降加速度为零，沉降速度保持恒定，该速度称作颗粒的沉降末速。

按重力场分级理论，有：

$$V_0=\frac{\delta-\rho}{18\eta}gd^2 \tag{3-29}$$

式中　$V_0$——颗粒沉降末速；

$\delta$——颗粒密度；

$\rho$——介质密度；

$g$——重力加速度；

$\eta$——介质黏度；

$d$——颗粒直径。

当介质和物料确定时，$\delta$、$\rho$、$\eta$ 即为定值，沉降末速只与颗粒的直径大小有关。根据这种差异可对不同直径的颗粒进行分级。对于超细颗粒，其沉降过程与自由沉降有所不同，沉降过程中往往受到较多干扰，属干涉沉降，其沉降末速度往往较自由沉降小，上式须进行修正方可使用。

从技术的角度来看，超细颗粒极细，粒径差异极小，所以其沉降末速之差极小。因此，单纯的重力场分级很难达到很好的效果，必须借助其他力场才能达到较好的分级效果。例如，采用离心力场或将两种力场结合，分级效果较好。

重力场分级方法只能用来对粒径较大的粉体进行分级，对于粒径极细的超细粉体，采用这种方法很难达到满意的分级效果，因此很少采用。

#### 3.6.3.2　离心力分级

相对于重力场分级，离心力场分级方法产生的离心加速度相当于重力加速度的几十倍乃至几百倍。对于浓悬浮液中的超细颗粒，在离心力场作用下，其离心沉降速度按下式计算：

$$V_0=(1-\lambda)^{5.5}\frac{d_c^2 jg}{18\eta}(\delta-\rho) \tag{3-30}$$

式中　$V_0$——离心力场沉降末速；

$\lambda$——悬浮液中固相颗粒的体积浓度；

$d_c$——颗粒的当量球体直径，若颗粒为非球形，直径为 $d$，$d_c=(0.7\sim0.8)d$；

$j$——分离因子；

$g$——重力加速度；

$\eta$——悬浮液黏度；

$\delta$——颗粒密度；

$\rho$——介质密度。

可见，当颗粒、悬浮液等条件均确定时，提高离心沉降速度的关键是如何提高分离因子 $j$。

#### 3.6.3.3　惯性力分级

颗粒运动时具有一定的动能，运动速度相同时，质量大者其动能也大，即运动惯性大。当它们受到改变其运动方向的作用力时，由于惯性的不同会形成不同的运动轨迹，从而实现大小颗粒的分级。图 3-19 为一实用惯性力分级机的分级原理图。通过导入二次控制气流可使大小不同的颗粒沿各自的运动轨迹进行偏转运动。大颗粒基本保持入射运动方向，粒径小的颗粒则改变其初始运动方向，最后从相应的出口进入收集装置。该分级机二次控制气流的入射方向和入射速度以及各出口通道的压力可灵活调节，因而可在较大范围内调节分级粒径。另外，控制气流还可起一定的清洗作用。目前，这种分级机的分级粒径已能达到 1μm，若能有效避免颗粒团聚和分级室内涡流的存在，分级粒径可望达到亚微米级别，分级精度和分级效率也会明显提高。主气流的喷射速度、气流的入射初速度、入射角度、各出口支路的位置与引风量对分级粒径及分级精度都具有重要影响。

#### 3.6.3.4 电场力分级

电场力分级是利用静电场力对大小不同的带电超细粒子具有不同的吸引力或排斥力，从而可使大小不同的超细粒子在特定的装置中进行分级处理。静电场分级分为干式分级和湿式分级两种。干式分级通常是以空气为介质，湿式分级通常是以水为介质。

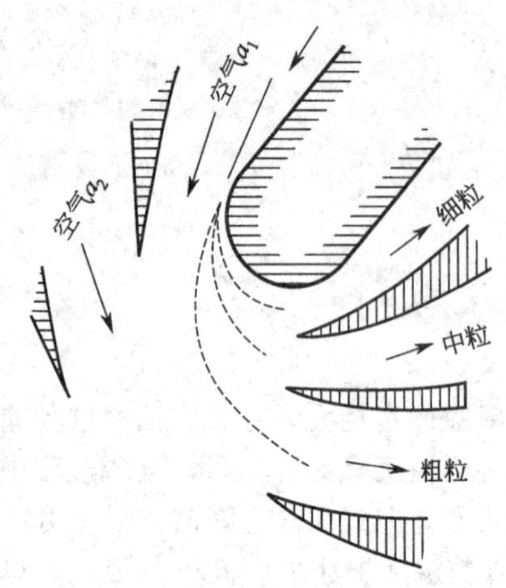


图 3-19 惯性力分级原理示意图

（1）静电场干式分级 静电场干式分级原理及过程是，首先将超细粉体与空气混合形成气溶胶，然后使该气溶胶进入荷电区，使其带上正（或负）电，再将其送进分级区。分级区中心为一金属管，并带大小可调的负电。带电的气溶胶和金属管间用干净空气隔开，在一定大小的负电作用下，较小颗粒可被吸到金属管壁上，较大颗粒则随气流流出，因而达到了大小不同颗粒被分级的目的。然而此方法一般只适于实验室使用，且电压要求较高。

（2）静电场湿式分级 静电场湿式分级是近年来南京理工大学超细粉体中心开发出的一种新型分级方法。其原理是胶体中的固体颗粒在电场的作用下能发生迁移（又称为电泳）。经研究发现，在某一特定条件下，胶体中的固体颗粒在电场作用下，其运动速度与颗粒大小有关。因此，利用这一特点可以对固体超细颗粒进行分级处理。

静电场湿法分级过程是，首先将被分级的超细颗粒与水制成合适的均匀的胶体，然后将该胶体缓慢连续地输入分级池中，在静电场力的作用下，大小不同的颗粒分别从分级池的不同出口排出，从而达到分级的目的。

#### 3.6.3.5 超临界分级

超临界分级方法是新近根据气体的超临界现象提出的。其原理是利用超临界条件下的二氧化碳（$CO_2$）作为介质对物料颗粒进行分级。在超临界条件下，$CO_2$的存在形式介于气液两种状态之间。它既有气态的低黏度和高分散性，又有液态的流动性。$CO_2$是直链型分子，分子间只有范德华力。因此，在粒子的运动过程中，$CO_2$分子对粒子的黏滞力极小。如在超临界条件下，采用离心力场对超细粉体进行分级，在低速下就可对不同粒径的粒子进行有效分级。

由于在超临界条件下$CO_2$是一种强溶剂，几乎所有的有机物质都可被它溶解。因此，该法只能用于无机粉体的分级处理。该法的优点是，分级的后处理工作量少，粒子便于收集，并可获得高纯度的产品，而且分散性好，这是其他分级方法无法比拟的。

然而，该法目前在我国无法工业化推广应用。其原因是，要使$CO_2$处于临界状态下的分级，装置复杂，成本较高；另外，目前我国生产的$CO_2$的纯度较差，采用该方法分级时，会给产品带来污染。

目前超细粉体的分级大多是基于重力场与离心力场的原理来进行。长期的研究及工业化生产经验表明，对于微米材料来说，采用上述力场可以达到较理想的分级效果，而对于亚微米及纳米材料来说，采用上述力场是不能实现较理想的分级要求的。其原因是由于粒径都很小，粒径之间的差所引起的重力及离心力的差也很小，因而无法实现不同粒径粒子的分级。因此，人们正在寻求新的分级原理与方法来实现对这类超细微材料的分级。目前研究较多，且有一定实用价值的分级原理有：微孔隙分级及膜分级、磁场力分级、热力场分级以及色谱分级等。

### 3.6.4 超细分级的重要性

（1）超细分级可以降低能耗 大量的研究表明，没有分级机的开路粉碎和有分级机的闭路粉碎，其能量利用率有较大的差异。以石灰石粉的气流粉碎为例，采用闭路系统所制得的粉体粒径分布较窄，最大粒径基本都小于10μm，而没有采用分级的细粉产品，分布粒度较宽。从动力消耗情况比较（见表3-8）可看出，对生产10μm以下的粉体颗粒而言，单独粉碎的功耗达到了34.5kW/kg，而闭路粉碎功耗只有10.8 kW/ kg。由此可以看出分级在超细粉生产中的重要性。

**表 3-8　开路及闭路粉碎的动力消耗比较**

| 系统方式 | 处理能力/(kg/h) | −10μm 含量/kg | −10μm 产品的消耗/(kW/kg) |
|---|---|---|---|
| 开路 | 2.1 | 0.63 | 34.5 |
| 闭路 | 10 | 20.4 | 10.8 |

(2) 超细分级可以生产特定级别的产品　超细分级对于需要控制颗粒分级的生产分级作业尤为重要，很多产品的颗粒粒度分布决定着其质量和性能。例如对于微粉磨料的生产，磨料要求产品的粒度分布很窄，大颗粒的存在容易划伤所加工零件的表面，而细颗粒过多又会降低研磨效率。荧光粉生产中，<10μm的过细颗粒将严重影响产品的亮度，必须尽可能地将其剔除；催化剂生产中，希望产品的粒度均匀，从而保证反应过程的均匀性和减小过细颗粒的损失；灌浆水泥应控制大颗粒的量，防止其堵塞微孔，也不能有太多的细粒存在而使水泥过早硬化。

(3) 分级机用于生产高细度的产品　对球磨机和其他一些介质研磨超细粉碎的研究结果表明，最终的粒度分布与粉碎的工艺关系不大，而主要与分级作业有关，即超细产品的特性不仅由粉碎决定，要想得到某一颗粒分布的超细产品，必须有超细分级组成闭路。另外在粉碎过程中，随着物料粒度逐渐变细，表面积急剧增加，高表面能的微细颗粒很容易互相团聚，颗粒越细其团聚的趋势越大；当颗粒细化到一定粒度后，出现粉碎与团聚的动态平衡，甚至因颗粒团聚变大而使粉碎工艺恶化。解决这一问题的关键还是设置超细分级设备，与超细粉碎机配合成闭路，将合格细产品及时分离出来，粗粒返回再磨，以提高粉碎效率和降低能耗。由此可以看出，加入分级机使得粉体颗粒的产品粒度变窄，提高粉体产品质量；同时还有明显的节电功能，在粉体制备的过程中引入分级机不仅必要而且是必需。随着粉体细度的减小，在分级机这个环节所需要的技术和经济投入会越来越多，甚至会超过粉碎所需要的技术和经济投入。

## 3.6.5 超细分级的关键问题

对于任何分级方法而言，要想取得较好的分级效果，关键是如何提高分级物料的分散性和选择合适的分级力场。

### 3.6.5.1 分散

物料经超细化后呈现与原物料不同的性质，首先是比表面增大，表面能升高；其次表面原子或离子数的比例大大提高，使其表面活性增加，粒子之间引力增大或由于外来杂质如水分的作用而易于聚集；超细粒子也易在粉碎过程中碰撞或粉碎后由于静电等作用力而聚集在大粒子上，无论在空气中还是在液相中均易生成粒径较大的二次颗粒，这使得对超细产品的分级比对普通产品的分级更加困难。

图3-18（部分分级效率曲线）中曲线3上，当 $d$ 很小时，在粒径微细区出现的向上的弯钩，某些情况弯钩位置上升很多，有时竟达100%，即极细的颗粒反而完全进入粗产品。这种现象称为“鱼钩效应”。

团聚是造成“鱼钩效应”的主要原因。粒径较粗的粉体，两个颗粒间的范德华引力与其重力相比很小，可以忽略不计。随着粒径的减小，范德华引力和重力之比急剧增大。根据估算，两个直径为1μm的球形颗粒，在间距为0.01μm时，其范德华引力高达其重力的100倍以上。

因此分级的首要任务是分散粒子，使其处于单分散状态，从而提高粉体的流散性，即超细粉体的基础在于粉体粒子的分散。可以说，充分的分散可使分级过程事半功倍。

超细粉体在液相中的抗团聚分散方法主要有：①介质调控；②药剂调控。在空气中的抗团聚分散方法主要有：①干燥分散；②机械分散；③表面调控；④静电分散。

#### 3.6.5.2 力场

解决了粉体粒子的分散之后，另一个更大的难题是如何设计稳定、可调节的力场。理想的分级力场应该具有分级力强、流场稳定及分级迅速等性质。由于粉体粒子在不同的介质、不同的力场中的行为不一样，因此必须了解其物理特性、运动特性，从而设计高效合理的分级力场。目前，分级机使用的力场主要为重力场、惯性力场和离心立场。

## 3.7 超细粉体的分散

### 3.7.1 概述

超细粉体粒度小、质量均匀、缺陷少，与常规粉体材料相比具有良好的表面效应和体积效应，同时具有一系列优异的电性、磁性、光学性能以及力学和化学等宏观特性。因此，超细粉体技术已成为化工材料、金属和非金属材料、矿物深加工和矿物材料以及电子、医药等现代工业和高技术新材料的重要发展趋向。但同时由于超细粉体具有极大的比表面积和表面能，在制备和后处理过程中粒子容易发生凝聚、团聚，形成二次粒子，使粒子粒径变大，在最终使用时失去超细颗粒具备的优异性能，因此如何解决超细粒子的团聚问题无疑是超细粉体性能持续稳定发展的关键。

造成超细颗粒团聚的因素很多，归纳起来主要包括：①超细颗粒表面积累了大量的正电荷或负电荷，由于静电吸引作用而导致团聚；②超细颗粒的表面积大，表面能高，处于能量不稳定状态，易自发团聚达到稳定状态；③超细颗粒间的距离极短，范德华力的大小与分子间距的7次方成反比，使相互间的范德华力远大于颗粒的重力，因此往往相互吸引而团聚；④超细颗粒间氢键、化学键的作用也易使粒子相互吸附发生团聚。其中前3个因素产生的是软团聚，是可逆的，可通过一些化学作用或施加机械能使其大部分消除。最后一个因素产生的是硬团聚，是不可逆的，靠一般外力很难消除，因此在制备和后处理时就要采取措施，防止其团聚。

超细粉体的分散受两种基本作用支配：粉体与分散介质的作用和颗粒间的相互作用，其中粉体与分散介质之间的相互作用尤为重要。悬浮态是工业生产粉体的一种主要存在状态，它包括固体颗粒在气相中悬浮、固体颗粒在液相中悬浮、液体颗粒在液相中悬浮（不互溶）和液体颗粒在气相中悬浮。本章着重讨论固体颗粒在空气中的分散和固体颗粒在液体中的分散。

### 3.7.2 固体颗粒在空气中的分散

超细粉体在空气中极易团聚，这势必会影响粉体加工过程中涉及的分级、混匀、储运、粒度测定及实际使用效果。空气中超细粉体主要有三种存在状态：①原级颗粒；②硬团聚颗粒，是由于颗粒间的范德华力、库仑力及化学键等的作用引起的；③软团聚颗粒，是由于颗粒间的范德华力和库仑力的作用引起的。

硬团聚和软团聚在粉体颗粒间普遍存在，其中软团聚可以通过一般的化学作用或机械作用来消除。而硬团聚由于颗粒间结合紧密，要想得到理想的分散效果，必须采用大功率的超声波或球磨法等机械方式来解聚。

#### 3.7.2.1 颗粒间作用力

一般而言，颗粒在空气中具有强烈的团聚倾向，团聚的基本原因是颗粒间存在着表面力，主要指范德华力、静电作用力和液桥力。

(1) 范德华力　范德华力是颗粒团聚的根本原因，也是无所不在的颗粒间力，与分子间距的7次方成反比，是典型的短程力。对于半径分别为$R_1$和$R_2$的两个球体，分子作用力$F_M$表示为：

$$F_M=-\frac{A}{6h^2}\times\frac{R_1R_2}{R_1+R_2} \tag{3-31}$$

对于球与平板：

$$F_M=-\frac{AR}{12h^2} \tag{3-32}$$

式中　$h$——间距，nm；

$A$——哈马克（Hamaker）常数，J；

$R$——颗粒半径。

哈马克常数$A$与构成颗粒的分子之间的相互作用参数有关，是物质的一种特征常数。当颗粒表面吸附有其他分子或物质时，$A$发生变化，范德华力也随之发生变化。各种物质的哈马克常数不同，在真空中，$A$的波动范围介于（0.4～4.0）$\times10^{-10}$J之间。

(2) 静电作用力　在干空气中大多数颗粒是自然荷电的。荷电的途径有三种：①颗粒在其生产过程中荷电，例如电解法或喷雾法可使颗粒带电，在干法研磨中颗粒靠表面摩擦而带电；②与荷电表面接触可使颗粒带电；③气态离子的扩散作用是颗粒带电的主要途径，气态离子由电晕放电、放射性、宇宙线、光电离及火焰的电离作用产生。颗粒获得的最大电荷量受限于其周围介质的击穿强度，在干空气中，约为$1.7\times10^{10}$个电子/$cm^2$，但实际观测的数值往往要低于这一数值。

① 接触电位差引起的静电引力　颗粒可因传导、摩擦、感应等原因带电。库仑力存在于所有带电颗粒之间。若两个球形颗粒荷电量分别为$q_1$和$q_2$，颗粒间的中心距离为$h$，则作用于颗粒间的库仑力$F_{ek}$为：

$$F_{ek}=\pm\frac{1}{4\pi\varepsilon_0}\times\frac{q_1q_2}{h^2} \tag{3-33}$$

式中，$\varepsilon_0$为真空介电常数，$8.854\times10^{-12}$F/m。

当颗粒表面带有相同符号的电荷时，颗粒间的库仑力为静电排斥力；当颗粒表面带有符号相反的电荷时，则颗粒间的库仑力为静电吸引力。

② 由镜像力产生的静电引力　镜像力实际上是一种电荷感应力。带有$q$电量的颗粒和具有介电常数$\varepsilon$的平面间的镜像力，可使颗粒黏附在平面表面上。黏附力的大小可由下式确定：

$$F_{ed}=\frac{1}{4\pi\varepsilon_0}\times\frac{\varepsilon-\varepsilon_0}{\varepsilon+\varepsilon_0}\times\frac{q^2}{(2r+h)^2} \tag{3-34}$$

对于绝缘体颗粒，由于电子运动受限，从内部到表面都存积有相当数量的电子而形成空间电荷层，同时表面出现过剩的电荷。如果表面过剩电荷分别是$\sigma_1$、$\sigma_2$，根据库仑定律，静电吸引力为：

$$F_{ed}=\frac{\pi}{\varepsilon_0}\times\frac{\sigma_1\sigma_2r^2}{1+\left(\frac{h}{2r}\right)^2} \tag{3-35}$$

式中　$\sigma_1$，$\sigma_2$——表面过剩电荷，C；

$r$——球形颗粒半径，m；

$h$——颗粒间的距离，m。

一般情况下，由镜像力产生的静电引力是可以忽略不计的。

(3) 液桥力　对大多数粉体，特别是亲水性较强的超细粉体来说，在潮湿空气中由于蒸气压的不同和粉体表面不饱和力场的作用，粉体均要或多或少凝结或吸附一定量的水蒸气，在其表面形成水膜。其厚度与粉体表面的亲水程度和空气的湿度有关。亲水性越强，湿度越大，则水膜越厚。当空气相对湿度超过65%时，粉体接触点处形成环状的液相桥联，产生液桥力。

液桥作用力 $F_\gamma$ 主要由因液桥曲面而产生的毛细管压力 $F_1$ 及表面张力引起的附着力 $F_2$ 组成，用下式表示：

$$F_1=\pi R^2\sigma\left(\frac{1}{r_1}-\frac{1}{r_2}\right)\sin^2\phi \tag{3-36}$$

$$F_2=2\pi R\sigma\sin\phi\sin(\theta+\phi) \tag{3-37}$$

所以

$$F_\gamma=F_1+F_2=2\pi R\sigma\left[\sin\phi\sin(\theta+\phi)+\frac{R}{2}\left(\frac{1}{r_1}-\frac{1}{r_2}\right)\sin^2\phi\right] \tag{3-38}$$

式中 $\sigma$——液体的表面张力，N/m；

$\theta$——颗粒润湿接触角，(°)；

$\phi$——钳角，即连接环和颗粒中心扇形角的一半，也称半角，(°)；

$r_1$，$r_2$——液桥的两个特征曲率半径，m；

$R$——颗粒的半径，m。

对于不完全润湿的颗粒，$\theta$ 不等于0°，液桥作用力可由下式表示：

$$F_\gamma=2\pi R\sigma\cos\theta \quad（颗粒-颗粒） \tag{3-39}$$

$$F_\gamma=4\pi R\sigma\cos\theta \quad（颗粒-平板） \tag{3-40}$$

显然，完全润湿的颗粒之间的液桥作用力最大。此外，当颗粒粒径大于10$\mu$m时，液桥作用力与其他黏附力的差别尤其显著。

(4) 空气中静电力、范德华力及液桥力的比较　图3-20给出了静电力、范德华力和液桥力随颗粒间距离 $h$ 的变化关系。可以看出，随着颗粒间距离的增大，范德华力（曲线4）迅速减小。当 $h>1\mu m$ 时，范德华力已不存在了。在 $h<2\sim3\mu m$ 的范围时，液桥力的作用非常显著，而且随间距变化不大；如果再继续增大颗粒间距离，液桥力突然消失。$h>2\sim3\mu m$ 时，能促进颗粒团聚，实际上此时只存在静电力了。

#### 3.7.2.2 分散方法

(1) 干燥分散　在潮湿空气中，粉体间形成的液桥是粉体团聚的主要原因，因此杜绝液桥产生或消除已经形成的液桥是保证超细粉体分散的主要手段。干燥是将热量传给含水物料，并使物料中的水分发生相变转化为气相而与物料分离的过程。固体物料的干燥包括两个基本过程：首先是对物料加热并使水分汽化的传热过程，然后是汽化的水扩散到气相中的传质过程。对于水分从物料内部借扩散等作用输送到物料表面的过程则是物料内部的传质过程。因此，干燥过程中传热和传质是同时存在的，两者既相互影响又相互制约。在几乎所有有关生产过程中都采用加温干燥预处理。例如，超细粉体在干式分级前，加温至200℃左右，除去水分，保证超细粉体的松散。干燥处理是一种简单易行的分散方法。

(2) 机械分散　机械分散是指用机械力把超细粉体聚团打散的过程，这是目前应用最广泛的一种分散方法。机械分散的必要条件是机械力（指流体的剪切力及压应力）应大于粉体间的黏着力。通常，机械力是由高速旋转的叶轮或高速气流的喷嘴及冲击作用引起的气流湍流运动造成的。这一方法主要通过改进分散设备来提高分散效率。

机械分散较易实现，但由于它是一种强制性分散方法，相互黏结的粉体尽管可以在分散器中打散，但颗粒之间的作用力仍然存在，从分散器中排出后又有可能迅速重新黏结聚团。机械分散的另一些问题是脆性粉体有可能被粉碎以及机械设备磨损后分散效果下降等。

(3) 表面改性　表面改性是指采用物理或化学的方法对超细粉体进行处理，有目的地改变其表面物理化学性质的技术，以赋予粉体新的性能并提高其分散性。

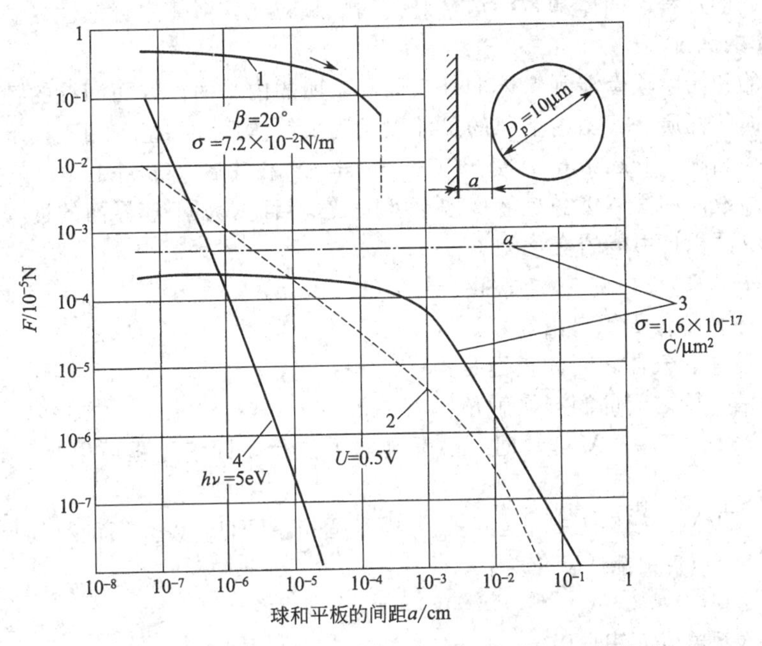


图 3-20 颗粒间的各种作用力与颗粒间距离的函数关系

1—液桥力；2—导体的静电力；3—绝缘体的静电力；4—范德华力

（4）静电分散　通过上文对颗粒间静电作用力的分析可发现，对于同质颗粒，由于表面电荷相同，静电力反而起排斥作用。因此，可以利用静电力对颗粒进行分散。问题的关键是如何使颗粒群充分荷电。采用接触带电、感应带电等方式可以使颗粒带电，但最有效的方法是电晕带电。使连续供给的颗粒群通过电晕放电形成的离子电帘，使颗粒带电，最终电荷量 $q_{max}$ 可由下式确定：

$$q_{max}=\frac{1}{9\times10^{-9}}\times\frac{3\varepsilon_0}{\varepsilon_0+2}E_c r^2 \qquad (3\text{-}41)$$

式中　$r$——颗粒半径；

$\varepsilon_0$——颗粒的相对介电常数；

$E_c$——荷电区的电场强度。

静电分散过程中可调控电压是一个重要因素。它的大小直接影响静电分选时的电流和分散效果。研究者研究了电压对碳酸钙和滑石粉体静电分散效果的影响。结果表明，碳酸钙和滑石粉体在不用静电分散处理时，其分散指数为 1，随电压的升高，电流迅速增大，碳酸钙和滑石粉体的分散效果提高。电流与粉体的分散效果具有很好的对应关系，即电流增大，粉体的分散效果提高；电流减小，粉体的分散效果降低。电压增大到 29kV 时，碳酸钙和滑石粉体的分散指数分别可达到 1.430 和 1.422，分散指数分别提高了 0.430 和 0.422，说明静电分散效果显著。

（5）复合分散　对于分散性要求高、单一分散方法难以有效实现充分分散的情况，有研究者提出了复合分散，即集表面改性与静电分散两者优点于一体的高效分散方法。

## 3.7.3 固体颗粒在液体中的分散

固体颗粒在液体中的分散过程，本质上受两种基本作用支配：一是固体颗粒与液体的作用（润湿），二是在液体中固体颗粒之间的相互作用。润湿是指由于固体表面对液体分子的吸附作用，使得固体表面的气体被液体取代的过程。固体颗粒被液体润湿的过程，实际上是液体与气体争夺固体表面的过程。固体颗粒润湿性好说明该颗粒在该液体中分散性好。

#### 3.7.3.1 粉体的润湿

润湿过程的初始阶段牵涉到粉体的外表面和聚团的内表面，因而润湿的特性取决于液相的性质、粉体表面的性质、聚团内空隙的尺寸以及用来使体系中各组分相互接触的机械过程的特性。润湿可分为黏附（adhesion）、浸湿（immersion）和铺展（spreading）三个步骤。

（1）黏附 液体和固体接触是液-气界面和固-气界面变为固-液界面的过程。在恒温恒压条件下，体系单位面积自由能的变化为

$$W_a = \gamma_{lg}(1 + \cos\theta) \tag{3-42}$$

式中 $W_a$——体系单位面积自由能，$J/m^2$；

$\gamma_{lg}$——液体、气体之间的表面张力，N/m；

$\theta$——液、固之间的润湿接触角。

根据热力学第二定律，$W_a \geqslant 0$ 时，过程能自发进行，即该过程可以自发进行的必要条件是 $\theta \leqslant 180°$。

（2）浸湿 固体在液体中浸入是固-气界面被固-液界面所代替，而液-气界面不变的过程。该过程体系单位面积自由能的变化为：

$$W_i = \gamma_{lg}\cos\theta \tag{3-43}$$

式中 $W_i$——体系单位面积自由能，$J/m^2$；

$\gamma_{lg}$——液体、气体之间的表面张力，N/m；

$\theta$——液、固之间的润湿接触角。

同理，在恒温恒压条件下，该过程可以自发进行的必要条件是 $W_i \geqslant 0$，即 $\theta \leqslant 90°$。

（3）铺展 实际上固-液界面代替固-气界面的同时，液体表面也扩展。该过程体系单位面积自由能的变化为：

$$-\Delta G = \gamma_{sg} - (\gamma_{sl} + \gamma_{lg}) = W_s \tag{3-44}$$

式中 $W_s$——铺展功，$J/m^2$；

$\gamma_{lg}$——液体、气体之间的表面张力，N/m；

$\gamma_{sg}$——固体、气体之间的表面张力，N/m；

$\gamma_{sl}$——固体、液体之间的表面张力，N/m。

同理，只有当 $W_s \geqslant 0$，即 $\theta \leqslant 0°$时，液体才可能在固体表面自由铺展。通常，衡量粉体表面润湿性采用润湿平衡接触角。根据表面接触角的大小，粉体可分为亲水性和疏水性两大类。

接触角的大小取决于粉体的内部结构、表面不饱和力场的性质和粉体表面形状，其关系和分类见表 3-9。

**表 3-9 粉体表面润湿性的分类和结构特征的关系**

| 粉体润湿性 | 接触角范围 | 表面不饱和键特性 | 内部结构 | 实例 |
|---|---|---|---|---|
| 强亲水性 | $\theta=0°$ | 金属键、离子键 | 由离子键、共价键或金属键等连接内部质点，晶体结构多样化 | $SiO_2$、高岭土、$SnO_2$、$CaCO_3$、$FeCO_3$、$Al_2O_3$、 |
| 弱亲水性 | $\theta<40°$ | 离子键或共价键 | 由离子键、共价键连接晶体内部质点成配位体，断裂面相邻质点互相补偿 | PbS、FeS、ZnS、煤等 |
| 疏水性粉体 | $\theta=40°\sim90°$ | 以分子键为主，局部区域为强键 | 层状结构晶体，层内质点由强键连接，层间为分子链靠分子键力结合，表面不含或含少量极性官能团 | MoS、滑石、叶蜡石、石墨 |
| 强疏水性 | $\theta>90°$ | 完全是分子键力 | 靠分子键力结合，表面不含或含少量极性官能团 | 自然硫、石蜡 |

粉体表面润湿性对粉体分散具有重要意义，是许多工艺，如粉体分散、固液分离、造粒、

表面改性和浮选的理论基础。然而，表面润湿性主要是对块状固体的描述，其接触角大小也是磨光、平滑表面的测定值，显然不适合粉体及其集合体。

#### 3.7.3.2 固体颗粒在液体中的聚集状态

固体颗粒被浸湿后进入液体中，在液体中是分散悬浮还是形成聚团颗粒取决于颗粒间的相互作用。液体中颗粒间的相互作用力远比在空气中复杂，除了分子作用力外，还出现了双电层静电力、溶剂化膜作用力及因吸附高分子而产生的空间效应力。

(1) 分子作用力　当颗粒在液体中时，必须考虑液体分子与组成颗粒分子群的作用以及此种作用对颗粒间分子作用力的影响。此时的哈马克常数可用下式表示：

$$A_{131}-A_{11}+A_{33}-2A_{13}\approx\left(\sqrt{A_{11}}-\sqrt{A_{33}}\right)^2 \tag{3-45}$$

$$A_{132}\approx\left(\sqrt{A_{11}}-\sqrt{A_{33}}\right)\left(\sqrt{A_{22}}-\sqrt{A_{33}}\right) \tag{3-46}$$

式中　$A_{11}$，$A_{22}$——颗粒1及颗粒2在真空中的哈马克常数；

$A_{33}$——液体3在真空中的哈马克常数；

$A_{131}$——在液体3中同质颗粒1之间的哈马克常数；

$A_{132}$——在液体3中不同质颗粒1与颗粒2相互作用的哈马克常数。

分析式（3-46）便可发现，当液体3的$A_{33}$介于两个不同质颗粒1与颗粒2的哈马克常数$A_{11}$和$A_{22}$之间时，$A_{132}$为负值，根据分子作用力的公式有：

$$F_{M}=-\frac{A_{132}R}{12h^2}\quad(球体\text{-}球体) \tag{3-47}$$

可见，$F_M$变为正值，分子作用力为排斥力。

对于同质颗粒，它们在液体中的分子作用力恒为吸引力。但是，它们的值比在真空中要小，一般大约小400%。

分子作用力虽然是颗粒在液体中互相聚团的主要原因，但是通过随后的讨论便可明白，它并不是唯一的吸引力。

(2) 双电层静电作用力　在液体中颗粒表面因离子的选择性溶解或选择性吸附而荷电，反号离子由于静电吸引而在颗粒周围的液体中扩散分布，这就是在液体中的颗粒周围出现双电层的原因。在水中，双电层最厚可达100 nm。考虑到双电层的扩散特性，往往用德拜参数$1/k$表示双电层的厚度。$1/k$表示液体中空间电荷重心到颗粒表面的距离。例如，对于浓度为$1\times10^{-8}$mol/L的1∶1电解质（如NaCl、$AgNO_3$等）水溶液，双电层的德拜厚度$1/k$为l0nm；但对同样电解获得的非水溶液，由于其电介常数$\varepsilon$比水小得多，$\varepsilon=2$，当离子浓度很稀时，例如$1\times10^{-1}$mol/L，$1/k$可达100$\mu$m。

对于同质颗粒，双电层静电作用力恒表现为排斥力，因此，它是防止颗粒互相聚团的主要因素之一。一般认为，当颗粒的表面电位$\varphi_0$的绝对值大于30mV时，静电排斥力与分子吸引力相比便占上风，从而可保证颗粒分散。

对于不同质的颗粒，表面电位往往有不同值，甚至在许多场合下不同号。对于电位异号的颗粒，静电作用力则表现为吸引力。即使是电位同号但不同值的颗粒，只要两者的绝对值相差很大，颗粒间仍可出现静电吸引力。

(3) 溶剂化膜作用力　颗粒在液体中引起其周围液体分子结构的变化，称为结构化，对于极性表面的颗粒，极性液体分子受颗粒很强的作用，在颗粒周围形成一种有序排列并具有一定机械强度的溶剂化膜；对非极性表面的颗粒，极性液体分子将通过自身的结构调整而在颗粒周围形成具有排斥颗粒的作用的另一种“溶剂化膜”，如图3-21所示。

水的溶剂膜作用力$F_0$可用下式表示：

$$F_0=K\exp\left(-\frac{h}{\lambda}\right) \tag{3-48}$$

式中 $\lambda$——相关长度，尚无法通过理论求算，经验值约为1nm，相当于体相水中的氢键键长；

$K$——系数，对于极性表面，$K>0$；对于非极性表面，$K<0$。

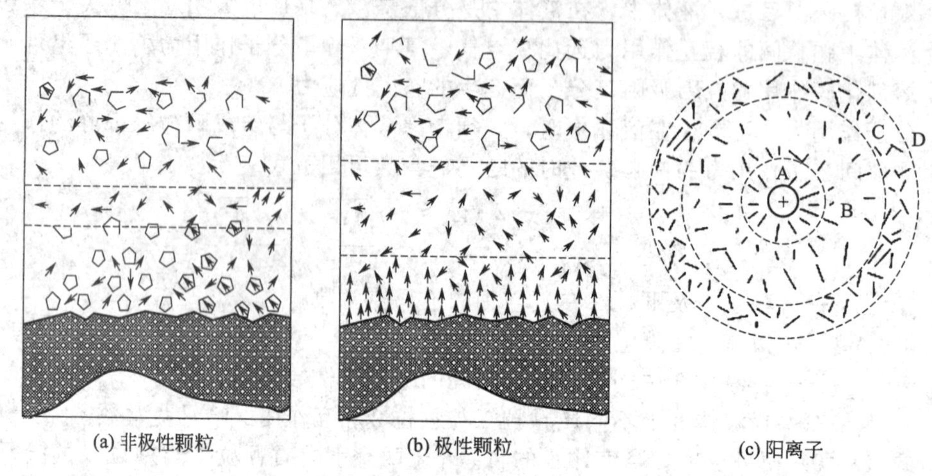


图 3-21 溶剂化结构

A—直接水化层；B—次生水化层；C—无序层；D—体相水

可见，对于极性表面颗粒，$F_0$为排斥力；与此相反，对于非极性表面颗粒，$F_0$称为吸引力。

根据实验测定，颗粒在水中的溶剂化膜的厚度为几到十几纳米。极性表面的溶剂化膜具有强烈地抵抗颗粒在近程范围内互相靠近并接触的作用。而非极性表面的“溶剂化膜”则引起非极性颗粒间的强烈吸引作用，称为疏水作用力。

溶剂化膜作用力从数量上看比分子作用力及双电层静电作用力大1～2个数量级，但它们的作用距离远比后两者小，一般仅当颗粒互相接近到10～20nm时才开始起作用，但是这种作用非常强烈，往往在近距离内成为决定性的因素。

从实践的角度出发，人们总结出一条基本规律：极性液体润湿极性固体，非极性液体润湿非极性固体，这实际上也反映了溶剂化膜的重要作用。

（4）高分子聚合物吸附层的空间效应　当颗粒表面吸附无机或有机聚合物时，聚合物吸附层将在颗粒接近时产生一种附加作用，称为空间效应（steric effect）。

当吸附层牢固而且相当致密，有良好的溶剂化性质时，它起对抗颗粒接近及聚团的作用，此时高聚物吸附层表现出很强的排斥力，称为空间排斥力。显然，此种力只是当颗粒间距达到双方吸附层接触时才出现。

也有另外一种情况，当链状高分子在颗粒表面的吸附密度很低，比如覆盖率为50%或更小时，它们可以同时在两个或数个颗粒表面吸附，此时颗粒通过高分子的桥连作用而聚团。这种聚团结构疏松，强度较低，聚团中的颗粒相距较远。

综合以上所述的各种情况可以看出：固体颗粒在液体中分散（稳定）与凝聚（不稳定）是对立的。电荷之间的排斥、分散剂、溶剂化层的影响促进了体系分散稳定，分子的吸引力和各种运动碰撞又促进了絮凝。

## 3.7.4 超细粒子的分散稳定机理

超细粒子在液体介质中的分散稳定一般包括以下三个过程：润湿、分散和分散稳定。润湿是指颗粒与空气、颗粒与颗粒之间的界面被颗粒与溶剂、分散剂等之间的界面取代的过程。颗粒与溶剂润湿程度的好坏，可用润湿热来描述。润湿热越大，则溶剂对颗粒表面的润湿效果越好。分散是利用外力将大颗粒细化，使团聚体解聚并被再润湿、包裹吸附的过程。分散稳定是指原生粒子或较小的团聚体在静电斥力、空间位阻斥力的作用下屏蔽范德华引力，使颗粒不再聚集的过程。

#### 3.7.4.1　润湿

粉体润湿过程的目的是使粒子表面上吸附的空气逐渐被分散介质取代。影响粒子湿润性能的因素有很多种，如粒子形状、表面化学极性、表面吸附的空气量、分散介质的极性等。在无机粉体水浆料中加入润湿剂，降低固-液界面张力，减小接触角，从而提高润湿效率、润湿速度。由于空气被载体代替，降低了粒子间的吸引力，这样减少了在后续加工过程中分散所需能量和粒子再絮凝现象，便于以后的分散。良好的润湿性能可以使粒子迅速地与分散介质互相接触，有助于粒子的分散。

#### 3.7.4.2　分散

粉体粒子的分散可通过机械作用（剪切力、压碾等）如通过高速搅拌机搅拌将粒子分散。同时随着聚集体分散为更小的粒子，更大的表面积暴露在分散介质中，周围分散介质的数量将减少，分散体系的黏度增加，导致剪应力增大。当团聚体受到机械力作用（如搅拌等），会产生微缝，但它很容易通过自身分子力的作用而愈合。当分散介质中有表面活性剂存在时，表面活性剂分子自动地渗入到微细裂缝中、吸附在粉体表面上，如同在裂缝中打入一个“楔子”，起着一种劈裂作用，使微裂缝无法愈合，并且在外力作用下加大裂缝或使颗粒分裂成碎块。如果表面活性剂是离子型的，它吸附在固体颗粒表面上，使颗粒具有相同的电荷，互相排斥，促进了颗粒在液体中分散。

通过设计合适的分散机械来提高体积和能量的利用率是值得研究的。因为大多数分散机械的有效体积为总体积的10%，而传输给聚集体的效率只有1%。在分散过程中，分散系浓度大幅度上升，能量浪费严重，且分散过程中，分散的有效区域较小，限制了分散效率的提高。通过设计合适的分散机械可解决这一难题，但难度相当大。例如用超声波分散，它的体积利用率提高到了1，在某种意义上比较优良，但它的能量利用率却很低。

#### 3.7.4.3　稳定

实际应用中，人们最关心的就是粉体在分散介质中的分散稳定性。由于超细粒子的粒径近似于胶体粒子，所以可以用胶体的稳定理论来近似探讨超细粒子的分散性。胶体的稳定或聚沉取决于胶粒之间的排斥力和吸引力。前者是稳定的主要因素，而后者则为聚沉的主要因素。根据这两种力产生的原因及其相互作用的情况，形成较为成熟的胶体三大稳定理论是：①DLVO理论；②空间位阻稳定理论；③静电位阻稳定理论。

（1）DLVO理论　DLVO理论即为双电层排斥理论，该理论主要讨论了颗粒表面电荷与稳定性的关系。静电稳定是指通过调节pH值和外加电解质等方法，使颗粒表面电荷增加，形成双电层，通过$\zeta$电位增加使颗粒间产生静电斥力，实现体系的稳定。

（2）空间位阻稳定理论　DLVO理论不能用来解释高聚物或非离子表面活性剂的胶体物系的稳定性。对于添加高分子聚合物作为分散剂的物系，可以用空间位阻稳定机理来解释。分散剂分子的锚固基团吸附在固体颗粒表面，其溶剂化链在介质中充分伸展形成位阻层，充当稳定部分，阻碍颗粒的碰撞团聚和重力沉淀。聚合物作为分散剂在各种分散体系中的稳定作用，在理论和实践中都已得到验证。但产生空间位阻稳定效应必须满足两个条件：①锚固基团在颗粒表面覆盖率较高且发生强吸附，这种吸附可以是物理吸附也可以是化学吸附；②溶剂化链充分伸展形成一定厚度的吸附位阻层，通常应保持颗粒间距大于10～20nm。

（3）**静电位阻稳定理论**　静电稳定结合空间位阻效应可以获得更佳的稳定效果。静电位阻稳定是通过固体颗粒表面吸附一层带电较强的聚合物分子层，带电的聚合物分子层既通过本身所带电荷排斥周围粒子，又用位阻效应防止做布朗运动的粒子靠近，产生复合稳定作用。颗粒距离较远时，双电层产生斥力，静电稳定起主导作用；颗粒距离较近时，空间位阻阻止颗粒靠近。

除常用三大理论外，还有竭尽稳定机理和静电-空间位阻稳定机制。竭尽稳定机理指非离子型聚合物没有吸附在固体颗粒表面，只是以一定浓度游离分散在颗粒周围的悬浮液中。颗粒相互靠近，聚合物分子从两颗粒表面区域，即竭尽区域，在介质中重新分布。若溶剂为聚合物的良溶剂，聚合物的这种重新分布在能量上是不稳定的，两颗粒需要克服能垒才能继续靠近，即竭尽稳定。竭尽稳定机理适合解释那些虽没有锚固基团，或只和固体颗粒发生弱吸附的聚合物分子也能够稳定分散的现象。

静电-空间位阻稳定机制认为在水溶液介质中，静电、空间位阻效应是同时共存的，只是在不同的条件下其中一种起决定作用而已，若把静电位阻和空间位阻效应都增强，将对粉体体系的分散性、稳定性起到重大作用，主要表现为分散剂的协同作用和超分散剂作用。

## 3.7.5 颗粒在液体中的分散调控

改善超细粉体在液相中的分散性与稳定性有以下三个途径：①通过改变分散相与分散介质的性质来调控 Hamaker 常数，使其值变小，颗粒间吸引力下降；②调节电解质及定位离子的浓度，促使双电层厚度增加，增大粒间排斥作用力；③选用附着力较弱的聚合物和对聚合物亲和力较大的分散介质，增加粒间排斥力，降低吸引力。

通常，超细粉体悬浮液分散调控途径大致分为介质调控、分散剂调控、机械搅拌分散和超声分散。其中，前两种属于化学分散方法，后两种属于物理分散方法。

### 3.7.5.1 介质调控

根据粉体表面的性质选择适当的分散介质，可以获得充分分散的悬浮液。选择分散介质的基本原则是：非极性粉体易于在非极性液体中分散，极性粉体易于在极性粉体中分散，即所谓相同极性原则。常用的分散介质大致有以下三类。

（1）水　大多数无机盐、氧化物、硅酸盐等矿物颗粒及无机粉体如陶瓷熟料、玻璃粉、炉渣等倾向于在水中分散（常加入一定的分散剂）；煤粉、木炭、炭黑、石墨等炭质粉末则需要添加鞣酸、亚油酸钠、草酸钠等使其在水中分散。

（2）极性有机溶剂　常用的极性有机溶剂有乙二醇、丁醇、环己醇、甘油水溶液及丙酮等。

（3）非极性溶剂　常用的非极性溶剂有环己烷、二甲苯、苯、煤油及四氯化碳等。

需要说明的是，相同极性原则需要同一系列确定的物理化学条件相配合才能保证良好分散的实现。极性粉体在水中可以表现出截然不同的分散团聚行为说明物理化学条件的重要性。

### 3.7.5.2 分散剂调控

超细粉体在液相中的良好分散所需要的物理化学条件主要是通过添加适当的分散剂来实现的。分散剂的添加强化了粉体间的相互排斥作用。增强排斥作用主要通过以下三种方式来实现：①增大粉体表面电位的绝对值，以提高粉体间的静电排斥作用；②通过高分子分散剂在粉体表面形成吸附层，产生并强化位阻效应，使粉体间产生强位阻排斥力；③增强粉体表面对分散介质的润湿性，以提高表面结构化，加大溶剂化膜的强度和厚度。

不同分散剂的分散机理不尽相同，常用的分散剂主要有三种：无机电解质，表面活性剂和高分子聚合物。

（1）无机电解质　常用到的无机电解质有聚磷酸钠、硅酸钠、氢氧化钠及苏打等。聚磷酸钠是偏磷酸钠的直链聚合物，聚合度在 20～100 之间。硅酸钠在水溶液中往往生成硅酸聚合物，为了增强分散作用，常在强碱性介质中使用。

研究表明，无机电解质分散剂在颗粒表面吸附，一方面显著提高了颗粒表面电位的绝对值，从而产生强的双电层静电排斥作用；另一方面，聚合物吸附层可诱发很强的空间排斥效应。同时，无机电解质也可增强颗粒表面对水的润湿程度，从而有效地防止颗粒在水中的聚团。

(2) 表面活性剂　阴离子型、阳离子型及非离子型表面活性剂均可用作分散剂。表面活性剂的分散作用主要表现在它对颗粒表面润湿性的调整。

为了改善纳米 $\alpha\text{-}Al_2O_3$ 在水中的分散稳定性，研究者分别添加无机电解质六偏磷酸钠(SHP)、非离子型表面活性剂聚乙二醇（PEG400)、阳离子型表面活性剂（CTAC）以及阴离子型表面活性剂十二烷基苯磺酸钠（SDBS）四种表面活性剂作为分散剂进行对比试验。结果表明：无论添加何种分散剂都能改善 $\alpha\text{-}Al_2O_3$ 在水中的分散稳定性；分散剂的质量分数对分散体系的稳定性影响最大，每一种分散剂都有使其达到最佳理想分散效果的最佳值。选用 SDBS 为分散剂，分散剂质量分数为 2.0%，pH=9，超声时间为 20min 时纳米 $\alpha\text{-}Al_2O_3$ 在水中的分散稳定性最好。

(3) 高分子聚合物　高分子聚合物的吸附膜对颗粒的聚集状态有非常显著的作用，这是由于它的膜厚度往往可达数十纳米，几乎与双电层的厚度相当。因此，它的作用在颗粒相距较远时便可显现出来。高分子聚合物是常用的调节粉体颗粒聚团及分散的化学药剂。聚合物电解质极易溶于水，通常用作以水为介质的分散剂。而另一些聚合物的高分子分散剂则往往用于非水介质的粉体分散，例如天然高分子类的卵磷脂、合成高分子类的长链聚酯及多氨基盐等。

高分子聚合物作为分散剂，主要是利用它在粉体表面的吸附膜的强大空间排斥效应。如前所述，这要求吸附膜致密，有一定的强度和厚度，因此，高分子聚合物分散剂的用量一般比较大。

研究者以氯化钙和碳酸钠为原料，通过添加分散剂聚乙二醇（相对分子质量 200)，在机械化学条件下制备了分散性能良好的碳酸钙颗粒。以菱镁矿为原料，通过煅烧、湿法球磨、水热处理制备纳米片状氢氧化镁，在轻烧 MgO 湿法球磨过程中，通过添加聚乙二醇 400 (PEG400）或聚乙烯吡咯烷酮 K30（PVP)，有效地改善了产物氢氧化镁颗粒的分散性，减小其粒径，缩小了粒径分布。

### 3.7.5.3 机械搅拌分散

机械搅拌分散是指通过强烈的机械搅拌引起液流强湍流运动而使粉体聚团破碎悬浮。这种分散方法几乎在所有的工业生产过程中都要用到。机械搅拌分散的必要条件是机械力（指流体的剪切力及压应力）应大于粉体间的黏着力。

聚团破碎这一过程发生的总体概率 $P_T$ 可分为两部分：一是聚团进入能够发生破碎的有效区域的概率 $P_1$；二是当聚团在有效区域内时，存在的能量密度能够克服使原生粉体聚团在一起的作用力的概率 $P_2$。

对于悬浮体系 $V_T$，只有一部分体积 $V_{eff}$ 能够在分散机械力作用下，对进入其中的聚团产生破解作用。则超细粉体聚团的破解总概率为：

$$P_T = P_1 P_2 = \frac{N_d}{N_a} = (1 - e^{-k\frac{V_{eff}}{V_T}t})(1 - e^{-\frac{aE_n}{\sigma V}}) \tag{3-49}$$

式中　$N_d$——在某一时刻已破碎的团聚数；

$N_a$——在某一时刻团聚总数；

$V_T$——悬浮体系的体积，$m^3$；

$V_{eff}$——部分体积，$m^3$；

$k$——常数；

$t$——时间，s；

$\sigma$——聚团的张力，N/m；

$E_n$——传输给聚团的能量，J；

$a$——能量效率因子，无量纲常数，其值代表能量输入给聚团的效率，$a$ 越大，能量传输给聚团的效率越高。

超细粉体聚团的破解概率与超细粉体所处有效区域的体积分数、输入体系的能量及其有效效率和聚团的张力强度大小有密切关系。

超细粉体被部分浸湿后，用机械的力量可使剩余的聚团破解。浸湿过程中的搅拌能增加聚团的破解程度，从而也就加快了整个分散过程。事实上，强烈的机械搅拌是一种破解聚团的简便易行的方法。机械分散离开搅拌作用，外部环境复原，它们又可能重新团聚。因此，采用机械搅拌与化学分散方法结合的复合分散手段通常可获得更好的分散效果。

机械分散过程中，搅拌速度对分散效果影响很大。在最初，分散效果会随着搅拌速度的增大而趋于最佳；当搅拌速度继续增加时，分散效果又会变差。这是因为在最初，搅拌速度的增加会加快颗粒在悬浮液中的迁移，使得团聚在一起的粉体获得能量，软团聚得以打开，颗粒的平均尺寸减小；随着搅拌速率的增大，液体流动速度增大，颗粒有效浓度也增大；再继续增大搅拌速率，会使得分散开的大部分小颗粒随着液体的搅拌而发生碰撞，导致再次团聚的发生。

采用间歇搅拌方式的分散效果比采用连续搅拌好。这是因为在连续搅拌过程中，分散开的部分小颗粒随着液体的搅拌而发生碰撞，发生再次团聚，而间歇的过程能降低小颗粒再次碰撞的概率。

#### 3.7.5.4 超声分散

频率大于 20kHz 的声波，因超出了人耳听觉的上限而被称为超声波。超声波因波长短而具有束射性强和易于提高聚焦集中能力的特点，其主要特征和作用是：①波长短，近似于直线传播，传播特性与处理介质的性质密切相关；②能量容易集中，因而可形成强度大的剧烈振动，并导致许多特殊作用（如悬浮液中的空化作用等），其结果是产生机械、热、光、电化学及生物等各种效应。超声波调控就是利用超声的能力作用于物质，改变物质的性质或状态。在超细粉体分散中，超声调控主要用于固体超细粉体悬浮液的分散，如在测量粉体粒度时，通常使用超声分散预处理。

超细粉体在液体介质中的分散涉及超细粉体分散在液体中的多相反应，其反应速率仍将取决于可能参与的反应面积与物质传质。超声处理促进超细粉体分散。研究表明，粉体的超声分散主要由超声频率与粉体粒度的相互关系决定。

超声分散的机理大致是：一方面，超声波在超细粉体体系中以驻波形式传播，使粉体受到周期性的拉伸和压缩；另一方面，超声波在液体中可能产生"空化"作用，使颗粒分散。

超声波在超细粉体分散中的应用研究较多，特别是对降低纳米粉体团聚更为有效。利用超声空化时产生的局部高温、高压或强冲击波和微射流等，可较大幅度地弱化纳米粉体间的作用能，有效地防止纳米粉体团聚而使之充分分散，但应避免使用过热超声搅拌。因为随着热能和机械能的增加，粉体碰撞的概率也增加，反而导致进一步团聚。因此，应选择最低限度的超声分散方式来分散纳米粉体。

超声波的第一个作用是在介质中产生空化作用所引起的各种效应，第二个作用是在超声波作用下悬浮体系中各种组分（如集合体、粉体等）的共振引起的共振效应。介质可否产生空化作用，取决于超声的频率和强度。在低声频的场合易于产生空化效应，而高声频时共振效应起支配作用。

一般来说，大功率下的超声分散效果要好于小功率下的超声分散效果，延长超声时间将有助于改善分散效果，但不论是功率还是超声时间对于具体的分散体系都有一个最佳值，故要酌情而定。

研究者采用十二烷基苯磺酸钠（SDBS）作为分散剂，通过超声波作用对纳米$SiO_2$粉体进行水中分散。结果表明：纳米$SiO_2$的粒径随分散剂含量、超声时间的增加，出现先减小后缓慢增大的变化趋势。在适量SDBS的条件下，纳米$SiO_2$分散体系因静电和空间位阻的作用表现出良好的分散稳定性，其最佳分散工艺为：SDBS含量为1.6%，超声处理时间为18min。

超声分散虽可获得理想的分散效果，但大规模地使用超声分散受到能耗过大的限制，尚难以在工业范围中推广应用。

## 3.8 超细微粒分选技术

### 3.8.1 概述

随着矿产资源"贫、细、杂"化的日益加剧，分选超细颗粒的技术越来越受到重视和关注，超细颗粒的分选技术已成为选矿的重要研究方向之一。

超细颗粒主要指粒度在10μm以下的难选矿物，因为超细颗粒具有质量小、比表面积大、表面能高、表面电性强等特征，用常规的选矿方法不能有效分选，所以超细颗粒的分选基本上是依据矿物颗粒的表面电性、表面自由能、胶体化学性能等来实现矿物的分离。尽管超细分选有不同的类型和工艺及手段，但都遵循以下原则。

① 都是根据被选超细颗粒的表面物理化学和胶体化学性能上的差异，通过添加如磁种、捕收剂、高分子絮凝剂等手段，使之团聚或选择性聚团，以增强分选特性（如增大被选颗粒的粒径等）。

② 针对细粒脉石矿物的分散和控制，用常规选矿方法（如重选、磁选、浮选等）进行有用矿物颗粒与细粒脉石之间的分离。

### 3.8.2 超细颗粒分选技术分类

根据超细颗粒分选原理的不同，超细颗粒分选技术主要有以下三种类型。

（1）疏水聚团分选　通过对超细矿物颗粒表面进行选择性疏水化，形成疏水聚团，再用常规物理方法进行分离的技术，称为疏水聚团分选。

（2）高分子絮凝分选　高分子絮凝分选是利用高分子絮凝剂在矿浆里选择性的絮凝作用，使得某种矿物微粒絮凝，其他矿粒则处于分散状态，再以常规选矿方法达到矿物分选目的的一种技术。目前它已成为超细颗粒分选的主要方法。

（3）复合聚团分选　复合聚团分选是指除对超细颗粒施加界面作用力外，还常辅以其他作用力才能将矿物颗粒分离的一种技术，如辅以磁场作用的凝聚磁种分选和疏水-磁复合聚团分选等。

### 3.8.3 疏水聚团分选

#### 3.8.3.1 分选工艺

疏水聚团分选过程为：先用调整剂调浆，使被选矿物颗粒与脉石颗粒都处在完全分散状态后，添加适量的表面活性剂使被选矿物颗粒表面疏水化，再添加非极性油作桥联剂，以剪切力场作用使已疏水化的被选矿物絮凝和聚团，最后用常规选矿方法使聚团的被选矿物与处于分散状态的脉石矿物分离。表3-10为各疏水聚团分选工艺的主要特点。

表 3-10 各疏水聚团分选工艺的主要特点

| 工艺方法名称 | 对象 | 捕收剂 | 其他药剂 | 中性油 | 分选载体 | 分选分离方式 | 搅拌设备 |
|---|---|---|---|---|---|---|---|
| 细粒浮选 | 锡石 | 甲苯胂酸 | 羧甲基纤维素 | | 气泡 | 浮选 | 浮选槽 |
| | 白钨矿 | 脂肪酸 | 水玻璃 | | 气泡 | 浮选 | 调浆槽 |
| 剪切絮凝浮选 | 白钨矿 | 油酸 | 水玻璃、$Na_2CO_3$ | | 气泡 | 浮选 | 搅拌槽 |
| 油药混合浮选 | 钛铁矿 | 塔尔油 | 乳化剂 | 柴油 | 气泡 | 浮选 | 调浆槽 |
| 乳化浮选 | 锰矿 | 脂肪酸 | 磺酸盐 | 煤油 | 气泡 | 浮选 | 调浆槽 |
| 载体浮选 | 高岭土 | 油酸钠 | | 柴油 | 粗粒方解石、气泡 | 浮选 | 调浆槽 |
| 球团浮选 | 铁矿脱磷、煤脱灰分、硫分 | 脂肪酸 | NaOH、$Ca(OH)_2$、$Na_2SiO_3$ | 中性油 | 中性油 | 筛分、淘洗 | 混合成球机或球磨机 |
| 两液分选 | 锡石、高岭土脱杂 | 磺化丁二酸酯 | 水玻璃、氨 | 汽油 | 中性油 | 相分离 | 调浆槽 |
| 团聚磁种分选 | 假象赤铁矿 | 油酸酯 | | 中性油 | | 磁选 | 搅拌槽 |
| 磁黏附法 | 高岭土脱杂 | 脂肪酸 | 胺盐 | 中性油 | 导磁介质 | 磁选 | 搅拌槽 |
| 复合絮凝 | 菱锰矿 | 油酸钠 | 水玻璃 | | | 磁场下脱泥 | |

疏水聚团分选工艺流程如下。

① 添加药剂　使被选矿物颗粒表面达到选择性疏水化，而脉石颗粒不变化。

② 强烈搅拌　使矿浆处于强湍流状态，搅拌时间通常大于 10min，其目的是形成疏水聚团。

③ 聚团分离　采用常规选矿方法将疏水聚团与非疏水化的矿粒分离。

疏水聚团分选工艺有剪切絮凝浮选、载体浮选、乳化浮选、球聚团分选、两液分选等五种。它们之间的不同之处就在于其中性油的添加量和分离工序使用的分离手段。其中非极性油的添加量决定疏水聚团分选工艺的不同。

### 3.8.3.2 剪切絮凝浮选

剪切絮凝浮选是在适当的矿浆 pH 值范围与捕收剂浓度条件下，经长时间高强度搅拌，使被捕收剂选择疏水的矿物粒子相互黏着，形成絮团，再采用泡沫浮选进行分离。其特点如下。

① 形成具有一定强度和大小的絮团，能克服高强度湍流施加的破坏解体用力。

② 絮团是疏水的，可直接用常规泡沫浮选分离。

③ 其药剂制度与常规泡沫浮选相同。

影响剪切絮凝浮选的主要因素有矿物颗粒的大小、疏水性、搅拌速度和时间、表面电性和搅拌器形状等。

### 3.8.3.3 载体浮选

载体浮选（也称为背负浮选）指在矿浆中添加粗矿质作载体，再添加选择性表面活性剂（如捕收剂等），使粗矿粒和被选细矿粒的表面疏水，形成载体聚团，然后再通过常规浮选进行分离。载体浮选有以下两种。

① 异类载体浮选　指载体粗颗粒与被选细颗粒为不同矿物，它适合脱除精矿中含量较少的脉石矿物（亦称异身载体）。

② 同类载体浮选　指载体粗颗粒与被选细颗粒为同类矿物，它适合分选给矿中含量较少的有用矿物（亦称自身载体）。

影响载体浮选的因素主要有以下三方面内容。

① 矿物颗粒自身性质　主要包括颗粒粒度、形状、表面电性、载体比等。

② 仪器性能　主要包括搅拌强度、搅拌时间、搅拌器结构等。

③ 工艺条件　主要包括药剂种类、药剂制度、药剂浓度、介质 pH 值、调浆温度等。

#### 3.8.3.4　乳化浮选

乳化浮选，又称团聚浮选，所添加的非极性油溶解度很低，所以必须使非极性油同捕收剂或乳化剂制成乳浊液后加入矿浆使用，以高强度搅拌，最后进行浮选分离。非极性油的乳化程度及乳化剂的选取，将直接影响乳化浮选的分选效果。通常非离子型（如聚乙二醇醚脂肪醇、聚乙二醇醚脂肪酸、聚乙二醇醚烷基酚等）乳化剂能加速搅拌，并能改善浮选效果，而阴离子乳化剂则不能。

乳化浮选，可应用于多种微细矿物颗粒的分选。目前，该方法主要用于石墨、自然硫、煤及钼矿、磷矿和锰矿等的分选。

#### 3.8.3.5　油团聚分选

油团聚分选的分选过程为：磨细矿石使矿物单体解离，之后用调整剂和捕收剂处理矿浆，使有用矿物选择性疏水，添加非极性油，使其覆盖疏水性矿粒，在机械挤压和捏合作用下，覆盖油的颗粒相互黏附形成球团，再用筛分等物理方法把它与分散态的亲水性颗粒分开。选择性油团聚分选又称为球团聚分选。

油是油团聚分选技术的关键，目前多为石油产品，如原油、煤焦油、煤油、氧化石油等。其作用机理是：在剪切力场的作用下，油以珠状分散在矿粒表面，使矿粒之间形成“桥联”，称为桥联液体。理想的桥联液体应具有一定的黏性。油团聚分选的特点是在分离细粒矿物的同时，也进行了脱水，简化了固液分离工艺；但其缺点是药剂用量较大、成本较高。

影响油团聚分选的主要因素有：调整剂和捕收剂的种类及用量、搅拌时间和速度、矿浆浓度和温度、油在疏水矿粒孔隙中的充填率等。

#### 3.8.3.6　两液分选

两液分选指向调浆后的矿浆中加入捕收剂，使被选矿物表面疏水化，加入非极性油，强烈搅拌制成不稳定乳浊液，将乳浊液静置，疏水性目的矿物颗粒被油滴黏附上升到油相，亲水性矿物颗粒则留在水相，形成油水分离层，故疏水矿粒与亲水矿粒得以分离。

目前，两液分选技术主要应用于锡石、高岭土、萤石、重晶石、赤铁矿等的分选研究和试验。结果表明，工业实际应用中 $Fe_2O_3$ 去除率达 70%以上，高岭土回收率达 75%。

影响两液分选的主要因素有：矿浆 pH 值、捕收剂种类及用量、油药比、矿浆浓度、油的种类、油水比、搅拌方式、搅拌强度、搅拌时间等。

### 3.8.4　高分子絮凝分选

絮凝法即用高分子絮凝剂，如淀粉、纤维素等，通过桥键作用，使得某种微细矿粒选择性地形成一种松散、网络状的聚集体（即絮团），其他微细矿粒仍处于分散状态，然后借助重选、浮选等选矿方法，实现目的矿物与脉石矿物的分选。高分子絮凝分选已经成为处理微细粒矿物分选的重要方法，并已经成功应用于工业实践。

#### 3.8.4.1　高分子絮凝剂

高分子絮凝剂是高分子絮凝过程中的传媒（桥联）介质，故高分子絮凝剂的种类、分子结构对高分子絮凝分选有重要影响。常用的高分子絮凝剂有天然高分子（如淀粉、单宁、糊精、明胶、羧甲基纤维素、腐殖酸钠等）和合成高分子（如聚丙烯酰胺、聚氧化乙烯、聚乙烯醇、聚乙烯亚胺、二甲胺乙酯等）两大类。天然高分子聚合物作絮凝剂已获得一定实际应用，但因原料来源困难，故应用受到一定限制。高分子絮凝剂的人工合成将是高分子选择性絮凝分选的发展方向。以来源广泛的石油化工产品为原料，通过人工合成使分子链上携带能与目的矿物发生化学吸附的官能团，即可得到人工合成高分子絮凝剂。表3-11列出部分人工合成高分子絮凝剂的结构特征。

**表3-11 常见合成高分子絮凝剂结构特征**

| 离子性 | 聚合法 | 聚合物名称 | 结构式 |
|---|---|---|---|
| 非离子型 | 乙烯聚合 | 聚丙烯酰胺 | $-CH_2-CH(CONH_2)-$ |
| | | 聚氧化乙烯 | $-CH_2-CH-O-$ |
| 阴离子型 | 乙烯聚合 | 聚丙烯酰钠 | $-CH_2-CH(COO-)-$ |
| | | 聚苯乙烯磺酸 | $-CH_2-CH(C_6H_4SO_3^-)-$ |
| | 高分子反应 | 聚丙烯酰胺部分水解物 | $-CH_2-CH(CONH_2)-CH_2-CH(COO^-)-CH_2-CH(CONH_2)-$ |
| | | 聚磺化甲基化聚丙烯酰胺 | $-CH_2-CH(CONHCH_2SO_3^-)-$ |

### 3.8.4.2 高分子絮凝分选工艺

高分子选择性絮凝分选工艺大体包括四个阶段：①矿浆分散；②絮凝剂选择性吸附及形成絮团；③絮团的调整，调整分离过程所要求的絮团并使絮团中夹杂物减至最小；④从悬浮液中分离絮团。工艺过程见图3-22。其中絮凝剂选择性吸附及形成絮团是工艺的关键环节。

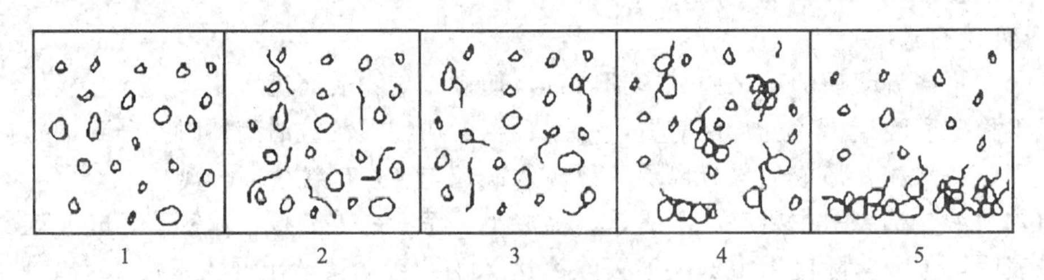


图3-22 高分子絮凝分选工艺过程示意图

1—分散；2—加药；3—吸附；4—选择絮凝；5—沉降分解

（1）矿浆分散 微细粒矿浆体系中，存在电荷相反的异种矿物，使得矿粒之间发生互相吸引凝结、细泥罩盖、超细粒与粗粒互相背负等现象，造成夹杂和分选产物不纯，故在加絮凝剂之前矿浆中各矿物组分必须充分分散。实现矿浆分散，一般采用以下两种方法。

① 物理方法 可采用强烈搅拌及超声波分散等方法。

② 添加分散剂 这是工业上常用到的矿浆分散方法，其分散剂有多聚磷酸钠、水玻璃、氢氧化钠、碳酸钠、木质磺酸盐等。分散剂的选择视矿物类型、矿物组成、被分散对象、水质、絮凝剂类型等具体条件而定。如以苛性淀粉为絮凝剂、水玻璃为分散剂，在碱性矿浆中可从赤铁矿-石英体系中有效地选择性絮凝赤铁矿；而用部分水解聚丙烯酰胺为絮凝剂、六偏磷酸钠为分散剂，则可从硅酸盐矿物-赤铁矿体系中有效地选择性絮凝硅酸盐矿物，赤铁矿处于分散状态。分散剂的混合使用亦较为常见，且分散效果较单一分散剂更好。

（2）选择性絮凝 选择性絮凝主要依靠高分子絮凝剂来实现。高分子絮凝剂在微细粒矿浆中，对某种矿粒发生吸附形成絮团，而对其他矿粒则不发生吸附。为此需要选取合适的高分子絮凝剂，同时还要考虑被絮凝物和分散矿物之间的表面性质的差异，以使高分子絮凝剂与矿物之间的相互吸附具有更大的选择性。如对疏水性矿物颗粒，选取具有疏水基团的表面活性聚合絮凝剂效果最好，必要时预先添加表面活性剂的捕收剂，以增大絮凝和分散矿物之间表面润湿性的差异。为提高絮凝剂在矿粒表面吸附的选择性，对矿浆常采用以下调节手段。

① 调整悬浮介质的 pH 值、离子组成、矿粒界面性质（如表面电性等），以利于絮凝剂的选择性吸附。调整矿浆 pH 值，赋予矿粒以某种电荷，有利于絮凝剂与矿粒的相互作用。矿浆中多价金属离子会活化矿物，干扰絮凝剂的选择性吸附，应预先消除。高分子絮凝剂的絮凝活性，如解离度、分子链的伸展状态、分子链上的电荷及活性基团数目等，很大程度上取决于介质 pH 值和离子组成。矿浆的预先调整，是选择性絮凝不可缺少的。

② 选用具有选择性强的吸附活性官能团的高分子絮凝剂。如同捕收剂的选取，选用与矿物表面相应金属离子具有同样特殊吸附活性的官能基团的高分子絮凝剂，可提高与矿物表面作用的选择性，必要时可配置和引入这种基团。为此研制出许多含有巯基（—SH）或其他与重金属离子形成络合物、螯合物基团的高分子聚合物。

③ 联合使用其他选择性药剂。依据矿浆中各矿物性质及絮凝剂的种类，合理选择与之混用的其他药剂，如高分子絮凝剂和捕收剂的联合使用，高分子絮凝剂和抑制剂的联合使用，高分子絮凝剂和活化剂的联合使用等。

(3) 絮团的调整　絮团的调整目的在于：①形成在粒度、结构和强度上符合下一步与悬浮体分离所要求的絮凝体；②尽量减少絮凝体内的夹杂，以提高絮凝过程的选择性。

高分子絮团的稳定性（生长和破坏）很大程度上与搅拌过程中动力学调整作用分不开。适当搅拌可增加颗粒碰撞概率，克服颗粒间排斥力，有益于颗粒的相互接近和形成稳定絮团。高分子絮凝剂的吸附速度很快，无需过长的调浆搅拌。过长和过强的搅拌会使絮团重新分散，不利于絮凝分选。长分子链的高分子絮凝剂易形成大而松散的絮凝体，其间夹杂非絮凝物颗粒，为此应保持适度的搅拌和较低的矿浆浓度（一般为 10%左右）。针对机械夹杂，可采用清洗絮团的手段，如用上升水流在平衡的流化床中洗涤；也可采用将絮团再次分散和重新絮凝的方式。

(4) 絮团的分离　絮团与悬浮液的分离可用典型的物理方法如沉降、磁选、浮选等进行。沉降脱泥常用浓缩机或其他浓缩设备把絮团从悬浮体中分离出来。磁选适用于分离磁性絮团。磁性絮团可由单一的弱磁性矿物形成，也可借助外加铁磁性矿物作为磁种形成。对于疏水性絮团可采用浮选分离的方式。

高分子选择性絮凝分选已用于高岭土、铝矿石等非金属矿物的提纯。表 3-12 所列为矿物混合物的选择性絮凝分选工艺特征。

高分子选择性絮凝分选工艺可分为四种基本类型：①絮凝脱泥-浮选；②选择性絮凝后，用浮选法浮去被絮凝的脉石矿物，然后再浮选呈分散状态的目的矿物；③絮凝抑制脉石，然后浮选目的矿物；④浮选前进行分级，粗粒浮选，细粒选择性絮凝后分选。

高分子絮凝分选在非金属矿物提纯中的应用主要表现在高岭土的选择性絮凝和铝土矿的选择性絮凝提纯上。在高岭土矿浆中加进絮凝剂，使矿浆中微细矿粒受高分子絮凝剂作用，互相串联成松散的絮凝团，单一的絮凝产品 $Fe_2O_3$ 含量由 1.18%降至 0.69%，再将絮凝产品经过高梯度磁选机分选，得最终产品 $Fe_2O_3$ 含量降至 0.49%。研究者采用选择性絮凝法有效去除高岭土中的着色物质，如有机质、铁、钛等，白度由 72%提高到 82%，其具体操作过程为：高岭土经前处理后，用油酸、氯化钙活化铁、钛矿物及微细颗粒；加入聚合氯化铝（PAC）和聚丙烯酰胺（HPAM）选择性地絮凝高岭土浆液中的有害物质。实验经两步选择性絮凝沉降，无需分解絮凝及煅烧。研究者对比了无机絮凝剂（硫酸铝、聚合氯化铝）和有机絮凝剂[聚丙烯酰胺、聚二甲基二烯丙基氯化铵（PDADMAC）] 对高岭土颗粒的絮凝效果，结果表明：对于粒径在 0.200～0.500μm 的高岭土颗粒，无机絮凝剂和有机高分子絮凝剂都有较好的絮凝效果；而对粒径在 0.500～0.700μm 的高岭土颗粒，有机高分子絮凝剂的絮凝效果优于无机絮凝剂。不同絮凝剂的投加量对高岭土悬浊液粒径分布有影响，絮凝率也不同。

表 3-12　各种矿物混合物的选择性絮凝分选

| 矿物混合物 | | 絮凝剂 | 助剂 |
|---|---|---|---|
| 被絮凝矿物 | 被分散矿物 | | |
| 赤铁矿 | 石英 | 淀粉、腐殖酸钠等 | $NaOH$、$Na_2SiO_3$、$(NaPO_3)_6$ |
| 赤铁矿 | 硅酸钠、铝硅酸钠 | 强水解的聚丙烯酰胺 | Na 或 $NaCl$、$(NaPO_3)_6$ |
| 硅酸盐矿物 | 赤铁矿 | 弱水解的聚丙烯酰胺 | Na 或 $NaCl$、$(NaPO_3)_6$ |
| $TiO_2$杂质 | 高岭土 | 聚丙烯酰胺 | $Na_2SiO_3$、$NaCl$、$(NaPO_3)_6$ |
| 磷酸盐矿物 | 石英、黏土 | 阴离子淀粉 | $NaOH$ |
| 黄铁矿 | 石英 | 聚丙烯酰胺或聚丙烯腈 | |
| 闪锌矿 | 石英 | | |
| 菱锌矿 | 石英 | | |
| 氧化镁及碳酸盐 | 脉石 | | 硫酸铝 |
| 滑石、褐铁矿 | 细粒黄铁矿 | 聚乙烯，氧化物 | 起泡剂 |
| 脉石 | 铬铁矿 | 羧甲基纤维素 | $NaOH$、$Na_2SiO_3$ |
| 方铅矿 | 石英 | 水解聚丙烯酰胺 | |
| 方铅矿 | 方解石 | 弱水解聚丙烯酰胺 | $Na_2S$、$(NaPO_3)_6$ |
| 方解石 | 石英 | 水解聚丙烯酰胺 | |
| 方解石 | 金红石 | 强水解聚丙烯酰胺 | $(NaPO_3)_6$ |
| 铝土矿 | 石英 | | $(NaPO_3)_6$ |
| 煤 | 页岩 | 聚丙烯酰胺 | $(NaPO_3)_6+Ca^{2+}$ |
| 重晶石 | 萤石、石英 | 玉米淀粉 | $Na_2SiO_3$ |
| 硅孔雀石 | 石英 | 纤维素 | $NaOH$、$Na_2S$、$NaCl$ |
| 硅孔雀石 | 石英 | 非离子型聚丙烯酰胺 | $(NaPO_3)_6$、$NaCl$ |
| 氧化铜、硫化铜矿 | 白云石、石英、方解石 | 聚丙烯酰胺、双乙羟基乙二醛 | $(NaPO_3)_6$、$NaCl$ |
| 钛铁矿 | 长石 | 水解聚丙烯酰胺 | $NaF$ |
| 褐铁矿 | 石英、黏土 | | $NaOH$、$(NaPO_3)_6$ |
| 锡石 | 石英 | | $CuSO_4$、$Pb(NO_3)_2$ |

## 3.8.5　复合聚团分选

在利用界面作用力的同时，再辅以其他力场，如磁场等来强化聚团分选过程的分选方法，称为复合聚团分选。下面以添加铁磁性颗粒和外加磁场为特征，主要介绍凝聚磁种分选、疏水-磁复合聚团分选、高分子-磁复合聚团分选等方法。

### 3.8.5.1　凝聚磁种分选

磁种分选是近些年出现的处理微细粒弱磁性或无磁性矿物的分选工艺，它主要是借助于微细的磁性粒子，通过某些特定的化学和物理作用，使之选择性地吸附（黏附）到目的矿物表面，从而提高目的矿物的磁性，通过磁力作用（磁选）实现目的矿物分离提纯的目的。这里提到的微细磁性粒子称为磁种，有以下两种类型：

① 天然磁种　如磨细的磁铁矿、钛磁铁矿、硅铁等；

② 人造磁种　如合成铁氧体粒子。

磁种与目的矿物颗粒的吸附作用方式有以下四种：

① 在矿浆中引入电解质，调整矿物颗粒表面电性，以减少矿物颗粒和磁种之间的静电斥力，实现团聚；

② 利用表面活性剂在矿物-水界面上的吸附，使矿物疏水，通过强烈搅拌并借助于颗粒的疏水覆盖层间的引力使矿物粒子与磁性种子黏着；

③ 借助于高分子聚合物在矿物颗粒和磁种间的选择性吸附，形成桥联而絮凝；

④ 借助于颗粒间磁力而团聚。

凝聚磁种分选是通过电解质调节目的矿物和磁种的表面电性，使两者发生互凝，然后进行磁选分离。其表面电性的调节主要是通过调整矿浆的pH值来实现：pH值<矿物的零电点，目的矿物表面荷正电；pH值=矿物的零电点，目的矿物表面不带电；pH值>矿物的零电点，目的矿物表面荷负电。这样当pH值介于目的矿物和磁种矿物的零电点之间，或略等于目的矿物的零电点时，目的矿物和磁种将产生异质凝聚。因此在凝聚磁种分选过程中，应尽可能使用与目的矿物有相近零电点的磁种。

凝聚磁种分选工艺过程为：微细粒矿物调浆配制成一定下浓度的矿浆体（浓度以>50%为好），加分散剂及pH值调整剂调浆，使矿浆处于合适pH值下的分散状态；添加磁种并高强度调浆，使磁种与矿粒充分地接触；矿浆稀释后，进行磁选分离，并保持一定的磁场作用时间。

影响凝聚磁种分选的因素较多，主要有磁种种类及用量、调整剂种类及用量、矿浆pH值等。

#### 3.8.5.2 疏水-磁复合聚团分选

疏水-磁复合聚团分选是将疏水作用和磁作用联合施加于微粒悬浮体系，以强化弱磁性微粒聚团的一种分选方法。分选过程为：在微细粒矿浆体系中添加磁种颗粒，经调整剂调浆后，添加捕收剂和非极性油，使目的矿物和磁种颗粒表面疏水；在剪切力场中，以非极性油为桥联介质使目的矿物和磁种颗粒发生选择性疏水团聚；再采用常规分选方法分离磁团聚体。用弱磁性分选方式分离团聚体中的目的矿物和磁种以使磁种循环使用。

疏水-磁复合聚团分选又称选择性磁罩盖，主要应用于弱磁性矿物微粒的选择性聚团，具有选择性好、聚团能力强等特点。

#### 3.8.5.3 高分子-磁复合聚团分选

高分子-磁复合聚团分选，是将高分子选择絮凝与磁种分选相结合，用于处理微细粒物料的一种工艺，又称选择性絮凝磁种分选。其工艺过程为：将微细粒目的矿物和脉石矿物及磁种颗粒相混合，经调整剂调浆后，添加高分子絮凝剂，使絮凝剂选择性吸附在目的矿物和磁种颗粒上并形成复合聚团，采用常规的重选或磁选方法加以分离。

## 3.9 粉尘危害与防护

### 3.9.1 概述

粉体加工技术在冶金、化工、建材、食品、医药等诸多工业领域中有着广泛的应用。随着粉体加工技术的不断推广，其在人们生活中扮演的角色也逐渐复杂起来。除了人们所公认的粉体给人类社会带来的巨大收益外，一个越来越让社会各行业关注的问题就是粉体在生产、输送、储藏等场合发生的粉尘爆炸。世界范围内每年发生在化工、煤、冶金、木器加工等行业的恶性粉尘爆炸事故举不胜举。我国自进入2000年以来，关于粉尘爆炸的报道接踵而至（见表3-13）。因此，对工业粉尘爆炸的机理、特点、条件及影响因素的分析及针对性预防措施的研究显得十分必要。许多国家已开始注重粉尘爆炸灾害预防和控制的研究。

**表3-13 我国近年来粉尘爆炸情况**

| 年份 | 地点 | 爆炸原因 | 死伤人数 |
|---|---|---|---|
| 2010年2月 | 河北秦皇岛 | 玉米淀粉粉尘爆炸 | 19人死亡、49人受伤 |
| 2011年5月 | 深圳 | 抛光车间可燃粉尘爆炸 | 3人死亡、16人受伤 |
| 2012年8月 | 温州市瓯海区 | 铝粉尘爆炸 | 13人死亡、15人受伤 |
| 2014年4月 | 江苏南通 | 硬脂酸粉尘爆炸 | 8人死亡、9人受伤 |
| 2014年8月 | 江苏昆山工厂 | 粉尘遇明火 | 75人死亡 |
| 2015年6月 | 中国台湾游乐园 | 粉尘爆炸 | 12人死亡、498人受伤 |

### 3.9.2 粉尘爆炸的定义

粉尘（dust）是指悬浮在空气中的固体微粒。习惯上对粉尘有许多名称，如灰尘、尘埃、烟尘、矿尘、砂尘、粉末等，这些名词没有明显的界线。国际标准化组织规定，粒径小于75μm的固体悬浮物定义为粉尘。在大气中粉尘的存在是保持地球温度的主要原因之一，大气中过多或过少的粉尘将对环境产生灾难性的影响。但在生活和工作中，生产性粉尘是人类健康的天敌，是诱发多种疾病的主要原因。飘逸在大气中的粉尘往往含有许多有毒成分，如铬、锰、镉、铅、汞、砷等。当人体吸入粉尘后，小于5μm的微粒，极易深入肺部，引起中毒性肺炎或硅沉着病，有时还会引起肺癌。沉积在肺部的污染物一旦被溶解，就会直接侵入血液，引起血液中毒，未被溶解的污染物，也可能被细胞吸收，导致细胞结构的破坏。此外，粉尘还会沾污建筑物，使有价值的古代建筑遭受腐蚀。降落在植物叶面的粉尘会阻碍光合作用，抑制其生长。

粉尘爆炸是指可燃性固体微粒悬浮在空气中，当达到一定浓度时，被火源点燃引起的爆炸。目前人们已经发现的具有爆炸危险的粉尘有：金属粉尘，如镁粉、铝粉等；矿冶粉尘，如煤炭、钢铁、金属、硫黄等；粮食粉尘，如面粉、淀粉等；合成材料粉尘，如塑料、染料；饲料粉尘，如血粉、鱼粉；农副产品粉尘，如棉花、烟草粉尘等；林产品粉尘，如纸粉、木粉、糖粉尘等。

### 3.9.3 粉尘爆炸的条件

粉尘爆炸的条件归结起来有以下五个方面因素。

① 要有一定的粉尘浓度。粉尘浓度采用单位体积所含粉尘粒子的质量来表示，单位是$g/m^3$，如果浓度太低，粉尘粒子间距过大，火焰难以传播。

② 要有一定的氧含量。一定的氧含量是粉尘得以燃烧的基础。

③ 要有足够的点火源。粉尘爆炸所需的最小点火能量比气体爆炸大1～2个数量级，大多数粉尘云最小点火能量在5～50mJ量级范围。

④ 粉尘必须处于悬浮状态，即粉尘云状态。这样可以增加气固接触面积，加快反应速率。

⑤ 粉尘云要处在相对封闭的空间。这样压力和温度才能急剧升高，继而发生爆炸。

### 3.9.4 粉尘爆炸的机理

凡是能被氧化的粉尘在一定条件下都会发生爆炸。粉尘爆炸是一个非常复杂的过程，因为这个过程受大量的物理因素的影响，其爆炸机理至今还没有探讨得很清楚。日本学者认为：粉尘爆炸是粉尘粒子表面与氧产生反应所引起的，不像气体爆炸那样是可燃物与氧化剂均匀混合后的反应，而是某种凝固的可燃物与周围存在着氧化剂这一不均匀状态中进行的反应。因此，认为粉尘爆炸是介于气体爆炸与炸药爆炸二者中间的一种状态。这种爆炸所放出的能量，若以最大值进行比较，则可达到气体爆炸的几倍。但粉尘爆炸与气体爆炸是不相同的，前者所需要的发火能比后者要大得多，这可以从粉尘爆炸的过程看出：

① 供给粒子表面以热能，使其温度升高；

② 粒子表面的分子由于热分解或干馏的作用，变为气体分布在粒子的周围；

③ 气体与空气混合生成爆炸性混合气体，进而发火产生火焰；

④ 火焰产生热能，加速粉尘分解，循环往复放出气相的可燃性物质与空气混合，进一步发火传播。

因此，粉尘爆炸时的氧化反应主要是在气相内进行的，实质上是气体爆炸，并且氧化放热速率要受到质量传递的制约，即颗粒表面氧化物气体要向外界扩散，外界氧也要向颗粒表面扩散，这个速度比颗粒表面氧化速度小得多，就形成控制环节。所以，实际氧化反应放热消耗颗粒的速率最大等于传质速率。

发生粉尘爆炸的粉体粒度是 0.5～15μm，即使如此微细的物质，其燃烧也要经过如下几个阶段：粉体表面受着火源或加热源加热；表面层含有的挥发性成分蒸发；其蒸发物质或物体产生燃烧。虽然粉尘爆炸的机理还不十分清楚，但燃烧初期，粉尘表层可假想有如图 3-23 所示的反应带。

*A*：未反应部分——此处温度不升高，粉体内部无明显变化；

*B*：发泡带——最初外形无变化，但随着粉体内部温度升高，开始产生分解并放出挥发性成分、粉体气泡；

*C*：流动带——挥发性成分从粉体表面迅速流向空气中，同时温度升高，挥发性成分浓度增高，但未发生燃烧；

*D*：反应带——挥发性成分流速下降，且以适当比例和空气混合产生燃烧反应，但还不发光；

*E*：火焰带——燃烧反应加剧，发出剧烈火焰。

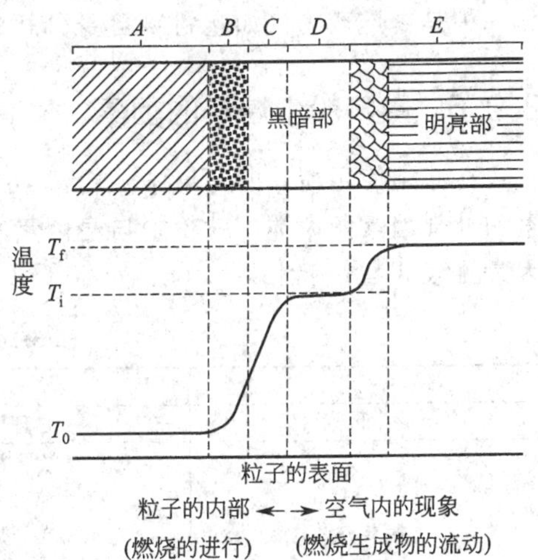

图 3-23　粉尘燃烧假想反应带

燃烧从粒子表面开始，然后向粒子内部扩展，直至燃烧殆尽，以一种连锁反应进行。燃烧速度一般仅数毫米/秒。火焰在高温高压下可看成是黏性流动，很容易扩散到自由空间而消散。但是，当火焰沿着固体间隙或壁面流动时，却有高速流动的特性。火焰在物体表面切线方向迅速流动并闪光的现象称为闪光火焰（flash fire)，又称传火(inflammation)。火焰流经固体间隙的闪光，火焰速度可达每秒几百米。目前，某些粉尘在 20m 范围内扩散，如以 100m/s 的速度传火时，则全部粉尘将在 0.1s 内产生火焰。粒子的燃烧速度为 10mm/s，粒子的平均直径为 4μm 时，各个粒子将在 0.0002s 内燃烧殆尽。因此粉尘一旦着火，就会在短时间内由燃烧引起爆炸。

### 3.9.5　粉尘爆炸的特点

(1) 发生频率高，破坏性强。粉尘爆炸机理相对气体爆炸机理复杂，所以粉尘爆炸过程相对于气体爆炸过程也就复杂得多，具体表现为粉尘的点火温度、点火能普遍比气体的点火温度、点火能都要高，这决定了粉尘不如气体容易点燃。在现有工业生产状况下粉尘爆炸的频率低于气体爆炸的频率。另外，随着生产机械化程度的提高，粉体产品增多，加工深度增大，特别是粉体生产、干燥、运输、储存等工艺的连续化和生产过程中收尘系统的出现使得粉尘爆炸事故发生在世界各国的频率增大。

粉尘的燃烧速度虽比气体燃烧速度慢，但因固体的分子量一般比气体的分子量大得多，单位体积中所含的可燃物的量就较多，一旦发生爆炸，产生的能量就多，爆炸威力也就大。爆炸时温度普遍高达 2000～3000℃，最大爆炸压力接近 700kPa。

(2) 粉尘爆炸的感应期长。由粉尘着火的机理可以看出粉尘爆炸首先要使粉尘颗粒受热，然后分解、蒸发出可燃气体。粉尘从点火到被点着之间的时间间隔称为感应期，它的长短是由粉尘的可燃性及点火源的能量大小决定的。一般粉尘的感应期大约有 10s，利用这个时段即可探测出粉体将要发生粉尘爆炸。

(3) 易造成二次爆炸。粉尘爆炸发生时很容易扬起沉积的或堆积的粉尘，其浓度往往比第一次爆炸时的粉尘浓度还要大；另外在粉尘爆炸中心有可能形成瞬时的负压区，新鲜空气向爆炸中心逆流与新扬起的粉尘重新组成爆炸性粉尘而发生第二次爆炸、第三次爆炸等。由于粉尘浓度大，所以随后的爆炸压力比第一次还要大，破坏性就更严重。

（4）爆炸产物容易是不完全燃烧产物。与一般气体的爆炸相比，由于粉尘中可燃物的量相对多，粉尘爆炸时燃烧的是分解出来的气体产物，灰分是来不及燃烧的。

（5）爆炸会产生两种有毒气体。粉尘爆炸时一般会产生两种有毒气体：一种是一氧化碳；另一种是爆炸产物（如塑料）自身分解的有毒气体。

### 3.9.6 影响粉尘爆炸的因素

在必须使用粉体的环境中及粉体生成的工艺中，影响粉尘爆炸的因素颇多，有粉尘自身因素和外部因素两大类。就粉尘自身因素来说，又有化学和物理两类因素。影响粉尘爆炸的具体因素见表 3-14。

**表 3-14 粉尘爆炸的影响因素**

| 粉尘自身因素 | | 外部条件因素 |
|---|---|---|
| 化学因素 | 物理因素 | |
| 燃烧热<br>燃烧速度<br>与水汽及二氧化碳的反应性 | 粉尘浓度<br>粒径分布<br>粒子形状<br>比热容及热传导率<br>表面状态<br>带电性<br>粒子凝聚特性 | 气流运动状态<br>氧气浓度<br>可燃气体浓度<br>温度<br>窒息气浓度<br>引燃性粉尘浓度及灰分<br>点火源状态与能量 |

（1）空气中可燃悬浮粉尘的性质　爆炸前可燃悬浮粉尘的浓度、粒度、含湿量、分散度等会影响粉尘的可爆性及爆炸的强度。粉尘浓度越大，分散度越高，粒度越小，含湿量越低，粉尘就越容易爆炸；反之越不容易爆炸。当然在实际车间内不考虑一些表面上的粉尘层而空谈空间内的粉尘云是没有意义的，这是因为粉尘层和粉尘云是相互转化的，粉尘爆炸的危害主要来自于空间内一些表面上的粉尘层的扬起而引起的“二次爆炸”。

（2）粉尘浓度　可燃性粉尘都有一定的爆炸浓度范围，在此范围以内才能爆炸。爆炸浓度的下限一般为每立方米几十至几百克，上限可达 2～6kg/m$^3$。由于粉尘具有一定的粒度和沉降性，其爆炸浓度的上限很少能达到，故从安全方面考虑，重点是要求不达到爆炸浓度的下限。

（3）燃烧热与燃烧速度　燃烧热高的粉尘，其爆炸浓度下限低，爆炸威力也大。燃烧速度高的粉尘，爆炸压力较大。

（4）容器或者设备内的助燃剂的浓度　由实验可知，常温下密闭空间内氧的质量浓度在 3%～5%内，即使有点火源存在，粉尘也不会发生着火。

（5）可燃性粉尘中的点火源　最常见的点火源分为可预见和不可预见两类。焊接火焰、烟头、明火及气割等为可预见点火源；机械火花、机械热表面、焖烧块、静电等为不可预见点火源。它们都能在可燃容积内激发起自由传播的燃烧波，如果它们自身能量大于粉尘在特定状态下的最小点火能量就可以点燃粉尘，反之则不能。

（6）环境温度和压力　粉尘所处的环境温度高、压力大，则最低着火温度就低；环境温度低、压力小，则最低着火温度就高。由于环境温度和压力的升高，原来不燃不爆的物质可能会具有可燃、可爆性。环境的温度和压力对粉尘的安全特征参数如燃烧等级、爆炸下限、最小点火能、氧气的最大允许含量、最大爆炸压力及最大爆炸指数等都有显著影响，所以输送易燃易爆粉尘的管道要避免日光暴晒。

（7）可燃气体的协同效应　一个不被重视但应该被重视的粉尘可爆性影响因素。协同效应就是指可燃气体对粉尘可爆性的影响。可燃气体的加入可使低挥发性可燃粉尘容易着火，高挥发性可燃粉尘更容易着火。相关工作者研究了甲烷气体含量对高挥发性沥青煤粉燃爆性的影响。实验结果表明，甲烷的加入可以使质量浓度<75g/m$^3$的高挥发性沥青煤粉具有可爆性。同样的效应发生在其他类可燃气体和可燃粉尘之间，例如，氢气对玉米粉可爆性的非线性影响。

（8）惰性粉尘和灰分　惰性粉尘和灰分对粉尘的燃爆性影响与对可燃气体的燃爆性影响是一致的。即加入惰性粉尘或惰性气体可以降低粉尘的可爆性，这是因为它们的加入可以吸收热量。例如，粉尘中含11%的灰分时还可以发生爆炸，但当灰分含量达到15%～30%时，粉尘就很难发生爆炸了。

## 3.9.7 粉尘爆炸的预防及防护措施

研究粉尘的性质是为了降低粉尘的危害，根据粉尘爆炸的条件、机理、特点及影响因素可以提出一些预防粉尘爆炸的措施。另外，利用粉尘燃爆的发生、发展规律可以开发出一些降低粉尘爆炸危害的爆炸防护措施。

### 3.9.7.1 粉尘爆炸的预防措施

（1）避免形成粉尘云　可爆粉尘云的存在是爆炸的必要条件之一。所谓可爆粉尘云是指粒度<500$\mu$m的粉尘含量占有一定比例，且其浓度在爆炸范围内，粉尘与空气或氧气充分混合呈悬浮状的尘云。在操作区域要避免粉尘沉积，勿使粉尘到处堆积或者使沉积粉尘不能飞扬，在空间内的弥散度就达不到爆炸下限。

（2）降低氧气的浓度　能降低空气中氧气的浓度，也可大大减小爆炸的可能性。空气中氧的浓度<10%时，许多有机物粉尘将不产生爆炸。车间应制定氧气表，对产生粉体的系统进行氧气含量监控；同时可以降低系统的操作压力（甚至负压）。在磨碎机和空气再循环用的风管、筛子、混合器等设备内采用不燃性气体部分地或全部代替空气，以保证系统内粉尘处于安全状态。另外，活泼金属如钾粉、钙粉及钠粉等及其氧化物对水蒸气具有强烈的“敏感性”，由于金属镁能和氮、二氧化碳发生强烈的化学反应，所以镁粉对大气也具有强烈的“敏感性”。一些化工厂就是采取限制最大许可氧气量的措施来防止爆炸。表3-15和表3-16分别是高分子有机物和金属的空气最大许可氧含量。从表3-15可以看出，点火源即点火方法不同，最大许可氧气浓度值明显不同。

**表3-15　防止高分子有机物粉末着火的空气最大许可氧含量**

| 粉体种类 | | 氧气含量/% | | 粉体种类 | | 氧气含量/% | |
|---|---|---|---|---|---|---|---|
| | | 火花试验 | 800℃炉内试验 | | | 火花试验 | 800℃炉内试验 |
| 树脂类 | 酚醛树脂 | 14.5～19 | 9～15 | 成型物类 | 紫胶 | 14.5 | 9 |
| | 尿素树脂 | 17 | 11～15 | | 酚醛成型物 | 14.5 | 7～9 |
| | 乙烯树脂 | 14.5～17 | 5～15 | | 尿素成型物 | 17 | 9～11 |
| | 木质素 | 17 | 7～13 | | 纤维成型物 | 11.5～14.5 | 7 |
| | 聚苯乙烯树脂 | 14.5 | 7 | | 聚苯乙烯成型物 | 14.5 | 9 |
| | 醋酸纤维树脂 | 14.5 | 7～11 | | | | |

**表3-16　防止金属粉末着火的空气最大许可氧含量**

| 粉体 | 氧气含量/% | 粉体 | 氧气含量/% | 粉体 | 氧气含量/% |
|---|---|---|---|---|---|
| 铝 | 3 | 铁(氢还原) | 13～18 | 锑 | 16 |
| 锌 | 10 | 锰 | 15 | 锡 | 16 |
| 铁(羰基化铁) | 10 | 硅 | 15 | | |

（3）避免形成点火源　引起粉尘爆炸的着火源有明火、电加热、连续的电火花、大电流电

弧、热辐射、冲击等，甚至包括自然形成的火源，例如烟煤的自燃。这些着火源在尘云内出现，爆炸将是难免的。因此，排除着火源是防爆的有效措施。

首先，粉尘场所应坚决避免明火与粉尘的接触，如严禁吸烟，焊接前清扫周围的粉尘。其次，工业上有可燃物的场所要避免一切可能的来自钢、铁、钛、铝锈及铁锈的摩擦、研磨、冲击等产生的火花；要控制大面积的高温热表面、高温焖烧块以防止无焰燃烧聚热；控制氧含量也可以使机械火花和热表面不再具有点燃粉尘的能力（热表面温度应低于粉尘层，引燃温度至少50℃）；静电放电主要与放电材料的几何形状和材料组成有关。另外，一定要避免电刷放电和传播性电刷放电，如使用消除静电有效接地设备等。此外，还要在粉尘场所有意识地控制工作环境内的温度，尽量消除气体对粉尘的协同效应等。

火花探测和熄灭系统是消除点火源的有效途径。这种系统通常安装在除尘管道上，在探测到点火源后，用适量的水雾将火花熄灭。

#### 3.9.7.2 粉尘爆炸的防护措施

由于引起粉尘爆炸的原因复杂，生产过程条件多变，因此必须针对不同的爆炸情况，采取不同的防护措施。一般采取的主要防护措施包括：封闭、泄爆、抑爆以及隔爆等。

（1）封闭　在很多环境下爆炸是不能完全避免的，为保证工作人员不致受伤，设备在爆炸后能迅速恢复操作，使爆炸的影响能控制在一定的安全层次上，就必须采取结构防护措施。所有部件都要按照防爆结构设计，一旦发生爆炸能抵抗住可能达到的高压。

抗爆结构就是要让容器和设备的设计能抵抗住最大爆炸压力，这是一种最基本的也是最有效的防爆措施。但是这种结构如用在大型器械中，从经济角度考虑很不实用。封闭就是最普遍的一种抗爆结构。例如烟煤的最大爆炸压力一般不超过0.9MPa，采用封闭技术是可行的。

（2）抑爆　抑爆就是在粉尘发生爆炸时，采取一些技术措施不让爆炸压力进一步扩大，从而使爆炸带来的危害和损失降低到最小。抑爆系统通常是由十分敏感的爆炸监视器和抑制剂喷洒系统组成。系统使用的灭火剂可以扑灭火焰，降低容器内的最大爆炸压力。粉状灭火剂抑制效果最好，主要成分为二氧化碳、磷酸铵、碳酸氢钠，另外也可以用水作为抑爆剂。

（3）泄爆　如果设备的强度无法达到封闭的要求，则可采用泄爆技术。泄爆是爆炸后能在极短的时间内将原来封闭的容器和设备短暂或永久性地向无危险方向开启的措施，但是使用前要弄清楚逸出的物质是否有腐蚀性或毒性。

设计时要科学地选择泄爆位置、确定泄爆面积、选择泄爆材料及泄放压力。泄爆时一般都有反冲力，可以用相同大小的泄压孔对称安装来消除之。采用泄爆技术的设备投资比封闭技术低，故应用较普遍。对于高压系统不宜采用泄爆技术，因其泄爆气流可达音速，造成环境污染，且维修不便。

（4）隔爆　隔爆可以在一个密闭的空间内配合抑爆将火焰熄灭，也可以将火焰通过足够长的管道传到其他无防护设备中。设备之间的管道如采用隔爆措施，既可以不中断生产过程，又可以及时将火扑灭，不失为一种可行的措施。

## 参 考 文 献

[1] 李川泽．非金属矿采矿选矿工程设计与矿物深加工新工艺新技术应用实务全书［M］．北京：当代中国音像出版社，2005.

[2] 叶菁．粉体科学与工程［M］．北京：科学出版社，2009.

[3] 陶珍东，郑少华．粉体工程与设备［M］．第2版．北京：化学工业出版社，2010.

[4] 郑水林，袁继祖．非金属矿加工技术与应用手册［M］．北京：冶金工业出版社，2005.

[5] 韩跃新．粉体工程［M］．长沙：中南大学出版社，2011.

[6] 吴伟强．分散剂在碳酸钙研磨中的应用［J］．上海涂料，2001，(4)：22-23.

[7] 盖国胜．粉体工程［M］．北京：清华大学出版社，2009.

[8] 李莎莎，徐基贵，史洪伟，等．不同分散剂对纳米ZnO分散性能的影响［J］．煤质技术，2012，18（5）：39-41.
[9] 孙强强，韩选利，项中毅．均匀沉淀结合微波制备纳米氧化锌［J］．应用化工，2011，40（12）：2172-2175.
[10] 王泽红，蔡珊，邓善芝，等．助磨剂对云母破裂能的影响［J］．金属矿山，2010，(6)：80-84.
[11] 王利剑．非金属矿物加工技术基础［M］．北京：化学工业出版社，2010.
[12] 盖国胜．超细粉碎分级技术［M］．北京：中国轻工业出版社，2000.
[13] 陈炳辰．磨矿分级进展（上）［J］．金属矿山，1999，(11)：12-17.
[14] 张伟，王树林．机械合金化的研究和发展［J］．矿山机械，2003，(8)：50-54.
[15] 周岩，严高，龚莉，等．机械法制备石英纳米粉技术的试验探讨［J］．粉末冶金工业，2006，16（4）：31-35.
[16] 蔡祖光．陶瓷原料球磨细碎的影响因素［J］．佛山陶瓷，2012，(5)：39-45.
[17] 陈炳辰．磨矿原理［M］．北京：冶金工业出版社，1989.
[18] 刘玲玲，吴帅，张大卫，等．纳米滑石粉的制备及机理研究［J］．2011，25（18)：16-18.
[19] 徐政，岳涛，沈志刚．助磨剂对煅烧高岭土在振动磨中粉体流动度的影响［J］．中国粉体技术，2012，18（5）：61-64.
[20] 郑水林．非金属矿加工工艺与设备［M］．北京：化学工业出版社，2009.
[21] 盖国胜．超细分级技术的工业应用［J］．金属矿山，1998，(11)：12-15.
[22] 鲁林平，叶京生，李占勇．超细粉体分级技术研究进展［J］．化工装备技术，2005，26（3）：19-26.
[23] 梅芳，张庆红，陆厚根．气流分级的“鱼钩效应”研究［J］．粉体技术，1995，(5)：1-2.
[24] 任俊，陈渊，唐芳琼．超微粉体的抗团聚分散及其调控//2003年纳微粉体制备与技术应用研讨会论文集．北京，2003：135-139.
[25] 冯拉俊，纳米颗粒团聚的控制［J］．微纳电子技术，2003，7（8)：536-542.
[26] 张世伟，杨乃恒．纳米粒子在气体流动中的团聚过程研究［J］．真空科学与技术，2001，21（3）：87-90.
[27] 孙吉梅．超细微粉分散稳定性和表面改性研究［D］．郑州：郑州大学，2007.
[28] 丁中建．超细粉体在丁羟胶中分散性研究［D］．南京：南京理工大学，2003.
[29] 任俊．微细颗粒在液相及气相中的分散行为与新途径研究［D］．北京：北京科技大学，1999.
[30] 马运柱，范景莲，黄伯云，等．超细/纳米颗粒在水介质中的分散行为［J］．矿冶工程，2003，23（5）：43-46.
[31] 曹连静，孙玉利，左敦稳，等．水相体系中纳米$\alpha$-$Al_2O_3$的分散稳定性研究［J］．机械制造与自动化，2011，40（6）：12-14.
[32] 谢元彦，杨海林，阮建明，等．碳酸钙的制备及其分散体系的流变性能［J］．中南大学学报：自然科学版，2011，42（8）：2274-2277.
[33] 杨素萍，卢旭晨，王体壮，等．机械球磨对煅烧菱镁矿制备纳米片状氢氧化镁颗粒的影响［J］．过程学报，2011，11（6）：1010-1016.
[34] 李娟，姜世杭，顾卿赟．物理分散方法对那么碳化硅在水体系中分散性的影响［J］．电镀与涂层，2011，30（8）：21-23.
[35] 檀付瑞，李红波，桂慧，等．超声分散对单壁碳纳米管分离的影响［J］．物理化学学报，2012，28（7）：1790-1796.
[36] 王力，李建舫，徐向群，等．超声方式和分散时间对钼钨粉末粒度测量的影响［J］．兵器材料科学与工程，2012，35（2）：86-88.
[37] 刘吉延，孙晓峰，邱骥，等．纳米$SiO_2$水中分撒性能的影响因素［J］．硅酸盐通报，2010，(6)：207-210.
[38] 彭世英，陆杰，刘树贻，等．高梯度磁选及选择性絮凝新工艺处理醴陵干冲高岭土的研究［J］．非金属矿，1989，(4)：16-18.
[39] 杨明安，刘钦甫，刘素青，等．选择性絮凝去除高岭土中的着色物质［J］．中国非金属矿工业导刊，2007，(2)：32-34.
[40] 严丽君，黎彬，沈彩虹，等．化学絮凝剂对高岭土微颗粒的絮凝特性研究［J］．水处理技术，2009，35（7）：42-45.
[41] 狄建华．火灾爆炸预防［M］．北京：国防工业出版社，2007.
[42] 张二强，张礼敬，陶刚，李源．粉尘爆炸特征和预防措施探讨［J］．中国安全生产科学技术，2012，8（2）：88-92.
[43] 李运芝，袁俊明，王保民．粉尘爆炸研究进展［J］．太原师范学院学报：自然科学版，2004，3（2）：79-82.
[44] 刘琪，谭迎新．粉尘爆炸基本特性及防爆措施［J］．工业安全与环保，2008，34（3）：17-18.
[45] 张超光，蒋军成．对粉尘爆炸影响因素及防护措施的初步探讨［J］．煤化工，2005，(2)：8-11.
[46] 刘永芹，许春家．可燃性粉尘的爆炸特性、分类及防爆措施［J］．防爆电机，2006，41（3）：14-18.

# 第4章 非金属矿物粉体的表面改性

## 4.1 概述

表面改性技术是指用物理或化学的方法对矿物粉体表面进行处理，从而改变粉体颗粒表面的物理化学性质，是为满足应用领域对粉体表面性质及分散性和与其他组分的相容性要求的粉体材料的深加工技术，如根据应用的需要有目的地改变粉体表（界）面的吸附性、亲水性、亲油性、润湿性以及表面电性等。任何使非金属矿物表面性质发生变化的各种措施都可以认为是表面改性。非金属矿物经表面改性后，不仅能够提高、改善其物理化学性能，而且能提高在工业应用中的加工性能及其产品质量。例如，非金属矿物作为涂料和填料，分别用于生产纸、涂料、油墨、防腐剂、塑料、橡胶、胶黏剂、封闭剂、药物、化妆品和润滑剂等产品时，使用改性的非金属矿物具有更高层次的功能性。

## 4.2 表面改性的目的及影响因素

### 4.2.1 表面改性的目的

矿物粉体颗粒表面特性复杂，影响因素多，在制备加工和应用过程中又产生聚集和团聚作用，对粉体的应用影响很大。为了有效地发挥粉体在各种应用领域的作用，必须对粉体进行有针对性的表面改性处理，从而改善和提高粉体颗粒的表面性能，满足粉体在广泛领域中的有效利用。表面改性的目的主要可归纳为以下几个方面。

（1）改变粉体的物理性质，如光学效应和机械强度等。通过表面改性使矿物制品具有良好的光学效应和视觉效果，是表面改性的一个重要目的。如云母粉经氧化钛和其他氧化物处理后，表面可镀上一层氧化物薄膜，由于折射率的提高和氧化膜的存在，增强了入射光通过透明或半透明薄膜在不同深度的各层面反射，从而产生了更显著的珠光效果。改性云母粉用于化妆品、涂料、塑料及其他装饰品中，因装饰效果增强，大大提高了这些矿物制品的销售档次。

（2）改善粉体颗粒的分散性、稳定性和相容性。通过表面改性改变矿物粉体表面的物理化学性质，可以提高其在树脂和有机聚合物中的分散性，增强矿物颗粒与树脂等基体的界面相容性，进而提高塑料、橡胶等复合材料的力学性能。这是矿物粉体进行表面改性的最主要目的。

（3）提高粉体颗粒的化学稳定性，如耐药性、耐光性、耐候性等。

（4）出于环保和安全生产目的。

为保护环境和生产者的健康，对石棉等公认的有害健康的非金属矿物，以无害人体和周围环境又不影响使用性能的化学物质覆盖，封闭其纤维表面活性点，可消除污染作用。

粉体表面改性是非金属矿物最重要的深加工技术之一，经改性的矿物材料在工业部门已得到广泛应用。目前，经表面改性的矿物粉体填料的最大用户是塑料工业，约占 70%；其次是橡胶工业，约占 15%；其余包括涂料、造纸等诸多行业。据报道，表面改性矿物粉体填料在塑料工业中的用量每年以 15%的速度增加。

## 4.2.2 表面改性的影响因素

非金属矿物的表面改性工艺方法较多，影响因素也较多，应细致地分析这些影响因素有助于选择正确的表面改性处理方法、工艺、设备，从而达到预期的目的。影响填料表面改性的主要因素如下。

### 4.2.2.1 颗粒的表面性质

矿物颗粒表面性质的影响，是指比表面积、表面官能团的类型、表面酸碱性、水分含量等对表面改性处理效果的影响。

一般来说，粒度越细，粉体的比表面积越大，达到相同包覆率所需改性剂的用量也越大。比表面能大的粉体，一般团聚倾向很强，会影响到表面改性后产品的应用性能，因此，最好在用表面改性剂处理前进行解团聚。

颗粒表面官能团的类型影响表面改性剂与颗粒表面作用力的强弱。若表面改性剂能与粉体表面发生化学作用（即化学吸附），改性剂分子在颗粒表面的包覆较牢固；若改性剂分子仅靠物理吸附与颗粒表面发生作用，则作用力较弱，颗粒表面的包覆不牢固，在一定条件下（如剪切、搅拌、洗涤）可能脱附。所以选择表面改性剂也要考虑颗粒表面官能团的类型。如对含硅酸较多的石英粉、黏土、硅灰石、水铝石等酸性矿物，选用硅烷效果较好；如对不含游离酸的碳酸钙等碱性矿物填料，用硅烷偶联剂处理则效果欠佳。

矿物表面的酸碱性对矿物表面与改性剂的作用也有一定影响。矿物粒子的表面与各种官能团相互作用的强弱顺序大致是：当表面呈酸性时（$SiO_2$等），胺＞羧酸＞醇＞苯酚；当表面呈中性时（$Al_2O_3$、$Fe_2O_3$等），羧酸＞胺＞苯酚＞醇；当表面呈碱性时（MgO、CaO 等），羧酸＞苯酚＞胺＞醇。

矿物颗粒的含水量也对某些表面改性剂的作用产生影响，如单烷氧基型钛酸酯的耐水性较差，不适用于含湿量（吸附水）较高的填料；而单烷氧基焦膦酸酯型和螯合型钛酸酯偶联剂，则能用于含湿量或吸附水较高的矿物材料（高岭土、滑石粉等）。

### 4.2.2.2 表面改性剂的种类、用量及使用方法

非金属矿物的表面改性很大程度是通过表面改性剂在矿物表面的作用来实现的。因此，表面改性剂的种类、用量和用法对表面改性的效果有重要影响。

（1）表面改性剂种类　选择表面改性剂的种类主要考虑的因素是矿物颗粒的性质、产品的用途以及工艺、价格等因素。

从表面改性剂分子与矿物表面的作用考虑，应该是改性剂分子与颗粒表面的作用越强越好，应尽可能选择能与颗粒表面进行化学反应或化学吸附的表面改性剂。例如，石英、长石、云母、高岭土等呈酸性的硅酸盐矿物表面可以与硅烷偶联剂形成较牢固的化学吸附，因而硅烷偶联剂常用作这类矿物的改性剂。但硅烷偶联剂一般不能与碳酸盐类碱性矿物进行化学反应或化学吸附，因此，硅烷偶联剂一般不宜用作轻钙、重钙的表面改性剂。钛酸酯和铝酸酯类偶联剂则在一定条件下和一定程度上可以与碳酸盐类碱性矿物进行化学吸附，因而这一类型的偶联剂可用作轻钙、重钙表面的改性剂。表面改性剂与非金属矿物作用的基团不同，对矿物进行改性的效果也不同，而且不同种类的表面改性剂所适用的复合材料基体的种类也不同。

在实际选用表面改性剂种类时，还必须考虑不同应用领域对矿物材料应用性能的技术要求，如表面润湿性、分散性、pH 值、遮盖力、耐候性、光泽、抗菌性、防紫外线、介电

性等。

改性工艺也是选择表面改性剂时考虑的重要因素。对于湿法工艺必须考虑表面改性剂的水溶性问题。因为只有能溶于水才能在湿式环境下与矿物颗粒充分地接触和反应。例如，碳酸钙粉体干法表面改性时可以用硬脂酸，但在湿法表面改性时，如直接添加硬脂酸，不仅难以达到预期的表面改性效果，而且利用率低，过滤后表面改性剂严重流失，滤液中有机物排放超标。因此，对于不能直接水溶而又必须在湿法环境下使用的表面改性剂，必须预先将其皂化、铵化或乳化。

选择表面改性剂还要考虑价格和环境因素。在满足应用性能的前提下，尽量选用价格便宜的表面改性剂，以降低表面改性成本。同时要注意选择不对环境造成污染的表面改性剂。

表面改性剂的种类甚多，使用中要考虑的影响因素也很多，其选择过程是一个复杂的过程。在某些情况下，可以通过混合使用两种或多种改性剂来达到改性的目的。

（2）表面改性剂的用量　表面改性剂的用量与包覆率存在一定关系。对于湿法改性来说，表面改性剂在粉体表面的实际包覆量不一定等于表面改性剂的用量，因为总是有一部分表面改性剂未能与粉体颗粒作用，在过滤时流失。因此，实际用量要大于达到单分子吸附所需的用量。进行表面改性时，一般在开始时，随着改性剂用量的增加，粉体表面的包覆量提高较快，但随后增势趋缓，到一定用量后，表面包覆量不再增加。因此，用量过多是不必要的，会增加生产成本。

（3）改性剂的使用方法　改性剂的使用方法，包括选择溶剂的类型和分散方法以及表面改性剂的混合使用等。为了提高包覆效果并减少表面改性剂的用量，必须注意改性剂的均匀分散。为此，可采用适当溶剂稀释以及乳化、喷雾添加等方法来提高其分散度。例如，对于硅烷偶联剂，与粉体表面起键合作用的是硅醇。因此，要达到好的改性效果最好在添加前进行水解。对于使用前需要稀释和溶解的其他表面改性剂，如钛酸酯、铝酸酯、硬脂酸等，要采用相应的有机溶剂，如无水乙醇、甲苯、乙醚、丙酮等进行稀释和溶解。对于在湿法改性工艺中使用的硬脂酸、钛酸酯、铝酸酯等不能直接溶于水的有机表面改性剂，要预先将其皂化、铵化或乳化。

添加表面改性剂的最好方法是使表面改性剂与粉体均匀和充分地接触，以达到表面改性剂的高度分散和表面改性剂在颗粒表面的均匀包覆。因此，最好采用与粉体给料速度连动的连续喷雾或滴加方式。

由于矿物填料颗粒表面的不均一性，有时混合使用两种改性剂比使用单一改性剂的效果更好。一般来说，先加起主要作用和以化学吸附为主的表面改性剂，后加起次要作用和以物理吸附为主的表面改性剂。例如，混合使用偶联剂和硬脂酸时，一般应先加偶联剂，再加硬脂酸。

#### 4.2.2.3　表面改性工艺

选择表面改性工艺时要满足表面改性剂的应用要求或应用条件，对表面改性剂分散性好，能够实现表面改性剂在粉体表面均匀且牢固的包覆；同时要求工艺简单、参数可控性好、产品质量稳定，而且能耗低、污染小。因而，选择表面改性工艺时要考虑以下因素：表面改性剂的特性，如水溶性、水解性、沸点或分解温度等；前段粉体制备作业的工艺（湿法或干法），如果是湿法作业可考虑利用湿法改性工艺；表面改性方法，如对于表面化学包覆，既可利用干法，也可采用湿法工艺，但对于无机表面改性剂的沉淀包膜，只能采用湿法工艺。

#### 4.2.2.4　表面改性设备

表面改性设备性能的优劣，关键在于以下基本工艺特性。

（1）要实现改性剂在颗粒表面的均匀包覆，必须使表面改性剂与颗粒充分接触和呈良好的分散状态。高性能的表面改性剂能使粉体及表面改性剂良好分散、粉体与表面改性剂的接触或作用机会均等，以达到均匀的单分子吸附，减少改性剂用量。

（2）为达到良好的表面化学改性（或包覆）效果，必须要有一定的反应温度和反应时间。选择温度范围应首先考虑表面改性剂对温度的敏感性，以防止表面改性剂因温度过高而分解、挥发等。但温度过低会增加反应时间，而且包覆率低。若改性剂通过溶剂稀释，温度过低，则溶剂分子难以挥发，也将影响到包覆的稳定性和均匀性。反应时间也影响到表面改性剂在颗粒表面的包覆状况，一般随着时间的延长，包覆量也会随之增加，但反应时间过长，包覆或吸附量不再增加，甚至有所下降（因机械力作用，长时间剪切或冲击将会导致部分包覆层或吸附层分解解吸）。

（3）单位产品能耗和磨耗应较低，无粉尘污染，设备操作简便，运行平稳。

# 4.3　表面改性的方法

## 4.3.1　概述

非金属矿物粉体的表面改性方法有多种不同的分类法。根据改性方法性质的不同分为物理方法、化学方法和包覆方法。根据具体工艺的差别分为涂覆法、偶联剂法、煅烧法和水沥滤法。综合改性作用的性质、手段和目的，本书将其分为表面包覆改性法、表面化学改性法、沉淀反应改性法、接枝改性法、机械化学改性法以及其他改性方法。

## 4.3.2　表面包覆改性

包覆改性是一种较早使用的传统改性方法，也是目前最常用的无机粉体表面改性方法。它利用有机表面改性剂分子中的官能团在颗粒表面吸附或发生化学反应对颗粒表面进行改性。所用表面改性剂主要有偶联剂（硅烷、钛酸酯、铝酸酯、锆铝酸酯、有机络合物、磷酸酯等）、高级脂肪酸及其盐、高级胺盐、硅油或硅树脂、有机低聚物及不饱和有机酸、水溶性高分子等。表面包覆改性是对非金属矿物粉体进行简单改性处理的一种常见方法。

按照颗粒间改性包覆的性质和方式分为物理法、化学法和机械法；按照包覆时的环境介质形态分为干法（空气介质）和湿法（水等液体介质）；按照包覆反应的环境与形态分为液相法、气相法和固相法。以上分类均为第一层次的分类，在此基础上，再做第二、第三层次的分类，便可基本反映粉体表面包覆改性的方法。本节采用按包覆反应的环境与形态作为第一层次分类的方法介绍粉体表面包覆改性的各种方法和原理。

### 4.3.2.1　液相法

液相法是指在液态介质中实现粉体颗粒表面包覆和制备复合颗粒材料的改性方法。其中，能够进行无机颗粒包覆改性的具体方法主要包括溶液反应法、溶剂蒸发法和液相机械力化学法等。

（1）溶液反应法　溶液反应法指通过加入沉淀剂和水解等方法使可溶性盐溶液生成沉淀，包覆在欲改性的颗粒粉体（母颗粒）表面进行改性的方法。主要有化学沉淀包覆法、水解包覆法和溶胶-凝胶法等。

① 化学沉淀包覆法　该法是将被包覆颗粒通过机械等方法均匀分散在反应溶液中，然后通过化学反应使生成的新物质颗粒包覆在母颗粒表面。该包覆过程存在均匀成核和非均匀成核两种机制，控制溶液中反应物浓度略高于均匀成核所需的临界浓度，可以达到均匀成核所需的势垒以保证均匀形核同时进行。被改性母颗粒的存在使得反应体系中有大量的外来界面，这些界面成核势能非常低，非均匀成核很容易在这里发生。溶液中均匀成核得到的新核沉积在母颗粒表面，进一步长大，和母颗粒成为一体，从而得到小颗粒层包覆母颗粒的复合颗粒。

② 水解包覆法　该法是在金属无机盐或金属醇盐溶液中加入将被改性的粉体，再通过加热或其他控制方式引发金属盐发生水解反应，生成的金属氢氧化物或含水金属氧化物同体沉淀在粉体颗粒表面上，再通过水洗、除杂、脱水、热处理晶型转化等环节使金属氧化物包覆在粉体颗粒表面。

钛盐水解包覆是水解包覆改性方法中最常见的一个例子，最典型的应用是制备云母珠光颜料。将作为基体的云母微细颗粒制成悬浮液并充分搅拌，后置于钛盐的水解体系中得到水解沉淀物水合二氧化钛，将复合物加热，表面水合二氧化钛转化为晶相 $TiO_2$，即得到云母珠光颜料。钛盐水解法也用来制备具有类似二氧化钛颜料性质、表面包覆 $TiO_2$ 的复合颗粒材料，如通过对煅烧高岭上颗粒和绢云母颗粒进行表面 $TiO_2$ 包覆改性制备煅烧高岭土/$TiO_2$ 复合颜料和绢云母/$TiO_2$ 复合颗粒材料等。

水解包覆法主要用于对化学性质稳定的物质进行表面包覆改性，具有包覆均匀、稳定、致密和效果优良等优点；但存在工艺复杂、对环境有一定污染和不能使用碱性矿物作为母颗粒（沉淀反应体系为强酸性）等问题。

③ 溶胶-凝胶法　该法是将前驱体溶入溶剂（水或有机溶剂）中形成均匀溶液，通过溶质与溶剂产生水解或醇解反应制备出溶胶，再将经过预处理的被包覆粉体悬浮液与其混合，在凝胶剂的作用下溶胶经陈化转变成凝胶，然后经高温煅烧实现对被包覆粉体的改性。如采用溶胶凝胶法以组成为 $3Al_2O_3 \cdot 2SiO_2$ 的混合溶胶对 SiC 微细粉进行包覆处理，形成的包覆涂层在低于 1000℃下经热处理可生成莫来石层。涂覆改性后的 SiC 微粉在中高温条件下的表面抗氧化性明显提高。

（2）溶剂蒸发法　溶剂蒸发法是指通过溶剂蒸发方法生成干态颗粒，并将其包覆在被改性的粉体颗粒表面的改性方法。如冷冻干燥方法就是将金属盐水溶液喷到低温有机液体上，使液滴瞬时冷冻，然后在低温降压条件下升华、脱水，再通过分解制得粉料，并包覆在被改性的粉体颗粒表面的加工过程。按溶剂蒸发形式，除冷冻干燥方法外，溶剂蒸发法还包括喷雾干燥法、喷雾反应法和超临界流体喷雾法等。

（3）液相机械力化学法　液相机械力化学法是在液体介质（主要是水）体系条件下，借助同体物质在机械研磨细化中产生的机械力化学效应，引发作为包覆物（wall material）的固体细颗粒物质与作为被包覆物（core material）的粗颗粒物质之间的界面反应，并形成前者在后者表面上的包覆的改性方法。研究表明，在具有机械力化学效应的体系里进行粒-粒包覆方式的改性复合，因机械力化学效应导致颗粒间具有反应活性、增加彼此间的接触碰撞机会以及形成颗粒间的渗透作用，从而可以提高复合颗粒的性能。

#### 4.3.2.2　固相法

固相法是指由固体相物质直接参与包覆改性过程与复合颗粒制备的工艺。大体上分为固相反应法、固相机械力化学法和机械力混合法等几种。

（1）固相反应法　固相反应法是指固体直接参与化学反应并发生化学变化，同时至少在固体内部或外部的一个过程中起控制作用的改性方法。利用固相间的反应使两种或多种反应物在界面上发生接触，反应物在接触面上发生化学反应并延伸到晶粒内部或粉末内部。由于简单的混合与接触不会（或很慢）发生化学反应，所以这里的固体直接参与并非是简单的混合和接触，而是需要外界施与一定的能量，如研磨等机械作用力、微波辐射和超声波等作用。另外，也包括燃烧或自蔓延方式，即利用某些反应物可燃的特性或在反应物中加入可燃物的方法，使反应物在固态下燃烧或在燃烧产生的高温下生成复合颗粒。

在研磨等机械力作用下的固相反应法不同于机械力化学法。前者可使两种（或多种）固体反应物组分在界面发生充分的接触，且反应物之间的化学反应较完全，往往涉及物质内部并有新产物生成；而后者只局限于表面键合和轻微地向内部的渗透。对前者而言，机械力只是加速和促进化学反应的手段；而对后者，正是机械力的强烈作用使反应物间发生轻微和少量反应。

（2）固相机械力化学法 固相机械力化学法是指颗粒在空气介质中被粉碎和混合时，由于机械力的强烈作用，使不同的颗粒在界面发生化学键合行为。当颗粒之间存在几何尺度的较大差异时，便形成包覆型复合颗粒，从而实现超细粉体包覆改性。

固相机械力化学法具有工艺简单、无需干燥处理等优点；但也存在颗粒团聚现象严重、分散性差、颗粒间反应弱、包覆不完整、复合颗粒材料性能差且不稳定等问题。

（3）机械力混合法 机械力混合法是指对细颗粒和粗颗粒组成的混合物料进行机械混合，在两者较充分混合的基础上，再通过细颗粒的解聚和分散、在粗颗粒表面的黏附、粗细颗粒相互位置的重新分布与交换等环节，实现细颗粒对粗颗粒表面的包覆改性。由于这里的机械力一般只达到能够使颗粒解聚、分散和彼此碰撞的程度，所以细颗粒在粗颗粒表面的包覆往往不存在化学作用，故包覆程度较弱。机械力混合法有时是作为固相机械力化学改性的初始环节出现的。

#### 4.3.2.3 气相法

气相法进行颗粒表面包覆改性是指在真空或惰性气体中，通过两种或两种以上物质的蒸发、沉积和冷凝等物理过程，使两种或两种以上物质发生化学反应来实现一种物质在另一种物质表面的包覆，如以气体（空气、二氧化碳等）为介质，通过物理或化学过程实现一种物质在另一种物质表面的包覆。目前，气相法包覆改性主要有气相蒸发冷凝法、气相反应法和流化床煅烧法等。

（1）气相蒸发冷凝法 该法指在充入低压惰性气体的真空蒸发室里，通过加热源加热使两种或两种以上物质原料气化形成等离子体，等离子体与惰性气体原子碰撞而失去能量，然后骤冷凝结成包覆型复合改性颗粒。按加热力式分为高频感应加热法、电子束加热法、电阻加热法、等离子体喷雾加热法和激光束加热法等。

（2）气相反应法 以挥发性金属无机或有机化合物等蒸气为原料，通过气相热分解和其他化学反应制备单质物质和复合颗粒材料的方法称为气相反应法。此法包括激光合成法、等离子体合成法和 SPCP 法（surface corna discharge induced plasma chemical process，通过表面电晕放电引起等离子体化学反应实现小颗粒在大颗粒表面的包覆）等。

（3）流化床煅烧法 该法指在流化床内进行颗粒包覆，然后煅烧使包覆物生成多孔新物相的包覆改性方法。

### 4.3.3 表面化学改性

表面化学改性法就是采用多种工艺过程，使表面活性剂与粉体颗粒表面进行化学反应，或者使表面改性剂吸附到粉体颗粒表面，进行粉体表面性能改变的方法。这种方法还包括利用自由基反应、螯合反应、溶胶吸附以及偶联剂处理等方式进行表面改性。

表面化学改性常用的表面改性剂主要有硅烷偶联剂、钛酸酯偶联剂、锆铝酸盐偶联剂、有机铬偶联剂、高级脂肪酸及其盐、有机铵盐、不饱和有机酸等。具体选用时要综合考虑粉体的表面性质、改性产品的用途、质量要求、处理工艺以及表面改性剂的成本等因素。

### 4.3.4 沉淀反应改性

沉淀反应改性是利用无机化合物在颗粒表面进行沉淀反应，在颗粒表面形成一层或多层“包覆”或“包膜”，以达到改善粉体表面性质，如光泽、着色力、遮盖力、保色性、耐候性、耐热性等目的的处理方法。这是一种“无机/无机包覆”或“无机纳米/微米粉体包覆”的粉体表面改性方法。粉体表面包覆纳米 $TiO_2$、ZnO、$CaCO_3$ 等无机物的改性，就是通过沉淀反应实现的。

粉体的沉淀反应性，即无机物处理大多采用湿法，即在分散的粉体水浆液中，加入所需的改性（处理）剂，在适当的pH值和温度下，使无机改性剂以氢氧化物或水合氧化物的形式均匀沉淀在颗粒表面，形成一层或多层包覆层，然后经过洗涤、脱水、干燥、焙烧等工序使该包覆层牢牢地固定在颗粒表面，从而达到粉体表面改性的目的。这种用于粉体表面沉淀反应改性的无机物一般是金属的氧化物、氢氧化物及其盐类。

表面沉淀反应改性一般在反应釜或反应罐中进行。影响沉淀反应改性效果的因素比较多，主要有浆液的pH值、浓度、反应温度和反应时间、颗粒的粒度、形状以及后续处理工序（洗涤、脱水、干燥或焙烧）等。其中pH值及温度因直接影响无机改性剂（如钛盐等）在水溶液中的水解产物，是沉淀反应改性中最重要的控制因素之一。

### 4.3.5 接枝改性

接枝改性是指在一定的外部激发条件下，将单体烯烃或聚合烯烃引入非金属矿物表面的改性过程，有时还需要在引入单体烯烃后激发促使填料表面的单体烯烃聚合。由于烯烃和聚合烯烃与树脂等有机高分子基体性质接近，所以增强了填料与基体间的结合而起到补强作用。

产生接枝聚合的外部激发条件有多种，如化学接枝法、电解聚合法、等离子接枝聚合法、氧化法、紫外线与高能电晕放电法等。在烯烃单体中研磨物料实现接枝聚合物在物料表面的附着也属于一种接枝改性的激发手段。

### 4.3.6 机械化学改性

机械化学改性是利用粉体超细粉碎及其他强烈机械力作用，有目的地对颗粒表面进行激活，在一定程度上改变颗粒表面的晶体结构、溶解性能（表面无定形化）、化学吸附和反应活性（增加表面的活性点或活性基团）等。

机械化学作用激活了非金属矿物粉体表面，可以提高颗粒与其他无机物或有机物的作用活性。因此，如果在粉碎过程中添加表面活性剂及其他有机化合物（如聚合物），那么机械激活作用可以促进这些有机化合物分子在无机粉体（如填料或颜料）表面的化学吸附或化学反应，达到新表面产生与改性同时进行，即达到粒度减小和表面有机化双重目的。

机械力化学改性方法的先进性与高效性已被许多研究结果确认，但相关理论的研究却很少。在超细磨矿等粉碎机械力作用过程中改性时，药剂与矿物间的均匀混合和伴随矿物粉体粒度减小导致反应物接触面积的增大，无疑会使改性效果提高。但最重要的原因应是机械力对矿物表面的激活所带来的对改性反应的促进。现有的一些研究结果表明，粉碎机械力化学高效改性是基于过程中新鲜表面和高活性表面的大量出现及这些表面因结构和结晶变化而出现的能量增高的原理而实现的。

① 新鲜表面和高活性表面　新鲜表面是指在粉碎机械力作用下，非金属矿物断开结构键，且尚未实现饱和的表面。高活性表面是指断键键能和不饱和程度高于常态的新表面。在较弱的机械力作用下和超细磨矿初期，矿物颗粒倾向于沿颗粒内部原生微细裂缝和强度较弱的部位断裂生成键力较弱的新鲜表面。随着磨矿时间的延长，键力较强的键被冲击断开，一部分粉碎输入能量在矿物表面储存，使表面被机械力激活。层状硅酸盐矿物更是如此：磨矿初期，矿物沿结合力较弱的层间剥离，继而在其他晶体方向断裂，最后引起整体晶体形态的变形。如高岭石层面仅有—OH官能团，但经结构断裂则出现Si—O和Al—OH等活性官能团。因此，在超细磨矿等机械力作用下，矿物结晶构造的整体变形对改性具有重要作用。

研究结果表明，改性通过药剂与矿物表面活性点或与表面的中间反应态进行反应而实现。

因此，新鲜表面，特别是高活性表面成为矿粒与改性药剂之间高效反应的基础。

② 矿物表面能量的储存与增高　根据粉碎机械力化学理论，矿物颗粒在粉碎机械力作用下的行为不仅是机械物理过程，而且是一种复杂的物理化学过程。粉碎过程中施加的大量机械能，除消耗于颗粒细化外，还有一部分能量储存在颗粒表面。对不同位置表面原子的电荷密度和势能的大致计算表明，不规则处表面原子的活性高于正常表面原子。这种能量的储存及增高还通过晶格畸变和非晶化等作用来完成。颗粒表面的能量储存是机械力激活矿物表面的又一重要方式。

晶格畸变是矿物晶格点阵粒子在排列上部分失去周期性，形成晶格缺陷的外在体现。粉碎机械力不仅能引起矿物颗粒的断裂，而且在磨矿的中、后期（细化接近极限）还引起塑性变形，从而导致表面位错的出现、增殖和移动。由于位错储存能量，因此形成机械化学活性点。

矿物颗粒在机械力作用下呈现非晶态化是位错的形成、流动及互相作用而导致晶体结构无序化的结果。随着粉碎时间的延长，非晶态层逐渐变厚，最后导致整个结晶颗粒无定形化。矿物颗粒在非晶化过程中储存的能量远高于单纯位错储存的能量。

## 4.3.7 湿法化学改性

湿法化学改性是指使用化学处理的方法来改变目的矿物的物理与物理化学性能的工艺方法，如活性白土制备、人工钠化土、合成沸石、天然沸石改型、各类吸附催化剂与载体功能材料等。

化学改性处理的矿物，是指具有阳离子交换能力的矿物以及矿物晶体间（晶层）或内部结晶中因某些组分浸出而改变比表面积与吸附功能的一类矿物。因此，化学改性主要使矿物产生大量的结构孔隙或改变比表面积，从而提高其吸附性与选择性吸附（分子筛）及离子交换能力，形成一类活性矿物材料。例如，酸处理石墨可形成石墨酸类层间化合物；钾盐、铵盐、钠盐或其他药剂可使蒙脱石层间产生离子交换，并促使其化学膨胀等。

## 4.3.8 其他表面改性方法

其他表面改性方法包括：微胶囊化改性、高能改性、插层改性、表面活性剂覆盖改性、热处理加工改性以及复合改性等。

(1)微胶囊化改性　微胶囊化改性是在颗粒表面覆盖均质且有一定厚度的薄膜的一种表面化学改性方法。由药品药效的缓释性需求而出现的固体药粉的胶囊化改性是微胶囊化改性技术的最初发展起因。微胶囊化改性的特点是能够将液滴固体(胶囊化)。

微胶囊中，通常将被包围的粉体(或微液滴)称为芯物质或核心物质，外表的包膜为膜物质。胶囊的作用在于控制调节芯物的溶解、释放、挥发、变色、成分迁移、混合或与其他物质的反应速率及时间，起到“阀门”的隔离控制调节作用，以按要求保存备用，也可对有毒有害物质起到隐蔽作用。粉体微胶囊化处理时，微胶囊的壳体直径大多在 0.5～100$\mu$m 之间，壳体壁膜厚度 0.5～10$\mu$m。胶囊皮膜的制备方法分为化学法、物理化学法和机械物理法三大类。

(2)高能改性　高能改性是指利用紫外线、红外线、电晕放电和等离子体照射等方法进行表面处理。这种方法具有可以进行完全干法处理的优点，不需用改性剂，不存在环境污染的问题。

等离子体是一种电离气体，是电子、离子、中性粒子的独立集合体，宏观上呈电中性，但它具有很高的能量，与有机化合物原子间的键能相当，故将等离子体引入化学反应不仅使反应温度大为降低，并可使本来难以发生或反应速率很慢的反应成为可能。等离子体化学反应主要是通过高速电子碰撞分子使之离解、电离、激发，并在非热平衡状态下进行反应。

等离子体表面处理技术是近年来发展起来的一种表面处理新技术，其特点在于获得高的表面加热、冷却速度或直接把元素注入或融入处理表面，通过改变材料表面的物理结构或化学组分，使材料的性能得以显著改善和提高。有研究表明，低温等离子体处理对玻璃纤维/环氧树脂复合材料性能有一定影响。玻璃纤维放入等离子体发生器内进行处理（用 $N_2$ 和 Ar 作载气，功率为 240W）时，随着处理时间的延长（2～25min），玻璃纤维失重由 0.28%增至 0.82%。这是由于等离子体中高能粒子对纤维表面碰撞所引起的“刻蚀”作用（也就是即使表面粗糙度增大）所致。由于粗糙度增大，新生表面积扩大，某些极性基团（羟基）能更多地暴露，故纤维对偶联剂的吸附量大为增加。这必然改善纤维与环氧树脂的润湿性，从而提高了界面粘接的牢固程度和复合材料的力学性能。

电子束辐射可使石英、方解石等粉体的荷电量发生变化。但是，高能改性方法技术复杂、成本较高，一般只应用在高分子材料的制造和表面处理、电子材料的等离子蚀刻等技术中，在粉体表面处理方面用得不多。

(3)插层改性　插层改性是利用具有层状结构的粉体颗粒晶体层之间结合力较弱（如分子键或范德华键）和存在可交换阳离子等特性，通过离子交换反应或化学反应改变粉体的层间和界面性质的改性方法。因此，用于插层改性的粉体一般来说具有层状或者类层状晶体结构，如蒙脱土、高岭土、蛭石等具有层状结构的硅酸盐矿物以及石墨等。用于插层改性的改性剂大多为有机物，也有的为无机物。插层改性的工艺依插层剂种类、插层方法、插层原料特性等而定。

(4)表面活性剂覆盖改性　利用具有双亲性质的表面活性剂覆盖无机化合物表面使其表面获得有机化改性是最常用的方法。为了实现好的改性效果，必须考虑无机化合物的表面电性质。许多无机氧化物或氢氧化物都有自己的等电荷点，例如 $SiO_2$、$TiO_2$、$\alpha$-$Fe_2O_3$、$Al(OH)_3$ 和 $Mg(OH)_2$ 的等电荷点依次为 2～3、6、7、8.5～10 和 12.4。因此可根据等电点控制溶液的 pH 值，通过表面活性剂吸附而获得有机化改性。例如 $SiO_2$ 的等电点 pH 值很低，表明在高于等电点 pH 值以上的溶液中 $SiO_2$ 的表面带有负电荷，这样就可以让 $SiO_2$ 颗粒在中性或碱性溶液中吸附阳离子表面活性剂而获得有机改性。

$Al(OH)_3$ 及 $Mg(OH)_2$ 的等电点 pH 值相当高，即它们在高 pH 值溶液中表面才会带上负电荷，所以它们的正电性很强，在低于等电点的较广泛的 pH 值范围的溶液内均可吸附阴离子表面活性剂而获得有机化改性。$SiO_2$ 及 $TiO_2$ 的等电点 pH 值为酸性或接近中性，欲对其进行有机化改性，可在偏碱性溶液中直接吸附阳离子表面活性剂。但遗憾的是，一般阳离子表面活性剂价格相当高，往往又有毒性，故采用阳离子表面活性剂进行有机化改性受到限制。一种较好的办法是通过某些无机阳离子（例如 $Ca^{2+}$ 或 $Ba^{2+}$ 等）“活化”，使 $SiO_2$ 表面电荷由负电荷转变为正电荷：

$$SiOH + Ca^{2+} = SiOCa^{+} + H^{+}$$

然后再吸附阴离子表面活性剂即可获得憎水性 $SiO_2$。此种考虑最早曾应用于石英的浮选。现以硅胶、白炭黑、凹凸棒土为吸附剂，通过 $Ba^{2+}$ 或 $Ca^{2+}$ 活化，再吸附硬脂酸钠、十二烷基磺酸钠或十二烷基苯磺酸钠等阴离子表面活性剂，制得了相应的有机化改性样品。

(5) 热处理加工改性　热加工是指对矿物或岩石材料进行干法加热处理与改性。这是一种利用热物理方法来改变矿物材料状态的一种手段，它具有十分重要与广泛的用途，其加工方法也很多。

热加工可分为干燥脱水和热处理两大类。加热条件则主要依据被处理材料的热分析结果来制定。干燥是采用物理方法排除矿物颗粒或材料中自由水或吸附水的过程。热处理则是在较高温度下脱去矿物或材料中的吸附水或化合水，或同时脱除其他易挥发物质，进行热分解（轻烧），也可能是在更高温度下使矿物再结晶（重烧）、烧结或熔融，变为另一类人造矿物材料。因此热加工虽然是一类热物理作业，但也常伴随有热化学分解反应。

按照矿物处理后在形态、组成、结构等方面的变化，可将矿物热处理分为改性热处理、高温膨胀燃烧、高温分解燃烧、高温熔融等四种。经热处理后，矿物内部晶体结构或物理构造方面有所变化，但除了表面自由水、内部吸附水或结构水发生分解外，其他化学成分变化不大，这类热处理方法可归属为改性热处理。矿物的改性热处理一般是在各种工业窑炉或其他加热装置中进行。

（6）复合改性　复合改性是指综合采用多种方法（物理、化学和机械方法等）改变颗粒的表面性质以满足应用需要的改性方法。目前应用的复合改性方法主要有有机物理/化学包覆、机械力化学/有机包覆、无机沉淀反应/有机包覆等。

## 4.4　表面改性工艺

### 4.4.1　概述

表面改性工艺依表面改性的方法、设备和粉体制备方法而异。目前工业上应用的表面改性工艺主要有干法工艺、湿法工艺、复合工艺三大类。干法工艺根据作业方式的不同又可以分为间歇式和连续式；湿法工艺又可分为有机改性工艺和无机改性工艺；复合工艺又可分为物理涂覆/化学包覆工艺、机械力化学/化学包覆工艺、无机沉淀反应/化学包覆工艺等。

### 4.4.2　干法改性工艺

干法改性工艺是指矿物粉体在干态或干燥后在表面改性设备中进行分散，同时加入配制好的表面改性剂，在一定温度下进行表面改性处理的工艺。矿物粉体的表面物理涂覆改性、化学包覆改性、机械化学改性和部分胶囊化改性常采用此种工艺。

干法工艺可以分为间歇式和连续式两种。

间歇式表面改性工艺是将计量好的粉体原料和配制好的一定量的表面改性剂同时给入到表面改性设备中，在一定温度下进行一定时间的表面改性处理，然后卸出处理好的物料，再加料进行下一批粉体的表面改性。由于矿物粉体是一批批进行表面改性的，因此，间隙式表面改性工艺的特点是可以在较大范围内灵活调节表面改性的时间（即停留时间）。但是由于矿物粉体的表面改性是极少量表面改性剂在大批量粉体表面的吸附和反应过程，故该法导致矿物颗粒表面改性剂难以包覆均匀，单位产品药剂耗量较多，生产效率较低，劳动强度大，有粉尘污染，难以适应大规模工业化生产，一般应用于小规模生产。

连续式表面改性工艺是指连续加料和连续添加表面改性剂的工艺。因此，在连续式粉体表面改性工艺中，除了改性主机设备外，还有连续给料装置和添加表面活性剂装置。连续式表面改性工艺的特点是粉体与表面改性剂的分散较好，颗粒表面包覆较均匀，单位产品改性剂耗量较少，劳动强度小，生产效率高，适用于大规模工业化生产。连续式干法表面改性工艺常常置于干法粉体制备工艺之后，大批量连续生产各种非金属矿物活性粉体，特别是用于生产塑料、橡胶、胶黏剂等高聚物基复合材料的无机填料和颜料。

干法改性工艺是一种应用最为广泛的非金属矿物粉体表面改性工艺。目前对于非金属矿物填料和颜料，如重质碳酸钙和轻质碳酸钙、高岭土与煅烧高岭土、滑石、硅灰石、硅微粉、玻璃微珠、氢氧化铝和氢氧化镁、陶土、陶瓷颜料等，大多采用干法表面改性工艺。原因是干法工艺简单、作业灵活、投资较省以及改性剂适用性好等。

### 4.4.3　湿法改性工艺

湿法改性工艺是指在一定固液比或固含量的浆料中添加配制好的表面改性剂及助剂，在搅拌分散和一定温度条件下对矿物粉体进行表面改性的工艺。使用无机表面改性剂的沉淀反应包膜改性、使用有机表面改性剂的表面化学包覆改性、机械化学改性以及部分胶囊化改性一般采用此种工艺。

与干法工艺相比，湿法表面改性工艺具有表面改性剂分散好、表面包覆均匀等特点，但需要后续脱水（过滤和干燥）作业。一般用于使用可水溶或可水解的有机表面改性剂以及前段为湿法制粉（包括湿法机械超细粉碎和化学制粉）工艺而后段又需要干燥的场合，如轻质碳酸钙（特别是纳米碳酸钙）、湿法细磨重质碳酸钙、超细氢氧化铝与氢氧化镁、超细二氧化硅等的表面改性。这是因为化学反应后生成的浆料即使不进行湿法表面改性也要进行过滤和干燥，在过滤和干燥之前进行表面改性，还可使物料干燥后不形成硬团聚，改善其分散性。

### 4.4.4 复合改性工艺

（1）机械力化学/化学包覆复合改性工艺　该种工艺是在机械力作用或细磨、超细磨过程中添加表面改性剂，在粉体粒度减小的同时对颗粒进行表面化学包覆改性的工艺。这种复合表面改性工艺的特点是可以简化工艺，某些表面改性剂还具有一定程度的助磨作用，可在一定程度上提高粉碎效率。不足之处有三点：①温度不好控制；②由于改性过程中颗粒不断被粉碎，产生新的表面，颗粒包覆难以均匀，要设计好表面改性剂的添加方式才能确保均匀包覆和较高的包覆率；③如果粉碎设备的散热不好，强烈机械力作用过程中局部的过高升温可能使部分表面改性剂分解或分子结构被破坏。

这种复合改性工艺可以干法进行，即在干式超细粉碎过程中实施；也可以湿法进行，即在湿式超细粉碎过程中实施。

（2）无机沉淀反应/化学包覆复合改性工艺　该种工艺是在沉淀反应改性之后再进行表面化学包覆改性，实质上是一种无机/有机复合改性工艺。这种复合改性工艺已广泛用于复合钛白粉表面改性，即在沉淀包覆 $SiO_2$ 或 $Al_2O_3$ 薄膜的基础上，再用钛酸酯、硅烷及其他有机表面改性剂对 $TiO_2/SiO_2$ 或 $Al_2O_3$ 复合颗粒进行表面有机包覆改性。

（3）物理涂覆/化学包覆复合改性工艺　该种工艺是先对颗粒进行物理涂覆，如金属镀膜或覆膜后再进行表面有机化学改性的工艺。

## 4.5 表面改性剂

粉体的表面改性主要是依靠改性剂在粉体表面的吸附、反应、包覆或成膜等来实现的。因此，表面改性剂对于粉体的表面改性或表面处理具有决定性作用。

粉体的表面处理往往都有其特定的应用背景或应用领域。因此，选用表面改性剂必须考虑被处理物料及应用对象。例如，用于高聚物基复合材料、塑料及橡胶等的无机非金属矿物的表面处理的表面改性剂，既要能够与矿物表面吸附或反应、覆盖于矿物表面，又要与有机高聚物有较强的化学作用。因此，从分子结构上来说，用于无机非金属矿物表面改性的改性剂应是一类具有一个以上能与矿粒表面的官能团和一个以上能与有机高聚物基结合的基团物质。由于粉体表面改性涉及的应用领域很多，可用于表面改性剂的物质也是很多的。

从结构特性来分，表面改性剂主要有以下几种：偶联剂、有机硅、有机高分子、表面活性剂、超分散剂、无机物（金属化合物及盐）等。无论哪类表面改性剂，效果良好的矿物粉体表面改性的原因无非在于非金属矿物粉体表面与表面改性剂某种功能基团的有效化学键合。

### 4.5.1 偶联剂

偶联剂是具有两性结构的物质。其分子中的一部分基团可与粉体表面的各种官能团反应，形成强有力的化学键合；另一部分基团可与有机高聚物发生某些化学反应或物理缠绕，从而将两种性质差异很大的材料牢固地结合起来，使非金属矿物粉体和有机高聚物分子之间产生具有特殊功能的“分子桥”。

偶联剂适用于各种不同的有机高聚物和非金属矿物的复合材料体系。经偶联剂进行表面处理后的非金属矿物粉体，既抑制了矿物粉体的团聚、增大了填充量；又可较好地均匀分散，从而改善制品的综合性能，特别是抗张强度、冲击强度、柔韧性和挠曲强度等。

偶联剂的化学通式如下

$$R_nAX_{4-n}$$

式中　R——与聚合物成键的基团；

X——与粉体相结合的基团；

A——在一个化学成分中连接两个基团的四价中心原子。

钛、锆及元素周期表中第ⅣA族的元素可用作偶联剂化合物的中心原子，它们能形成四价化合物。偶联剂按其化学结构可分为硅烷类、钛酸酯类、锆铝酸盐及络合物等几种。

#### 4.5.1.1　硅烷偶联剂

硅烷偶联剂是研究最早且应用最广的偶联剂之一。它是一类具有特殊结构的低分子有机硅化合物，其通式为 $RSiX_3$。式中 R 代表与聚合物分子有亲和力或反应能力的活性官能团，如氨基、巯基、乙烯基、环氧基、氰基、氨丙基等；X 代表能够水解的烷氧基（如甲氧基、烷氧基、酰氧基等）和氯离子。

在进行偶联时，首先 X 基水解形成硅醇，然后再与粉体表面上的羟基反应，形成氢键并缩合成—SiO—M 共价键（M 表示矿物粉体颗粒表面）。同时，硅烷各分子的硅醇又相互缔合。聚成网状结构的膜覆盖在粉体颗粒表面，使矿物粉体表面有机化。

硅烷偶联剂可用于许多无机矿物粉体颗粒表面处理，其中对含硅酸成分较多的石英粉、玻璃纤维、白炭黑等的效果最好；对高岭土、水合氧化铝等效果也比较好；对不含游离酸的碳酸钙效果欠佳。因为硅酸盐等矿物表面由 Si—OH 和 Al—OH 官能团组成，它们可与硅烷醇形成共价键，而碳酸盐表面不含有羟基。工业上常用的硅烷偶联剂见表 4-1。

**表 4-1　常用硅烷偶联剂品种及牌号**

<table>
<tr><th>硅烷品种</th><th>牌号</th><th>硅烷品种</th><th>牌号</th></tr>
<tr><td>乙烯基硅烷</td><td>NDZ-605，A-151，A-171，A-172，UCARSILRC-1</td><td>氨基硅烷</td><td>B-201，KH-550，A-1100，A-1101，A-1170，A-1187</td></tr>
<tr><td>甲基丙烯酰氧基硅烷</td><td>A-174，KH-570</td><td>脲基硅烷</td><td>A-1160</td></tr>
<tr><td>环氧基硅烷</td><td>A-186，A187</td><td>氨丙基硅烷</td><td>Si-400</td></tr>
<tr><td rowspan="2">巯基硅烷</td><td rowspan="2">A-189，UCARSILRC-2，KH-590</td><td>有机硅烷酯类</td><td>A-137，A-162，A-173，A-1230</td></tr>
<tr><td>异氰酸酯</td><td>A-1310</td></tr>
</table>

#### 4.5.1.2　钛酸酯偶联剂

钛酸酯偶联剂是美国肯里奇（Kenrich）石油化学公司在 20 世纪 70 年代开发的一类新型偶联剂，具有独特的结构，对于热塑性聚合物与干燥充填剂有良好的偶联功能，是在无机颜料和涂料等方面广泛应用的表面改性剂。

钛酸酯偶联剂可用来处理各种矿物填料，如碳酸钙、滑石粉、硫酸钡及三水合氧化铝等。经过处理的填料主要用于聚乙烯、聚丙烯、聚氯乙烯和聚苯乙烯等热塑性塑料，较之不经表面处理直接使用这些无机填料，可有效改善填充体系的加工流动性和力学性能。由于使用的填料化学成分不同，基体树脂种类不同，必须选用适当的钛酸酯偶联剂才能得到最佳效果。

钛酸酯偶联剂的用量是要使钛酸酯偶联剂分子中的全部异丙氧基与矿物粉体表面所提供的羟基或质子发生反应，过量是没有必要的。钛酸酯偶联剂的用量为矿物粉体用量的 0.1%～0.3%。被处理填料或颜料的粒度越细，比表面积越大，钛酸酯偶联剂的用量就越大。矿物粉体的湿含量、形状、比表面积、酸碱性、化学组成等都可影响偶联作用效果。一般来说，钛酸酯类偶联剂对较粗颗粒粉体的偶联效果不如对细粒粉体的偶联效果好。单烷氧基钛酸酯在干燥的填料体系中效果最好，在含游离水的湿粉体中效果较差。在湿粉体中应选用焦磷酸酯基钛酸酯。比表面积大的湿粉体最好使用螯合型钛酸酯偶联剂。

#### 4.5.1.3 锆铝酸盐偶联剂

锆铝酸盐偶联剂是美国 Cavendon 公司最先于 1983 年开发的一种新偶联剂，其商品名称为“Cavco Mod”。它是含两种有机配位基的铝酸锆低分子无机聚合物，其特点是能显著降低填充体系的黏度。在不使用偶联剂时，由于填充表面存在着羟基或其他含水基，粒子间易发生相互作用，致使粒子凝聚，黏度上升。而加入锆偶联剂后，则可抑制填充粒子的相互作用，降低填充体系的黏度，提高分散性，从而增加填充量。该类偶联剂不但可用于碳酸钙、高岭土、氢氧化铝和二氧化钛的表面改性，而且对于二氧化硅、白炭黑的改性也有良好效果。它的另一特点是价格低廉，其价格仅为硅烷偶联剂的一半。

锆铝酸盐偶联剂主要用于涂料、黏结剂和塑料中，可明显降低黏度，促进粘接强度，提高涂膜耐温性和耐烟雾性，改善粉体分散性，降低沉降性和提高塑料制品抗冲击强度。该类偶联剂性能好，价格也较便宜，在很多情况下可代替硅烷偶联剂。

#### 4.5.1.4 铝酸酯偶联剂

铝酸酯偶联剂具有与矿物粉体颗粒表面反应活性大、色浅、无毒、味小、热分解温度较高、适用范围广、使用时无需稀释以及包装运输和使用方便等特点。研究中还发现在 PVC 填充体系中铝酸酯偶联剂有很好的热稳定协同效应和一定的润滑增塑效果。

铝酸酯偶联剂的用量一般为复合制品中粉体质量的 0.3%～1.0%。对于注射或挤出成型的塑料硬制品，可占粉体质量的 1.0%左右。对于其他工艺成型的制品、软制品及发泡制品，可占粉体质量的 0.3%～0.5%。对于高比表面积的粉体，如氢氧化铝、氢氧化镁、白炭黑，可占 1.0%～1.3%。

#### 4.5.1.5 有机铬偶联剂

有机铬偶联剂即络合物偶联剂，是由不饱和有机酸与三价原子形成的配价型金属络合物。

有机铬偶联剂在玻璃纤维增强塑料中偶联效果较好，且成本较低。但其品种单调，适用范围及偶联效果均不及硅烷及钛酸酯偶联剂。其主要品种是甲基丙烯酸氯化铬络合物。它们一端含有活泼的不饱和基团，可与高聚物基料反应；另一端依靠配价的铬原子与玻璃纤维表面的硅氧键结合。

有机铬络合物类偶联剂因铬离子毒性及对环境的污染已无大发展，但因其处理玻璃纤维效果很好且较便宜，目前仍有少量应用。

### 4.5.2 表面活性剂

表面活性剂（surfaceactiveagent，surfactant）是一类重要的精细化学品，早期主要应用于洗涤、纺织等行业，现在其应用范围几乎覆盖了精细化工的所有领域。

目前人们对表面活性剂的定义尚无统一的描述，但普遍认为从其名称上看应包括三方面的含义，即“表（界）面”（surface）、“活性”（active）和“添加剂”（agent）。具体地讲，表面活性剂应当是这样一类物质，在加入量很少时即能明显降低溶剂（通常为水）的表面（或界面）张力，改变物系的界面状态，能够产生润湿、乳化、起泡、增溶及分散等一系列作用，从而达到实际应用的要求。

表面活性剂分子由性质截然不同的两部分组成。一部分是与油有亲和性的亲油基（也称憎水基），另一部分是与水有亲和性的亲水基（也称憎油基）。

表面活性剂的种类很多，分类方法各异，最常用的分类方法是按其离子类型和亲水基类型进行分类，可分为阴离子表面活性剂、阳离子表面活性剂、两性表面活性剂、非离子型表面活性剂及特殊类型表面活性剂等，见表 4-2。

表 4-2　表面活性剂按亲水基分类

| 类型 | 品种 |
|---|---|
| 阴离子表面活性剂 | 硫酸酯盐、硫酸酯盐、磷酸酯盐、磺酸盐及其酯、硬脂酸盐 |
| 阳离子表面活性剂 | 高级铵盐(伯胺盐、仲胺盐、叔铵盐及季铵盐)、烷基磷酸取代胺 |
| 非离子型表面活性剂 | 聚乙二醇型、多元醇型 |
| 两性表面活性剂 | 氨基酸型、咪唑啉型、甜菜碱型等 |
| 特殊类型表面活性剂 | 天然高分子表面活性剂、生物表面活性剂 |

非金属矿物粉体表面改性常用的表面活性剂主要有以下几种。

#### 4.5.2.1　阳离子表面活性剂

高级胺盐是阳离子表面活性剂中常用到的一种表面活性剂。胺类分子通式为 $RNH_2$(伯胺)、$R_2NH$(仲胺)、$R_3N$(叔胺）等，结构中至少有 1～2 个长链烃基（$C_{12}$～$C_{22}$）。与高级脂肪酸一样，高级胺盐的烷烃基与聚合物的分子结构相近，因此与高聚物基料有一定的相容性，分子另一端的氨基可与矿物粉体表面发生吸附作用。

在对膨润土或蒙脱石型黏土进行有机覆盖处理以制备有机土时，一般采用季铵盐，即甲基苯基或二甲基烃基铵盐。用于制备有机土的季铵盐，其烃基的碳原子数一般为 12～22，优先碳原子数为 16～18，其中 16 碳烃基占 20%～35%，18 碳烃基占 60%～75%。

#### 4.5.2.2　阴离子表面活性剂

高级脂肪酸属于阴离子表面活性剂，其通式为 RCOOH。分子一端为长链烷基（$C_{16}$～$C_{18}$)，其结构和聚合物分子近似，因而与聚合物基料有一定的相容性；分子另一端为羧基，可与矿物粉体颗粒表面发生物理、化学吸附作用。因此，用高级脂肪酸及其盐，如硬脂酸处理非金属矿物粉体可起到类似偶联剂的作用，有一定的表面处理效果，可改善矿物粉体与高聚物基料的亲和性，提高其在高聚物基料中的分散度。此外，由于高级脂肪酸及其盐类本身具有润滑作用，还可以使复合体系内摩擦力减小，改善复合体系的流动性能。

非金属矿物粉体常用的高级脂肪酸及其盐类表面处理剂有：硬脂酸、硬脂酸钙、硬脂酸锌等，用量为粉体质量的 0.5%～3%。使用时可直接与无机粉体混合分散均匀，也可以将硬脂酸稀释后喷洒在无机填料、颜料表面，搅拌均匀后再烘干，除去水分。

#### 4.5.2.3　非离子型表面活性剂

非离子型表面活性剂对填充（或复合）体系的作用机理与各类偶联剂相似。亲水基团和亲油基团分别与粉体和高聚物基料发生相互作用，加强二者的联系，从而提高体系的相容性和均匀性。两极性基团之间的柔性碳链起增塑润滑作用，赋予体系韧性和流动性，使体系黏度下降，改善加工性能。如用高级脂肪醇聚氧乙烯醚类［通式为 $RO(CH_2CH_2)_mH$，R 为 $C_{12}$～$C_{18}$烃基］作为处理剂对硅灰石粉进行表面改性，改性后大大提高了硅灰石在 PVC 电缆料中的填充性能。

#### 4.5.2.4　有机硅

高分子有机硅又称硅油或硅表面活性剂，是以硅氧键链（Si—O—Si）为骨架，硅原子上接有机基团的一类聚合物。其无机骨架有很高的结构稳定性和使有机侧基呈低表面取向的柔曲性，覆盖于骨架外的有机基团则决定了其分子的表面活性和其他功能。绝大多数有机硅都带有低表面能的侧基，特别是烷烃基中表面能最低的甲基。有机硅除了用作矿物粉体，如高岭土、碳酸钙、滑石、水合氧化铝等的表面改性剂外，还因其化学稳定性、透过性、不与药物发生反应和良好的生物相容性是最早用于药物包膜的高分子材料。其主要品种有聚二甲基硅氧烷、有机基改性硅氧烷及有机硅与有机化合物的共聚物等。

### 4.5.3 不饱和有机酸及有机低聚物

#### 4.5.3.1 不饱和有机酸

不饱和有机酸作为矿物粉体的表面改性剂，带有一个或多个不饱和双键及一个或多个羟基，碳原子数一般在10个以下。常见的不饱和有机酸有：丙烯酸、甲基丙烯酸、丁烯酸、肉桂酸、山梨酸、2-氯丙烯酸、马来酸、衣康酸等，多用于表面呈酸性矿物的表面改性。一般来说，酸性越强，越容易形成离子键，故多选用丙烯酸和甲基丙烯酸。各种有机酸可以单独使用，也可以混合使用。

含有活泼金属离子的无机粉体常带有$K_2O$-$Al_2O_3$-$SiO_2$、$Na_2O$-$Al_2O_3$-$SiO_2$、$CaAl_2O_3$-$SiO_2$和$MgO$-$Al_2O_3$-$SiO_2$结构。由于这些活泼金属离子的存在，用带有不饱和双键的有机酸进行表面处理时，就会以稳定的离子键形式，构成单分子层薄膜包覆在颗粒表面。由于有机酸中含有不饱和双键，在和基体树脂复合时，由于残余引发剂的作用或热、机械能的作用，打开双键，和基体树脂发生接枝、交联等一系列化学反应，使无机粉体和高聚物基料较好地结合在一起，提高了复合材料的力学性能。因此，不饱和有机酸是一类性能较好、开发前途较大的新型表面改性剂。

#### 4.5.3.2 有机低聚物

（1）聚烯烃低聚物　聚烯烃低聚物是一种非极性聚合物，它主要是通过接枝改性的方法起到对矿物颗粒表面改性的作用。聚烯烃低聚物接枝在已被脂肪酸等改性剂附着的矿物表面，或与脂肪酸等共同进行矿物表面改性，往往产生协同效应，从而大大提高改性效果。

聚烯烃低聚物的主要品种有无规聚丙烯和聚乙烯蜡，分子量较低，一般为1500～5000。

聚烯烃低聚物有较高的黏附性能，可以和矿物粉体较好地浸润、黏附、包覆。同时，因其基本结构和聚烯烃相似，可以和聚烯烃很好地相容结合，广泛地应用于聚烯烃类复合材料中无机粉体的表面处理。

（2）其他低聚物

①聚乙二醇　据报道，用聚乙二醇包覆处理硅灰石可显著改善填充聚丙烯（PP）的缺口冲击强度和低温性能。这种聚乙二醇的平均分子量为2000～4000。

②双酚A型环氧树脂　将分子量340～630的双酚A型环氧树脂和胺化酰亚胺交联剂溶解在乙醇中，加入适当的云母粉，经过一定时间搅拌后，即得到环氧树脂与交联剂包覆的活性填料。

### 4.5.4 超分散剂

超分散剂是一类新型的聚合物分散助剂，主要用于提高非金属矿物粉体在非水介质中的分散度，如油墨、涂料、陶瓷原料及塑料等。超分散剂的分子量一般在1000～10000之间，其分子结构一般含有性能不同的两个部分。其中一部分为锚固基团，可通过离子对、氢键、范德华力等作用以单点或多点的形式紧密地结合在颗粒表面上。另一部分为具有一定长度的聚合物链。当吸附或覆盖了超分散剂的颗粒相互靠近时，由于溶剂化链的空间障碍而使颗粒相互弹开，从而实现颗粒在非水介质中的稳定分散。

#### 4.5.4.1 超分散剂的特点

超分散剂克服了传统分散剂在非水分散体系中的局限性。与传统分散剂相比，超分散剂主要有以下特点：

① 在颗粒表面可形成多点锚固，提高了吸附牢度，不易解吸；

② 溶剂化链比传统分散剂亲油基团长，可起到有效的空间稳定作用；

③ 形成极弱的胶束，易于活动，能迅速移向颗粒表面，起到润湿保护作用；

④ 不会在颗粒表面导入亲油膜，不致影响最终产品的应用性能。

#### 4.5.4.2 超分散剂的使用方法

基于超分散剂分子本身的结构特点及其在非水分散体系中的作用特性，在应用过程中必须达到：①锚固段在颗粒表面牢固地结合；②超分散剂在颗粒表面形成较完整的单分子覆盖层；③在介质中的溶剂化段有足够的长度以提供空间稳定作用。因此，在使用过程中必须着重考虑以下几个因素。

（1）超分散剂的选择　颗粒本身的化学结构及粒子表面吸附的其他物质对锚固段与颗粒表面的结合都有重要的影响。颗粒的表面性能包括比表面积、表面能、表面化学结构、表面极性、表面酸碱性等。颗粒表面与锚固段发生较强的相互作用包括氢键、共价键、酸-碱作用，含—OH、—COOH、—O—及其他极性基团的表面更易与锚固段形成牢固的结合，在颗粒表面棱角凹凸部位有更强的吸附力。一些典型的锚固官能团有$—NR_2$、$—N^+R_3$、—COOH、$—COO^-$、$—SO_3^-$、$—PO_4^{2-}$、—OH、—SH以及嵌段异氰酸酯等。因此，需要根据颗粒表面特性来选择超分散剂的类型。

对表面极性较强的矿物颗粒，选择能通过偶极-偶极作用、氢键作用或离子对键合形成单点锚固的超分散剂，如Solsperse-17000/$TiO_2$。

对多环有机颜料或表面有弱极性基团的颗粒，选择含多个锚固官能团，能通过多点弱锚固增强总的吸附牢度的超分散剂，如Solsperse-13000/联苯胺黄。对非极性表面的颗粒，应选择适当的表面增效剂与超分散剂配合使用。利用表面增效剂与有机颜料物理化学性质相似的特点，使之更易吸附在颗粒表面上，同时为超分散剂提供了一些极性锚固位。

（2）溶剂化链的选择　为确保超分散剂对固体颗粒在非水介质中的分散具有足够的空间稳定作用，应使其溶剂化段与分散介质有很好的相容性。根据相似相容规则，应使溶剂化段的极性与介质极性相匹配。若以脂肪烃或芳香烃等非极性化合物为溶剂，则溶剂化段应为低（非）极性的，如Solsperse-6000；若以芳烃酯类、酮类等中等极性化合物为溶剂，则应选择中等极性的溶剂化段，如Solsperse-24000；若以醇溶性、水性基料为分散介质，则应选择在极性溶剂中有一定溶解度的超分散剂，如Solsperse-20000。

（3）用量的确定　在实际应用中，超分散剂用量存在一个最佳值，以达到单分子层的完全覆盖，过少会影响其作用效果，过多则会提高成本，影响最终产品的质量。通常超分散剂用量是通过分散体系黏度随超分散剂用量变化曲线的最低点来确定的，一般为每平方米颗粒表面2mg超分散剂。对无机颜料而言，相当于颜料质量的1%～2%；对有机颜料而言，相当于颜料质量的5%～15%。

（4）加料顺序的影响　在多相分散体系中，超分散剂及其他助剂、树脂加入顺序不同，在颗粒表面形成的吸附层的结构、组成也有差别。因此，分散体系的某些性能也不同。故对于多相分散体系，要根据性能要求选择适当的加料顺序。一般先将超分散剂与分散介质混合，然后加入其他助剂，最后加入待分散的颗粒。

（5）分散工艺及设备　固体颗粒在使用介质中的分散工艺及设备主要依据分散质量、生产分散体的费用及被分散颗粒的形态（干粉或膏状物）而定。对于低黏度的分散体物料，一般采用球磨机；对于高黏度的膏状物分散体，一般采用多辊（如三辊）磨；若遇到黏度更高的颜料膏状物，更为有效的分散设备是双臂Z形捏合机。在相同固体含量情况下，超分散剂作用的分散体系具有更低的黏度。

（6）粒度及粒度分布的影响　在一定的分散介质中，需要根据分散颗粒的粒度及粒度分布确定溶剂化链分子量及分子量分布，以免溶剂化链过长或过短引起不良作用。

超分散剂具有许多独特的优点，除了广泛应用于油墨和涂料工业外，用于陶瓷粉体分散，可提高分散体系固体含量，增加稳定性，消除陶瓷结构微观不均匀性；用于复合材料中，超分散剂不仅可以增加填料填充量，而且可以提高填料的分散度，增强填料和高聚物基料界面之间的结合力，改善复合材料的力学性能。

### 4.5.5 金属化合物

金属化合物主要指金属氧化物及其盐类，通常指氧化钛、氧化铬、氧化铁、氧化锆等金属氧化物或氢氧化物及其盐。在一定反应条件下能在粉体颗粒表面形成金属沉淀化合物或在一定pH值的溶液中生成金属氢氧化物的盐类，均可作为粉体的无机表面改性剂：如硫酸氧钛、四氯化钛和铬盐等可用作云母珠光颜料和着色云母的表面改性剂；铝盐、硅酸钠用作钛白粉的表面氧化铝和氧化硅包膜的改性剂；硫酸锌用作氢氧化镁和氢氧化铝无机阻燃填料表面包覆水合氧化锌的改性剂；氢氧化钙、硫酸钙用作重质碳酸钙表面包覆纳米碳酸钙的表面改性剂；以$Al_2(SO_4)_3$、和$Na_2SiO_3$为无机表面改性剂在硅灰石、粉煤灰微珠表面包覆纳米硅酸铝。金属氧化物、碱或碱土金属、稀土氧化物、无机酸及其盐以及Cu、Au、Mo、Co、Pt、Pd、Ni等金属或贵金属常用于吸附和用作催化粉体材料（如氧化铝、硅藻土、分子筛、沸石、二氧化硅、海泡石、膨润土等）的表面改性处理剂。

## 参 考 文 献


[1] 李川泽. 非金属矿采矿选矿工程设计与矿物深加工新工艺新技术应用实务全书 [M]. 北京：当代中国音像出版社，2005.
[2] 郑水林，袁继祖. 非金属矿加工技术与应用手册 [M]. 北京：冶金工业出版社，2005.
[3] 王利剑. 非金属矿物加工技术基础 [M]. 北京：化学工业出版社，2010.
[4] 郑水林. 影响粉体表面改性效果的主要因素 [J]. 中国非金属矿工业导刊，2003，(1)：13-16.
[5] 郑水林. 无机粉体表面改性技术发展现状与趋势 [J]. 无机盐工业，2011，43 (5)：1-6.
[6] 郑水林. 非金属矿物粉体表面改性技术进展 [J]. 中国非金属矿工业导刊，2010，(1)：3-10.
[7] 黄美华. 矿物的表面改性和表面改性剂 [J]. 矿产保护与利用，1991，(2)：34-38.
[8] 丁浩，卢寿慈，张克仁，等. 矿物表面改性研究的现状与前景展望（Ⅲ）[J]. 矿产保护与利用，1997，(1)：21-26.
[9] 冯彩梅，王为民. 粉体表面改性技术及其效果评估 [J]. 现代技术陶瓷，2004，(2)：23-26.
[10] 罗世永. 电子浆料用超微细玻璃粉的等离子体改性 [J]. 电子元件与材料，2006，25 (7)：30-34.
[11] 铁生年，李星. 超细粉体表面改性研究进展 [J]. 青海大学学报：自然科学版，2010，28 (2)：16-21.
[12] 杨华明. 材料机械化学 [M]. 北京：科学出版社，2010.
[13] 韩跃新，印万忠，王泽红，等. 矿物材料 [M]. 北京：科学出版社，2006.
[14] 刘昊，才庆魁，张宁，等. 超细粉体的表面改性研究进展 [J]. 沈阳大学学报，2007，19 (2)：16-20.

# 第5章 特殊形态非金属矿物的晶形保护

## 5.1 概述

自然界存在的非金属矿物品种很多，形态也各不相同。有些非金属矿物由于其特殊的形态及结构被广泛应用于社会的各个领域。例如，纤维状的海泡石、石棉等非金属矿物作为填料使用，拥有比普通颗粒非金属矿物更优异的增强及补强性；多孔结构的沸石因具有独特的孔道结构和大的比表面积，广泛应用于石油的催化裂解。本章将简单介绍这些具有特殊形态的非金属矿的晶形保护、颗粒整形及粉碎分级等一些精细化加工技术。

## 5.2 基本概念

### 5.2.1 颗粒的形状分析

颗粒的几何性质除了粒度和表面积外，还包括颗粒形状、表面结构等。颗粒的形状对粉体的许多性质都有重要的影响，如流动性、附着力、填充性、增强性及研磨特性和化学活性等。为了使产品具有优良的性质，工业上许多粉体应用场合在要求颗粒具有合适粒度的同时，还希望颗粒具有一定的形状，如鳞片石墨要求粉碎后仍旧保持其原有的片状结构，硅灰石粉碎后要求依然保持其针状结构，即应具有合适的长细比等。表 5-1 列举了一些产品对颗粒形状的要求。

**表 5-1 一些工业产品对颗粒形状的要求**

| 序号 | 产品种类 | 对性质的要求 | 对颗粒形状的要求 |
|---|---|---|---|
| 1 | 涂料、墨水、化妆品 | 固着力强、反光效果好 | 片状颗粒 |
| 2 | 橡胶填料 | 增强性和耐磨性 | 非长形颗粒 |
| 3 | 塑料填料 | 高冲击强度 | 长形颗粒 |
| 4 | 炸药引爆物 | 稳定性 | 光滑球形颗粒 |
| 5 | 洗涤剂和食品 | 流动性 | 球形颗粒 |
| 6 | 磨料 | 研磨性 | 多角状 |

#### 5.2.1.1 颗粒的形状因子

若以 $Q$ 表示颗粒的平面或立体的参数，$d$ 为粒径，则二者的关系为

$$Q=Kd^m \tag{5-1}$$

式中，$K$ 为形状系数。

(1) 表面积形状系数：若用颗粒的表面积 $S$ 代替 $Q$，有

$$S=\varphi_S d^2 \tag{5-2}$$

式中，$\varphi_S$ 为颗粒的表面积形状系数。对于球形颗粒，$\varphi_S=\pi$，对于立方体颗粒，$\varphi_S=6$。

（2）体积形状系数：若用颗粒的体积 $V$ 代替 $Q$，有

$$V=\varphi_V d^3 \tag{5-3}$$

式中，$\varphi_V$ 为颗粒的体积形状系数。对于球形颗粒，$\varphi_V=\pi/6$；对于立方体颗粒，$\varphi_V=1$。

（3）比表面积形状系数：比表面积形状系数定义为表面积形状系数与体积形状系数之比，用符号 $\varphi$ 表示：

$$\varphi=\varphi_S/\varphi_V \tag{5-4}$$

对于球形颗粒和立方体颗粒，$\varphi=6$。

各种不规则形状的颗粒，其 $\varphi_S$ 和 $\varphi_V$ 值见表 5-2。

**表 5-2　各种颗粒形状的 $\varphi_S$ 和 $\varphi_V$ 值**

| 各种形状的颗粒 | $\varphi_S$ 值 | $\varphi_V$ 值 |
|---|---|---|
| 球形颗粒 | π | π/6 |
| 圆形颗粒(水冲蚀的沙子、熔凝的烟道灰和雾化的金属粉末颗粒) | 2.7～3.4 | 0.32～0.41 |
| 带棱的颗粒(粉碎的煤粉、石灰石和沙子等粉体物料) | 2.5～3.2 | 0.20～0.28 |
| 薄片状颗粒(滑石、石膏等) | 2.0～2.8 | 0.10～0.12 |
| 极薄的片状颗粒(如云母、石墨等) | 1.6～1.7 | 0.01～0.03 |

#### 5.2.1.2　球形度

球形度，又称为卡门（Carman）形状系数，其定义为：与颗粒等体积的球的表面积与颗粒的实际表面积之比，用符号 $\phi_C$ 表示。若已知颗粒的当量表面积直径（与颗粒具有相同表面积的圆球直径）为 $d_S$，当量体积直径（与颗粒具有相同体积的圆球直径）为 $d_V$，则其表达式为：

$$\phi_C=\frac{\pi d_V^2}{\pi d_S^2}=\left(\frac{d_V}{d_S}\right)^2 \tag{5-5}$$

若用 $\varphi_S$ 和 $\varphi_V$ 表示，则有

$$\phi_C=\frac{d^2\pi\left(\frac{6\varphi_V}{\pi}\right)^{2/3}}{\varphi_S d^2}=4.836\left(\frac{\varphi_V^{2/3}}{\varphi_S}\right) \tag{5-6}$$

根据此定义，一般颗粒的 $\phi_C\leqslant 1$，对于球形颗粒，$\phi_C=1$，其余非球形颗粒的 $\phi_C$ 值均小于 1。因此，颗粒的 $\phi_C$ 值可以作为其与球形颗粒形状偏差的衡量尺度，即 $\phi_C$ 值越小，意味着该颗粒形状与球形颗粒的偏差越大，也就是说颗粒形状越不规则。表 5-3 列出了某些材料的形状系数测定值。

**表 5-3　某些材料的 $\phi_C$ 测定值**

| 材料名称 | $\phi_C$ | 材料名称 | $\phi_C$ |
|---|---|---|---|
| 钨粉 | 0.85 | 煤尘 | 0.606 |
| 糖 | 0.848 | 水泥 | 0.57 |
| 烟尘 | 0.82 | 玻璃粉尘 | 0.526 |
| 钾盐 | 0.70 | 软木颗粒 | 0.505 |
| 砂 | 0.70 | 云母颗粒 | 0.108 |

#### 5.2.1.3　均齐度

一个不规则的颗粒放在一平面上，颗粒的最大投影面（最稳定的平面）与支承平面相黏合。此时，颗粒具有最大的稳定度。颗粒的两个外形尺寸的比值称为均齐度。其中：

伸长度＝长径/短径

扁平度＝短径/厚度

### 5.2.2　颗粒形状的图像分析

20 世纪 70 年代以来，随着计算机技术的高速发展和广泛应用以及用傅里叶级数法和分数谐函数表征颗粒形状研究的不断深入，使得颗粒的形状分析成为可能，图像分析则是借助于图像分析仪定量测定颗粒形状的重要方法。常见的图像分析仪由光学显微镜、图像板、摄像机和微机组成。其测量的范围为 1～100μm，若采用体视显微镜，则可以对大颗粒进行测量。有的电子显微镜配有图像分析仪，其测量范围为 0.001～10μm。单独的图像分析仪可以对电镜照片进行图像分析。

摄像机得到的图像是具有一定灰度值的图像，须按一定的阈值转变为二值图像。功能强的图像分析仪应具有自动判断阈值的功能。颗粒的二值图像经补洞运算、去噪声运算和自动分割等处理，将相互连接的颗粒分割为单颗粒。通过上述处理后，再将每个颗粒单独提取出来，逐个测量其面积、周长及各形状参数。由面积、周长可得到相应的粒径，进而可得到粒度分布。

由此可见，图像分析法既是测量粒度的方法，也是测量形状的方法。其优点是具有可视性、可信程度高。但由于测量的颗粒数目有限，特别是在粒度分布很宽的场合，其应用受到一定的限制。

## 5.3　颗粒整形技术

颗粒形貌和材料宏观物性之间存在着密切关系，对颗粒群的比表面积、流动性、填充性、附着力、研磨特性、化学活性等很多性能都有重要影响。对不规则颗粒进行整形处理，实现粉体颗粒的球形化，能提高堆积密度，改善流动性、烧结性、固相反应活性，优化固相颗粒堆积状态和颗粒之间的接触状态，从而改善材料性质和加工过程。非金属矿物颗粒很大的一个应用领域就是作为填料使用，对废金属矿物颗粒整形后，将有助于提高颗粒与聚合物基体的界面结合强度，对产品的致密度、使用周期都有帮助。

颗粒整形就是利用一定的加工方法将不规则颗粒转变为规则颗粒的过程。球形颗粒具有以下优点。

(1) 球形的比表面积小，具有良好的充填性和流动性，不易桥接。球形粉体堆积密实，充填密度均匀一致，充填量最高，孔隙率低。制备出的零件具有极好的尺寸重复性，产品质量稳定。

(2) 球形颗粒各向同性好、应力应变均匀、颗粒强度大。因此制品应力集中小，强度高，并且运输、安装、使用过程中不易产生机械损伤。

(3) 球形颗粒摩擦系数小，成模流动性好，应力集中小，对模具的磨损小。

采用机械方法实现颗粒球形化是利用非金属矿物粉体自身的塑性变形性，在冲击力作用下，将形状不规则的或片状的颗粒制备成球状或近球状颗粒的过程，从而改善粉体流动性，调整松散状态与振实密度等。

对粒状颗粒而言，其整形过程可归纳为研磨→混合吸附→固定嵌入，如图 5-1(a) 所示。

在整形的初始阶段是颗粒棱角的研磨，然后是细颗粒在粗颗粒表面的黏附和固定过程，黏附和固定过程也就是小颗粒在大颗粒表面的包覆过程。

对片状物料而言，其整形过程可归纳为弯曲→成球→密实，如图 5-1(b) 所示。在整形的初始阶段，片状颗粒的弯曲、叠合及成球过程以及小颗粒在片状颗粒表面的吸附、密实过程是同步进行的；然后是小颗粒被逐渐混揉、分散在片状颗粒基体中，实现颗粒的整形和均匀复合。小颗粒吸附在大颗粒表面主要发生在最初的几分钟内，牢固吸附主要发生在整形/复合的后几分钟内。

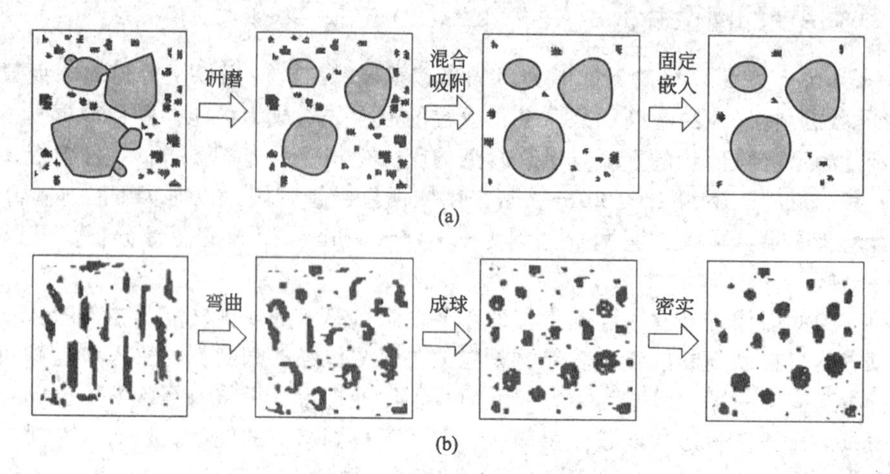


图 5-1 颗粒整形过程示意图

对有韧性的颗粒而言，其整形过程是不规整部分或突出部位在冲击力作用下逐渐软化、变形、卷曲与密实的过程。

## 5.4 非金属矿物的晶形保护

非金属矿物种类繁多，晶形结构各异。由于非金属矿物自身晶形结构对其应用性能和应用价值影响很大，故在非金属矿物的精细化加工过程中要特别注意对其晶形结构的保护。所谓晶形保护就是在非金属矿物加工过程中尽可能地使非金属矿物的天然晶形特征不被破坏或尽可能地使加工后的产品保留矿物的原有结晶特征。

在实际的非金属矿物加工中，特别需要保护的是一些特殊晶形的非金属矿物，见表 5-4。

表 5-4 非金属矿物的晶形及其保护依据

| 晶形 | 代表性矿物 | 保护依据 |
|---|---|---|
| 片(层)状 | 高岭土、滑石、鳞片石墨、蒙脱石、云母、绿泥石、蛭石等 | 具有独特的片层状特性及功能性，应用价值大，市场价格较高 |
| 纤维状 | 纤维海泡石、石棉、石膏、硅灰石、透闪石等 | 独特的纤维状结构，在复合材料中具有增强和补强性，应用价值大，市场价格高 |
| 天然多孔状 | 沸石、硅藻土、蛋白土、凹凸棒石等 | 独特的孔结构和高比表面积，具有吸附、助滤等功能，应用价值大，市场价格较高 |
| 八面体等 | 金刚石等 | 具有高硬度、高耐磨、高透明性等特性，颗粒越大，晶形越完整，价值越大 |

### 5.4.1 层状非金属矿物的晶形保护

层状非金属矿主要包括如高岭土、滑石、叶蜡石、云母、膨润土、绿泥石、蛭石、伊利石以及蛇纹石等一些层状硅酸盐矿物。此类非金属矿物的晶形保护主要是指在粉碎、选矿提纯、干燥、改性等加工过程中采用合适的方法或技术措施，使最终产品尽可能保留矿物原有的层状晶形结构，尽可能将晶形破坏减小到最低。

由于层状非金属矿物种类繁多，结构特征及应用性能要求也不尽相同，故在实际加工过程中采取的保护方法或技术措施也不相同。表5-5列出几种代表性的层状非金属矿物在实际加工过程中采取的晶形保护措施。

**表5-5　层状非金属矿物的晶形保护目的及措施**

| 矿物名称 | 结构特征 | 应用性能要求 | 晶形保护目的 | 技术措施 |
|---|---|---|---|---|
| 云母 | 板状或片状，由两层硅氧四面体夹一层铝氧八面体构成的2∶1型层状硅酸盐 | 颗粒径厚比越大越好，表面缺陷越少越好 | 保护其薄片状结构，片状颗粒表面少有划痕 | 采用选择性粉碎解聚工艺设备和湿式细磨、超细研磨剥片工艺与设备，分选、干燥、改性中避免高剪切力 |
| 鳞片石墨 | 六方晶系，层状构造，层内C—C为共价键，层间为分子键 | 鳞片越大，纯度越高，晶形越完整越好 | 保护大鳞片和六方晶系结构 | 选矿：粗磨初选后，粗精矿多段再磨、多段浮选；超细粉碎：采用湿式研磨剥片工艺设备 |
| 滑石 | 片状或鳞片状集合体，由两层硅氧四面体和一层八面体构成的2∶1型层状硅酸盐 | 片状晶形越完整越好，颗粒径厚比越大越好 | 保护其片状晶形和层状结构 | 在选矿中采用选择性破碎解离工艺设备，在细磨和超细磨中采用研磨和冲击式工艺设备 |
| 高岭土 | 假六方片状，由一层硅氧四面体夹一层铝氧八面体构成的1∶1型层状硅酸盐 | 片状晶形越完整越好，颗粒径厚比越大越好 | 保护其片状晶形和层状结构 | 在选矿中采用湿式分散、制浆和选择性解离工艺，在超细粉碎中采用湿式研磨剥片 |

对于云母来说，选矿提纯要根据入选云母原料性质和种类的不同，选取不同的选矿方法。片状云母通常采用手选、摩擦选和形状选；碎云母采用风选、水力旋流器分选或浮选将云母与脉石分开。目前剥片方法有手工剥片、机械剥片、物理化学剥片三种，主要用于加工各种云母片，如厚云母、薄片云母、电子管云母等，大部分是手工操作。细磨和超细磨云母粉的生产根据产地及其原矿性质的不同，分为干法和湿法两种流程。湿法生产出来的云母粉具有质地纯净、表面光滑、径厚比大、附着力强等优点。因此，湿磨云母粉性能更好，应用面更广，经济价值更高。

滑石由于其特殊的晶体结构和物理化学性能，大量应用于造纸领域。对于片状结构的滑石矿物来说，如何有效地解决其干法剥片问题，稳定和精确地控制滑石粉体的粒度分布和粒子晶体形态，是造纸涂料滑石产品生产的重要环节。在通常情况下，造纸涂料滑石产品一般采用干法超细加工方法进行生产，通过选矿、初级破碎、超细研磨粉碎、分级等工艺过程，生产出平均粒径$D_{50}$为2～3$\mu$m的滑石粉状产品，然后可根据客户的需要进行调浆后包装出厂，或者在使用现场进行调浆等。对于矿源质量较差，或者滑石含量相对较低的滑石矿来说，有时选用湿法研磨及浮选的方式来进行选矿和加工。对于粒径2$\mu$m的粒子含量在90%以上的超细滑石颜料，则采用干湿法相结合的超细加工方法。即经干法超细研磨加工后粒径2$\mu$m的粒子含量在60%～70%的滑石粉体，加入润湿剂和助磨剂进行调浆后，利用湿法研磨加工设备进行超细加工直至达到所需粒度要求。

## 5.4.2　纤维状非金属矿物的晶形保护

纤维状非金属矿主要有温石棉、硅灰石、纤维海泡石、透闪石、石膏纤维、纤维水镁石等。此类非金属矿物的晶形保护主要是指在粉碎、选矿提纯、干燥、改性等加工过程中采用合适的方法或技术措施，使最终产品尽可能保留矿物原有的纤维状晶形结构，尽可能将晶形破坏减小到最低。

由于纤维状非金属矿物种类繁多，结构特征及应用性能要求也不尽相同，故在实际加工过程中采取的保护方法或技术措施也不相同。表5-6列出几种代表性纤维状非金属矿物在实际加工过程中采取的晶形保护措施。

表 5-6 纤维状非金属矿物的晶形保护目的及措施

| 矿物名称 | 结构特征 | 应用性能要求 | 晶形保护目的 | 技术措施 |
| --- | --- | --- | --- | --- |
| 纤维海泡石 | 由八面体片连接两个硅氧四面体形成带(链)状结构,纤维状形态 | 纤维越长、长径比越大、链状结构越完整越好 | 保护长纤维和带(链)状晶体结构 | 在选矿中采用选择性粉碎、解离和分选工艺,在细粉碎和超细粉碎中采用冲击式细粉碎和超细粉碎工艺与设备 |
| 硅灰石 | 三斜晶系,[$CaO_6$]八面体和[$Si_3O_9$]硅氧骨干组成的单链结构,针状集合体形态 | 颗粒长径比越大越好 | 保护其链状结构,针状粒形 | 采用冲击式细粉碎和超细粉碎工艺与设备,分级、干燥、改性中避免高剪切力 |
| 温石棉 | 单斜和斜方晶系,管状结构(氢氧镁石八面体在外,硅氧四面体在内),纤维状集合体形态 | 纤维越长、长径比越大越好 | 保护长纤维和纤蛇纹石结构 | 选矿采用多段破碎揭棉和多段分选工艺流程;破碎揭棉设备采用冲击式破碎机和轮碾机,分选采用筛分和风力吸选 |
| 透闪石 | 单斜晶系,链状结构,柱状、针状纤维,纤维状集合体 | 颗粒长径比越大越好,链状结构越完整越好 | 保护其链状结构,针状粒形 | 采用冲击式细粉碎和超细粉碎工艺与设备,分级、干燥、改性中避免高剪切力 |

温石棉是能分裂成纤维状的含水镁质硅酸盐矿物，其良好的分裂性能、打浆性能、绝缘性能、保温隔热性能、高的摩擦系数使其广泛应用于社会的各个领域。温石棉的选矿提纯及深加工工艺的选取应尽可能保护其纤维结构的特性。传统的温石棉选矿工艺均为干法选矿，主要流程为：矿石→初、中破碎、揭棉→第一次吸棉→长纤维净化、分级系统→成品；中碎、揭棉→第二次吸棉→短纤维净化、分级系统→成品；细碎、揭棉→第三次吸棉→短纤维净化、分级系统→成品。传统的石棉选矿工艺流程长，破碎、揭棉、吸棉段数多，设备总数多，装机容量高，且对石棉纤维状特性保护不够。目前，温石棉选矿新工艺流程如图 5-2 所示。

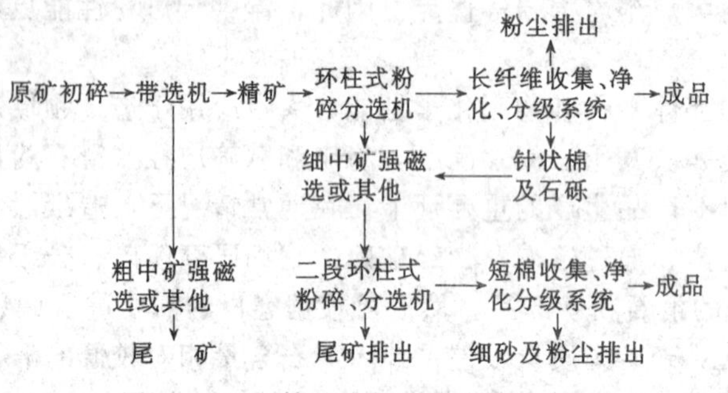


图 5-2　温石棉选矿新工艺流程示意图

在该工艺中，用到的最主要的设备就是环柱式粉碎分选机。潮湿的物料经预热之后，在磨机被热风逐步烘干；物料在相对旋转的碾辊与碾盘剪压力作用下破碎，上环又有加压弹簧，极大地加强了粉碎效果；碾辊的自转除了粉碎作用，还可游离石棉纤维，也就是具有很好的揭棉作用；被游离松散了的石棉纤维等，在热风的携带下通过分级机，进入降棉筒；而较粗砾石则没有通过分级机，返回磨室再磨。

温石棉加工过程中，打浆方式对温石棉的分散性影响很大。研究者考察了三种打浆方式（水力疏解、槽式打浆和 PFI 磨打浆）对温石棉纤维疏散性的影响。结果表明：水力疏解对温石棉纤维松解分丝程度影响较小，槽式打浆对温石棉纤维主要以切断为主，而盘磨打浆能使温石棉纤维产生良好的松解分丝。

## 5.4.3　天然多孔非金属矿物的晶形保护

天然多孔非金属矿物主要有沸石、海泡石、凹凸棒石、硅藻土、蛋白土等。此类非金属矿物具有独特的孔道结构、大的比表面积和孔隙率，在催化、吸附、环境保护等领域具有极佳的实用价值。天然多孔金属矿物的晶形保护主要是指在粉碎、选矿提纯、干燥、改性等加工过程中采用合适的方法或技术措施，使最终产品尽可能保留矿物原有的孔道结构，尽可能将孔道结构破坏减小到最低。

由于天然多孔非金属矿物种类繁多，孔结构和孔尺寸不尽相同，故在实际加工过程中采取的保护方法或技术措施也不相同。一般对于蛋白土、沸石、凹凸棒石等孔径小于10nm的多孔矿物，机械磨矿和物理选矿过程不会对其孔结构产生显著影响，但对于孔径分布为数十到数百纳米的硅藻土来说，高强度的机械研磨和物理选矿可能会对孔结构带来破坏。因此，对多数天然矿物孔结构可能的破坏主要来自化学提纯和煅烧。表5-7列出几种代表性天然多孔非金属矿物在实际加工过程中采取的晶形保护措施。

**表5-7　多孔状非金属矿物的晶形保护目的及措施**

| 矿物名称 | 孔结构特征 | 应用性能要求 | 保护目的 | 技术措施 |
|---|---|---|---|---|
| 沸石 | 笼形，孔隙率50%以上，孔穴直径0.66～1.5nm，孔道长度0.3～1.0nm | 高纯度、高比表面积和完整的笼形孔结构 | 保护疏通笼形结构 | 化学提纯过程中控制好酸浓度，煅烧加工中控制好煅烧温度 |
| 海泡石 | 孔道直径0.37～1.10nm，孔体积0.35～0.4mL/g；比表面积100～900$m^2$/g | 高纯度和高比表面积 | 保护和疏通孔道结构 | 化学提纯过程中控制好酸浓度，煅烧加工中控制好煅烧温度 |
| 硅藻土 | 孔径数十到数百纳米，孔隙率80%～90%，比表面积10～80$m^2$/g | 高的硅藻（无定形$SiO_2$）含量和完整的硅藻结构 | 保护硅藻结构的完整性，疏通孔道 | 选矿过程中，避免长时间强烈研磨，化学提纯过程中控制好酸浓度，煅烧加工中控制好煅烧温度 |
| 凹凸棒石 | 孔道断面约为0.37×0.64nm，孔道被水分子充填，比表面积70～300$m^2$/g | 高纯度和高比表面积 | 保护和疏通孔道结构 | 化学提纯过程中控制好酸浓度，煅烧加工中控制好煅烧温度 |
| 蛋白土 | 孔径小于10nm，比表面积100$m^2$/g左右 | 高纯度和高比表面积 | 保护空隙结构，提高比表面积 | 化学提纯过程中控制好酸浓度，煅烧加工中控制好煅烧温度 |

天然硅藻土含有很多杂质，故其应用价值不高。硅藻土的化学成分以$SiO_2$为主，含有少量$Al_2O_3$、$Fe_2O_3$、CaO、MgO、$K_2O$和有机质等，其中$SiO_2$的含量是评价硅藻土质量的重要参数，$SiO_2$含量越高，说明其质量越好。在一般情况下，如硅藻土中的$SiO_2$含量＞60%，均可被列入开采利用的范围。这种有固定结构的多孔性的无定形$SiO_2$具有较强的吸附性，可用作助滤剂、吸附剂等。因此对硅藻土进行提纯处理是提高其应用性能的重要手段。硅藻土的选矿提纯经常采用的是焙烧、酸浸及先焙烧后酸浸等工艺过程，焙烧的目的是为了去除吸附于硅藻表面及填充于硅藻壳上微孔中的矿物及有机杂质，利于后续酸浸的进行，此类过程会对产品的物理性能及化学性能产生较大影响。

研究者研究了焙烧温度和焙烧时间对硅藻土助滤剂性能的影响。实验表明：焙烧温度过低、时间过短，原土烧不透，过滤速度很慢，影响产品回收率和生产周期；而焙烧温度过高、时间过长，则会出现重烧和过烧现象，致使助熔剂和原土极易被烧结粘死在一起，或使部分硅藻土熔融、玻璃化，严重破坏硅藻土的结构；煅烧温度适中（900～1100℃），可相对保持硅藻结构原貌，增加硅藻土的孔隙度，并可得到预期的粒度分布。因此，在硅藻土助滤剂生产过程中，选择合理的焙烧温度和焙烧时间十分重要。研究者采用先焙烧后用硫酸浸洗的工艺过程对硅藻土精土进行了处理，并研究了其工艺条件对产品性能的影响，得到了高酸度高温度的适宜处理工艺。目前来说，对硅藻土采用先焙烧后酸浸进行提纯的报道很多。

焙烧对沸石的结构及性能具有很大影响：能够脱除非金属矿中的吸附水、结构水及有机杂质，使得非金属矿的比表面积增大，吸附性能提高，如沸石在450～550℃下焙烧后，其对甲醛的吸附性能明显提高。但是焙烧温度过高则会导致非金属矿物多孔结构的坍塌或转变为其他非金属矿物，如沸石在高温焙烧时有可能转变为方解石。

对于天然多孔矿物来说，在焙烧和化学提纯过程中应选取合适的工艺条件，既要保证非金属矿的天然多孔结构尽可能地不被破坏，又要达到选矿或提纯的目的。

### 5.4.4 其他非金属矿物的晶形保护

除了以上叙述的片（层）状、纤维状、多孔结构的非金属矿物需要晶形保护外，还有一些其他非金属矿物，如金刚石、水晶、冰洲石等需要在加工过程中保护其晶形和晶粒大小。金刚石在加工过程中尤其要加以小心，必须确保其晶形和晶粒不被破坏或破损。因此，金刚石通常在选矿过程中采用粗选、精选、多段磨矿和多次精选的方法和比较复杂的工艺流程。

## 5.5 非金属矿物的特殊处理

有些矿石，由于其中不同矿物在结构方面的不同特点，粉碎解离后呈现出不同的颗粒形状。如云母矿石中，云母呈片状，其他矿物呈粒状。因此，将矿石粉碎解离后用一定筛孔的筛子进行筛分可以达到分选的目的。同样，蛭石、滑石等片状结构矿物也可以通过选择性粉碎和筛分进行富集。形状选矿可采用振动筛和筒形筛。

矿物的硬度差异也可作为选别的依据，例如石棉选矿，由于石棉纤维易于破碎进入细粒级中，可通过筛分富集石棉纤维。同样，滑石与脉石矿物硬度不同，滑石硬度低、易碎，通过选择性破碎，然后采用筛分进行富集。

### 参 考 文 献

[1] 郑水林．非金属矿加工工艺与设备［M］．北京：化学工业出版社，2009.
[2] 余力，戴惠新．云母的加工与应用［J］．矿冶，2011，20（4）：73-77.
[3] 狄宏伟，宋宝祥．造纸涂料级滑石的应用与发展概况［J］．中国造纸，2010，29（4）：62-66.
[4] 丁大武．温石棉选矿新工艺研究［J］．非金属矿，2006，29（5）：37-38.
[5] 夏新兴，郑君熹，马娜．打浆方式对温石棉纤维性能及其抄取板强度的影响［J］．中国造纸学报，2006，21（3）：48-51.
[6] Wu J L，Lin J H. The application of diatomite in environment［J］．Journal of Hazardous Materials，2005，127（9）：196-203.
[7] 郑水林，李杨，杜玉成，等．吉林某矿含黏土硅藻土提纯工艺研究［J］．非金属矿，1997，（4）：49-50.
[8] 王中孚，孙树生．磺酸盐用硅藻土助滤剂的研制［J］．非金属矿，1992，（2）：20-25.
[9] 郑水林，王利剑，舒锋，等．酸浸和焙烧对硅藻土性能的影响［J］．硅酸盐学报，2006，34（11）：1382-1386.
[10] 薛东孚，李宏涛．硅藻土的处理工艺与性能影响研究［J］．化学工程师，2010，（12）：1-4.
[11] 王利剑，刘缙．硅藻土的提纯实验研究［J］．化工矿物与加工，2008，（8）：6-9.
[12] 古阶祥．沸石［M］．北京：中国建筑工业出版社，1980.
[13] 范树景，张杨，肖昊轩，等．焙烧及改性对沸石吸附甲醛性能的影响［J］．佳木斯大学学报：自然科学版，2010，28（1）：95-97.
[14] 张学清，项金钟，胡永茂，等．天然沸石对磷的吸附研究［J］．云南大学学报：自然科学版，2011，33（6）：767-682.
[15] 盖国胜．粉体工程［M］．北京：清华大学出版社，2009.

# 第6章
# 非金属矿物加工与应用实例

## 6.1 概述

近年来，随着非金属矿物材料研究的不断深入，非金属矿物材料加工业不断发展壮大。随着材料结构向多元化、功能化、生态化和智能化发展，非金属矿物材料也逐渐成为现代材料科学的重要组成部分，成为与材料相关的众多工业领域和相关学科关注的热点。非金属矿物材料所具有的多种多样的优异性能，在国民经济和科学技术等方面发挥着越来越大的作用。新的优化和改良非金属矿物材料性能的技术和方法的出现，预示着新型非金属矿物材料的诞生。由于非金属矿物材料加工技术和手段的提高，非金属矿物材料正更大程度地应用于国民经济发展的热点领域。随着非金属矿物材料性能的不断开发应用和加工技术的发展，非金属矿物材料正在由粗放型加工向精细化加工方式转变，产品逐渐向高技术材料发展。

中国具有丰富的非金属矿产，且品种繁多，分布非常广泛，目前发现的非金属矿物种类多达1500多种。相比于其他无机材料，非金属矿物在众多工业领域中的应用具有以下特点：①非金属矿物是天然的无机矿产，储量丰富，价格低廉，能够极大程度地降低生产成本；②不仅来源于天然环境，同时又能治理污染并恢复环境；③在非金属矿物的应用中，绝大部分矿物能循环利用，不但治污成本低，而且不产生二次污染；④非金属矿物应用范围广，不仅能处理“三废”，还能很好地处理高科技发展产生的新污染；⑤非金属矿具有天然的自我净化功能，能解决一般性环保技术不能解决的非点源区域性污染问题。因此，对非金属矿物的研究与开发有着非常重要的意义，能够产生明显的社会效益。

## 6.2 非金属矿物选矿提纯加工实例

### 6.2.1 非金属矿物选矿加工实例

#### 6.2.1.1 浮选法选矿实例

（1）浮选法分离云母　选矿是提高云母品位和质量、实现高档次应用从而提升利用价值的必须前提。云母的选矿方法和具体工艺，一般根据矿石的矿物物质组成，赋存状态和嵌布特征来拟定，弄清云母与矿石中其他矿物的物理化学性质差别，再找到一个简便经济实用的选矿方法除砂提纯。

国外碎云母的选矿多采用浮选法进行，包含两种浮选法：①在酸性介质中用阳离子捕收剂浮选云母，称为阳离子浮选法。酸性阳离子浮选法用硫酸作酸性调节剂，长碳链醋酸铵阳离子试剂作捕收剂，最佳效果的pH值为4；②在碱性介质中用阴离子捕收剂回收细粒云母，称为阴离子浮选法。一般用碳酸钠与木质磺酸钙作为调节剂。选矿可以使云母提纯率增加，高纯度的碎云母必为云母粉的细加工带来便利。

国内在浮选云母工艺上除了利用传统的方法，还利用充填式静态浮选柱回收云母，从而使流失在尾矿中的大量云母再次得到回收利用，不但缓解了云母在市场上的紧缺现状，而且达到了合理利用资源保护环境的目的，可为工业生产借鉴。充填式浮选柱浮选回收碎云母尾矿中的云母，可以以一段浮选代替多段浮选机的浮选操作，得到满足工业生产需要的浮选指标。与常规浮选机相比，有较强的分离作用，更有利于提高目的产物的品位和回收率。在操作中，调整好充气速率、顶部淋洗水量、矿浆液面高度及给矿量，是获得理想操作指标的关键因素。利用充填式静态浮选柱回收云母的实验室试验虽取得了成功，但其应用于工业生产，尚须进一步做半工业试验和工业试验。

（2）浮选法分离铝土矿　一水硬铝石和高岭石两种矿物表面铝离子丰度的差异是导致它们可浮性不同的主要原因。油酸钠易与铝离子发生受电荷控制的化学作用，不易与矿物表面的硅离子发生受电荷控制的化学作用。而一水硬铝石表面的铝离子丰度是高岭石表面的1.7倍，因而油酸钠易于吸附于一水硬铝石表面，不易吸附于高岭石表面。

采用油酸钠为捕收剂时，加强对矿泥的分散是实现铝土矿正浮选工艺的关键。各种研究结果表明，以油酸钠为捕收剂时，一水硬铝石和高岭石两种矿物的可浮性差异较大，抑制剂的添加对两种单矿物的分离效果没有产生明显的作用。对于铝土矿正浮选脱硅工艺，选择合适的调整剂，加强对矿泥的分散，可以提高脱硅指标。

实际矿石小型闭路试验结果为：精矿 $Al_2O_3$品位 70.74%，回收率 90.52%，精矿中 $SiO_2$含量从 11.4%降低到 6.37%，精矿铝硅比达到 11.11，超过国家九五攻关指标（$Al_2O_3$回收率 78%，铝硅比 10）。

规模为日处理量 1t 连选试验结果为：精矿 $Al_2O_3$品位 70.17%，$SiO_2$含量 6.37%，精矿铝硅比为 11.02，回收率 88.47%。规模为日处理量 50t 工业试验中，药剂匹配试验结果再次表明，加强对矿浆的分散是铝土矿正浮选脱硅的关键。工业试验结果为：精矿铝硅比 11.39，$Al_2O_3$回收率为 86.45%。浮选精矿满足拜耳法生产氧化铝要求。

在阳离子捕收剂浮选体系中，矿物表面荷电机理的不同是导致高岭石和一水硬铝石可浮性差异的主要原因。采用十二烷基醋酸胺为捕收剂时，一水硬铝石浮选行为受溶液 pH 值的影响，当 pH 值$<$5.5 时，一水硬铝石可浮性差；当 pH 值$>$5.5 时，一水硬铝石可浮性较好。高岭石由于端面与层面的荷电机理不同，在酸性条件下，端面荷正电，层面荷负电，高岭石发生团聚，总表面积减小，表面药剂吸附密度相对增加。而在碱性条件下，矿浆中捕收剂的残余浓度较低，表明对药剂的吸附总量增大，但由于高岭石层面和端面都荷负电，处于分散状态，总表面积增大，因而高岭石表面的捕收剂吸附密度并不高，导致高岭石表面疏水性相对降低，通过加大捕收剂用量可以提高高岭石在碱性条件下的可浮性。

#### 6.2.1.2　电选法选矿实例

（1）粉煤灰摩擦电选脱碳　粉煤灰是从锅炉烟道中捕收的细粉，主要成分为 $SiO_2$、$Al_2O_3$及 $Fe_2O_3$等，如果不加以利用，任意堆置、填埋，不仅占用大量土地，而且污染环境。研究证明，粉煤灰除能用于建材墙体、水泥生产、工程回填、道路基层外，还可代替部分水泥用作混凝土掺合料，生产陶粒、橡胶及塑料工业的填充料、保温材料等。

摩擦电选是粉煤灰加工处理中常用到的一种选矿方法。不同物料具有不同的表面功函数，决定了其摩擦带电过程中摩擦带电的符号和带电量的不同。粉煤灰中未燃尽的炭粒和灰颗粒在气流夹带作用下通过摩擦器时，颗粒与摩擦器壁及颗粒与颗粒之间相互碰撞摩擦，炭粒和灰颗粒分别带上极性和电量不同的电荷，荷电颗粒群经喷嘴进入高压静电场后，在电场力和重力的作用下，具有不同的运动轨迹，从而实现炭粒与矿物质的分离。在高压电场中，带电量大的颗粒沿电场方向的加速度大，带电量小的颗粒沿电场方向的加速度小，因而在极板上的吸附具有一定的分布规律。

根据摩擦电选的有关经验和理论，影响摩擦电选效果的因素有电压、风量、进料速度、湿度和物料性质等。从电压试验结果看出：当电压为30kV时，正极板产物的烧失量为8.5%，负极板产物烧失量为4.6%，中间产物烧失量为2.12%，此时效果最好。由风量试验结果看出：风量并不是越大越好，而是在70m³/h时效果最好，此时正、负极板产物烧失量差别最大，负极板产物烧失量可达到生产一级灰要求，并且产率也是最高。从进料速度试验数据可以看出：当进料时间是110s的时候效果最佳，正极板产物烧失量为8.87%，达到最高，产率32.99%也接近最低；同时，负极板产物产率50.82%相对较低，烧失量4.34%也较低，中间产物的烧失量低于2%。从湿度对比试验看出：随着湿度的增加，分选效果变差。从粒度试验结果看出：正极板回收率最高的粒级是＜0.038mm粒级，负极板灰回收率最高的是0.038～0.043mm粒级，而对于中间产物，则是＞0.074mm的颗粒的灰回收率最高。因此分析，粒度越大，该模型的分级脱碳效果越显著，而粒度越小，该模型的电选脱碳效果越显著。从正交试验结果看出：在单因素中，风量70m³/h、电压30kV、进料时间为110s时效果是最好的；在有交互作用的综合试验中，风量75m³/h、电压50kV、进料时间为130s时效果是最好的。

(2) 煤的摩擦电选　随着人们对煤烟型污染的重视以及对煤基材料要求的日益增长，煤的洁净化利用已成为人们的共识。为了达到洁净化目的，应该对原煤进行深度脱硫降灰，其前提是在可能的条件下，将煤磨细以使矿物质充分解离，再与煤相互分离开来。对微粉煤的分选应深入研究污染小、成本低、投资省的技术，摩擦电选就是这样一种有效的微粉煤干法分选技术。

研究结果表明分离室中电场强度和电场均匀性、载体气流速度、分离室中负压等因素对摩擦电选过程产生显著影响。原煤中净煤和矿物成分的导电性越好，摩擦电选的效果越差；分离室电压过高，会造成精煤、尾煤产率下降；摩擦器中气流速度越高，颗粒摩擦带电越充分，分选效果越好；分离室中负压不宜太高，以免降低精煤和尾煤产率。

## 6.2.2 非金属矿物提纯加工实例

### 6.2.2.1 湿法化学提纯实例

(1) 高纯石英砂提纯　浮选后的石英颗粒其有害成分以斑点或包裹体形态连体在表面。要脱除这部分杂质，必须进行酸浸处理。酸浸法常用酸类有硫酸、盐酸、硝酸和氢氟酸等。对Fe、Al、Mg的脱除，上述酸均有效果。研究发现盐酸对铁的去除效果比硫酸要好。在石英砂中由于有害成分是以矿物集合体而不是以纯矿物形态存在，故采用混合酸浸出比单一酸的酸浸效果好。各种酸的配比以及加入顺序对杂质矿物的去除也有较大影响。一次酸浸后产品中杂质含量达不到要求还可以进行二次酸浸和多次酸浸，直到杂质铁的含量达到要求为止。

高纯石英砂的酸浸提纯过程一般为：将干燥后的石英砂加入浸渍槽，在干燥高温的条件下迅速加入酸浸所用的酸（硫酸、盐酸、硝酸或氢氟酸），酸的浓度为5%～20%，在30～100℃的条件下恒温搅拌2～24h，除去石英砂细粉中的微量金属和非金属杂质，即得高纯石英砂。

① 单一酸浸法：将经洗选的石英砂加入到一定浓度的酸溶液中，如用盐酸，其用量为石英砂质量的5%，然后加温至一定温度，处理适当时间，去除酸溶液，将砂清洗，干燥即可得石英砂产品。

用氢氟酸处理石英砂时，可在常温下进行而不需加热。将洗选过的石英砂放入氢氟酸溶液中，若溶液中加有0.02%～0.2%的连二亚硫酸钠，则所用溶液中氢氟酸浓度可低达0.02%～0.1%；石英砂在溶液中搅拌5min后，其除铁效果见表6-1。

**表 6-1 氢氟酸除铁效果**

| 石英砂 | $Fe_2O_3$含量/% | | 石英砂 | $Fe_2O_3$含量/% | |
|---|---|---|---|---|---|
| | 处理前 | 处理后 | | 处理前 | 处理后 |
| 1 | 0.150 | 0.028 | 3 | 0.065 | 0.026 |
| 2 | 0.113 | 0.032 | 4 | 0.070 | 0.027 |

在用氢氟酸（HF）对石英砂进行酸浸时，其反应比较复杂。除了铁在酸性介质中的溶解外，HF还能与石英本身发生反应，将表面一定厚度的 $SiO_2$ 及其他硅酸盐溶解掉。可能的反应如下：

$$Fe_2O_3+6H^+ = 2Fe^{3+}+3H_2O$$

$$Fe(OH)_3+3H^+ = Fe^{3+}+3H_2O$$

$$Fe^{3+}+6F^- = [FeF_6]^{3-}$$

$$SiO_2+4HF = SiF_4\uparrow+2H_2O$$

$$SiF_4+2HF = H_2[SiF_6]$$

上述生成的 $[FeF_6]^{3-}$ 是很稳定的络合物。氟硅酸在水溶液内也很稳定，是一种与硫酸相仿的强酸。由于石英表层有一定深度的溶解，这对于清洁石英表面，消除铁质及其他杂质污染更有效。因此，用氢氟酸来对石英进行酸浸效果最好。但是，HF有毒，且具有强腐蚀性。因此，酸浸废水需要进行特别处理。

② 混合酸处理法：由于每一种酸对石英砂中杂质的去除效果不同，不同的酸混合在一起，产生协同效应，使石英砂中杂质的去除率更高，可以获得纯度更高的石英砂。混合酸提纯石英砂的流程为：将水洗后的石英砂加入到混合酸中，在常温下，间隙搅拌浸出，一般时间为24h；若在加热的条件下，采用搅拌浸出，时间一般为2～6h，洗涤干燥即可。有研究者所用的混合酸比例为硫酸∶盐酸∶硝酸∶氢氟酸＝50%∶25%∶15%∶10%，加热到80℃，浸出矿浆的浓度为50%～55%，其二氧化硅的含量和铁杂质的含量达到高纯石英砂的标准（$SiO_2\geqslant$ 99.98%，$Fe_2O_3\leqslant$0.001%）。

③ 气态氯化氢法：将洗选后的石英砂置于一锅中，加热至一定温度，再送入氯化氢气体，处理若干时间，经处理的石英砂用水清洗，氯化氢与杂质的产物可溶于水而被除掉。

④ 络合处理法：络合法是将一种中等强度的有机酸，与石英砂表面的杂质发生反应，且还能与反应后的杂质离子形成稳定的配位化合物，降低了杂质离子在颗粒表面的浓度，同时也防止离子在洗涤过程中产生沉淀，使石英砂中杂质含量进一步降低。络合法中常用到的酸为草酸和柠檬酸。将一定量石英砂置于草酸溶液中，在加热条件下，处理一定时间，其除铁率在80%～100%之间。经过处理后，石英砂中含铁量低于 $10\times10^{-6}$。研究者在草酸浓度0.25mol/L、酸浸温度80℃、酸浸时间3h以及溶液pH值为9的条件下得到了含铁量仅为8.5μg/g（除铁率达到93.6%）的高纯石英砂。

（2）石墨提纯　石墨经过浮选后，精矿中的杂质主要是极细粒浸染在石墨鳞片中的部分硅酸盐矿物和钾、钠、钙、镁、铁、铝等的化合物。石墨精矿中除去这些杂质的最常用和最成熟的办法是采用“碱熔-水浸-酸浸”的处理方法，即“碱酸法”，其原理如下。

将氢氧化钠与石墨混合均匀进行煅烧，在高温下石墨中的杂质如硅酸盐、石英等成分与NaOH发生反应，生成可溶性的硅酸钠，然后用水洗将其除去以达到脱硅的目的；另一部分杂质如金属的氧化物等，在碱熔后仍保留在石墨中，将脱硅后的产物用盐酸浸出，使其转化为可溶性的金属氧化物，再通过过滤、洗涤而除去。实际上，$SiO_2$ 与 NaOH 反应生成的 $Na_2SiO_3$ 可溶于水，在随后的水浸中大部分被除去。另外，碱熔过程中，除了生成 $Na_2SiO_3$，还可能有 $Na[Al(OH)_4]$ 生成，它也可溶于水，在水浸中被除去。酸碱法可获得固定碳含量≥99%的石墨产品，其优点为：一次性投资少、产品品位较高、设备易实现、通用性强，其缺点是能耗大、反应时间长、设备腐蚀严重、产生大量废水。

任何硅酸盐都可以被氢氟酸溶解，这一性质使氢氟酸成为处理一般矿物中难溶硅酸盐成分的特效试剂。石墨中的杂质如硅酸盐、石英等成分也可以采用氢氟酸提纯法去除，采用氢氟酸提纯法获得的高纯石墨固定碳含量最高可达99.95%。氢氟酸法的优点是：除杂效率高，产品品位高、对石墨产品的性能影响小、能耗低。缺点是氢氟酸有剧毒和强腐蚀性，必须有严格的安全防护措施，产生的废水需要严格处理后才能排放。

研究者采用加碱焙烧浸出法在最佳条件下得到的石墨产品固定碳含量为99.914%，其工艺条件为：①焙烧：NaOH/石墨质量比1∶1，温度1000℃，时间20min；②水浸：时间60min，温度80℃；③酸浸：盐酸浓度1mol/L，温度50℃，时间30min。此外，还比较了石墨焙烧时添加不同药剂（NaOH、$Na_2CO_3$、$Na_2SO_4$、NaCl）对石墨纯度（固定碳含量）的影响，结果表明：添加NaOH时石墨固定碳含量最高，其次为$Na_2CO_3$。

（3）硅藻土提纯　硅藻土酸溶提纯所用的混合酸是氢氟酸与硫酸的混合物。如前面所述，氢氟酸可以溶解包括$SiO_2$在内的所有硅酸盐。硅藻土中的杂质主要是含氧化铝和氧化铁的黏土矿物，这些黏土粒径极细，均小于2μm，大部分分散黏附于硅藻土结构表面及孔隙内，而硅藻土颗粒直径一般在10～20μm之间，且具有特殊的表面结构和强度。因此，只要控制混合酸溶液中氢氟酸的含量，就可以使二氧化硅的硅藻土结构不被破坏。其提纯工艺如图6-1所示。

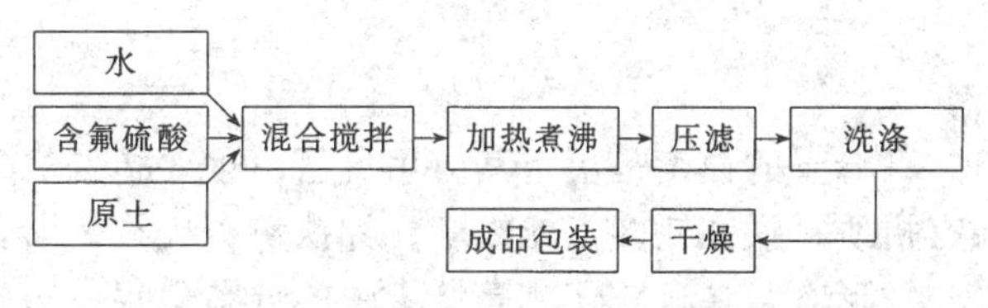


图6-1　硅藻土提纯过程示意图

在氢氟酸的存在下，黏土首先分解：

$$Al_2Si_2O_6(OH)_4 \longrightarrow Al_2O_3 + SiO_2 + H_2O$$

在硫酸溶液中发生溶解反应生成硫酸盐。除氧化硅与氢氟酸作用生成$SiF_4$以外，黏土中的其他氧化物也与氢氟酸发生如下反应：

$$Al_2O_3 + 6HF = 2AlF_3 + 3H_2O$$

$$Fe_2O_3 + 6HF = 2FeF_3 + 3H_2O$$

与硫酸的反应如下：

$$Al_2O_3 + 3H_2SO_4 = Al_2(SO_4)_3 + 3H_2O$$

$$Fe_2O_3 + 3H_2SO_4 = Fe_2(SO_4)_3 + 3H_2O$$

金属氟化物与硫酸的反应如下：

$$2AlF_3 + 3H_2SO_4 = Al_2(SO_4)_3 + 6HF\uparrow$$

$$2FeF_3 + 3H_2SO_4 = Fe_2(SO_4)_3 + 6HF\uparrow$$

以上所用的酸均可用蒸发、凝结或其他方法达到再生、重复使用的目的。当矿物纯度要求很高时，清洗酸液的水必须是蒸馏水或去离子水，以免自来水中所含的铁等杂质对高纯矿物造成污染。

酸浸的精选效果很好，在纯度提高的同时，密度变小，孔容、比表面积等变大，孔结构明显改善，是深加工产品的优质原料。但其缺点是酸量和洗涤用水量比较大，成本较高，且产生大量废酸。为降低生产成本和避免环境污染，废酸液可回收利用，高浓度废酸液可生产硅藻土水净化剂，稀酸可生产硫酸钙。

硅藻土中所含杂质除了铁、铝外，有时还含有较多的有机质和自然态水，它们有的吸附于硅藻土表面，有的充塞于硅藻壳上的微孔中。酸洗提纯时，会对浸出铁、铝等杂质矿物起到一定的阻碍作用。因此，考虑先通过适当的焙烧，燃烧掉硅藻土中的有机质，蒸发掉硅藻土中吸附的自然态水，改善酸浸条件，提高提纯效果。

(4) 金刚石提纯　金刚石矿石通常经过粗选、精选及最终手选获得金刚石产品。但细粒级(小于1mm) 金刚石精矿的手选，不仅劳动强度大，而且工作效率低。采用碱熔-水浸的化学处理法，则可有效地将金刚石精矿提纯而得到最终产品。

金刚石粗精矿中的脉石矿物主要是橄榄石等硅酸盐矿物。在高温条件(600～650℃)下，它们与熔融状态的氢氧化钠发生化学反应，生成溶于水的硅酸钠，而金刚石由于性质稳定，不与NaOH起反应，从而使金刚石与硅酸盐脉石分离。

在碱熔过程中，硅酸盐脉石矿物与熔融状态的氢氧化钠之间发生的化学反应如下：

$$SiO_2 + 2NaOH = Na_2SiO_3 + H_2O$$

该反应生成的熔融状态硅酸钠，在水浸过程中溶于水。再经脱水处理，即可得纯的金刚石产品。

去除金刚石中的硅酸盐成分，除了碱熔法外，还可以采用酸浸法。$SiO_2$只与无机酸中的HF发生反应。如用氟盐取代氢氟酸，则可以降低设备成本，对环境也有保护作用。其除硅机理可以理解为：弱酸根$F^-$在水中易水解，生成的少量HF作为除杂反应的中间产物，它与硅及硅酸盐发生反应，生成易挥发的气态物质$SiF_4$以达到除硅的目的。也有文献报道，在水溶液中，氟离子也可以直接和硅氧键作用。因此，用氟盐取代氢氟酸进行试验也是一种理论上可行的方法。

#### 6.2.2.2 漂白提纯实例

(1) 高岭土的漂白　高岭土的白度是决定其应用价值的重要指标之一。高岭土中的染色杂质主要是铁、钛矿物和有机质。铁和钛多以赤铁矿、针铁矿、硫铁矿、黄铁矿、菱铁矿、褐铁矿、锐钛矿及钛铁矿等矿物形态存在。它们在高岭土中的分布也很复杂，晶态者多以微细颗粒状夹杂其中；非晶态者多包附在高岭土细粒表面。特别是含铁矿物，在高温煅烧时均会变成$Fe_2O_3$，造成原料发黄或呈砖红色。因此，必须在煅烧前或煅烧过程中采取除铁的措施，才能将高岭土白度提高到产品所需要求。各地高岭土影响白度的杂质矿物和因素各不相同，因此不同产地的高岭土必须根据其特性，采取不同的选矿和漂白工艺。

当高岭土中的铁以三价态氧化物存在时，一般用连二亚硫酸盐还原漂白；当高岭土中含黄铁矿或有机物质时，一般采用次氯酸钾、高锰酸钾、双氧水等强氧化剂进行氧化漂白。

山东某地煤系高岭土含有一定的有机物，呈灰白色，白度仅为70.6%，故须采用氧化漂白法进行漂白。选取双氧水和次氯酸钠为氧化剂，研究结果表明，采用单一双氧水或单一次氯酸钠为氧化剂，漂白结果都不理想(双氧水为氧化剂时白度为76.5，次氯酸钠为氧化剂时白度为75.6)；但如果以先双氧水后次氯酸钠的方式添加氧化剂，则白度显著提高(80.6%)。其具体工艺参数为：$H_2O_2$用量6%，反应时间6h，NaClO用量1.5%，反应时间2h，pH为6，反应温度为室温。

高岭土的漂白工艺中，绝大部分都属于还原漂白，即以连二亚硫酸盐为还原剂进行漂白。以连二亚硫酸钠(6%)为还原剂，草酸(4%)为络合剂漂白广西砂质高岭土，其漂白工艺参数为：矿浆浓度16%，硫酸用量22.08 kg/t(调节pH值)，常温反应时间30min，多次加药。高岭土漂白后，白度从54.53%提升到75.44%。

(2) 重晶石的漂白　重晶石在用作涂料及化工填料时，也要求具有较高的白度。天然产出的重晶石，由于含有铁、锰、钒、镍及碳质等杂质而常呈浅灰、淡蓝、黄、粉红、褐等颜色，而含铁的重晶石选矿特别困难，因此化学漂白成为提高重晶石白度的有效方法。

湖南某矿业公司的重晶石含Fe量比较高，自然白度为56.39%。以连二亚硫酸钠为还原剂，$H_2SO_4$为pH调节剂，对重晶石进行还原漂白，漂白工艺为：$Na_2S_2O_4$添加量为5%，反应温度 30 ℃，反应时间 90min，液固比 1∶1，初始 pH 值为 4.0。经此工艺后，重晶石白度提高到 78.90%。如再以乙二胺四乙酸二钠（EDTA·2Na）为络合剂，采用还原络合的方法对重晶石进行漂白后，白度提升到 81.39%，铁去除率为 45.63%。

针对重晶石中的含铁成分，还可以采用酸浸还原联合除铁法。重晶石粉首先用硫酸进行酸洗，同时加入铝粉进行还原。铝粉在酸溶液中置换出氢气，而氢气使得 $Fe^{3+}$ 还原为 $Fe^{2+}$，从而达到漂白的目的，涉及的化学反应方程式如下：

$$Fe_2O_3+3H_2SO_4 = Fe_2(SO_4)_3+3H_2O$$

$$MnO+H_2SO_4 = MnSO_4+H_2O$$

$$NiO+H_2SO_4 = NiSO_4+H_2O$$

$$2Al+3H_2SO_4 = Al_2(SO_4)_3+3H_2\uparrow$$

$$Fe_2(SO_4)_3+H_2 = 2FeSO_4+H_2SO_4$$

#### 6.2.2.3　煅烧提纯实例

（1）石墨高温煅烧提纯　高温提纯法是在高温石墨化技术的基础上发展而成的。石墨的一个重要性质是具有高的熔点和沸点，石墨是自然界中熔点最高的物质之一，它的熔点和沸点远高于所含杂质的熔点和沸点，因此理论上认为，只要将石墨原料加热到 2700℃以上就可以利用杂质沸点低的性质，使它们率先气化而脱除，保温一定时间后，就可以将所有杂质除掉，这就是高温提纯石墨的原理。

其具体过程为：将石墨粉直接装入石墨坩埚，在通入惰性气体和氟利昂保护气体的纯化炉中加热到 2300～3000℃，保持一段时间，石墨中的杂质会溢出，从而实现石墨的提纯。高温法一般采用经浮选或化学法提纯过的含碳 99%以上的高碳石墨作为原材料，可将石墨提纯到 99.99%，如通过进一步改善工艺条件，提高坩埚质量，纯度可达到 99.995%以上。

高温法的最大优点是产品碳含量较高，可达 99.995%以上，缺点是对原料纯度要求高（要求原料的固定碳含量>99%以上），而且设备昂贵、投资巨大、电加热技术要求严格，须隔绝空气；否则石墨在热空气中升温到 450℃时就开始被氧化，温度越高，石墨的损失就越大。另外，高额的电费也使这种方法的应用范围极为有限。只有国防、航天等对石墨产品纯度有特殊要求的场合才考虑采用该方法进行石墨的小批量生产。

对石墨纯化过程中杂质分离的动力学研究表明，在氯或氟的气氛中升温至 2000～2200℃时，大多数杂质含量降低 2 个数量级，所需时间为 10～30min（试样的线性尺寸为 10～100mm）。因此认为，石墨的纯化时间一般不应超过几十分钟。如果将石墨在特殊炉子内加温到 2000℃以上，同时排除挥发性杂质，然后在另外的容器中冷却已被纯化的石墨，这样可提高纯化炉的生产率，同时可避免已被纯化的石墨再吸附周围气氛中的杂质所造成的“返污染”现象。有一种专门用于石墨纯化的高温装置，炉温可提高到 2600℃或更高。炉体用不锈钢制成，加热器为通有单相电流的石墨电极，用 5～10mm 石油焦进行热绝缘，并设有专门的升降机构及转动台。已被纯化的石墨在充满惰性气体的金属容器中冷却。纯化炉内通入氟利昂气体与惰性气体的混合物。整个炉体和铜导线采用水冷装置。该提纯装置可以生产光谱纯石墨。

（2）硅藻土煅烧提纯　由于硅藻土是一种生物成因的硅质沉积岩矿物，因此原矿中不可避免地伴生有大量的有机质和黏土类矿物。由于硅藻土的特殊孔隙结构，赋存于孔隙内的杂质很难用常规选矿方法除去。虽然酸浸法能提高硅藻土品位，除去其中许多有害杂质，但由于硅藻土吸附能力极强，使得酸溶液中的某些杂质又会进入硅藻；同时酸洗的成本较高，又容易造成严重的环境污染，因而并非硅藻土提纯的最佳方法。

煅烧法是提纯硅藻土的有效方法之一，尤其是对去除其中的有机杂质具有良好效果。研究者用硫酸焙烧法处理某地三级硅藻土，使硅藻土达到并超过一级硅藻土的指标。处理后的硅藻土 $SiO_2$ 含量上升到 85.96%，其工艺参数为：焙烧温度为 380℃，$H_2SO_4$用量为 25mL，处理时间为1.5h，此法加快了$H_2SO_4$同杂质反应的速度，处理时间由以往12h降到1.5h；采用工业上成熟的回转窑，设备简单，费用不贵，可连续化处理，处理量大，节省投资。

（3）滑石煅烧提纯　在某些类型的滑石矿中，有时伴生滑石石墨片岩。由于富含炭质，使得滑石呈深灰色甚至黑色，这将严重影响其应用。提纯这种滑石的一般方法是，将矿石在1200～1300℃下煅烧，然后进行筛分和强磁选处理。对江西某地的黑滑石进行煅烧增白处理，研究结果表明，升高煅烧温度（1000～1200℃）有助于提高白度，但是温度过高导致钛酸镁的生成，使滑石开始呈黄色调。

（4）高岭土煅烧提纯　在煤系高岭土中，由于其中含有碳及有机质，高岭土常呈灰黑色，对于次生堆积-变质型高岭土，也常受到其他显色有机物质的污染。采用化学氧化法，虽然能漂白，但最简单、最有效而且无废水污染的方法则是对其进行煅烧处理。煅烧不但能除掉有机污染，提高其纯度和白度，而且作为一项专门处理工艺，煅烧还起到改善高岭土性能的作用。

高岭土煅烧的主要目的是：①脱去有机碳和其他杂质矿物以提高白度；②脱去高岭土所含水分、羟基以提高煅烧产品的空隙体积和化学反应活性，改善物理化学性能，满足各种各样的应用需求，并为进一步开发新的应用领域奠定基础。

有一高岭土矿样，其自然白度仅为71%。将其按特级瓷土的机选生产工艺加工处理后，其自然白度提高到近80%，其化学成分：$SiO_2$43.70%、$Al_2O_3$36.68%、$Fe_2O_3$0.36%、总有机质0.48%。将其在不同温度下煅烧的结果见表6-2。随着温度的升高，有机质含量逐渐下降，虽然$Fe_2O_3$含量略有上升，但白度却大幅度地提高。

**表6-2　含有机质高岭土煅烧结果**

| 煅烧温度/℃ | 0 | 500 | 600 | 700 | 800 |
|---|---|---|---|---|---|
| 白度/% | 79.6 | 80.4 | 82.8 | 84.5 | 86.4 |
| $Fe_2O_3$/% | 0.36 | 0.37 | 0.39 | 0.40 | 0.46 |
| 有机质/% | 0.48 | 0.29 | 0.24 | 0.13 | 0.023 |

通过煅烧加工高岭土脱除了结构或结晶水、碳质及其他挥发性物质，变成偏高岭石，商品名称为“煅烧高岭土”。高岭土在不同煅烧温度下发生的化学反应如下：

$$\underset{\text{高岭石}}{Al_2O_3 \cdot 2SiO_2 \cdot 2H_2O} \xrightarrow{450\sim750^\circ C} \underset{\text{偏高岭石}}{Al_2O_3 \cdot 2SiO_2} + 2H_2O$$

$$\underset{\text{偏高岭石}}{2(Al_2O_3 \cdot 2SiO_2)} \xrightarrow{925\sim980^\circ C} \underset{\text{硅铝尖晶石}}{2Al_2O_3 \cdot 3SiO_2} + SiO_2$$

$$\underset{\text{硅铝尖晶石}}{2Al_2O_3 \cdot 3SiO_2} \xrightarrow{1050^\circ C} \underset{\text{似莫来石}}{2Al_2O_3 \cdot SiO_2} + 2SiO_2$$

煅烧高岭土具有白度高、容重小、比表面积和孔体积大、吸油性、遮盖性和耐磨性好、绝缘性和热稳定性高等特性，广泛应用于涂料、造纸、塑料、橡胶、化工、医药、环保、高级耐火材料等领域。

在高岭土煅烧工艺中，根据煅烧目的确定煅烧炉内的煅烧气氛。氧化气氛一般有利于有机质氧化为$CO_2$除去，但这样的气氛不利于除去如$Fe_2O_3$和$TiO_2$等着色杂质。通常采用添加还原剂、控制通入窑内的氧气量或者通入适量的$CO_2$调节窑内气体组成以保持还原气氛。通常使用的还原剂为固体氯化钠，即所谓的氯化焙烧。

氯化煅烧工艺，是目前高岭土除铁增白的一个新的研究方向。氯化煅烧，即高岭土在高温含氯空气中将铁氧化物转化为低熔点高挥发性的$FeCl_3$（沸点315℃）及$TiCl_4$（沸点136℃），有机质在高温下被氧化为$H_2O$和$CO_2$排出，从而除去高岭土中的铁和有机质。煤系高岭土在煅烧过程中碳参与还原反应，促进三价铁的还原，从而有利于氯化法除铁。目前氯化煅烧已经在阿根廷陶瓷工业中应用。研究发现，排除 $O_2$ 和 $H_2O$ 的干扰，在 850℃左右，进行氯化煅烧，可以将高岭土中的铁、钛充分转化为氯化物挥发，同时不会损失铝。动态氯化煅烧优于静态煅烧，能够获得高白度优质高岭土。相比其他方法，氯化煅烧处理高岭土工艺相对简单，成本也较低。

实际在非金属矿的选矿提纯工艺选取上，大多采用多种提纯工艺联合进行。研究者采用高梯度磁选-还原漂白-煅烧联合工艺对高岭土进行选矿提纯，使高岭土所含 $SiO_2$、$Al_2O_3$ 含量由原来的 45.89%和 35.81%提高到 52.71%和 41.79%，$Fe_2O_3$ 含量由原来的 1.97%降低到 1.17%，白度达到 84.06%。

## 6.3 非金属矿物超细粉碎及表面改性实例

### 6.3.1 非金属矿物超细粉碎加工实例

(1) 滑石粉的超细粉碎　滑石粉是一种具有层状构造的含水镁质硅酸盐矿物，化学式为 $Mg_3[Si_4O_{10}](OH)_2$。滑石粉具有良好的耐热、润滑、抗酸碱、绝缘以及对油类有强烈的吸附等特性，作为一种优良的功能原料和填料被广泛用于造纸、化工、涂料、橡胶、塑料等工业部门。滑石粉体的平均粒径和粒度分布对其应用效果有着重要的影响。滑石粉粒度越小，其表面积就越大，白度、透明度、可弥散性和吸附性也就越好，滑石粉的应用效果就越好。

采用混合研磨法制备超细滑石粉的具体工艺过程为：选取 0.1～0.2mm 的氧化锆珠为研磨介质，向砂磨机料筒中加入研磨介质、滑石粉原料和六偏磷酸钠，球料质量比为 30，六偏磷酸钠质量含量为 1.5%，调转速为 9.5m/s，研磨时间为 2h；随后加入水分散液，磨矿质量浓度为 20%，调转速为 9.5m/s，研磨时间为 6h。研磨结束后，出料得到滑石粉浆液，干燥粉碎即得滑石粉产品。采取该混合研磨技术，制备的滑石粉的平均粒径可达 85.6 nm。

(2) 钾长石的超细粉碎　钾长石不但可用作传统的陶瓷、搪瓷的釉料、玻璃熔剂、磨料等，还可采用提钾技术生产农用钾肥。经超细粉碎制得的超细钾长石粉可以用作矿物填料，在橡胶工业等领域中起着重要的作用。因此，钾长石的超细粉碎对其综合利用具有重要的意义。

采用介质搅拌磨对陕西省洛南县的钾长石粉体进行湿法超细粉碎工艺研究，结果表明：在球料质量比为 5∶1，初始料浆浓度为 60%，分散剂聚丙烯酸钠用量为磨料的 0.5%（质量分数）的条件下，超细粉磨 5h 得到粒度及其分布为 $d_{50} \leqslant 1.17\mu m$，$d_{97} \leqslant 3.37\mu m$ 的钾长石粉。

(3) 白云石的超细粉碎　白云石是一种常见的白色非金属矿物，属于 $CaCO_3$ 和 $MgCO_3$ 的复合碳酸盐矿物。白云石粉体主要用于制备钙盐、镁盐以及用作塑料、涂料、橡胶等行业的填充料。白云石作为填料或者用于制备纳米-亚纳米级白云石复合材料时，对白云石粉体的粒度要求较为严格。因此，对白云石进行超细粉碎工艺研究具有一定的意义。

利用介质搅拌磨（研磨介质为氧化锆陶瓷球）对河北省灵寿县的白云石进行湿法超细粉碎工艺研究，通过对白云石湿法超细粉碎过程中主要工艺参数的优化，确定白云石湿法超细粉碎最佳工艺参数为：助磨剂为聚丙烯酸钠，用量为白云石质量的 0.5%，料浆中物料的质量分数为 60%，球料质量比为 5∶1，累积研磨时间为 3～4h，转速为 1200r/min，研磨 4h 后白云石的 $d_{50}=0.70\mu m$，$d_{97}=1.97\mu m$。

### 6.3.2 非金属矿物表面改性加工实例

(1) 海泡石的表面改性　海泡石为纤维状多孔镁质硅酸盐矿物，其化学通式为 $Mg_8Si_{12}$-

$O_{30}(OH)_4(H_2O)_4 \cdot 8H_2O$，具有链状和层状过渡型结构特征，其特点是在两层硅氧四面体片中间夹单层镁氧八面体。海泡石具有良好的吸附性、离子交换性和热稳定性；同时海泡石具有无磨蚀性、比表面积大、表面活性高等特点，是高分子聚合物的理想增强剂。海泡石纤维经过解束或改性后，可与聚合物复合制成具有许多超常特性的新材料，加入少量海泡石纳米纤维就能使聚合物性能大幅提高。为了能使海泡石在极性或非极性体系中均匀分散，通常对海泡石进行表面改性。

① 酸法改性　酸法改性海泡石的工艺过程为：将4%～6%稀盐酸加入到海泡石原矿粉中，固液比1∶10，磁力搅拌2h，静置24h后抽滤，滤饼用蒸馏水洗涤至中性，烘干即为酸改性海泡石（记为Acid-sep）。

② 有机法改性　将改性剂配制成浓度为5mmol/L水溶液，按固液比1∶10投加酸改性海泡石，室温下磁力搅拌1h。然后将料浆抽滤，用无水乙醇和蒸馏水各洗涤3次，以除去未反应的表面活性剂。再经抽滤、烘干、磨细，即得有机改性海泡石。阳离子表面活性剂十六烷基三甲基溴化铵（CTAB）改性海泡石记为CTAB-sep；阴离子表面活性剂十二烷基硫酸钠（SDS）改性海泡石记为SDS-sep；两者共同改性的海泡石记为C/S-sep。

分别采用分光光度计、颗粒计数仪和$\zeta$电位分析仪表征了改性前后海泡石在水介质的分散稳定性，结果表明：改性剂种类影响着海泡石表面电荷和$\zeta$电位，$\zeta$电位绝对值越高，粒子间斥力越大，体系越稳定。在水体系中按SDS-sep＞CTAB-sep＞Acid-sep＞C/S-sep＞Raw-sep（未改性海泡石）顺序海泡石悬浊液稳定性依次变差。

（2）氧化铝的表面改性　陶瓷浆料中的颗粒大多为亚微米级微粒，在极性的水溶液中，因颗粒做布朗运动所发生的碰撞，小颗粒有聚集成大颗粒的趋势，从而发生絮凝分层等现象，破坏浆料的稳定性。为此，人们进行了大量的研究来解决微小颗粒在悬浮液中的稳定与分散的问题，这对陶瓷工业的成型技术发展有重要意义。

以柠檬酸、聚乙烯醇、聚丙烯酸钠和六偏磷酸钠等改性剂对$Al_2O_3$超细粉体进行表面改性研究。研究结果表明，浆料体系的表面电性能及其分散性与体系的pH值、分散剂的种类和加入量等密切相关。浆体中加入适量的六偏磷酸钠、聚乙烯醇和聚丙烯酸钠可有效提高浆体的分散稳定性，六偏磷酸钠、聚乙烯醇和聚丙烯酸钠分别采用静电、空间位阻和静电位阻机制使浆体稳定。氧化铝浆体中加入柠檬酸和聚丙烯酸钠后，氧化铝表面因特征吸附阴离子而使表面电位变负，绝对值增大，等电点降低；而聚乙烯醇的加入，由于高分子链向体相中伸展，使剪切面向外移动更大的距离，从而使$\zeta$电位降低，并使等电点发生微小偏移。

（3）石墨的表面改性　石墨矿石按结晶程度可分为晶质（鳞片状）石墨矿石和隐晶质（土状）石墨矿石两种。土状石墨由于晶体发育较差，可选性、抗渣侵蚀性和润滑性均不及鳞片石墨，应用范围受到很大限制。制备水基石墨润滑剂是天然石墨的一个重要工业用途，不仅可以避免油基润滑剂污染环境、高温下易燃的危险，并具有水冷却性能良好、不易被微生物污染变质的优点。天然疏水的土状石墨很难在水中分散，研究解决石墨粉体在水中的分散问题是扩大其在该领域应用的关键。

采用搅拌改性，研究者研究了不同分散剂（包括无机电解质、阴离子表面活性剂单独及复合使用）对土状石墨在水介质中分散稳定性和润湿性的影响。分散剂单独作用结果表明：四硼酸钠（$Na_2B_4O_7$）、十二烷基苯磺酸钠（SDBS）对土状石墨基本无分散、润湿作用；羧甲基纤维素钠（CMC）、木质素磺酸钠对土状石墨分散、润湿效果显著；萘磺酸盐（NNO）能显著改善土状石墨的分散性，但对其润湿性能基本无影响。分散剂复合使用研究表明：复配能够提高土状石墨在水中的分散性，CMC-$Na_2B_4O_7$复合分散效果最好，二者用量分别为土状石墨质量的0.5%和2.5%时，土状石墨分散率为95.55%，润湿接触角为76.37°。

## 6.4　非金属矿物在各行业的应用实例

### 6.4.1　非金属矿物在塑料工业中的应用实例

塑料作为一种新型人造材料，已广泛应用在国民经济各行各业和人民生活中。通常生产塑料制品的原料是纯树脂，如 PE、PP、ABS 等直接加工成型。随着现代科学技术发展，对塑料制品材料性能提出更高的要求，纯树脂显得力不从心，相反在纯树脂中添加各类非金属和金属粉体材料，可以提升塑料树脂的各类性能，以达到所需要的技术指标和高性价比，其中用量最大的是非金属矿物材料，例如碳酸钙、滑石粉、硅灰石粉、石棉、云母粉等粉体材料。塑料改性加工与非金属矿、粉体加工、超细粉碎等行业相结合，促进了塑料改性技术的发展。非金属矿物填料添加在塑料中所起的作用如下。

① 增量作用：在塑料中加入廉价的填料作为填充剂以降低成本，其代表性实例如在聚氯乙烯和聚丙烯中加入大量碳酸钙。

② 补强作用：某些填料作为补强剂可提高塑料制品的物理力学性能。矿物的活性表面可与若干大分子链相结合，与基体形成交联结构。矿物交联点可传递、分散应力起加固作用，而且产品的硬度、强度会明显提高。纤维状矿物则可提高塑料制品的抗冲击强度。矿物填料的硬度与塑料产品的抗压强度呈正相关。例如，加入滑石粉可提高低压聚乙烯的弯曲弹性模量。补强效果在一定程度上取决于填料的形态因素如“外形、粒径”等物性。

③ 功能作用：添加大多数填料后塑料产品具有原先不曾有的特殊功能，这时填料的化学组成起着重要作用。例如添加石墨可增加塑料的导电性、耐磨性。一般来说，根据产品功能需要添加非金属矿物成分后，可一定程度上调整塑料的流变性及橡胶的混炼胶性能如可塑度、黏性、防止收缩、改善表面性能等和硫化性能；降低塑料制品的渗透性，改变界面反应性、化学活性、耐水性、耐候性、防火阻燃性、耐油性，以及着色、发孔、不透明性等；同时还可以提高热畸变温度，降低比热容，提高热导率等；提高耐电弧性，赋予塑料产品磁性等。

#### 6.4.1.1　硅灰石

硅灰石是一种钙质偏硅酸盐矿物（$Ca_3Si_3O_9$ 或 $CaSiO_3$），其理论化学组成为：CaO 48.3%，$SiO_2$ 51.7%。自然界产出的硅灰石一般呈纤维状、针状或放射集合体。硅灰石具有高电阻和低介电常数等优良特性。纤维状硅灰石经粉碎后，仍保持针状晶形和具有一定长径比，其长径比 $L/D$ 一般为 1∶5，经特殊粉碎后，$L/D$ 可达（15∶1）～（20∶1）。正因为硅灰石具有这些特点，使其应用领域不断拓宽。作为塑料用增强改性填料，性能明显优于其他无机非金属矿物。改性硅灰石作为塑料填料，主要用来提高拉伸强度和挠曲强度，降低成本。下面简要介绍一下硅灰石在塑料行业中的应用。

（1）尼龙　尼龙是硅灰石应用的最大市场，用硅烷偶联剂改性处理的硅灰石增强尼龙 66，可以降低成本，改善弯曲强度及拉伸强度，降低吸湿率，提高尺寸稳定性。填充 50%硅灰石的复合材料，其冲击强度由原来的 $11.97kJ/m^2$ 提高到 $247.8kJ/m^2$。

（2）聚丙烯　采用 $74\mu m$ 的改性硅灰石填充在聚丙烯中，其产品性能优良。若使用硅灰石和玻纤复合材料填充聚丙烯，则可获得成本低、加工流动性和物理力学性能等综合性能优异的复合填充改性材料。将不同组成的硅灰石、玻纤、聚丙烯注射成标准样条，组成硅灰石/玻纤/聚丙烯（Si/G/PP）复合材料，其综合性能最佳。这是由于硅灰石、玻纤对 PP 结晶过程起成核剂作用，且球晶变小，数量增多。

（3）聚四氟乙烯　聚四氟乙烯是制造各种制品的优良工程塑料，具有耐蚀、光滑、耐高低温等优良性能，但存在收缩率大、耐磨性差、易冷流等缺点。在其毛坯制作过程中，把超细改性硅灰石粉（长径比在15∶1以上）、碳纤维和聚四氟乙烯树脂按一定比例混合均匀，再经加工制成"自动密封圈体"，使该产品不泄漏，耐磨，使用寿命长。

硅灰石还广泛应用于制造聚氯乙烯、聚苯乙烯、聚丙烯腈、聚氨酯、酚醛树脂等塑料，作为无毒填充剂用于制造密封材料和绝缘材料。硅灰石还可填充ABS等塑料。实验结果证明，硅酸盐填充矿物填充ABS不仅可降低原料生产成本，还可以使弯曲弹性模量、巴氏硬度增大，即材料的刚性、耐磨性提高；能满足很多应用领域对其力学指标的使用要求，从而降低原料成本，提高经济效益。

#### 6.4.1.2 滑石

滑石属于2∶1型层状硅酸盐矿物，很容易经破碎研磨加工成粉末。滑石硬度低，作为填料在加工时对塑料成型设备和模具磨损轻；滑石粉呈片状，有利于提高所填充基体材料的刚性和耐热性；滑石粉对波长7～25μm的红外线具有阻隔作用，这一特性可用于农用大棚膜以提高聚乙烯膜的夜间保温性。此外，滑石粉填充的塑料加工流动性好，相对于其他填料，同样条件下滑石粉填充的塑料更易于加工。

活性的滑石粉通过铝酸酯偶联剂的作用，可较好地与聚丙烯混合，不同程度地提高复合材料的各项性能。目前多种汽车、家电零部件都采用塑料材料，一辆小轿车塑料零部件已达100kg甚至200kg以上。这些塑料部件中有20%以上是改性聚丙烯，其中非金属矿物填料平均占总重的30%左右，用得最多，效果最理想的就是滑石粉。

在我们日常生活中使用到的许多家用电器中也要使用利用填充改性的塑料材料制成的零部件。例如，干衣机中的风扇要在(80±5)℃环境下长期连续运转，风扇扇叶形状复杂以增加换热面积和提高换热效果，又担负着将湿衣物中蒸发出来的水蒸气聚集凝结成水并排出机体外的任务；扇叶形状厚度小、长度长，这些都要求改性聚丙烯强度高、耐热性和尺寸稳定性好、刚性好和具有良好的加工流动性，才能满足成型加工的要求和使用环境的要求。采用经铝酸酯偶联剂处理的20μm的滑石粉填充聚丙烯，再加入适量增韧改性剂三元乙丙橡胶（EPDM）就可以全面满足上述各种需求。

一般来讲，滑石填料粒度越小，复合材料的力学性能越佳。但任何粒度极小和比表面积很大的填料都将导致填充聚内烯的热稳定性下降，并使加工性能变差，成本增加。而中等粒度及粒度分布窄的大颗粒填料则使塑料制品的光泽大幅度下降。因此，一般将44μm和10μm的滑石粉混合使用，不仅可保持和提高材料的所有性能，而且填充量可达40%。

#### 6.4.1.3 碳酸钙

碳酸钙因其价格低廉、无毒无味、色泽白并易着色、硬度低、化学稳定、易干燥等多种优点成为使用最为广泛、用量最大的塑料填充材料。塑料用填料总用量的70%以上是碳酸钙。根据视密度（g/mL）不同，也就是按同等堆积的碳酸钙质量不同分为重质碳酸钙和轻质碳酸钙。采用天然矿石经粉碎研磨而成的为重质碳酸钙；以石灰石为原料经煅烧、消化、重新碳酸化等化学过程制成的碳酸钙堆积体积较大，称为轻质碳酸钙。目前，使用$CaCO_3$为填料的主要塑料制品有以下八类。

① 塑料编织袋、编织布和打包带　这几种是使用重质$CaCO_3$最多的塑料制品。使用时，先将重钙制成填充母料，使用粒度在44μm的重钙，其在填充母料中的质量百分比为80%～87%。

② 塑料地板和地板革等铺地材料　地板包括拼接地板异型材、半硬质地板块等，该类材料多使用重质$CaCO_3$。前者主要用于受力、受冲击较多的场合；后者则直接铺设在地面上，主要要求其耐磨性和尺寸稳定性好，所使用的重钙与基体聚氯乙烯树脂的质量之比高达2.5∶1甚至3∶1。在具有一定柔性的地板革中，根据生产方法不同，在作为主体层的聚氯乙烯材料中，无论是否发泡，使用的都是轻质碳酸钙。

③ 人造革和合成革　聚氯乙烯人造革目前仍然是我国塑料行业的重头产品，使用的都是轻质 $CaCO_3$。

④ 钙塑瓦楞箱　使用的多为轻质 $CaCO_3$，用量基本为聚乙烯树脂与轻质 $CaCO_3$ 质量各占50%左右。

⑤ 聚氯乙烯管材、异型材　聚氯乙烯管材有很多用途，如建筑给排水管、落水管、化工原料输送管、农田水利输水管、电线电缆保护套等。在不同种类管材和异型材中使用碳酸钙的品种和用量有很大区别。

⑥ 塑料薄膜和垃圾袋　作为垃圾袋使用的聚氯乙烯薄膜中加入一定量的重钙有利于回收焚烧处理时保护焚烧炉，可使其燃烧充分。对于化肥包装袋的内衬袋、各种商品购物袋所使用的聚乙烯树脂来说，在加工时都可以加入适量的碳酸钙填充母料。

⑦ 工业配套零部件　在一些工业配套零部件中，碳酸钙是所用的填料品种之一。例如在聚丙烯压力过滤机板框中，重钙的使用量为40phr（每百克份数）以上。

⑧ 电缆护套料。

目前，由于粉体技术的不断发展，使得超细 $CaCO_3$ 的产量不断增加。可以预见，未来市场上将会出现更多填充有超细 $CaCO_3$ 的塑料制品。

#### 6.4.1.4 玻璃纤维

玻璃纤维是用玻璃制成的纤维，简称玻纤。用于塑料增强改性的玻纤，其直径为6～15$\mu m$，按玻璃成分可分为有碱玻纤和无碱玻纤。玻璃的主要原料是硅砂等非金属矿物，故可以看成是非金属矿物经加工后制成的特殊用途填料。

玻纤具有远高于高分子材料的拉伸强度，也高于碳钢、铝合金或合金结构钢的拉伸强度，同时玻纤是典型的弹性体，拉伸时伸长形变与应力成正比，一旦去除应力，其形变可完全恢复，具有优良的尺寸稳定性。玻纤还具有良好的耐热性和优良的电绝缘性。

玻纤大量用于制作玻纤增强热固性塑料，俗称玻璃钢。玻纤也可用作热塑性塑料的增强型填料，如聚丙烯、聚酰胺、ABS、聚苯醚等。可以说所有的热塑性塑料都可以实现玻纤增强。通用型热塑性塑料用玻纤增强后（通常添加质量份为30～50），其物理力学性能得到显著提高，甚至可以和传统的工程塑料相媲美，从而大大扩展了热塑性塑料作为结构材料使用的应用范围。

#### 6.4.1.5 云母

云母经干法或湿法粉碎后可用于塑料填料。其晶形是片状的，其径厚比较大，如能在填充塑料加工时保持其较高的径厚比，则填充塑料的增强效果将十分显著。

云母粉主要用来提高塑料制品的刚性和耐热性，云母粉填充的塑料尺寸稳定性好、成型收缩率减小。云母粉的另一主要特点是对7～25$\mu m$ 波长的红外线有良好的阻隔作用，超过具有同类功能的高岭土和滑石粉。而且云母粉填充的聚乙烯薄膜日光透过率比其他填料填充的都要高，已接近非填充的聚乙烯薄膜，这对农用大棚膜的白天透光增温和夜间阻隔红外线保温是非常有利的。

### 6.4.2 非金属矿物在橡胶工业中的应用实例

非金属矿物作为填料，已经伴随着橡胶工业，特别是轮胎工业经历了一个多世纪。近年来，聚合物复合材料的蓬勃发展和橡胶原材料市场的激烈竞争，以及人们对浅色橡胶制品花色品种需求的不断提升，促使填料的使用范围日益扩大，发展极其迅速。因此，开发非金属矿物在橡胶中的应用，增加填料的品种和来源，控制填料的质量，提高填料的性能，具有非常重要的意义。

#### 6.4.2.1 石墨

石墨具有独特的性能，如导电性、导热性、润滑性等，而且石墨具有和片层状硅酸盐类类似的片层结构，如果将石墨片层以纳米尺度分散到橡胶基体中，不仅能提高橡胶材料的导电性、导热性和气密性，力学性能也会获得大幅度提高。

采用熔融插层法制备丁腈橡胶/膨胀石墨纳米复合材料，当膨胀石墨添加量为5份时，材料的拉伸强度最大，达到28.4MPa，约为不含膨胀石墨的复合材料拉伸强度（15.9MPa）的1.8倍。对纳米复合材料的电性能研究表明，添加10份膨胀石墨时，材料的表面电导率和体积电导率分别为$1.1\times10^{-9}$S/cm和$1.2\times10^{-9}$S/cm，约为不含膨胀石墨的复合材料的100倍和43倍。通过乳液法制备的纳米复合材料100%定伸应力显著提高，其硬度和拉伸强度也获得大幅度提高。当石墨用量为10质量份时，纳米复合材料的氮气渗透率与纯胶的相比降低了62%，而且还可以降低NBR的摩擦系数和磨损率。

#### 6.4.2.2 白炭黑

白炭黑对天然橡胶具有优越的补强作用，但目前对其机理的研究还不够深入。一般认为白炭黑粒子结构呈无定形状态，在白炭黑表面形成静电场，进而产生诱导效应，使大分子双键发生极化并开裂，生成正负电荷，促使大分子发生交联，因而表现出补强效果。

用偶联剂Si-75改性后的纳米白炭黑，具有较高硫化胶的应力松弛速度和程度，说明Si-75可以增强白炭黑与橡胶之间的相互作用，改善Hi -Si1233补强BIIR硫化胶的性能。经过间苯二酚与六亚甲基四胺络合物（RH）表面改性的气相法白炭黑，对天然橡胶（NR）硫化胶的补强效果明显优于未改性的气相法白炭黑。碱法白炭黑对NR、丁苯橡胶（SBR）及丙烯酸酯橡胶（ACM）的改性效果最好，得到的产品硬度大、拉伸强度大、耐磨性能好、耐老化性强。白炭黑粒径越小，分散性越好，所填充硫化胶的拉伸强度越高，但动态力学性能较差。

#### 6.4.2.3 高岭土

纳米高岭石可用于各种橡胶制品，显著提高其机械物理性能，特别是在弹性、抗屈挠、阻隔性能和伸长率方面具有优势。而高岭石表面改性后，表面包覆有机偶联剂分子，由极性、亲水疏油的无机表面变为非极性亲油疏水的有机表面，增强了与橡胶基休的兼容性、结合力，可提高其分散性和填充量，进一步改善橡胶机械物理性能。

以硅烷为改性剂，在硅烷用量1.5%（助剂2%），改性时间6min，改性温度70～80℃工艺条件下可获得最佳改性的煅烧高岭土，填充丁苯橡胶后其邵氏硬度、伸长率、扯断强度、撕裂强度均有所提高，而永久变形变小。

### 6.4.3 非金属矿物在造纸工业中的应用实例

在造纸工业中，除纸浆外，填料是用量最大的一种辅料，一般用量为纤维量的20%～40%。用于造纸填料的非金属矿物主要包括高岭土、碳酸钙和滑石粉等。地区不同，造纸工业所选用的填料也不同。北美造纸工业以高岭土为主，欧洲以碳酸钙为主，亚洲以滑石粉为主。造纸所用填料的主要作用是：①提高纸张不透明度及白度（亮度）；②改进纸张平滑度和平整性；③改善纸张适印性和透气度；④提高纸张柔软性和尺寸稳定性；⑤减轻树脂干扰；⑥提高纸张书写性能和纸张耐久性；⑦提高纸张印刷速度；⑧节约纤维，降低成本等。

国内造纸目前用到的功能性非金属矿材料主要有20余种，年消费量约10万吨，但由于其显著的功能特性，近年来消费量增长较快，研究和应用日益受到造纸业和非金属矿加工业的关注。涉及的品种按作用可归类为：①提高光泽和印刷性能的涂布材料——煅烧高岭土、滑石、石膏等；②提高强度的材料——石膏、硅灰石、海泡石等；③具有助留助滤或无碳复写功能的材料——膨润土、凹凸棒石、海泡石、沸石、硅藻土、麦饭石、珍珠岩等；④具有隔热、隔声、绝缘、辐射、阻燃等功能的材料——蛭石、石墨、海泡石、水镁石、珍珠岩等。不同品种的功能可以交叉和重叠，目前在造纸业开发力度较大的功能性非金属矿物粉体主要有以下品种。

#### 6.4.3.1　煅烧高岭土

高岭土是造纸业最通用和消耗量最大的白色颜料，全世界精制高岭土的75%以上用于造纸。煅烧高岭土也称脱水高岭土。国内生产企业主要集中在山西、内蒙古、安徽、河南等省区，产品选用高品质的煤系高岭岩（煤矸石）经煅烧加工而成，近年国内南方一些企业也利用高品质剥片水选高岭土生产煅烧高岭土。

煅烧高岭土是具有高白度、多孔隙及一定吸附性的造纸用功能材料，根据烧成温度的不同可分为不完全煅烧高岭土（600～800℃）和完全煅烧高岭土（950～1050℃）。前者多用作造纸填料，后者多用作造纸涂布材料。其功能性主要来自高岭土焙烧脱水和脱有机质过程，焙烧后结构的多孔性可改善纸张的松厚度、不透明度、吸收油墨性等。

随着对煅烧高岭土特性研究的深入，近年来在造纸业开发出的新用途主要有：①用于热敏记录纸，作为A组分涂料颜料组分能吸附热敏显色剂、无色染料和增感剂在发色时产生的渣粕，提高热记录头的记录适应性、质量、显色稳定性；②用作涂布涂料可提高涂料保水性和悬浮性；③由于煅烧高岭土对红外线有一定阻隔和具有抗菌作用，用作地膜纸填料时可保持温度，用作育果袋纸能使果实外观颜色鲜艳，有助于抗菌、保鲜等。

#### 6.4.3.2　沸石

沸石是一种含水的架状结构硅铝酸盐矿物，具有均一的孔道，比表面积大。目前造纸用沸石主要为斜发沸石、丝光沸石、菱沸石和片沸石，因其特有的高孔隙度、吸附性、离子交换性、抗菌性、特殊光泽性（玻璃光泽、丝绢光泽、珍珠光泽）等用作造纸填料、特种涂布涂料和水处理剂等。沸石在造纸方面的应用主要体现在以下几个方面。

① 印刷纸填料能赋予纸张较高覆盖性和不透明度，同时由于沸石化学稳定性好。对浆料系统干扰小，适合酸性或碱性造纸，但用作高速纸机填料时因磨耗值较大受一定局限。

② 水净化剂、脱色剂、助留助滤剂等。

③ 废纸浮选脱墨剂和树脂控制剂能提高纸张白度和改善浮选后白水质量，用于机械浆和涂布配比较高的系统有助于净化白水、降低阴离子沉积物含量。

④ 纸浆漂白催化剂。可缩短漂白时间、降低漂白温度和漂白剂用量，并有吸附氯气作用，可减轻对空气的污染。

⑤ 特种纸涂覆颜料。将微细斜发沸石和丝光沸石与有机涂料、胶料混配涂料涂覆于纸张，其涂层具有耐光、耐热、抗菌和着色性好的特点，与胶体硅颜料混配可制备喷墨打印纸涂料。

⑥ 特种生活用纸添加剂。沸石可作为有机香精、杀菌剂、除臭剂、保湿剂、阻燃剂载体，将改性后的沸石加入纸浆系统可制造具有特殊功能的系列纸制品。

⑦ 无机或合成纤维改性剂。将沸石粉体与生物胶或黏胶纤维在一定温度下干法混合制得沸石改性剂，用干法或湿法工艺可制成无纺布或无机纸张，能用作特种包装材料、工业滤材、保温隔热材料等。

#### 6.4.3.3　纤维状非金属矿物

纤维状非金属矿物经加工处理后，能够和植物纤维产生交织作用，构成植物纤维和矿物纤维交织的网状结构，替代部分植物纤维用于造纸。纤维状非金属矿物既不同于植物纤维，也不同于传统填料如高岭土、滑石粉等，而是介于植物纤维与传统填料之间的新型纤维状材料，因此具有传统填料所不具备的某些特殊性质，能赋予纸品新的功能，也大大拓宽了矿物的应用领域。目前，可用于造纸的纤维状非金属矿物主要有纤维硅灰石、纤维水镁石、石膏纤维、海泡石以及石棉纤维等。

(1) 纤维状硅灰石　硅灰石是一种天然产出的链状偏硅酸钙矿物。纤维状硅灰石的白度和折光率较高，形态结构与传统填料不同，表现出类似纤维的某些性能，可替代传统填料应用于新闻纸、胶版纸、书写纸等印刷文化用纸中。由于其具有特殊的纤维状结构，不会像传统填料那样严重影响纸张的机械强度，因此在一些机械强度要求较高的纸种中可大量添加，降低生产成本。同时，纤维状硅灰石具有良好的耐热性、阻燃性和电绝缘性等植物纤维所不具备的特性，能够赋予纸张某些特殊的性能，用于生产特种纸。

目前，纤维状硅灰石在造纸中的应用研究主要集中在纤维状改性硅灰石对成纸各项性能指标的影响上。研究表明，硅灰石在针叶木浆中加添量为35%时，成纸强度性能均达到一般包装类用纸的标准；在阔叶木浆中加添量为30%时，成纸强度性能均满足一般印刷类用纸及文化用纸的要求；硅灰石在木浆中的留着率随加添量的增加而逐渐降低，但仍在75%以上。添加改性纤维状硅灰石后，新闻纸的白度、不透明度、表面平整度和纸页的匀度均能得到不同程度的提高。在胶版印刷纸中添加一定量的改性硅灰石后，其印刷表面强度有较大提高。

(2) 海泡石　海泡石是一种层链状硅酸盐矿物，化学式为 $Mg_8(H_2O)_4(Si_6O_{15})_2(OH)_4 \cdot 8H_2O$，其中 $SiO_2$ 含量一般为54%～60%，MgO 含量为21%～25%。海泡石纤维的直径通常为100～300nm，长度从几十微米到几厘米不等，长径比一般在20以上。

海泡石纤维外形呈细长针状结构，并聚集成束状体。当这些束状体在水或其他极性溶剂中分散时，针状纤维就会疏散开，杂乱地交织在一起，形成高黏度并且具有流变性的悬浮液。海泡石具有较好的抄纸性能，性质稳定，只要条件掌握适当，就可以用于抄纸。海泡石具有比表面积大、吸附能力强、耐高温、阻燃等特点，在造纸中添加适量的海泡石纤维，可以用来生产具有各种特殊性能的纸品。

① 可用于耐高温纸、阻燃墙纸的生产　海泡石具有较好的耐高温性能，可承受1500～1700℃的高温。海泡石经过适当的处理后，在适当的打浆度下，加入一定的木浆长纤维抄出的纸垫，可以作为温度在550～600℃范围的耐高温材料，且具有良好的加工和可塑性能。与玻璃纤维混合抄造耐高温纸时，耐高温纸各项强度性能指标良好。在承受600℃左右的高温后，纸页内部结构及外观颜色无任何变化。

海泡石同时具有较强的阻燃性能，本身无毒、质轻、色白，且价格低廉。因此，在阻燃纸中用作添加物，既可以降低成本又能提高纸的阻燃性能，可用作高级宾馆饭店中使用的装饰墙纸。

② 用于除臭纸、滤纸、高吸水性纸等的生产　海泡石内、外比表面积都很大，具有很强的吸附能力，在矿物中仅次于活性炭而广泛地应用于工业。在针叶木纤维或者棉纤维中添加一定量的海泡石，可用来生产高吸附性能的滤纸。海泡石对臭气分子也具有很强的吸附能力，可以用来生产除臭纸。海泡石的平行纤维隧道孔隙使其能吸收相当于本身质量200%～250%的水，这种强大的吸水能力可以用于生产卫生巾纸、纸尿片等吸水性能要求较高的纸种，并且海泡石无任何毒害作用，不会引起皮肤过敏。

除此之外，海泡石还可用于鞭炮纸、香烟过滤纸、无碳复写纸、保鲜纸、精密仪器包装纸、绝缘纸、防腐包装纸等的生产。

(3) 纤维水镁石　除上述几种纤维状非金属矿物外，石棉纤维也是一种常见的天然纤维状硅酸盐矿物。石棉纤维由于具有很好的耐热性、极难燃烧性及良好的抗化学药剂性，故可用于生产具有抗高温及耐火性能的石棉纸，这种纸作为非燃性纸应用较为广泛。然而，由于对人体健康有较大危害，世界各国尤其是发达国家已经禁止或限制石棉产品的开发，石棉纤维的使用日益严格。

纤维水镁石是水镁石矿物的纤维状变体，主要化学成分是 $Mg(OH)_2$。纤维水镁石是目前可取代石棉的最理想、最廉价的天然矿物纤维之一。纤维水镁石具有优良的力学性能、抗碱性能、水分散性能及环境安全性。经过加工的天然纤维水镁石，有显著的阻燃抑烟作用，是理想的低烟无毒填充型阻燃剂。

天然纤维水镁石具有较大的长径比，分散均匀，纤维与纤维之间能形成良好的网络结构，保证了与植物纤维抄造纸张的结合强度和均匀度。纤维水镁石带有正电荷，因此与带有负电荷的植物纤维复合时，会提高纸张的留着率。添加纤维水镁石比添加一般的碳酸钙等填料的纸张性能有所提高。纤维水镁石在纸张中分布较均匀，不仅存在于纸张表面，更多地与植物纤维形成了交织结构，这样的存在形式对改善纸张性能非常有益。纤维水镁石具有良好的打浆性能以及白度高、纤维长等优点，具有制造纸和纸板制品的潜在用途。添加一定量纤维水镁石抄取的纸张的最大特点是灰分高，遇明火不易燃，具有普通纸张所不具备的耐高温性和湿强度，可以制成防水纸、防火纸和具有上述功能的纸板。纤维水镁石的绝热性优良、热容大、膨胀系数小，具有耐燃阻燃性，可抵抗明火及高温火焰。因此，纤维水镁石应用于阻燃纸的前景十分广阔。

## 6.4.4　非金属矿物在涂料工业中的应用实例

涂料通常由黏合剂、固体颜料、溶剂、补充料、干燥剂和其他添加剂组成。在涂料中添加非金属矿物的目的包括以下几点：①降低涂料成本；②增加乳胶漆的稠度，提高颜料在漆中悬浮性；③增加漆膜抗抛光性，提高漆膜的耐久性、耐粉化和耐擦洗性、耐温性，提高漆膜整体性和屏蔽性能，从而提高漆膜的遮盖力，达到适当降低昂贵颜料用量的目的，还有助于漆膜沾染的清洗。

在涂料中所用的非金属矿物主要有：碳酸钙、重晶石、高岭土、硅灰石、云母、滑石、石英、白云石以及硅藻土等。下面按各种非金属矿物在涂料中所起的作用进行介绍。

### 6.4.4.1　降低涂料成本

对于薄利多销的涂料行业，人们一直在寻找涂料中的一部分基料和其他填料的替代品，从而达到降低涂料成本的目的。譬如目前聚乙烯醇水溶性内墙涂料的主要研究方向是寻求聚乙烯醇的代用品，并以此来减少聚乙烯醇在涂料中的用量。实验证明，在以聚乙烯醇（PVA）为主要成膜物的水性涂料中加入膨润土后，聚乙烯醇和轻质碳酸钙的用量大为减少，聚乙烯醇的用量范围从 3.0～3.5 减至 2.0～2.5，轻质碳酸钙的用量范围从 15.0～20.0 减至 13.0～15.0，涂膜的成膜性能几乎没什么变化，而且可避免通常情况下聚乙烯醇涂料存在的冬季凝聚现象，且仅此一项，涂料的成本将下降 150 元/t 。

在涂料中加入一定量的高岭土取代昂贵的钛白粉来提高涂料的遮盖力，这样也降低了涂料的成本。在以聚乙烯醇（PVA）为主要成膜物的水性涂料中，由于高岭土与聚乙烯醇的聚合作用可以增加涂膜强度，因而可以减少聚乙烯醇用量，使每吨涂料成本降低约 400 元。

### 6.4.4.2　改善涂料分散性、稳定性

膨润土系层状硅酸盐矿物，具有优良的亲水性，与适量水结合成胶体状，在水中能释放出带电微粒，这种微粒的电斥性使之在涂料中具有良好的分散、悬浮、稳定等特性，因此常用于涂料中作分散剂。以膨润土、水玻璃和水等为原料制备水性内墙涂料，试验表明，在水性内墙涂料中加入适量膨润土制出的涂料比一般涂料分散更均匀（不易沉淀）、更耐水，涂料膜更平整、光滑、均匀，保色性、耐候性更好。

用水洗高岭土、钛白粉、碳酸钙、成膜助剂等多次制备建筑涂料，试验发现，使用高岭土制得的涂料在长时间保存后，其表面未发现其他乳胶涂料常见的分水现象。试验还测得含有 15 %高岭土的乳胶涂料的触变指数为 3.8，而用等量的碳酸钙取代高岭土后制得的乳胶涂料的触变指数为 2.5，这说明含有高岭土的涂料具有良好的触变性、储存稳定性。这样在施工时就

不会流挂，还具有良好的流平性。采用高岭土作添加剂，有助于满足对涂料提出的日益严格的性能和耐久性方面的许多要求。当要求制备低 VOC、高固体份涂料而要求更薄和无疵平滑、光亮的涂膜时尤其如此。

#### 6.4.4.3 提高涂料遮盖力

作为白色填料，高岭土本身并没有遮盖力，但以一定的比率加入到涂料中，则可起到增量剂的作用，提高涂料的遮盖力。高岭土几乎可以添加到所有类型的水性和溶剂型涂料中，用于对许多种颜料进行延展。以高岭土为基础的颜料具有不牺牲遮盖力、光泽、铅笔硬度、柔韧性和其他性质，还能使其性能得到改善的能力。

用高岭土和碳酸钙在水性涂料中代替 15%的钛白粉，最后结果显示，在很大的对比颜料体积浓度范围内，采用高岭土取代 15%的钛白粉，涂料体系的遮盖力基本没有改变；在相同的用量下，高岭土比碳酸钙具有更佳的遮盖力。

#### 6.4.4.4 制备特殊功能涂料

由于硅藻土多孔，因而具有吸湿和放湿呼吸功能以及优良的吸附性能，由合成树脂和硅藻土组成涂料，当涂膜表面的温度低于露点时，可迅速吸收大量的湿气或结露水；而当高于露点时，能迅速释放吸收的水分，从而可有效地防止墙面和天花板等处产生结露现象，起到自动空调作用，保护物品。日本报道利用硅藻土成功研制了几种“绿色”建材，一是将经高温灼烧后的硅藻土多孔粉加热烘干，分级后制备成内墙涂料，能有效地调节室内空气的湿度。二是将一种经熔融处理的改良水泥混入硅藻土，并按 0.3%～0.5%的配比往混合物中添加水制成的涂料，把它涂抹在内墙尤其是厕所的墙面上，具有明显的除臭功效。

除了上述作用之外，在涂料中加入硅藻土，还可控制涂料的色泽光度。昆明某研究单位研制成一种硅藻土内墙涂料，其特点是墙面不反光，室内光线柔和，而且内墙的颜色可随室温变化而改变。

### 6.4.5 非金属矿物在能源环保中的应用实例

全球性的环境污染和生态破坏，对人类的生存和发展构成了严重的威胁。尤其是大量使用化学物质，燃烧煤、石油、天然气等，引起全球性气候变化，包括气温变暖、酸雨增加及大气臭氧层严重破坏，并带来不可逆转的恶性循环。而大量的固体及液体污染物，包括工业和生活废弃物含有大量的有毒有害物质，造成土壤、水体和大气污染，严重影响着生态系统的安全性。加强环境保护、改善生态平衡已是当务之急。非金属矿物材料由于其特殊性能将在能源环保方面有着广泛用途。

#### 6.4.5.1 在污染物治理方面的应用实例

许多非金属矿产因其特有的成分及结构特征而具有吸附、过滤、分离、离子交换、催化等优异的物理化学性能，对环境污染物的治理具有独特的功效。同时，它的储量丰富，加工处理工艺相对简单，价格低廉。因此，非金属矿产用于环境治理具有巨大的社会效益与经济效益。表 6-3 列出了用于污染物治理的非金属矿物。

（1）在水处理方面的应用　非金属矿物因具有发达的孔隙结构、储量丰富、价格低廉等优点在水处理特别是重金属废水净化方面得到广泛应用。

蒙脱石、蛭石、坡缕石、海泡石具有优良的离子交换和吸附性能，可用作工业废水、废液的离子交换剂和吸附剂，放射性元素和重金属离子的吸收剂和固定剂，以及大面积油污的处理剂等。蒙脱石、蛭石、硅藻土、坡缕石、海泡石和膨胀蛭石可用于生活污水和富营养水体的过滤、吸附和净化。这些矿物在环保上的应用研究，国外开展较多，国内尚少。有机废水来自食品、造纸、印染、石油、化工等行业及生活排出水。目前矿物岩石在有机废水处理中的应用研究虽不多，但已取得一定成果，如采用膨润土、蛭石、凹凸棒石等矿物吸附水溶液中有机物的机理、容量和选择性研究等都已取得一些进展。今后应进一步通过物理或化学方法改善天然矿物的性能，以提高其处理容量和选择性。同时还应加强矿物质复合废水处理剂的研究，通过利用天然矿物资源，采用物理和化学方法改善矿物材料的性能，以及再生和综合利用三个方面进行深入研究。

**表 6-3 用于污染物治理的非金属矿物**

| 治理范围 | 功能 | 非金属矿物及其应用 |
|---|---|---|
| 大气污染 | 中和 | 中和可溶于水的气体，这些有害气体多为酸酐 |
| | 吸附 | 沸石、坡缕石、海泡石、蒙脱石、高岭石、白云石、硅藻土等多孔物质作吸附剂用于吸附 $NO_x$、$SO_x$、$H_2S$ 等有毒有害气体 |
| 水污染 | 过滤 | 石英、尖晶石、石榴石、海泡石、坡缕石、膨胀珍珠岩、硅藻土及多孔 $SiO_2$、膨胀蛭石、麦饭石等，用于化工和生活用水过滤 |
| | 控制 pH 值净化 | 白云石、石灰石、方镁石、蛇纹石、钾长石、石英等用于清除水中过多的 $H^+$ 或 $OH^-$；明矾石、三水铝石、高岭石、蒙脱石、沸石等用于清除废水中的 $NH_3$-N、$H_2PO_4^-$、$PO_4^{3-}$ 和 $Hg^{2+}$、$Cd^{2+}$、$Pb^{2+}$、$Cr^{3+}$、$As^{3+}$、$Ni^{2+}$ 等 |
| 放射性污染 | 过滤离子交换 | 石棉用于过滤清除放射性气体及尘埃；沸石、坡缕石、海泡石、蒙脱石等用作阳离子交换剂净化被放射性气体污染的水 |
| | 吸附固化 | 沸石、坡缕石、海泡石、蒙脱石、硼砂、磷灰石等可对放射性物质永久性吸附固化 |
| 噪声 | 隔声 | 沸石、浮石、蛭石、珍珠岩等轻质多孔非金属矿物可生产用于保温、隔热、隔声的建筑材料 |

对于有机污染物来讲，有机膨润土较其他膨润土具有更强的吸附能力。国外用季铵盐改性黏土去除水溶液中马拉硫磷和丁草胺，其中溴化十四烷基三甲基铵改性膨润土的效果最好，对两种农药的去除率分别为91.5%和73.3%。改性膨润土吸附处理是一种很有发展前景的除磷新方法。经改性的膨润土对含磷废水的吸附性能结果表明，含1.0% $Al^{3+}$的改性膨润土对磷有较强的吸附去除作用。当 $Al^{3+}$ 改性膨润土的用量为5g/L时，对含磷废水的吸附量达2.34%（质量分数）。对含磷量小于11mg/L的废水，去除率大于95.5%，废水中剩余的磷含量小于0.5mg/L，达到我国废水综合排放级标准。吸附处理含磷废水后的膨润土，还可以作为农用肥料，既能为农作物提供磷肥，又能改良土壤，实现了固体废物和磷的循环利用。

（2）在废气处理方面的应用　工业排放的有害气体 $NO_x$、$SO_x$、CO 等大都能溶于水，可利用碱性非金属矿物材料与对应的酸酐进行中和、吸收以达到清除废气的目的。石灰石、生石灰、MgO、水镁石等均可作为处理剂。利用非金属矿物材料的吸附性、多孔性和阳离子交换性等可有效吸附有害气体，如沸石、凹凸棒石、海泡石、蛭石、蒙脱石、多孔 $SiO_2$、活性 MgO、活性 $Al_2O_3$、白云石、硅藻土等。

（3）在固体废物处理方面的应用　固体污染物主要包括各类炉渣、煤矸石、粉煤灰、赤泥、尾矿及生活垃圾等。其中绝大部分是非金属矿物、砖瓦、水泥、轻骨料、砌筑砂浆。含碳量低的煤矸石可用于生产陶瓷、耐火材料等。近期研究表明，以煤矸石、高岭石、膨润土为主要原料可合成沸石，用以代替传统洗涤剂中的三聚磷酸钠以减少环境污染，成为洗涤剂发展的趋势。又如石棉尾矿可用于提取轻质氧化镁、多孔二氧化硅及制作镁质农肥等。石棉尾矿进行提纯、煅烧以除去其中的纤维物质，按尾矿57%、长石7%、石英20%、结合土6%的比例制坯，于1250～1260℃温度下烧成，实验成品质量可与滑石瓷媲美。再如矽卡岩型铁矿尾矿富含辉石族矿物及石英、斜长石等，经分离处理可用作优质建筑陶瓷原料，最大限度地利用资源。有些“废物”还可直接用于治理其他污染物。如铬渣中的剧毒六价铬可用煤矸石进行还原处理，矸石中的碳可作为六价铬的还原剂，而其中所含的硫和挥发分可形成良好的还原环境，铝、硅、铁等酸性氧化物又能在熔烧过程中作燃料，为解毒后的三价铬创造生成稳定矿物的条件，遏制六价铬的形成。解毒后的煤矸石可制铬砖和轻质骨料，还可用作水泥的混合料。

#### 6.4.5.2 在节能降耗方面的应用实例

许多非金属矿物材料具有疏松多孔、容重小、吸湿性差、热导率低等共性，可广泛用作保温材料，以达绝热、降能和降低生产成本的目的。根据加工特点，可把用作保温材料的非金属矿物分为天然非金属矿物（岩石）保温材料、改型非金属矿物（岩石）保温材料及保温用矿岩制品三类。

天然非金属矿物（岩石）保温材料主要有泡沫石棉、海泡石、硅藻土、浮石等。这些矿物材料具有保温材料的特性，经过成型处理可用作保温材料。生产改型非金属矿物（岩石）保温材料所使用的矿物原料主要有蛭石、金云母间层矿物、珍珠岩、石膏、页岩等。这类原料本身不具有保温隔热性能，但经过一定加工处理则可成为热导率低、保温性能好的材料，如膨胀蛭石、膨胀珍珠岩、膨胀页岩、石膏保温制品等。保温用矿岩制品泛指非金属矿物（岩石）经一定配比加工后所得制品，如岩棉、矿棉、硅酸铝纤维、陶瓷纤维、玻璃纤维、微孔硅酸钙、泡沫陶瓷、陶粒及工业副产品空心微珠（漂珠）等。非金属矿物用作助熔材料，也是节能降耗的一个重要领域。例如在炼钢工业中广泛使用萤石、白云石等作助熔剂，以达到降低熔融温度和节约能耗的目的。陶瓷工业中常使用长石、硅灰石、透辉石等作坯体和面釉的助熔剂，以降低烧成温度，缩短烧成周期。又如在烧制釉面砖的坯料中加入40%～50%的硅灰石，坯体素烧温度为1020～1080℃，比普通釉面砖缩短23～40h；辊道窑烧成周期为25～40h，比普通釉面砖缩短57h，年产量可提高1～4倍。许多非金属矿物特别是黏土矿物颗粒很细，比表面积很大，吸附性很强，在工业上可用作催化剂和催化剂载体。如蒙脱石、蛭石、坡缕石、海泡石、沸石，以及它们的改性产物和非金属矿物原料经一定配比合成的人工沸石分子筛等。

#### 6.4.5.3 在资源利用及生态过程中起环保作用的应用实例

随着人类对生态环境的关注，材料界提出了生态材料的概念。它是指借用系统论原理将材料的设计、生产、使用、废弃再生的全过程看作一个循环系统，在从设计、制备、使用到再生的寿命周期全程中符合生态平衡和可持续发展要求的一类材料或制品。其内涵包括以下五个方面：①最大限度地利用各类资源，尽量减少原材料的利用量和使用种类，特别是稀有昂贵和有毒、有害的原材料；②最大限度地节约能源，在产品寿命周期的各个环节消耗的能源最低；③产品使用方便，具有高性能、多功能的特点；④优良的环境协调性，即产品从生产、使用到废弃、再生利用的各个环节都对环境无害或危害极小；⑤符合生态平衡和可持续发展的要求。利用生态材料理论，可以使加工生产出的非金属矿物材料具有生态功能。

（1）加工时能耗低、使用中对环境不产生污染。非金属矿种类繁多，相同性能的原料种类很多，因此，生产中在保证性能的基础上，可有意识地选择原料，以达到节约能源的目的。天然高能态资源的开发应用，如膨胀珍珠岩、沸石、火山岩等，具有高活性，加工时所需能耗低，部分可用作水泥的填加料。现有的建材产品大多功能单一，忽视建筑材料的综合功能，其中有些还会释放出影响人体健康的气体或射线。因此，发展生态建材，使建筑材料制品具有抗菌、除臭、防霉、减少热损失、保温、隔热、屏蔽或吸收电磁辐射、调温、调湿功能已成为未来建材材料发展的重要方面。蒙脱石、蛭石、沸石等矿物的结构中存在水分子，以它们为主要原料制备的土壤改良材料具有保水调温功能，在雨季能将水分固定在结构中，在旱季能将结构中的水分释放出来。膨胀蛭石具有质轻、保温等性能，可用于制备室内装饰材料。这种材料使用过程中不会散发任何有害气体，且具有防火功能。另外，膨胀蛭石还具有较强的吸附功能，能将细菌吸附在其表面，同时它还具有吸声功能，因此使用膨胀蛭石制备的室内装饰材料具有隔声、降噪功能 。

（2）再循环使用。矿物的性能由其结构决定，因此利用非金属矿物制备的矿物材料如果在使用过程中其结构没有受到破坏，就可以再生利用。比如利用蒙脱石等制备除味材料，当其吸附能力达到饱和时就不能再起作用，这时只需加温或阳光照射，使吸附的有机分子释放出来，就可恢复除味功能。资源的非再生利用，不仅造成资源的巨大浪费，也给环境造成极大污染和破坏。为了保护人类的生存环境，必须加大非金属矿物材料研究的力度。这可以从以下几方面着手：①研究利用非金属矿物材料处理“三废”；②研究利用非金属矿物材料代替相应的材料，使其具有生态功能以再循环使用；③研究利用废渣、尾矿等固体废物生产矿物材料，以达到综合利用、变废为宝、治理环境的目的。

## 6.4.6　非金属矿物在农牧业中的应用实例

随着土地的长期耕种和工业化所带来的环境污染，土壤的有效成分减少，土壤的结构退化及板结，使土壤也受到一定的污染，这不仅严重制约了农业的发展，也影响了作物的品质。同时，以植物为食的畜禽的肉质和蛋奶的质量下降，有害元素增加，这些都将影响人类的生存。非金属矿物有着特殊的性能和独特的作用，必须加强非金属矿物在农牧业中的应用研究。表 6-4 列出了非金属矿物在农牧业中的应用情况。

**表 6-4　非金属矿物在农牧业中的应用**

| 应用范围 | 作用 | 非金属矿物 |
|---|---|---|
| 土壤改良剂 | 改善土壤结构和保水性、调节土壤酸碱度、减少土壤毒性 | 沸石、坡缕石、海绿石、碳酸盐矿物、蛇纹石、水镁石、橄榄石和纯橄榄岩、石膏及硬石膏、铁矾及铜矾、蒙脱石、皂石、蛭石、硅藻土、珍珠岩、硫酸盐矿物、海泡石、高岭石等 |
| 用作肥料 | 增肥及改良土壤 | 含钾矿物及岩石(杂卤石、光卤石、霞石、白榴石、钾长石、金云母、海绿石、明矾石、黄钾铁矾、伊利石黏土、霞石正长岩、富钾粗面岩类、凝灰岩等)、含氮矿物及岩石(钠硝石、钾硝石)、磷酸盐矿物及磷块岩、橄榄石和纯橄榄岩、蛇纹石、阳起石、硼镁石、黄铁矿、硫化物、沸石、蛭石、石膏、菱镁矿、白云石、硅藻土、腐殖酸类矿肥、泥炭(煤)、蓝铁矿、磷铝石及含镧系元素、稀土元素、微量元素的岩矿 |
| 用作动物饲料及饲料添加剂 | 增加营养、防毒治病、调节消化功能等 | 海泡石、磷灰石、膨润土、坡缕石、沸石、高岭石、麦饭石、碳酸盐岩系列(石灰岩、大理岩、白云岩)、食盐、磷酸盐矿物、菱镁矿、珍珠岩、蛭石、硅藻土、硅质岩石、滑石、含硒矿物及含有益微量元素的岩矿等 |
| 用作农业药用矿物 | 对人体的危害小，药效长，并防止向大气和水体释放农药，保护环境 | 膨润土、沸石、凹凸棒石、海绿石、滑石、蛭石、坡缕石、磷灰石、碳酸盐岩、叶蜡石等载体矿物和萤石、磷盐、钠盐、铜盐、石灰、锰盐、砷盐等药剂矿物 |

### 6.4.6.1　膨润土

膨润土是一种以蒙脱石为主要成分，具有层状结构的含水铝硅酸盐矿物。膨润土富含动植物所需的常量和微量元素（K、P、Na、Mg、Cu、Mn、Fe、Zn 等），具有极强的阳离子吸着作用，是优良的保肥材料。它也有较强的保水能力以及良好的黏结性，对协调土壤的水肥、气热有良好的效果。在土地耕作上，利用膨润土可以改善土壤结构，吸收大量的水、肥、腐殖酸、有机质，降低砂质土的孔隙度与渗透性。同时，其具有很强的离子交换能力，可使各种肥料以易吸收形式赋存于土壤中，实现养分和微量元素在土壤溶液与作物间的平衡交换。膨润土还可以改善酸性土壤，它能明显地提高土壤的 pH 值，而且随着膨润土含量的增加而升高。膨润土能明显地降低土壤活性酸含量，且随着膨润土含量的增加酸含量降低。此外，膨润土还能吸附毒性物质，阻止毒素进入作物。膨润土作为土壤改良剂，除了用于农田之外，目前用于沙质地或砂壤土的改良研究较多。膨润土具有良好的抗渗性、抗冻性、压缩性、固结性，可提高沙土的稳定性、密实性、保水性，可以永久性抵消沙化土的种种缺陷。因此，在沙土中加入膨润土，可以防止沙土中的水、肥流失，固结沙粒，有利于固沙植被生长，改善沙化土地的生态环境。

### 6.4.6.2　沸石

沸石是碱金属和碱土金属构成的含水铝硅酸盐矿物，骨架构造比较疏松，有许多大小均一的孔道及空腔。沸石分子中具有独特的孔道结构，以及孔道中含有大量可用于交换的阳离子，使沸石具有很高的选择性阳离子交换量，并含有Ca、Mg、Na、K、Fe、Cu、Cr等20余种植物生长所需的常量和微量元素。沸石可控制肥料中的铵和其他阳离子的释放，以及可使土壤中需要的阳离子保留较长的时间。沸石粉可以改善土壤结构，提高土壤渗透性，提高离子交换容量，吸收较多的植物营养元素，延长化肥的作用期限，具有保水、保氨、保钾作用，使土壤中的无效磷转化为有效磷，防治土壤营养贫缺障碍，防治土壤酸化、干旱与沙化，提高土壤的pH值，提高水分的滞留能力，具有"储运"水分的良好功能。在雨季将水分固定在 结构中，在旱季将结构中的水分释放出来。沸石还可与土壤中有毒的重金属（如铅、镉、汞等）相结合，避免其进入作物中危害人、畜，防治土壤污染。目前，沸石已成为重要的非金属矿物土壤改良剂。

#### 6.4.6.3 珍珠岩

珍珠岩包括珍珠岩及与其类似的黑曜岩、松脂岩三种岩石类型，主要由酸性玻璃质组成，95%是玻璃相，其中65%～75%为无定形石英。膨胀珍珠岩颗粒具有无数不规则的密闭气孔，蜂窝状结构很发达，具有吸附性、吸水性、透气性、疏松性、保墒性、储存（肥、水）性和无菌性等综合优良特性。珍珠岩最突出的物理性能是膨胀性，将珍珠岩原料破碎至一定粒度，在骤然加高温度（1000～1300℃）条件下，其体积迅速膨胀4～30倍，成为"膨胀珍珠岩"。将膨胀珍珠岩施加在保水性差的砂地、黏土地，可以防止水分损失，提高肥效，提高土壤保墒率。因其导热系数小，施于土壤中，可使瓜根类作物隔热避暑，防止退化，提高产量，并可以显著提高作物的越冬成活率。用普通方法加珍珠岩粉到鸡粪或牛粪中，形成粪粒以改良土壤，既可以使土壤保持适当的水分和通风程度，又能保证土壤有良好的结构，不断地供给植物养分。此外，它自身含有一定量的钛、锰、镁、钾、磷、硅、铁、钙等植物不可缺少的微量元素，这恰好为农作物生长发育提供了很好的条件，满足作物对水、肥、气、热的要求。

#### 6.4.6.4 凹凸棒石

凹凸棒石是一种碱土金属的含水层链状镁质硅酸盐黏土矿物。凹凸棒石具有独特的孔结构，这种固有的结构特征，使凹凸棒石表现出较好的吸附性能，以及大的比表面积和分散性能。可利用凹凸棒石的吸附能力，与土壤中的重金属镉、铜发生离子交换作用，固定土壤中的镉、铜，防止其在土壤中迁移，进入植物体内；也可以作为放射性物质和有毒气体的吸附剂，它可以吸附水溶液中的铀。另外，凹凸棒石黏土具有极好的黏着力、强的油吸附能力和低密度，可以作为土壤中肥料结块的调节剂。用酸处理过的凹凸棒石黏土，能有效地防止硝酸铵、硫酸铵、尿素等氮肥中氮的损失。凹凸棒石黏土在农业上的开发趋势，是土壤的保水保肥领域。

### 6.4.7 非金属矿物在医药行业中的应用实例

非金属矿物在医药行业方面的应用主要分为三类：直接入药的（如石膏、硫黄、蒙脱石等）、药物载体等辅料（如重钙、轻钙、高岭土、滑石等）和新型高效医药产品（如电气石、沸石等）。发展趋势呈现出由传统的以中药为主兼向西药发展、以载体等辅料为主兼向主料发展、以外用为主兼向内用发展的趋势。非金属矿药物的优点在于作用缓和、持久、疗效稳定、无副作用等，在国内外医药领域中均占有重要地位。

药用非金属矿物是生药中不可再生的重要资源，包括天然矿物（多数可供药用，如朱砂、炉甘石、辰砂、寒水石等）、矿物的加工品（如芒硝、轻粉等）和动物及其骨骼的化石（如石燕、浮石、龙骨等）。矿物药的种类虽少，但在临床上应用颇广（见表6-5）。它们代表了现代药用非金属矿物开发利用的先进水平。如以蒙脱石为主要成分，治疗胃炎、肠道炎和急慢性腹泻的特效药；抗肿瘤、抗病毒、抗高血压制剂；并对顽固性皮肤瘙痒、神经性皮炎、足癣、体癣、湿疹、痤疮等皮肤病症及风湿关节肿痛等有显著疗效。此外，非金属矿物在现代农业的应用前景也非常广泛，如具有选择性杀虫功能且无抗药性的“生物农药”。非金属矿物的生物和药用开发新空间值得关注，主要为以下几个方面。

(1) 处方药（PD，RX） 含特定非金属微量元素的抗肿瘤、抗病毒、抗高血压等药物，代表了现代药用非金属矿物开发利用的先进水平，如砒霜溶于葡萄糖注射液可治疗急性早幼粒白血病；以非金属矿物为主要原料，对顽固性皮肤瘙痒、神经性皮炎、足癣、体癣、湿疹、痤疮等皮肤病症及风湿关节肿痛等有显著的治疗效果。

(2) 非处方药物（nPD，OTC） 以蒙脱石为主要成分，添加了少量的葡萄糖、香料等可治疗胃炎、肠道炎和急慢性腹泻；以石膏为主药的“白虎汤”，用于治疗急性传染病，如“流脑”、“乙脑”等症的高热和惊厥，疗效显著。

**表 6-5 主要药用非金属矿物**

| 非金属矿物 | 药物及功效 |
|---|---|
| 蒙脱石 | 医药载体，起控释剂功效。能增加黏膜糖蛋白和磷脂的合成，增强黏膜疏水性，改善胃黏膜血流量，保护黏膜，促进上皮修复，有利于增强黏液和黏膜屏障，广泛用于消化道系统疾病如急、慢性腹泻、胃及十二指肠溃疡和食管炎等的治疗，如蒙脱石散、铋制剂等 |
| 信石 | 用于哮喘，疟疾。外用杀虫、蚀疮去腐，用于溃疡腐肉不脱、疥癣、瘰疬、牙疳、痔疮等。砒霜即三氧化二砷($As_2O_3$)信石升华精制而成，溶于葡萄糖注射液可治疗急性早幼粒白血病 |
| 石膏 | 能清热泻火，除烦止渴。用于外感热病，高热烦渴，肺热喘咳，胃火亢盛，头痛，牙痛。煅石膏可外治溃疡不敛，湿疹瘙痒，水火烫伤，外伤出血。以石膏为主药的“白虎汤”，用于治疗急性传染病，如“流脑”、“乙脑”等症的高热和惊厥，确有显著的疗效 |
| 朱砂 | 性微寒，味甘，有毒。能清心镇惊，安神，明目，解毒。用于心悸易惊，失眠多梦，癫痫发狂，小儿惊风，视物昏花，口疮，喉痹，疮疡肿毒。如辰砂等 |
| 雄黄/雌黄 | 能解毒杀虫，燥湿祛痰，截疟。用于痈肿疔疮，蛇虫咬伤，虫积腹痛，惊痫，疟疾。具有抗病原微生物作用，水浸剂对皮肤真菌、常见的化脓性球菌、肠道致病菌等有抑菌作用，对金黄色葡萄球菌、大肠杆菌有杀灭作用。此外还有抗肿瘤作用。如雄黄散等 |
| 滑石 | 能吸着大量化学刺激物或毒物形成被膜，吸收分泌液促进干燥结痂，对皮肤、黏膜具有保护作用。内服可保护肠管，消炎止泻，利尿通淋，清热解暑；外用祛湿敛疮，用于热淋，石淋，尿热涩痛，暑湿烦渴，湿热水泻；外治湿疹，湿疮，痱子。如六一散、碧玉散等 |
| 赭石 | 能平肝潜阳，重镇降逆，凉血止血。用于眩晕耳鸣，呕吐，呃逆，喘息，吐血，崩漏下血等。但对肺和肝脏有损害作用，不可久服。如旋复花代赭石汤等 |
| 芒硝 | 能泻下通便，润燥软坚，清火消肿。用于实热积滞，腹满胀痛，大便燥结，肠痈肿痛；外治乳痈，痔疮肿痛。一般待汤剂煎得后，溶入汤液中服用。如冰硼散、西瓜霜等 |

(3) 保健品（HP） 以非金属矿物为原料的保健用品较普遍，如牙膏、肥皂、洗发香波、美容品和化妆品等。利用了某些具有特殊晶体结构的非金属矿物做成与空调机相配套用的负离子发生器、空气清新剂以及各种含矿物质微量元素成分如碘的保健食品、口服液、糖果、饮料和酒类等。

(4) 现代农业 药用非金属矿物用于农业的前景非常广阔，如具有特殊物化性能的非金属矿物可以改良土壤，保湿抗旱，特别是对一些真菌、病毒感染引起的烂根、烂苗等具有很好防治效果的生根粉。以非金属矿物为原料、具有选择性杀虫功能的“生物农药”，被称为新一代无公害农药。另外，利用非金属矿物配制的微量元素肥料、专用肥料、叶面喷施肥料等也较普遍。

除此之外，利用某些非金属矿物本身所具有的特殊结构及其物化性能，如矿物颗粒表面的带电性、吸附性、膨胀性、胶结性、分散性和润滑性等，可吸附各种病菌，对其药理学研究已达到分子水平。药用非金属矿物经过一定工艺处理后，可溶出 Fe、Mn、Zn、Cu、Li、Se、S 等多种人体正常生理活动所必需的微量元素及部分稀土元素。在治疗过程中，均呈离子状态出现，能起到补充和调节人体生理需要及对酶的激活作用而达到医疗保健的效果。

## 参 考 文 献

[1] 余力，戴惠新．云母的加工与应用 [J]．矿业，2011，20 (4)：73-77.

[2] 张国范．铝土矿浮选脱硅基础理论及工艺研究［D］．长沙：中南大学，2001.
[3] 于凤芹，章新喜，段代勇，等．粉煤灰摩擦电选脱碳的试验研究［J］．选煤技术，2008，1：8-12.
[4] 章新喜，高孟华，段超红，等．大同煤的摩擦电选试验研究［J］．中国矿业大学学报，2003，32（6）：620-623.
[5] 李勇，王玉连，秦炎福，等．石英砂除铁方法的研究［J］．安徽科技学院学报，2008，22（2）：35-38.
[6] 郑翠红，孙颜刚，杨文雁，等．石英砂提纯方法研究［J］．中国非金属矿工业导刊，2008，（5）：16-18.
[7] 沈久明．石英微粉提纯工艺［J］．非金属矿，2006，29（4）：39-41.
[8] 维格里奥 F. 用草酸浸出法除铁以生产高纯石英砂的研究［J］．国外金属矿选矿，2001，（6）：33-35.
[9] 张雪梅，汪徐春，邓军，等．草酸络合除石英砂中铁的研究［J］．硅酸盐通报，2012，31（4）：852-856.
[10] Kim J，Kim B. Chemical and low-expansion treatments for purifying natural graphite powder［J］. Physicochemical Problems of Minerals Processing，2007，（41）：37-49.
[11] Mamina L I，Gilmanshina T R，Koroleva G A. Promissing methods of graphite enrichment［J］. Litejnoe Proizvodstvo，2003，（2）：16-18.
[12] Sato Y. Purification of MWNTs combining wet grinding，hydrothermal treatment，and oxidation［J］. Journal of Physics and Chemistry，2001，（105）：3387-3392.
[13] 唐兴明．石墨化学提纯试验［J］．四川冶金，2000，（3）：57-61.
[14] 肖奇，张清岑，刘建平．某地隐晶质石墨高纯化试验研究［J］．矿产综合利用，2005，（1）：3-6.
[15] 葛鹏，王化军，赵晶，等．加碱焙烧浸出法制备高纯石墨［J］．新型炭材料，2010，25（1）：22-28.
[16] 葛鹏，王化军，张强．药剂种类对焙烧碱酸法提纯石墨的影响［J］．金属矿山，2011，（3）：95-98.
[17] 王红丽，董锦芳，杜高翔．硅藻土提纯改性及应用研究进展［J］．中国非金属矿工业导刊，2007，（6）：9-13.
[18] 王泽民，马小凡，孙文田，等．酸法提纯硅藻土及废酸综合利用研究［J］．非金属矿，1995，（1）：16-19.
[19] 王利剑，刘缙．硅藻土的提纯实验研究［J］．化工矿物与加工，2008，（8）：6-9.
[20] 杨晓光，侯书恩，靳洪允，等．不同试剂对超细金刚石提纯效果的影响［J］．金刚石与磨料磨具工程，2008，（1）：43-46.
[21] 李凯琦，刘钦甫，许红亮．煤系高岭岩及深加工技术［M］．北京：中国建材工业出版社，2001.
[22] 蔡丽娜，胡德文，李凯琦，等．高岭土除铁技术进展［J］．矿冶，2008，17（4）：51-53.
[23] 刘小燕．高岭土除铁工艺探讨［J］．佛山陶瓷，2010，（11）：19-20.
[24] 张乾，刘钦甫，吉雷波，等．双氧水和次氯酸钠联合氧化漂白高岭土工艺研究［J］．非金属矿，2006，29（4）：36-38.
[25] 管俊芳，杨文，魏婷婷，等．广西高岭土漂白试验研究［J］．非金属矿，2010，33（5）：24-26.
[26] 谢刚，李晓阳，臧健，等．高纯石墨制备现状及进展［J］．云南冶金，2011，40（1）：48-51.
[27] 葛鹏，王化军，解琳，等．石墨提纯方法进展［J］．金属矿山，2010，（10）：38-43.
[28] 王娜，郑水林．不同煅烧工艺对硅藻土性能的影响研究现状［J］．中国非金属矿工业导刊，2012，（3）：16-20.
[29] 吴仙花，张桂珍，邱德瑜，等．硅藻土纯化处理研究［J］．非金属矿，1998，（4）：27-29.
[30] 王明华，李钢，李济．黑滑石增白实验研究［J］．陶瓷，2012，（9）：21-22.
[31] 于漧．对七种非金属矿增白的研究［J］．中国矿业，2001，10（3）：26-28.
[32] 孙宝岐，吴一善，梁志标，等．非金属矿深加工［M］．北京：冶金工业出版社，1995.
[33] Gonzalez J A，Ruiz M del C. Bleaching of kaolins and clays by chlorination of iron and titanium［J］. Applied Clay Science，2006，（33）：219-229.
[34] 魏婷婷．砂质高岭土选矿提纯试验研究［D］．武汉：武汉理工大学，2009.
[35] 刘玲玲，吴帅，张大卫，等．纳米滑石粉的制备及机理研究［J］．材料导报，2011，25（18）：16-18.
[36] 李华芳．钾长石的超细粉碎工艺研究［J］．中国科技信息，2008，（1）：70-71.
[37] 李冰茹，王红芳，杜高翔，等．白云石的湿法超细粉碎工艺研究［J］．中国粉体技术，2010，16（5）：9-11.
[38] 李计元，马玉书，张磊，等．海泡石的表面改性及其分散稳定性研究［J］．非金属矿，2012，35（5）：16-18.
[39] 何雪峰．分散剂对氧化铝悬浮液分散稳定性的影响［J］．轻金属，2012，（5）：19-23.
[40] 马雯，仵晓丹，张露，等．分散剂对土状石墨在水中润湿分散性的影响［J］．非金属矿，2012，35（5）：40-43.
[41] 陈更新，周宇．非金属矿物填料在塑料工业中的应用现状与发展趋势［J］．中国非金属矿工业导刊，2006，（6）：3-7.
[42] 张小伟，刘淑鹏．非金属矿物填料在塑料中的应用［J］．上海塑料，2008，（3）：7-10.
[43] 刘英俊．非金属矿物填料在我国塑料工业中的应用［J］．中国非金属矿工业导刊，1999，（4）：3-9.
[44] 高翔，廖立兵，白志民．非金属矿物橡胶填料应用现状及发展趋势［J］．地址科技情报，1999，18（1）：75-78.
[45] 夏熹，夏嘉，钱晔，等．非金属矿物在橡胶中的应用［J］．中国非金属矿业导刊，2012，（2）：20-23.
[46] 孙学红，赵菲，牟守勇，等．不同白炭黑填充充油溶聚丁苯橡胶的性能［J］．合成橡胶工业，2009，32（4）：

309-312.
[47] 冉松林，沈上越，张健，等．宜昌煤系煅烧高岭石表面改性及在丁苯橡胶中的应用[J]．矿产综合利用，2004，(2)：11-14.
[48] 刘德伟，杜续生，张宏书，等．丁腈橡胶/膨胀石墨导电纳米复合材料的制备和性能[J]．精细化工，2005，22 (7)：485-488.
[49] 杨建，田明，贾清秀，等．丁腈橡胶/石墨纳米复合材料的制备、结构及性能研究[J]．特种橡胶制品，2007，28 (1)：1-5.
[50] 许洪亮，卢红霞，张锐，等．改性煤系高岭石对橡胶的补强作用研究 [J]．矿产综合利用，2003，(6)：28-32.
[51] 刘钦甫，张玉德，李和平，等．纳米高岭石/橡胶复合材料的性能研究 [J]．橡胶工业，2006，(9)：525-529.
[52] 孙云蓉，时志权，冒爱琴，等．纳米白炭黑的表面改性及其在氯丁橡胶中的应用 [J]．江苏化工，2004，32 (5)：36-38.
[53] 贾志欣，罗远芳，周扬波，等．天然橡胶/改性气相法白炭黑纳米复合材料的制备[J]．华南理工大学学报：自然科学版，2008，36 (11)：147-152.
[54] 祝叶，夏新兴．纤维状非金属矿物在造纸工业的应用 [J]．中国非金属矿工业导刊，2010，(4)：5-7.
[55] 郑飞．新闻纸矿物纤维加填研究和应用 [J]．造纸科学与技术，2006，25 (5)：50-53.
[56] 刘焱，于钢．海泡石在造纸工业中的用途 [J]．纸和造纸，2009，28 (9)：44-46.
[57] 公维光，高玉杰．海泡石的性能及在造纸中的应用 [J]．黑龙江造纸，2002，(2)：14-16.
[58] 罗振敏，任大伟．天然纤维水镁石在阻燃材料中的应用 [J]．非金属矿，2001，24 (3)：21-23.
[59] 王军利，陈夫山，刘忠．无机纤维纸 [J]．湖北造纸，2002，(2)：24-25.
[60] 余丽秀，孙亚光，赵留喜，等．造纸用功能性非金属矿物粉体材料的品种及应用 [J]．化工矿物与加工，2008，(12)：30-34.
[61] 许顺红，方继敏，杨红刚，等．几种非金属矿物在建筑涂料改性中的应用 [J]．四川化工，2005，8 (5)：27-29.
[62] 范金生．膨润土在建筑涂料中的应用 [J]．江西建材，1997，(2)：35-37.
[63] 张文良．非金属矿物高岭土在涂料中的应用 [J]．广东化工，2002，(4)：38-41.
[64] 陈亦可．高岭土在水性涂料中的遮盖力研究及应用 [J]．化工进展，1996，(4)：58-61.
[65] 王大春．硅藻土在建材工业上的应用 [J]．广东建材，1999，(2)：28-30.
[66] 孙福．硅藻土在涂料生产中的应用 [J]．建材工业信息，1994，(12)：6-8.
[67] 胡巧开．改性膨润土对黄磷废水的深度处理 [J]．中国矿业，2005，14 (5)：66-69.
[68] 梁凯．非金属矿物材料在环境保护中的应用 [J]．地质与资源，2011，20 (6)：458-461.
[69] 王利剑．非金属矿物加工技术基础 [M]．北京：化学工业出版社，2010.
[70] 韩跃新，印万忠，王泽红，等．矿物材料 [M]．北京：科学出版社，2006.
[71] 崔春龙，高德政，冯启明，等．非金属矿在农牧业中的应用及二十一世纪对策 [J]．西南工学院学报，1999，14 (2)：41-46.
[72] 刘红，汪立今．重视非金属矿物在土壤环境保护中应用 [J]．中国矿业，2007，16 (8)：71-74.
[73] 冯安生，郭珍旭，刘新海．中国非金属矿物材料进展 [J]．矿产保护与利用，2006，(3)：49-54.
[74] 姚书典．非金属矿物加工与利用 [M]．北京：科学出版社，1992.
[75] 国家药典委员会．中国药典（2010年版）[M]．北京：中国医药科技出版社，2010.
[76] 李萍．生药学 [M]．北京：中国医药科技出版社，2005.
[77] 鲍康德，周春晖．非金属矿物在医药行业的应用与前景 [J]．中国非金属工业导刊，2012，(2)：12-16.